心臓の科学史

古代の「発見」から
現代の最新医療まで

ロブ・ダン
Rob Dunn

THE MAN WHO

高橋 洋 訳

TOUCHED HIS OWN

HEART

True Tales of Science,

Surgery, and Mystery

青土社

心臓の科学史　目次

心臓の科学史

古代の「発見」から現代の最新医療まで

モニカ、ルラ、オーガストに捧げる。彼らのために私の心臓は脈打つ。

盲人と話しているのでなければ、言葉にわずらわされてはならない。(……)この心臓を言葉で記述しようとすれば、まる一冊の書物が必要になるだろう。

——レオナルド・ダ・ヴィンチ

人間の心臓

今日では、世界の成人の三人に一人は、卒中、心臓発作、およびその他の心臓、血液、動脈、静脈の障害による循環器系疾患で命を落とす。子どもに関して言えば、もっともよく見られる先天性疾患は先天性心疾患である。欧米社会がますます高齢化し、（今のところ願望にすぎないとしても）それ以外の国々が病原菌や寄生虫をうまく回避できるようになれば、心臓病はさらにありふれたものになるだろう。心臓は、私たちの弱点でもあり強みでもある。本書は、それに関するストーリーを物語る。

はじめに

　心臓病はまったくありふれているので、今これを書いているあいだにも、私の知人の誰かが心臓に問題を抱えているはずだとほぼ確実に言える。ただ、その誰かが私の母になろうとはまったく考えていなかった。二〇一三年一月四日、アラスカ州ワシラ〔州最大の都市アンカレッジ近郊に位置する〕に住む母は、病院に行って血圧を測定し、心電図をとったところ、緊急の措置が必要であることがわかった。脈拍は不規則で（不整脈）、心拍数は一八四と異常に高かった（頻脈）のだ。この数値は人間より小鳥に近い。血圧も上がっていた。この状態でどのくらい生きられるかは、まったくわからなかった。数か月？　数年？　すぐに母は、心拍数と血圧を下げ、不整脈を矯正するためにさまざまな医薬品を服用し始める。これらの問題はいずれも、ごくありふれている。六〇歳以上の高齢者の三人に一人は不整脈を抱えている。頻脈はそれより少ないが、それでも何十万人もの患者がいる。このありきたりさは、遠くで暮らす息子にとっては一つの安心材料にはなった。

　しかし心配なのは、処方された種々の医薬品によっては、少なくとも最初は改善が見られなかったことだ。確かにゆっくりとではあれ心拍数は下がりつつあったが、不整脈は消えるどころか悪化していた。身体の内部で、心臓はあっぷあっぷしていたのだ。

一月一五日には、母は心臓にショックを与える思い切った療法を受けることになる。医師は、稲妻のように電撃を加えることで心臓をいったん止め、鼓動が再開したときには、心拍数が正常に戻ることを期待していた。言ってみれば、これは画面のチラつくテレビを蹴っ飛ばして、配線が元どおりにつながるよう期待するのに等しい。とはいえ、およそ二回に一回はそれでうまくいく。

母は恐怖に駆られていた。医師は、この治療に言及する際に「電撃（ショック）」という言葉を使わないように言われていたらしく、「私にショックを与えるのですか？」と尋ねる母に「いえ違います。ショックではありません。心配には及びません」と答えた。しかし医療機器を担当する技師には通達が届いていなかったらしく、治療の直前に彼は母に、「ショックを受けるのですか？　ここの医師たちはいつでも患者にショックを与えていますからね」と言った。誰が何と言おうと電撃は電撃である。かくして彼らは母の心臓にショックを加えた。心臓はいったん停止してから再始動し、ショックを加える以前と同じ不規則な鼓動を再び打ち始めた。つまり不整脈は治らなかったのだ。

帰宅すると心拍は遅くなったが、脈は依然として飛び、血液を不規則に送り出していた。彼女は疲れ切っていた。もしかすると疲れ切っているのに、本人はそれに気づいていなかったのかもしれない。一日に一二時間、あるいはそれ以上眠っていた。身体全体に血液が十分に行き渡っていないためであるように思えた。それとも何か別の原因があるのだろうか。やがて別の原因があることが判明する。

具合の悪さを感じ始めてからおよそ一か月後（また原因不明の不調を訴えるようになる数か月前）の二月五日、母は再び医師の診断を受けた。心拍数を測定し、心電図（ＥＫＧ）をとり、またしても（前回とは別の）医師たちは危険な兆候を見出し、彼女を集中治療室（ＩＣＵ）に収容した。

母は、最初に診てもらった心臓科医に、ジギタリスの一種をうっかりして過剰に投与されていた。ジギタリスは心拍数を低下させるが、その効果は用量に強く依存する。少なすぎれば効果はなく、少しでも多いと非常に危険で命取りにすらなり得る。母はそのジギタリスを過剰に投与されていたのである。最初の症状は黄色視症だった（すべてが琥珀色のレンズを通したかのごとく見える）。本人は症状とは考えていなかったが、二つ目の症状は激しい眠気で、最初は一日に一〇時間、やがて一二時間、そしてついに一六時間以上眠るようになった。三つ目の症状は食欲減退で、ほとんど何も食べなくなり体重が急速に落ちた。それから認知の問題が生じ、それが高じたために父は母を再度病院に連れて行った。母はほとんど言葉を話せなくなり、たとえ言葉を発しても語順がでたらめだった。かくのごとく、症状を改善するはずの医薬品ジギタリスは毒として作用していたのだ。

ＩＣＵでは、母は四つの静脈内注射（ＩＶ）を受けていた。つねに監視がつき、次から次へとテストが行なわれた。改善の兆しは見られず、心拍数の問題以外のすべての症状がジギタリスの過剰服用によるものであることに医師たちが気づくまでかなり時間がかかった。また、いくつかの心拍数の問題にもジギタリスが関与しているように思われた。彼女の心臓の鼓動は、小鳥のような速さから、今や「ドサ、ダ、ドサ、ダ」と脈打つゾウのような遅さに変わっていた。さらにはもとからあった不整脈も治っておらず、逆に悪化していた。

ジギタリス中毒による症状が現れる前には、医師は切除によって不整脈を治療しようと試みていた。切除とは、異常な律動を引き起こしている心臓の部位を破壊する処置をいう。つまり異常な組織を破壊することで、不適切な信号が心臓の誤発火を招かないようにするのだ。切除は単純な治療法だが機能する。ただしよくは理解されていない。その点では、心臓にショックを与える治療と変わらない。

とはいえ私の母のケースでは、非常に単純な理由で切除の是非はもはやどうでもよくなった。というのもジギタリス中毒を起こしてからは、不整脈が極端になっていたため（脈がきわめて希薄で不規則になっていた）、心臓の一部を焼いても治せないと判断されたからである。医師たちは、症状が改善したらペースメーカーを埋める必要があるということで意見が一致した。いつのまにか彼らは、「症状が改善したら」と仮定法で話をするようになっていた。

実際、母の状態はゆっくりと快方に向かっていた。体内からジギタリスが除去されると、ペースメーカーの使用が現実味を帯びてきた。マグネシウムのレベルは正常に近づき（ただし点滴を続ければであったが）、カリウムのレベルもゆっくりと上昇した〔心臓が正常に機能するにはマグネシウムやカリウムが必要〕。また、認知の問題も改善しつつあるようだった。あるいは単なる希望的観測だったのかもしれないが。ＩＣＵに収容されてから五日が経過した二月一〇日には、母はペースメーカーを埋められるまで回復したと見なされた。

残念ながら、母が入院していた小さな病院の心臓外科医は、ペースメーカーを埋める技術を持っていなかった。だから別の病院に移らねばならなかったのだが、ペースメーカーの埋め込みが頻繁に行なわれている最寄りの大病院のベッドに空きはなかった。彼女は何日も待ち続けた。私はアラスカまで出向いて、どこか別の病院に連れて行こうかと考えたが、あてはなかった。

幸いなことに、数日後にベッドは空いた（そのベッドを占めていた患者にとって幸いだったのかどうかはよくわからないが)。母はアンカレッジのその病院に入院し手術を受けた。それは手術というほど大げさなものではなく、次のように行なわれた。鎖骨の下の皮膚に小さな切込みが入れられ、それを通して左の鎖骨下静脈にカテーテル〔医療用に用いられる中空の管〕が挿入される。カテーテルは静脈を通して心臓の右側まで達する。さらに、心臓に直接埋める予定の電極を運ぶ別のカテーテルがそれに続く。ペースメーカーはこの電極に信号を送り、心臓に「鼓動せよ」と指令するのである。ペースメーカーは現代科学の粋(すい)をこらした装置だ。発振器やバッテリーから構成されるこの小さな装置は、大規模な手術をせずに、すなわち患者の身体を切り開くことなく身体に埋め込める。すべてがうまくいけば、この装置は日夜心臓の鼓動を制御してくれる。面倒なのは、五年あるいは一〇年ごとにバッテリーを交換しなければならないことくらいである。

母は、胸部の皮膚の下にペースメーカーを埋められた。それからその日のうちに、イヌとネコと私の父が待つ自宅に何事もなかったかのように送り帰された。誰もが彼女の回復を願っていた。

私の母のストーリーは、おぞましくもばかばかしくもあり、同時に現代的でもある。そしてさまざまな意味で典型的だ。頻脈と不整脈は、今日もっともありふれた心臓障害であり、ほぼ誰もが人生のいずれかの時期に、少なくともこれらのどちらかを経験する。卒中などの循環器系疾患は、アメリカやほとんどの先進国では主要な死因をなす。私の母の不整脈のように死を回避する治療法があったにせよ、疾患そのものが完全に消えるわけではなく、皮膚の下で慢性的な脆弱(ぜいじゃく)性として存続する。

本書は心臓のストーリーを語る。なぜ心臓は、他の身体器官より壊れやすいのだろうか? 心臓の故障のストーリーは太古の時代に端を発する。すなわち、私たちの祖先が単なる単細胞生物だった何億年も昔の時代にまでさかのぼる。だが、心臓の科学のストーリーははるかに新しい。たった六〇〇〇年前に始まったばかりなのだから。さらに言えば心臓の修理という点になると、治療のために生きた心臓に最初の切込みが入れられた一九世紀の末まで待たねばならない。この切込みは次々と新たな種類の切込みを生み、やがて母が胸部の皮膚に入れられたものに近いナイフの切込みへと発展する。また本書は、心臓の謎を語る。この謎は人間の本性に関わるものでもあり、ようやく最近になって解かれ始めたにすぎない。

一五世紀の初期の頃には、偏執的な神の手で、その人のストーリーが心臓の内壁に走り書きされていると言われることがよくあった。同じ世紀に心臓が開かれ詳細な調査が行なわれたとき、そのような走り書きはどこにも見つからなかった。とはいえ今日、手術によって修理された心臓のおのおのは、独自の物語を持っている。それは、何千年ものあいだ心臓の謎を解こうとしてきた、勇気と洞察力、そして神をも恐れぬ傲慢さを兼ね備えた大勢の科学者や外科医の努力のおかげで鼓動し続けているのである。かくしてそれらの心臓のおのおのが、その脆弱性とともに可能性をも物語っているのだ。

私の母のストーリーに戻ろう。母の心臓の問題は他の多くの心臓病患者の場合と同様、いわばつぎはぎ細工（パッチワーク）による部分的な解決を見たにすぎない。つまり彼女の心臓の修理は、高度で精巧なツールと昔から実践されていた治療法の混合（ペースメーカー、聴診器、三次元スキャン、焼灼（しょうしゃく））に依存するパッチワークであった。このパッチワークは同時に、病因にはほとんど留意せずにその兆候に対処する医療アプローチを反映する。さらに言えば、彼女のストーリーの背後には、心臓のより大きなストーリー、つまり人間の心臓が、心臓の進化と現代の状況が出会うことで生じた問題の影響を受けていることを示唆するストーリーが存在する。

　私の母は今でも回復し続けている。だから、彼女のストーリーはまだ完結していない。退院したときには、全般的な状態はまだ思わしくはなかったが、心拍数は一分間に八〇と、突如として正常な状態に戻った。今や彼女の心臓の鼓動は、新たに埋められたペースメーカーが発する小さな電気パルス、すなわち彼女個人のためにあつらえられた電撃によって調節されている。彼女は、退院後しばらくは衰弱したままで、言葉をうまく話せなかった。まだめまいを感じていたらしく、カリウムやマグネシウムのレベルもかなり低かった。とはいえ、ゆっくりとではあれ徐々に快方に向かいつつあった。一週間後には何とか会話ができるようになり、二週間が経過すると一か月ぶりに体調のよさを感じていた。三週間後には、この苦難が始まる以前より快調に感じられるようになった。今では、ここ数年なかったような快調さを感じていると言う。彼女の回復は、私たちが持つもっとも重要な器官に対する理解、すなわち母や同じ問題を抱えた多くの人々が、ペースメーカーやさまざまな装置の助けを借りて回復し立ち上がり歩き回ることを可能にするほどまでに進歩した心臓の理解に多くを負っている。

　これから語る心臓のストーリーは、四〇億年前からでも、四秒前からでも語り始めることができた。だが、心臓治療の歴史の転回点は、一八九三年のうだるような暑さの日にやって来た。その日、シカゴの犯罪多発地区に立つみずぼらしい病院で、一人の男が、おそらくは史上初めて、治療のために心臓にナイフを入れたのだ。この男がナイフの刃を心臓にかざす決心をするまでには、科学者や医師による、ほぼ六〇〇〇年にわたる心臓理解の努力を要した。こうして彼は二一世紀に続く大胆な医学的発見の時代を切り開いた。これらの発見は、生物学、進化、配管（プラミング）〔著者はバイパス手術などの血管を対象とした手術に言及していると思われる」、核物理学など、さまざまな知識を必要とする。他のいかなる器官にも増して心臓という器官の理解には、これまで人間が発展させてきたあらゆる道具（ツール）が必要とされる。しかしいかなるツールを用いようとも、今これを読んでいるあなたの身体の内部で鼓動する心臓の理解は、部分的なものでしかあり得ないだろう。

第1章　心臓手術の夜明けをもたらした酒場のけんか

心臓の手術を試みる外科医は誰も、同僚の敬意を失うだろう。
――T・H・ビルロート（ドイツの外科医）

一八九三年七月のことだった。シカゴはうだるような暑さに見舞われていた。世界中の発明がアメリカを変え始めていたその夏、シカゴで万国博覧会が開かれた。秋には、最初のハンバーガー、チョコレートを商業的に生産するための機械、アレクサンダー・グラハム・ベルによる初期の小さな電話機がシカゴに登場した。またその年の夏は、シカゴの犯罪多発地区出身の若き医師ダニエル・ヘイル・ウィリアムズ（一八五六～一九三一）が、一世一代の決心をした夏でもあった。[*1]

ウィリアムズは、アフリカ系、スコットランド系、アイルランド系、ショーニー族の血が混ざる両親のもとに生まれているが、彼が住んでいたペンシルベニア州ホリデーズバーグの地域社会ではアフリカ系アメリカ人と見なされていた。ダニエルは幼い頃に父を失い、母親の手で育てられた。しかしダニエルの面倒を見るのが重荷になった母親は、わずか一一歳で彼をボルチモアの製靴業者の徒弟に出している。それによって彼の一生が決まってもおかしくはなかったが、若き日のウィリアムズはウィスコンシン州に行くことを決心し、そこにある理髪店で働き始めた。店のオーナーは、高校を卒業できるようウィリアムズを援助し、彼は実際にそこで優秀な成績を収めた。次にオーナーは彼を医療関係の職業の徒弟に出し、そこでも彼は優れた才能を発揮した。一八八〇年には、オーナーは彼をシカゴのノースウェスタン大学医学部に入学できるよう援助し、またしても彼は優秀な成績を収めた。ウィリアムズはそこでは最初のアフリカ系アメリカ人であった。

医師になったウィリアムズは、一八八三年にシカゴのミシガン通りに小さな診療所を開く。また、ノースウェスタン大学で解剖学を教え、シカゴ市鉄道会社、およびのちにはプロテスタント孤児院で医師として働いた。当時のシカゴには、アフリカ系アメリカ人の医師は四人しかいなかったが、彼の能力は際立っていたために、医師になってから六年ほどしか経っていない一八八九年には、イリノイ州健康委員に任命された。彼はさらなる地位を望んでいた。シカゴ市と自分のためにもっと仕事がしたかったのだ。彼は、シカゴに住むアフリカ系アメリカ人には、白人の医師や看護師から粗末な治療しか受けられないケースがままあることを、また、アフリカ系アメリカ人の医師や看護師が、病院や大学における人種差別のために訓練がなかなか受けられず、地位を確保するのに苦心惨憺（さんたん）していることを知っていた。アフリカ系アメリカ人の若者が直面する困難にきりはなかった。そのとき、ウィリアムズが尊敬していたルイス・H・レイノルズ師が支援を求めて彼のもとを訪ねてきた。師の女きょうだいのエマ・レイノルズが、看護師の訓練を受けるためにシカゴのいくつかの病院に願書を提出したが（アフリカ系アメリカ人でそれを試みたのは彼女が初めてだった）、人種を理由にすべての病院に断られたというのである。彼女の苦難に触発されたウィリアムズは、レイノルズ師やコミュニティーのその他のメンバーと相談し、自分にできる唯一の解決策を提案した。病院を開設することにしたのだ。[*2] やがてこの病院で、彼はアフリカ系アメリカ人の看護師の養成に着手する。

この病院は、プロビデンス病院訓練協会（Providence Hospital and Training Association）と呼ばれるようになる。これは大胆な夢であり、ウィリアムズはその実現に向けて、白人や黒人の医師を説得し、寄付者さえ募ったのである。寄付はあちこちから集まった。それには活動家のフレデリック・ダグラスや、アーマー精肉会社が含まれ、後者はまた、作業中に負傷した大勢の患者を彼の病院に送り込んだ。一八九一年には、ウィリアムズは二九番街&ディアボーンに立つ三階建て一二部屋のレンガ造りの建物を借りる。居間は待合室に改造され、廊下のつきあたりの小さな寝室は手術室として使われた。この間に合わせの病院は、最初の一年間だけでエマ・レイノルズを含む七人の看護師を養成し、[*3] 数百人の患者を治療している。

プロビデンス病院の運営は楽ではなかったが、医師や看護師は手元にあるものを十全に活用して治療にあたった。医療機器が不足していたため、また、他のシカゴの病院に比べ、より大勢の外傷患者の治療にあたらねばならなかったため、彼らはその場その場で対応を考える必要があった。こうしてあらゆる困難に直面しながらも、ウィリアムズと彼の医療チームは何とか持ちこたえた。彼のストーリーは、困難を克服した一人の熱心な医師と、彼を支えた勤勉な看護師たちの物語でもある。

しかしシカゴの別の地区で、ウィリアムズの運命を変えるできごとが起こっていた。便利屋のジェームズ・コーニッシュは、列車に積んだ荷物の番をする仕事をしていた。実入りは悪くなかったが、一八九三年七月九日は彼にとって運の悪い日になった。彼は、暑さで朝から夕方まで汗だくになって仕事をした。日没が過ぎても、暑さは一向に衰えを見せなかった。こんな日には一杯やるに限る。そう思った彼は、いきつけのバーで一杯ひっかけていた。シカゴの他の住人が博覧会の「ホワイト・シティ」（シカゴ万博はそう呼ばれるようになった）で各国の産品の品定めをしているときに、彼は市の反対側で仲間と飲んでいたのだ。ウイスキーを注文してちびりちびりとやり始め、ウェイトレスに下品なジョークをかませる。それからテーブルで二人の友人がポーカーをしているのを見てそれに加わる。その日の彼はついていた。ジュークボックスからは「デイジーベル」という歌が流れてくる。彼は飛び跳ねるようにして歩き、陽気に笑い、賭けをして仲間をからかい、そして再び高らかに笑う。しかし、そうこうしているうちに取り返しのつかないことが起こる。*4

あたりの騒音はますますひどくなり、ほこりのごとく舞い上がっていた。やがてけんかが始まる。カウンター越しに椅子が投げられ、パンチが汗にまみれた身体にめり込む。コーニッシュはつま先立ちしてあたりを見回していたが、不意に取っ組み合いに巻き込まれる。一瞬ナイフが光る。ナイフを持った男はコーニッシュに飛びかかり、彼の胸を一突きする。男がナイフを引き抜くと、悲鳴があがる。群衆は散り、サイレンの音が聞こえ始める。数人の女性が、地面に横たわるコーニッシュの身体に向かって駆け寄る。

担架に乗せられたコーニッシュは、およそ一時間後にプロビデンス病院に横たわっていた。彼の衣服は血まみれだった。彼は手術室に運ばれ、周りにはダニエル・ヘイル・ウィリアムズと看護師たちが集まっていた。ウィリアムズの目には、コーニッシュが負った直径およそ一インチ〔二・五四センチメート

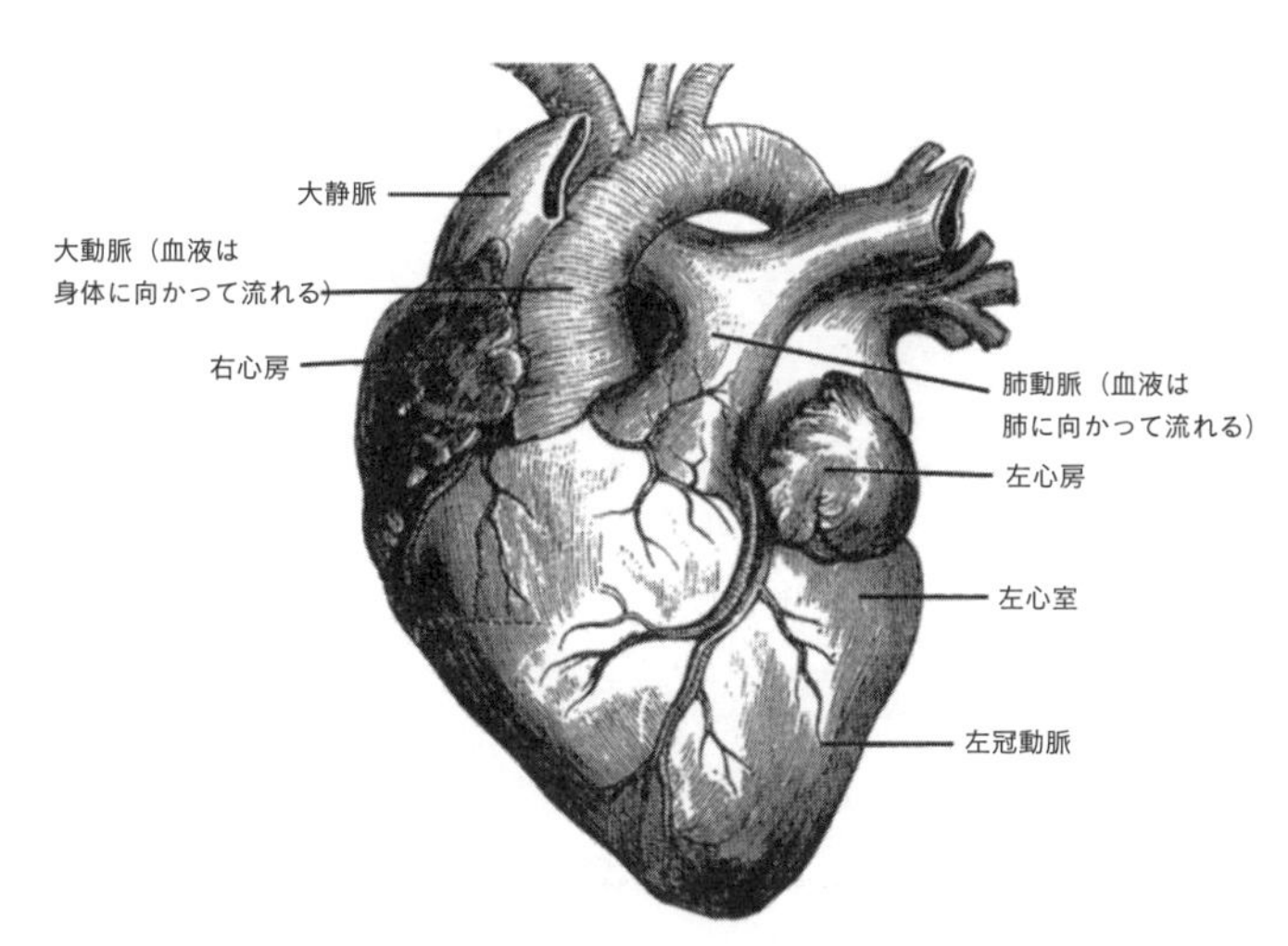

心臓の概観。（図版提供：ilbusca ／ Getty Images）

ル」の傷は、重傷には見えなかった。とはいえ、胸骨の左側という位置が問題だった。当時X線はまだ発見されておらず（二年後の一八九五年に発見される）[*5]、傷の深さを知る手段はなく、刃先が心臓に達したかどうかはわからなかった。ウィリアムズに可能な診断方法は、古来より実践されてきたものしかなかった。つまり脈をとり、呼吸を確かめ、胸に頭を当てて、もしくは備えがあれば木製の聴診器を使って心臓の鼓動に聞き入ることしかなかったのだ。[*6]

最初は、傷の位置を別にすれば、大きな問題はないと思われた。心臓は正常に鼓動していた。コーニッシュは洗浄され、傷を縫われ、そのまま夜通し寝かされていた。市街を見渡せる窓のそばで眠っていたが、そのときの彼の状態では周囲を確かめる余裕などなかった。衰弱し疲れ切っていたのだ。なま暖かい空気がカーテン越しに吹きつけてくる。数時間が経過するうちに、安定していると思われた彼の状態は悪化し始める。ウィリアムズが呼ばれる。彼は部屋まで走って行き、ベッドのそばに立って耳をコーニッシュの胸にあてる。脈は弱く、消え入りそうに思われた。心臓はかろうじて鼓動していた。七月一〇日になると、ウィリアムズは、最初に考えていたよりも深くナイフが刺さり、心臓まで届いていたと結論する。

言うまでもなく、心臓にナイフが突き刺さるのは大事（おおごと）だ。しかしいかなる種類の大事かは、ナイフがどこをどのように貫いたかによる。心臓は二セットのポンプを備える。一つは左心房と左心室で、もう一つは右心房と右心室である。それぞれの心房（［atrium］：「ホール」「中庭」「集会場所」を意味するラテン語に起源を持つ）は、対応する心室の上にある。左心房が収縮すると、穏やかに左心室に血液を搾り出す。その際、血液は高圧の領域から低圧の領域に流れるので、強く押し出す必要はなく軽く押すだけでよい。次に左心室がはるかに強く収縮し、動脈、細動脈、さらには一細胞分の幅しかない六億の毛細血管を介して血液を全身に送る。左心室の収縮の強さは、空中に水を一・五メートルほど噴き上げるに足るもので、人体に張り巡らされた総延長が六万マイル〔およそ九万六〇〇〇キロメートル〕を超える血管に血液を通すにはそれだけの圧力が必要とされる。

左心房およびそれに続く左心室の収縮と同時に、右心房および右心室でもそれに似た現象が起こる。ただしその際の圧力は弱い。というのも、右心室からの血液は全身に向けて送り出されるのではなく、肺に達しさえすればよいからだ。肺では、毛細血管が三億の肺胞に接し[*7]、血中の赤血球のヘモグロビンが二酸化炭素を放出し酸素を取り込む。

心臓のもっとも顕著な音は心房と心室のあいだの弁（左：僧帽弁、右：三尖弁（さんせんべん））が立てるもので、これらの弁は心室が収縮すると閉じ、心房に血液が逆流しないようにする。それから心室の収縮が完了すると、心室と動脈のあいだの弁（左：大動脈弁、右：肺動脈弁）がさらに大きな音を立てて閉じ、心室に血液が逆流しないようにする。心臓の音とは、来る日も来る日もこれらの弁が閉じる際に出る音であり、長生きすれば一生を通じて数十億回にわたり生じる。

非常に多くが心臓のポンプに依存する。左心室から送り出された血液は大動脈を流れる。大動脈は、腕や脳に至る分枝、内臓（腸、肝臓、腎臓）、足、生殖器などに血液を分配するスーパーハイウェイとして機能する。一方、右心房と右心室は、心臓を出たときとは異なり、酸素を剥奪され二酸化炭素に満ちた血液を受け取る。この「使用済みの」血液は、肺循環（「pulmonary circulation」：「pulmo-」はラテン語の「肺」に由来する）を通して肺に送り出され、そこで血液細胞は二酸化炭素を排出し酸素を取り込む。それから、酸素を帯びた血液は左心房に入り、そこで同じプロセスが再開する。

これらすべては、現在あなたの体内で生じていることでもある。それらは収縮、弛緩（しかん）から成る一連の波によって生じる。収縮は心収縮（「systole」：ギリシア語の「集める」に由来）と、弛緩は心臓拡張（「dias-tole」：ギリシア語の「分ける」に由来）と呼ばれる。手を首に当ててみれば、心臓の伸縮作用の結果である、（酸素を帯びた血液を脳に供給する）頸動脈（けいどうみゃく）の収縮と弛緩が感じられるはずだ。

だが、ウィリアムズがコーニッシュの首に触ったときには違っていた。身体への攻撃によって、彼の心臓の働きは弱く、そして遅くなり、脈はかろうじて感じられる程度に衰えていた。ナイフによる刺し傷は、心臓に余分な穴を開け、動脈ではなく体腔へと血液を流出させる場合もある。あるいは、さらに悪い事態として心臓の収縮が妨げられることもある。

そのときコーニッシュの身体に何が起こっていたのかは、今となってはわからない。今日なら、X線写真、超音波検査、CTスキャン、核磁気共鳴画像法（MRI）などを用いることで、ウィリアムズよりはるかに多くの手がかりが得られたであろう。カテーテルを心臓に通して染料を散布し、X線写真によって損傷箇所をつきとめることもできる。装置を使って心臓の律動を記録できる。もちろん現代の技術も完璧ではないが、有用であることに間違いはない。それに対し、ウィリアムズにわかったのは、コーニッシュの心臓の鼓動が衰弱していることと、身体の状態が明らかに悪化していることだけだった。

鼓動の衰弱の原因は心臓自体に求められるケースもあるが、血液の喪失に身体が部分的に反応していることも考えられる。動脈は筋肉質で、平滑筋の層を含む。平滑筋は、無意識的、自律的な身体のコントロール下にあり、意識的にはコントロールできない。動脈の筋肉は血液を押し出すわけではない。それは心臓の役割である。しかし、動脈の筋肉は血管を広げたり狭めたりして、血流の速度を変えることができる。また、動脈の一種、細動脈は、実際に血流を止められる。細動脈はもっとも細い動脈で毛細血管につながる。（毛細血管は細静脈に、細静脈は静脈へとつながる。静脈は酸素が枯渇した血液を心臓に戻す）。細動脈は非常に細いために収縮すると閉じ、それによって身体における血流に影響を与えられるのだ。指が冷えているときそれは細動脈のせいでもある。しかし私たちは細動脈に感謝しなければならない。なぜなら、それは身体の状況に応じて、もっとも必要とされている部位に血液を運ぶ手助けをするからである。

コーニッシュが血液を失いつつあったのなら、細動脈は身体のほぼすべての毛細血管への血液の流入を止め始めていたはずだ（ただし、最悪の状況を除き、血流を決して失わない、脳、心臓、肺の三つの器官は除く)。この状況が生じると、脈拍は弱まり、手足は冷たくなり、身体は生存に必須の組織を保護しようと苦闘し始める。

コーニッシュの状態が悪化するにつれ、ウィリアムズは迅速な決断を迫られる。彼はコーニッシュの心臓が損傷していることは承知していたが、その様態と原因については正確にはわからなかった。だが何が原因であろうと、大勢の友人と一人の母親を持つコーニッシュが死に瀕していることだけは、ほぼ間違いがなかった。

一八九三年当時、ナイフによる心臓の刺傷はありふれていた。というより現在でもありふれている。ただし、今ではそれが命取りになることはあまりない。たとえばあなたが心臓を刺されたとしても、病院に急行して手術を受ければ、生存する確率はおよそ八〇パーセントある。心臓の外傷はさまざまな手段で治療できる。あるいは、心臓の状態によっては手術さえ不要かもしれない。最新の技術と外科医の熟達した技量のおかげで、心臓を刺されても生存できる可能性は高まった。だが一八九三年当時は、心臓の刺傷は高い確率で死を意味した。いかなる傷によってであろうが、心臓がひとたび出血し始めれば、生存できるか否かはまったくの運まかせになった。ときに身体は血流を何とか抑制し、多量の血液が失われる前に傷を癒すことができた。しかし、そうはならないことのほうが多かった。心臓は感染したり、律動を失ったりした。医師は刺傷を治す医薬品を探し求めたが、手に入らなかった。さらに言えば、刺傷であれ他の障害であれ、心臓手術に成功した医師は、当時は世界中でただの一人もいなかった。ウィリアムズの知る限り、試みた者さえ一人もいなかった。心臓は未登頂の山エベレストと同じだったのだ。しかしウィリアムズが凡人と違っていたのは、彼は誰かを救うためなら絶壁をよじ登ることとさえ辞さないタイプの果敢な人物であったことだ。若い頃には靴屋や理髪店で働き、音楽や法の世界にも挑戦したことがある。手術に挑戦し、病院の運営も試みた。そしてコーニッシュが心臓を刺された翌日の一八九三年七月一〇日、彼はさらに新たな試みに挑戦することになる。

ウィリアムズと看護師たちはコーニッシュを見下ろす。彼のうえに覆いかぶさるようにして損傷箇所を詳しく検査する。確かなことは言えないが、どうやら彼の心臓、血液のエンジンは断裂しているらしい。ほんとうに断裂しているのなら、彼はやがて内出血、あるいは損傷の程度によっては心臓麻痺(まひ)で死ぬだろう。ウィリアムズは、過去一万年の医師たちが同様な状況でしてきたこともできただろう。つまり患者を投げ出すことだ。あるいは手術することもできた。いずれにせよ、コーニッシュの体に覆いかぶさるようにして検査したとき、彼の心臓はウィリアムズの目の前、皮膚の真下にあった。それにもかかわらず、それはどこか遠いところに存在するかのようだった。

史上初の心臓手術を行なった医師がいかなる人物であったかは、容易に想像がつくのではないか。その人物は自信に満ちていたに違いない。それと同時に、患者を救い人知を発展させるために、慣例的な見方を踏み越えて前進しようとする人物だったはずだ。ウィリアムズは、まさにそのような人物であった。一八九三年七月一〇日のその日、手術は始まった。彼はコーニッシュの身体に切れ目を入れるためにメスを手にする。それから、あまりにも危険で不道徳だとして世界中の外科医が諫(いさ)められてきた試みに取り掛かろうとする。成功しようが失敗しようが、ウィリアムズは今まさに歴史を作らんとしていたのだ。

人間の心臓は平均すると一日におよそ一〇万回鼓動し、七五〇〇リットルの血液を動脈や静脈に送り出す。しかしその日はいつもと違っていた。ウィリアムズの心臓はせわしなく働き、いつもより多量の酸素を渇望する脳に送っていた。部屋には彼の他に六人の医師がいた。ウィリアムズには、彼らの心臓の鼓動も聞こえただろう。これは外科手術の、というより医学一般の大きな皮肉と言えよう。一人の医師が一人の患者の身体のうえにかがみ込み、今まさに治そうとしている身体組織とまったく同じ器官（心臓、脳、皮膚、肉体など）に自らも依存しながら身体の修理を試みようとしているのだから。室温は摂氏三七度を超えていた。手術を始める前から、不安と興奮のせいで誰もが汗だくになり、床は汗で湿っていた。ウィリアムズはひたいをぬぐい、看護師をはべらせ、それからコーニッシュの傷にメスを差し込み、一五センチメートルほどの切込みを入れる。次にその切込みに右手を突っ込んで肋骨を一本引き離し、心臓を観察するための窓をこしらえる。あふれ出た血液を吸い出すと、心臓のはっきりした姿が見えてくる。それは普通の心臓で、握りこぶしよりもいくぶん大きく、長さ一三センチメートル、幅九センチメートル、厚さ五センチメートルほどだった。普通でなかったのは、それが丸裸にされ、突如としてその存続がウィリアムズの洞察力と技量、そして運次第になったことだ。

心房と心室は、心膜（「pericardium」：「peri-」はギリシア語の「周囲」、「cardia」は「心臓」に由来）と呼ばれるなめらかな脂質の嚢に取り巻かれている。ウィリアムズは、ナイフがコーニッシュの心臓の心膜を貫き、心筋に達した跡を見て取る。一刻の猶予もならなかった。もはや後戻りはできない。心筋をよく見ると、心臓の収縮の圧力で傷が閉じているように見えた。それによって彼は、おそらくはおののきを感じながらも、一か八か心筋に焦点を絞ることにする。彼は傷を丹念に洗浄し（当時消毒薬はまだ新しかったが、感染を防げる可能性がわずかに高まった）、手術用縫合糸で縫い始める。心筋の手術を試みたのは彼が初めてではなかったとしても、おそらく縫うのは初めてであろう。彼は心筋に針を沈め、ぐいと引いて反対側から抜く。そしてそれを繰り返す。そのあいだ心臓は弱々しく鼓動する。彼はそれに合わせて縫合を進める。縫合がいかにもろくても、心筋を縫うことで心臓を安定させられることを期待しながら。それが終わると彼は深呼吸し、縫い具合を確認するために一歩下がる。意図せずして、彼の表情は少しばかり晴れやかになる。コーニッシュが晴れやかな顔を返すかどうかは時が告げるだろうが、彼が生きまいが、ウィリアムズはたった今、医学の歴史を書き換えたのである。彼は心臓にメスを入れた。他の医師も彼に続くだろう。彼らは、外科用メスを手にして心臓を目指して切れ目を入れる誘惑に抗し切れないはずだ。

ウィリアムズは、人類の歴史全体から見れば昨日に等しい、今からおよそ一〇〇年前に活躍した医師である。外科手術の歴史は古代にさかのぼる。農耕が始まる以前の石器時代のアフリカでは、傷を縫うために（骨製の）針が使われていた。インドやアメリカでは軍隊アリを使って傷を閉じた（アゴの力で固く閉じるよう裂傷した部位をアリにかませた。小さな傷には一匹、大きな傷には二匹が使われた）。社会が大規模になり高度化すると、可能な手術の範囲は広がる。農耕とともに文明が誕生し、文字が発明され、新たな形態の医療を生む系統的な試みがなされるようになる。古代のメソポタミアや中国などでは、脳を含む身体のさまざまな部位を対象に手術が試みられた。早くも八〇〇〇年前には、祈禱師（きとうし）は詠唱し、薬草を焚（た）きながら、「圧力を開放する」ために人の頭蓋に穴をあけた（紀元前六五〇〇年にさかのぼるフランスのある遺跡では、見つかった頭蓋の三分の一に穿孔（せんこう）した跡があった）。これらの手術の多くは成功したか、少なくとも致命的な結果は招かなかった。切断手術や膀胱（ぼうこう）結石の除去も行なわれていた。時代が経つにつれ、死すべき存在の運命として、さらに多くの身体の部位を対象に手術が施されるようになる。そしてコーニッシュのできごとが起こるまでのおよそ八〇〇〇年の手術の歴史を通して、脳、目、腕、足、胃など、身体のほぼすべての部位に対して、どこかの誰かが効果的もしくは実験的に切ったり縫ったりしていた。しかし心臓だけは例外だった。

心臓は特別な器官である。一八九三年になるまでの数千年にわたる人類の医療の実践を通して、心臓は機能的、もしくは哲学的に触れてはならないものと見なされていた。ウィリアムズの（寝室を改造した）オフィスにあった標準的な医学の教科書には、「心臓手術はおそらく、自然によって外科手術に課された限界を超える。いかなる新たな方法や発見をもってしても、心臓の損傷にともなう自然の障害を克服することはできない」と書かれていた。敢（あ）えて心臓手術を行なった医師は忌避され、多くの医師はそれが当然だと考えていた。当時のヨーロッパにおける外科手術の権威テオドール・ビルロートは、「心臓の手術を試みる外科医は誰も、同僚の敬意を失うだろう」と主張した。要するにウィリアムズは、解剖学における残された最後のフロンティアを越境したのである。

心臓を不可侵なものと見なす考えにはいくつかの要因が関与している。多くの文化のもとでは、心臓は情動、心、魂の源泉として長らく見なされてきた。このような感覚は一九世紀の終盤にも残っていた。フランスの外科医アンブロワーズ・パレはそれを代弁して、「心臓は魂のおもな住処である。それは活力の源泉、生命の起源、生き生きとした精神の泉であり、（……）最初に生まれ最後に死ぬ」と述べている。心臓と愛を結びつける現代のバレンタインデーは、何世紀にもわたって詩人たちが言葉で、あるいは身をもって示してきたこれら古来の見方を反映する。たとえば、詩人パーシー・ビッシュ・シェリーの死を考えてみよう。シェリーは火葬されているが、彼の友人の言葉によれば、心臓は燃えなかった。それが宿す詩の力が強力だったからだ。一九世紀終盤の外科医は、シェリーの友人ほど心臓の機能を神秘的に解釈したりはしなかったが、それでも未知の不思議な力で満ちたものとして心臓をとらえていた。ちょうど現在の私たちが、脳をそのようなものとしてとらえているように。心臓の暗い洞穴には何が潜んでいるのか？　セイレーン〔ギリシア神話に登場する歌で人間を引き寄せる怪物〕や運命の女神ではないとしても、少なくとも生命の本質が宿っているのではないだろうか？

心臓手術におけるタブーは、多くの医師をおじけづかせた。しかしそれが唯一の問題なら、コーニッシュが手術台に乗せられる破目になるはるか以前に、どこかの大胆な外科医がタブーを破っていたはずだ。外科という領域は長きにわたり、許可されていることより不可能に思われることに挑戦しようとする、攻撃的で自信にあふれた人々を大勢引きつけ鍛錬してきた。真の困難は、外科学における技術的な問題にあった。心臓は鼓動する。それは体内でもっとも活力に満ちた器官であり、激しくかつはずむように動作する。だからいかなる手術であれ、その律動に合わせ、要するに心臓をパートナーにワルツを踊るかのごとく実施されねばならない。抗生物質はまだ発見されておらず、感染の可能性は高かった。X線、ましてや血管造影図（アンギオグラム）やCTスキャンは存在せず、胸部を開かない限り心臓のどこが悪いのかを特定することは不可能であった。また、呼吸の問題があった。手術中に気道を開いておく装置は存在しなかった。これらの理由から、ナイフや銃弾によって心臓に損傷を負った患者が病院にかつぎこまれると、医師にできることと言えば、患者の身体が自然に治癒するところを見守ることしかなかった。もちろん治癒しない場合のほうが多かったが。

手術から一三日後、コーニッシュはまだ入院中であったが、彼の幸運が世に知れ渡った。彼は生き残ったのだ。新聞の記事では、コーニッシュは幸運な人として、ウィリアムズはヒーローとして扱われた。ウィリアムズは人間の心臓の手術に史上初めて成功した外科医として称賛された。彼は自分の業績に対して控えめな人物ではなかった。その後もさらなる手術に挑戦し、行なったときには自慢さえした。新聞記者に尋ねられて、「手術は、ほぼすべてのケースで成功した」と語ったこともある。

ところでコーニッシュの状態は、まだ入院中の八月二日に突然悪化した。ウィリアムズがコーニッシュの寝ているベッドに駆けつけ検査すると、血圧は劇的に下がっていた。何が起こっているのかウィリアムズには見当がつかなかった。すでに成功を収めていたこともあり、彼は躊躇(ちゅうちょ)せずにもう一度コーニッシュの胸部を開き、史上二度目の心臓手術を行なうことにする。新たな切れ目を入れ、前回の縫合を解き、心膜と心筋のあいだの空間から血液を除去し、再び心膜を閉じ、そして一歩下がる。そのとき彼は心臓手術が意外に簡単であると思い始める。コーニッシュは、一八九三年八月三〇日に退院できた。*8

彼は家族のもとに帰り、その後長く幸福な人生を全うすることができた（その唯一の例外は、またもやバーでけんかに巻き込まれて頭部を負傷し、プロビデンス病院に収容されたことである）。ちなみに彼は、心臓を刺されてから三八年後の一九三一年に死んでいる。しかし、手術の成功によってもたらされた一般的な影響は彼の命より長く続いた。ウィリアムズは心臓の障壁を突破し、心筋の天井をぶち抜いたのだ。ひとたび心臓を対象に手術が行なわれ成功すると、他の外科医も心臓手術を手がけるようになった。こうして、ウィリアムズのモデルと医学の一般的な変化に基づき、現代の心臓病学に至る最初の一歩が踏み出されたのである。私たちは心臓の治療がすでに長きにわたり十分に確立されていたと考えがちだが、実を言えば、この器官に関するほとんどの知識とそれを対象とするあらゆる治療は、一八九三年以来のものにすぎない。その年、一つの心臓が二度手術された。二〇一〇年には、アメリカだけでも五〇万以上の心臓が手術されている。

このストーリーの引き金になった人物、すなわちバーでコーニッシュを刺した人物は忘れ去られている。彼のナイフが最終的に何をもたらすかなど彼には想像すらできなかったはずだ。一九〇二年に開催された米国医師会年次総会で演説したハリー・M・シャーマンの言葉を借りると、心臓に至る道は直線にして二、三センチメートルにすぎないが、それを越えるには一万年の外科手術の歴史と、一回の酒場のけんかを必要とした。時の経過とものの見方の変化は、ウィリアムズが行なった手術をめぐるできごとへの理解をも変えた。このような大きな進歩が、奴隷解放宣言からまだ三一年しか経過していないときに、アフリカ系アメリカ人の医師と看護師によって達成されたのは、まさに驚くべきことだ。私たちには、さまざまな革新の源泉にはテクノロジーが存在すると考えがちだが、彼が達成した進歩には、傲慢さと知性と意志の結合という、それとは少し異なる要素が介在していた。彼と彼が集めた医師や看護師は、新たな挑戦を試みるのに必要な自信と、それをやり遂げるのに必要な技量を備えていた。

時が経過するにつれ、最初に心臓手術を行なったのはほんとうにウィリアムズだったのかという問いをめぐって、新たな文脈がつけ加えられた。彼自身はそうだと考えていたが、実際には二年前に先例があったのだ。一八九一年九月、アラバマ州でヘンリー・C・ダルトンという名の医師が、刺傷を負った患者を対象に、よく似た手術を行なっているが、それに関するニュースはウィリアムズの手術の二年後に発表された。[*9] いずれにせよ、ナイフと針と縫合糸で何ができるかを外科医たちに知らしめたのは、ウィリアムズの傑出した手術であった。

ウィリアムズのような外科医に、革新的な手術に手をつける動機を与えたのは、人類全般に向けられた善意であると思いたい。もちろんそれもあったはずだが、登山家のマロリーにエベレストの登攀(とはん)を決意させたものと同じ動機もあったのだろう。マロリーは「そこにあるから」エベレストに登った。エベレスト同様、心臓はそこにあった。登攀の次のステップは、心筋にメスを入れることだった。

一八九六年九月九日、フランクフルト・アム・マインの病院に血まみれの庭師が運び込まれてきた。身体を洗浄したとき状態は安定しているように見えたが、突然悪化した。そこへ外科医のルートヴィッヒ・レーンが呼ばれた。そのとき庭師は、いつ死んでもおかしくない状態にあった。心臓にメスを入れなければ庭師を救えない状況は、レーンを大胆にする。彼は庭師の肋骨を開き、噴出する血の海の下で脈打つ心臓を目のあたりにする。レーンは心臓に指を押しつけて穴を見つける。その感触は驚異的だった。鼓動する心臓は彼の指の下ですべる。思っていたよりも心臓が強靭(きょうじん)なのに驚く。できる限りうまく指を穴に保ちながら、機会(と針と糸)をとらえて、心臓が脈打つたびに一針ごと縫っていく。ウィリアムズ同様、レーンは成功した。[*10] その日のことについて彼は、「疑いもなくこの成功は、心臓の縫合手術が実際に可能であることを証明する。これを機に、心臓手術に関する研究がさらに進むことを望む。

それによって多くの命を救えるかもしれないのだから」と書いている。

そして多くの命が救われた。レーンは一九〇七年に、世界中で一二〇件の心臓手術が行なわれ、そのうちのおよそ四〇パーセントが成功したと報告している。一〇〇パーセント成功したわけではないが（同じ手術による死亡率が一九パーセントにまで下がっているとはいえ、その点は現在でも変わらない）、かつては心臓の刺傷の必然的な結果であったほぼ確実な死を克服したことに間違いはない。

一八九三年以前は、心臓は触られさえしなかった。しかしそれ以後は触られるようになり、効率は手術が行なわれるたびに向上していった。振り返ると、進歩が緩慢であると思われた時期でも、発展は感じられていた。一九二三年、コーネル大学医学部のウォルター・リリエンソール博士は『タイム』誌に、「心臓手術は大きな成功を見てきた」と述べ、さらに今日ではいかにも地味に見えるいくつかの発明を一覧している。たとえば聴診器から入力される音を記録するフォノグラフ、鼓動する心臓を撮影するカメラ、アドレナリンによって心臓の鼓動を速められるという理解（死んでいるように見えた乳児に注射し、この男児を救うことができた）[*11]などである。当時これらの発明はすべて、加速する巨大な進歩の一環であるように見えた。ウィリアムズやレーンの時代と現代を分かつおよそ一世紀間の心臓手術の進展を物語るストーリーは無数にある。それは、身体のなかでももっとも荒々しい器官を新たな方法で手なずけられると信じていた野心的な人々、そして大統領であろうが貧者であろうが、手術の結果生き続けられた、あるいは努力の甲斐（かい）なく死んだ患者たちの物語だ。技術の進歩は患者に恩恵をもたらしてきたが、ときには患者を犠牲にすることもあった。心臓はいったん止められ、再起動された。鼓動する心臓は人から人へと移植されるようにさえなり、やがてその種の手術は、あたりまえとまでは言えないとしても少なくとも機械的な作業に見えるほどまでに完成を見た。とはいえ過去一〇〇年間のストーリーを取り上げる前に、それ以前の数千年の歴史を概観しておこう。

第2章　心臓の王子

誰もが目を疑った。観客が見守るなか、一人の男が町の広場でバーバリーマカク〔サルの一種〕の内臓をえぐり出して、「もとに戻してみよ」と皆に挑戦したのだ。狂気の沙汰に見えたが、この男は狂っていなかった。なにしろ彼はその後、医学の歴史上もっとも重要な科学者として誰にも認められるようになるのだ。ガレノスという名のこの男は、この瞬間に外科医かつ科学者として頭角を現わしたのである。

ペルガモンのガレノスは、紀元一二九年に、現在のトルコ領内のエーゲ海沿岸より少し内陸に入った場所にあるペルガモンで生まれた。彼自身の言によれば、思いやりのある息子で勤勉な学生だったのだそうだ。学校を終えると、息子が偉大な医者になる夢をみた父親の提案に従って偉大な学問都市アレクサンドリアに旅立つ。ガレノスは父がみたこの夢についてのちに頻繁に語っており、[*1] それにも後押しされてなおさら熱心に勉学に励んだのだ。訓練を積み、父を失ったあと、彼は自立を目指す。なにしろ生活費は自分で稼がねばならない。二八歳のとき、現代でも両親を心配させるたぐいの放浪の旅に出たあと、地元のペルガモンで剣闘士つきの医師になることで経歴を積む決心をする。しかし、それには問題があった。候補者は大勢いたのだ。だが、機会をみすみす見逃すわけにはいかなかった。

候補者は広場に集められた。そのときガレノスは、毛むくじゃらのサル（バーバリーマカク）を連れてきたとされている。他の医師たちが見つめるなか、ガレノスはサルの内臓をえぐり出す。まさに独擅場だ。実におぞましい狂気の光景が繰り広げられる。だが、彼には見込みがあった。彼はサルをまたいで立ち、「もとに戻してみよ」とあたりの人々に挑戦する。だが、ガレノスを除けば、それは誰にも不可能だった。かくして彼は仕事にありついた（すでに実質的に手にしていた仕事を確実に手にしたとする説もある）。このパフォーマンスによって彼が示したかったのは、剣闘士の治療には内臓をもとに戻す能力が求められるというようなところだったのだろう。だが、他の医師がそこに聞いたメッセージはおそらく、「私は尋常ではない。これからサルを切り開く。私からこの仕事を奪うことはできない」であったに違いない。いずれにせよ、このパフォーマンスは効いた。ガレノスはこのときすでに、名誉をもぎとるための大胆な技能を身につけていたのだ。

こうしてガレノスは剣闘士つきの医師になった。冬と春と秋のトーレニング期間は彼らと旅をした。彼は、血と汗にまみれた練達の剣闘士を治療する医師であり、彼らの身体、とりわけ心臓は普通の人々とは少しばかり違っていた。現在では、持久力を要する運動選手は、より多量の血液を身体に送り出すために左右の心室が拡大していることが知られている。また、鼓動間の弛緩も極端だ。それに対し、ボディービルダーなどの筋力を要する運動選手の心室は、必ずしも大きくはならず、弛緩はそれほどしない。剣闘士は、映画ではボディービルダーのごとく描かれているが、実際にはいなか町の太った力持ちのように見えたはずだ。彼らはいくぶん太るために（負傷から自己を守るのに体脂肪が役立つと考えられていた）、大麦やソラマメなどから成る特殊な菜食を実践していた。しかし剣闘士は訓練をするので、彼らの身体は、筋力と持久力双方の強化によって鍛えられていたと考えられる。おそらく心臓も混合的な性質を持ち、強くかつ大きくそれほど極端には弛緩しなかったのであろう。

夏には闘技会が開催される。ガレノスは負傷者の治療にあたらねばならない。コロセウムに立つと、二万五〇〇〇人の観客のあげる歓声やブーイングが聞こえる。彼らは乾いた大地のうえで剣闘士たちが闘う一大スペクタクルを楽しんでいる。自分たち自身が闘っているかのように感じている。ガレノスは彼らが呪詛（じゅそ）の言葉を吐くのを聞く。彼らが一斉に動く音が聞こえる。つまり大勢の観客の手や足が立て

ガレノス、現代医学の父、彼の影響は現在でも完全に失われたわけではない。（図版提供：The National Library of Medecine）

る音が。そして、彼らの身体の奥深くには、心臓、肝臓、腎臓、動脈、静脈が、目には見えずとも確かに存在することを彼は知っていた。だが、その機能は説明できなかった。熱狂する群衆の真っただ中に立つガレノスは栄光を夢見ていた。それは剣闘士の栄光ではなく、自分自身の栄光だった。

剣闘士の闘いは、それ以後発展するあらゆるスポーツ、つまり私たちがこれまで観戦してきたすべてのスポーツの起源をなす。古代ローマの闘技場の観客の表情や行動を、サッカーやフットボールに熱狂するフーリガンのそれと重ねるのはたやすい。ちなみに、古代ローマの闘技場は現代のスタジアムの元祖であるが、手術室の元祖でもある。武器を手にした剣闘士が闘技場で一戦を交える様子はガレノスにも刺激的であったろうが、彼にとってさらに刺激的だったのは、それに続く彼自身の戦い、すなわち負傷した剣闘士の命を救うための戦いであった。人を殺すことは誰にでもできる。しかし、少なくとも彼自身の言によれば、戦いに敗れ死なんとしている剣闘士を生かすことができるのはガレノスをおいて他にはいなかった。彼は自分こそ群衆の注目を浴びるに値すると感じていたのだ。

ガレノスの前任者は、負傷した剣闘士を大勢死なせていた。傷は深く、手の施しようのない感染が引き起こされたからだ。剣闘士は次々に死んでいった。だが、ガレノスは前任者とは違っていた。彼が治療した剣闘士で死んだ者は五人にすぎない。*2 サルを縫合する能力は剣闘士の縫合に実際に役立ったのかもしれない。あるいは、ガレノスは野望の大きさに匹敵するほど偉大たり得るくらいスケールの大きな人物だったのかもしれない。

剣闘士の身体を縫合している最中に、ガレノスはいくつかの科学的な発見をしている。剣闘士の身体は、筋肉、神経、静脈が、少なくとも一般人よりは明瞭な標本だと言える。医師はそこから何かを学べる。レオナルド・ダ・ヴィンチ〔ダ・ヴィンチについては次章で詳しく取り上げられる〕が身体の細かな外観を注意深くスケッチする一七〇〇年前に、ガレノスは身体の内部を観察する経験を毎日積んでいた。彼の言葉によれば、剣闘士の傷は「身体を覗き込む窓」だったのだ。それは喜びなのか？　それとも愛情なのか？　のちに彼は、恋人同士が再会したとき、あるいは引き裂かれたときをとらえて、心拍数の推移を追跡する実験を行なっている。恋愛は彼の心臓を激しく鼓動させた。そして彼は発見を愛した。だから彼の心臓はとめどなく脈打った。今日では、愛や怒りやその他の強い情動は、脳のもっとも古い領域に位置するニューロン群、扁桃体に影響を及ぼすことが知られている。扁桃体は、心臓を含むさまざまな身体器官に影響を及ぼすホルモンの分泌を促す。そしてホルモンは心臓の鼓動を速め、より多量の酸素が脳に送られる。しかしガレノスには、その効果を感じることができるだけだった。彼は、ほとんどの人が見たことのない生きた身体部位を目にして、自身の心臓が激しく脈打つのを感じた。

　ガレノスが生きていた頃の古代ローマ帝国では、ほとんどの医師は死体の心臓すら見たことがなかったはずだ。古代ローマ人は、死後の世界では何が必要かをあれこれ案じて、いかなる人体の解剖も禁じていた。あとで後悔しても遅いというわけである。だからガレノスは、剣闘士の切り裂かれた身体で満足しなければならなかった。彼は傷ついた身体を治療しながら、ときに必要以上に長く身体を観察した。もしかすると心臓の鼓動を目にしたこともあったのかもしれない。（彼はのちに、胸に感染症を抱えた少年の治療を依頼された折に、この少年の胸を切開し、間違いなく心臓の鼓動を見ている。あるいは、シカゴのダニエル・ヘイル・ウィリアムズの手による心臓手術に二〇〇〇年ほど先駆けて、心筋に切り込んだことすら考えられる）。ガレノスが動脈や静脈を見たことは間違いない。彼はそれらを十分に観察し、最初は心のなかで、やがてパピルスに体内の細かな地勢の外観をスケッチし始める。彼は、未踏の地域を探査する史上初の真の測量家、あるいは血の大海原を探検するキャプテン・クックだとも言えよう。確かに彼は、いくつかの身体領域の結びつきに関して、半島を島と見間違えるたぐいの誤りを犯しているが、後世の人々は、ガレノスの地図を見て、彼の手でそこに注意深く描かれた境界を恐る恐るチェックしつつ前進できたのである。

ガレノスは剣闘士の治療を続けるうちに学び、そして儲けた。ただし儲けより、得た知識のほうが多かった。彼はより多くを欲した。金も名誉も知識も。やがて剣闘士を治療する仕事を辞め、一種の巡回医師兼興行師として働き始める。医師という職業はすでに存在していたが、彼らの営為は診断と呼べるようなものではなかった。異論はあろうが、ガレノスは何が病気を引き起こしたのかを把握しつつ、複数の患者を対象にいくつかの治療法を試し、その結果に基づいて病因に対処しようとした史上初の医師と見なせる。彼はアレクサンドリアで科学を学び、のちには試行錯誤によって、（剣闘士の治療で求められた傷の縫合ばかりでなく）疾病の治療を学ぶようになった。こうして治療に携わるうちに、彼はさまざまな疾病に遭遇する。公衆の面前で患者を治療する、動物を解剖する、その他の見世物を披露するなどといったパフォーマンスによって、人々の支持と、個人的にではあれ彼らに教える機会を得ることができた。おもに公衆の面前での解剖や自分の治療能力のひけらかしを通じてではあるが、彼の研究は、人体や疾病を観察するたびにそれらに対する理解の深まりをもたらした。彼を動機づけていたのはパフォーマンスと研究であった。つまり彼はものごとを理解し、それを公衆の面前で披露したかったのだ。

当時（そしてその意味ではその後一四〇〇年間）、ガレノスにライバルはいなかった。現代のスコットランドからエジプトにわたって広がる古代ローマ帝国の全域で、彼の業績は賞賛された。ガレノスは生きた伝説になり、辺境地域では話が誇張され一種の半神の地位を与えられた。名声は彼のパフォーマンスを見た人々によって口から口へと、また書き物を通して伝わった。彼は自分の発見や、既知ながらまだしっかりと整理されていなかった知識を次々に書き残していったのである。これらの書き物は、ローマ帝国中で、さらにはそれを越えて貪(むさぼ)るように読まれた。名声と成功を手にした彼は、やがてローマ皇帝つきの医師になる。かつて剣闘士を治療していたときのあざやかな手つきで、皇帝の身体を癒すようになったのだ。もちろん実入りははるかによくなった。そして書き続けた。というより、むしろ語り続けたというべきか。つまり語ることで書いていた。一〇人を超える多忙な代書人が、彼の語る言葉を逐一記録し、それらはやがて心臓の生物学に関する詳細なコメントとなったのである。

心臓に関する自らの知識を記録していたとき、ガレノスは数千年の観察結果をもとにしていた。それには公式の記録もあったが、ハンターが仕留めたばかりの獲物を解体する際に見たに違いない心臓の鼓動などといった日常的な観察も含まれていた。彼以前にも、心臓は世界中の至るところで観察されていた。ゾウが仕留められたときには、その大きくて重い心臓は地面に投げ出され、広い洞窟のような血管が巨大な筋肉の部屋に入る様子が観察されたはずだ。鳥の小さな心臓は乾かされ、ひもに通して飾りとして身につけられた。クジラの心臓のそばに立ったアラスカの原住民は、自分が小さく感じられたことだろう。スペインのアルタミラの近くにあるピンダル洞窟の一万年前の壁画には、マンモスの身体に備わる鮮紅色の心臓が描かれている。動物の心臓は多様だが、それとして判別できる。それは、戦闘や事故で顕わになった人間の心臓と同じ様態で鼓動する。心臓の機能が知られる以前から、自分たちの親族であれ、鳥であれ、リスであれ、それが生命を測る目安であることが知られていた。恐怖を感じたり、何かを熱望したり、武者震いしたりするとき、鼓動は速まる。止まれば、その生物は死ぬ。心臓は薄い肋骨にかろうじて守られているだけで、かつても今も刺されれば命取りになる器官であり、もっとも脆弱な筋肉のかたまりなのである。現代でもナイフによる刺傷の多くは心臓に対するものだ。いかなるものにしろ、どんな動物のものであれ、心臓は脆弱であると同時に強力な器官だと言える。*3

　心臓の力がどのように理解されてきたかは場所によって異なる。しかし私たちがよく知っている心臓のストーリーは、時代と場所が異なってもさまざまな類似点を持つ。たとえばアステカ人にとって、心臓は太陽から借りた火に満ちているが、この火は死ぬときに返さねばならない。アステカ人は太陽に火をわずかながら返すために、生贄の脈打つ心臓を身体からえぐり出す。この切除（あるいはもっと野蛮な言い方をすれば引き裂き）を実行した神官は、それまでの人類の歴史における誰よりも、たくさんの生きた心臓を見たはずだ。心臓の重さや細かな特徴も知っていただろう。彼らは巨大な陶製のつぼに人の心臓を一杯に溜めておき、シーズンが終わると太陽に恵まれて実った穀物に感謝を捧げつつ深い穴や海に注いだ。そのときまでは、心臓は観察や考察の対象になるよう目につく場所に置かれた。考察の結果は記録されておらず、アステカ人は心臓の機能や目的について何のコメントも残していない。わかっているのは、他のほぼすべての文化と同様、心臓を重要なものと見なしていたことくらいである。彼らは、生贄の肝臓や腎臓や胃ではなく心臓を取り出していたのだから。

　海を隔てたエジプトでは、ミイラの身体には死後の世界に持ち込むために心臓だけが残された。心臓の火は死後も必要だと考えられていたのだ。時代が下ると、ギリシアではプラトンが心臓と炎を結びつけてとらえた。彼は、「心臓の膨張は不安や怒りでそれを脈打たせる。そしてそれは、火によって引き起こされる」と書いている。

たいていの文化のもとでは、心臓の特殊性は単なる生物学的レベルを超える。さまざまな文化のもとで、心臓は魂や精神、あるいは神もしくは神々の息吹の占める場所と見なされている。キリスト教徒のあいだでは、イエスは心臓の部屋に住んでいるとされていた。古代エジプトでは、心臓は魂、あるいは意識の宿る家とされていた。もちろん例外も存在する。オーストラリアのある種族は腎臓の周囲の脂肪に、[*4] メソポタミア人は肝臓に魂が宿ると信じていた。しかしこれらの事例は例外として際立つ。

人間の心臓の客観的な説明は、科学的な社会が誕生してから見られるようになった。ガレノスが活躍した時代よりはるか以前にさかのぼる紀元前二六〇〇年頃、およそ一八メートルの巻物に学者のイムホテップによって書かれた古代エジプトの医学百科事典エーベルス・パピルスには、心臓の生物学の最初の詳しい記述が見られる。現存する最古の写しは、比較的新しいもので紀元前一七〇〇年に作成されている。この巻物を注意深く広げれば、心臓に関するいくつかのストーリーを読める。その一つは、「医師の秘伝の起源：心臓とその動きに関する知識」と題するセクションに書かれている。そこでイムホテップは、「手足から（心臓へ）の血管が存在する。（……）どんな医師でも（……）手や指を頭部、後頭部、胃のあたり、手足に当てたあと、心臓を調べる。なぜならすべての四肢は血管を持ち、心臓はそれらの血管について語るからだ」と記している。エーベルス・パピルスでは、心臓はそれに至る血管とそこから出ていく血管を含むと考えられている。心臓は循環器系全体を指し、心筋のみならず頭部からつま先まで身体を流れる川を含む。ただし、当時はそれらが心臓に戻ってくることは知られていなかった。

心臓は、物理的な形態と抽象的な可能性の両方を通じてエジプト人に語りかけた。*5 しかしその知識にもかかわらず、彼らはそれが語るところをほとんど理解していなかったらしい。その動きは身体のどこでも感じることのできる意味を伝えた。それはストーリーをつむいだが、実際何を語っていたのだろうか？　エジプト人は、生きていることと同義である血の川の流れとそのざわめきに関して、説得力のある説明を与えることはできなかった。

イムホテップの時代から二三〇〇年が経過したエジプトのアレクサンドリアで、他のあらゆる知的な営み同様、身体の科学が新たな発展を遂げ始める。アレクサンドリアは、紀元前三三〇年にアレクサンダー大王の手で創設され、プトレマイオス一世の統治する理想的な都市になることが意図されていた。この世における生活を重視するアレクサンドリアは繁栄を極めた。そのため哲学者兼科学者たちは、身体を含む物質世界を探検するための権限と元手を手にできた。アレクサンドリアの科学は、単にムセイオン、あるいはアレクサンドリア・ムセイオンと呼ばれる、新たに建てられた壮麗な博物館で始まる。ムセイオンは知的な営為に捧げられた一種の大学であった。その近くのアレクサンドリア図書館には、かつて存在していた、世界の歴史のあらゆる記録が収められていた。

当時のアレクサンドリアを歩いていれば、心ここにあらずといった様子で新たな数学について熟考していたユークリッドや、地球の直径を測ろうとしていた（そして実際に誤差五〇マイル〔およそ八〇キロメートル〕以内の数値をはじき出した）エラトステネスに遭遇したことだろう。ヒッパルコスは星を分類し、ヘロンは蒸気機関の考案を試みていた。アルキメデスもここを訪れ学んでいた。

アレクサンドリアの解剖学者たちはムセイオンで仕事をし、図書館で資料を読んでいた。しかし真の発見が行なわれたのは、医学校においてである。この学校はその種の施設では最古のもので、そこでは、何千年にもわたる歴史のなかで史上初の、あるいは少なくとも科学的な目的に限ればおそらくはそれ以前も以後も行なわれたことのない解剖や生体解剖が許可されていた。犯罪者は生きているうちに生体解剖された。今日の私たちが持つ身体に関する知識の一部は、彼らのおぞましい運命のおかげでもある。当時の哲学者たちは彼らを生体解剖することで、生きた人体に関する明確な見方を獲得できたのだ。しかもそれは、それ以後の二〇〇〇年間流通していた見方よりも明確なものであった。彼らは身体の機能に関して仮説を立て、一つの命を犠牲にして一つの仮説を検証できたのである。

アレクサンドリアの哲学者兼解剖学者たちは、身体を観察する際、いにしえのイムホテップの知識を基盤にしていた。また、最近の発見も利用していた。紀元前五〇〇年頃、クロトンのアルクメオンは、解剖した動物の身体を観察しているとき、動脈と静脈が違って見えることに気づいた（それらの機能について、また、正確にどこがどう違うのか、なぜ違うのかについては彼自身にはまったくわからなかったが）。おそらく気づいた者は他にもいただろうが、それについて記録したアルクメオンは、最初の発見者の栄誉を手にすることができたのだ。アレクサンダー大王の助言者を務めたアリストテレス（紀元前三八四〜三二二）は、アルクメオンの観察結果に基づきつつ、いくつかの新たな発見を加えた。彼は、細かな部位を名指せるほど丹念に心臓を観察した。彼はそこに三つの部屋を見たと思った。左心室、左心房、そして右の「部屋」の三つである。現在では、この右の「部屋」が、右心室と右心房という二つの部位から構成されることが知られている。またアリストテレスは、心臓の重要性を再確認し、他の人々がしたようにそこに魂を宿らせたが、思考も授けた。それに対し脳は単なる粘液に満たされた器官にすぎず、[*6]心臓こそが思考する人間の器官だった。脳を使って思考すると考える今日の私たちには、それ以外に思考の場所を想定するのはむずかしい。しかし長きにわたり、心の場所は新たな理論が登場するたびに体内を移動してきたのである。

　アレクサンドリアでは、ヘロフィロス（紀元前三三五～二八〇）が、アリストテレスの知識に基づき、ある種の血管（私たちが動脈として知っているもの）が、別の種の血管（静脈）よりも厚く筋肉質であることに初めて気づいた。この発見により彼は賞賛された。[*7]アレクサンドリアにおいてさえ、無知の期間の長さに比べれば進歩の速度は緩慢だった。古代においては、発見という船は、依然として未知の海域で波浪にもてあそばれながらもたもたと進んでいたのである。ヘロフィロス（ときに出身地の名をとってカルセドンとも呼ばれる）は他の発見もしている。彼は、動脈も静脈も血液を含むことを見出した。それまでは、動脈、静脈、心臓は空気で満たされていると考えられていた（動脈〈artery〉は、「空気路（エアダクト）」を意味するラテン語に由来する）。このような誤解が生じたのは、鼓動する心臓の圧力が死ぬと失われるために、すぐに動脈（および程度は小さいながら静脈）から血液が退（ひ）き、やがて動脈は空気路に、心臓は容器になるからだ。心臓が空気に満ちているという考えは強固に根づいていたために、ヘロフィロスの友人や賢い同僚は彼の考えが誤りであると見なした。ヘロフィロスの同時代人で彼よりやや若いエラシストラトス（紀元前三〇四～二五〇）は、心筋、動脈、静脈には空気しか含まれていないと考えた一人である。ちなみに彼は愚か者どころではなく、心臓が一種のポンプであると正しく指摘した最初の身体の探検家であった。へロフィロスとエラシストラトスは、「いかなる物質が心臓から出て血管を通っていようが、それは身体に生気を賦活（ふかつ）している」という点では見解が一致していた。ガレノスは彼らの知識に基づいて、独自の観察事実の帝国を、すなわち以後何世紀にもわたってテストに耐え続ける事実の王国を構築したのだ。

おそらくガレノスは、彼の知的先駆者たちの業績を現代の私たちよりよく知っていたに違いない。というのも、アレクサンドリアの偉大な図書館はその後焼け落ちたため、私たちには、ガレノスの時代までに営々と蓄積されてきた知識のほんの一部しか知り得ないからである。ガレノス自身、学習のためにアレクサンドリアを訪れている。その後の彼は、とりわけ心臓や、現在では循環器系と呼ばれるシステムに関心を抱くようになった。彼はこのシステムを機械的なものと見なし（どうやらすでに、身体から神々と魂を喜々として追放していたらしい）、そのメカニズムを調査するために実験を試みようとした。しかし問題があった。剣闘士の治療を辞めたために、人体内部を観察する機会をほとんど持てなかったのだ。生体解剖はすでに過去のものとなっていた。彼には生体解剖も人体の一般的な解剖も許されていなかった。それどころか、人体を対象にする単純な実験、すなわち現代の西洋医学でも許可さえとれば行なえるような実験すら試すことができなかった。静脈をクリップで留めて閉塞したら何が起こるのだろうか？　血液はクリップで留めた位置のどちら側に溜まるのか？　このような問いは、それまで誰も立てたことがなかった。しかし被験者なくして、どうやってそれを試せるのだろうか？

ガレノスの進歩は、相似法則、つまり異なる動物種の身体が十分に似ている場合、一方を調査すれば、不完全ではあれ他方についても有用な情報が得られるとする原理に基づく。ダーウィンが登場する二〇〇〇年前に、ガレノスは人間と他の動物の血縁関係を認識し、その考えに依拠していたのである。その点は現代でも変わらない。新たな医薬品や治療法を検証するとき、まずモルモット、ラット、イヌ、ネコ、サルなどの実験動物を用いてテストが行なわれる。その理由は、人間の身体がいかに反応するかを測る有効な尺度として用いられるほど、人間とそれらの動物が類似すると見なされているからだ。人間以外の動物に効果を発揮すれば、その医薬品や治療法は次に人間を対象に試される（学生が被験者になることが多い）。ガレノスは次のように述べる。「種々の動物の身体は同じであり、ある動物を調査すれば別の動物について学べる。イヌを調査することで人間について学べるのだ」。彼が流布したおかげで、現代の研究者は動物実験を行なっているとも言える。そう、人間の代理として実験に供される無数のラット、マウス、モルモットという形態で、彼の遺産は現代でも生き続けているのだ。

ガレノスは相似法則を全面的に信じていたわけではない。彼はイヌやサルが人間ではないことを知っていたし、類似の身体が同一の身体を意味するわけではないことも知っていた（彼の弟子は忘れていたが）。その点を念頭に置きつつ、たとえばイヌを対象に解剖や実験を行なえば、人体の理解に役立つと考えていたのである。人体の解剖は古代ローマでは禁じられていたが、人間以外の動物の解剖は禁じられていなかった。好きなだけイヌを解剖しても構わなかった。だから彼はそうした。さらにブタ、ヤギ、ヒツジ、ウマ、ロバ、ラバ、ウシ、オオヤマネコ、シカ、クマ、イタチ、マウス、ヘビ、ゾウ、魚類、鳥類を、さらには自分で捕獲、あるいは輸入できる動物なら何でも解剖した。*8

ガレノスは心臓が血で満ちていることを、また、動脈と静脈が異なることを確証し、さらには動脈中と静脈中の血液が異なることを史上初めて観察した。前者は赤く、後者は紫色をしていた。こうして彼は、解剖を行なうごとに、心臓と循環器系に関して、現代の知識が依拠する観察を行なっていったのである。

心臓の一般的な特徴を描いたガレノスは、次の目標を心臓の機能の解明に置く。彼の視点からすると、それぞれの身体器官には機能と、一種の内的自律性があるはずだった。また、多くの器官は生存に必須の物質を生産すると考えていた。この考えは、紀元前四六〇年頃に生まれたヒポクラテスの業績と、彼の弟子によって『ヒポクラテス集典』として受け継がれてきた、より古い時代の身体のコスモロジーをガレノスなりに再解釈したものであった。肺は粘液を、胆嚢（たんのう）は胆汁を、脾臓（ひぞう）は憂鬱な黒胆汁を、そして肝臓は血液を生産する。人間が健康であるためには、これらの物質間でバランスが取れていなければならない。しかし、ヒポクラテスによれば心臓は違っていた。心臓は、はるかのちの時代に太陽に帰せられる重力のような力を持ち、物質を引き寄せると考えられていた。要するに、心臓は他の器官に何かを要求し、後者はそれに応じたのである。ガレノスはこれらの想定をもとに、循環器系の機能と自身が考えるものを、より詳細なレベルで導き出したのだ。

ガレノスは身体を観察する際、身体器官に関する従来の概念に影響されていた。たとえば、古代の科学という文化的な色眼鏡を通して、静脈は肝臓に端を発すると信じていた。彼の理論によれば、胃で消化された食物は濃い紫色の血液と混じり合い、静脈を通って身体の各部分に運ばれる。そして血液は身体の需要に従って栄養分を消費され、それから心臓に戻る。心臓では、血液は二箇所に流れ込む。一部（生きた血）は肺に運ばれると彼は正しく考えた。しかし、血液の大部分は、小さな穴を通って右心室から左心室に直接流れ込むとする彼の考えは間違っていた。また肺から出てくる血液は、心臓の左側に戻り、肺で集められた「スピリット」がそこから動脈を介して身体全体に運ばれると考えた（基本的にこれは正しい）。さらにガレノスは、身体のどこかで動脈と静脈が出会うと考えていた。[*9]

ガレノスの心臓の理解を最大限好意的に解釈すれば、基本的に彼は血液の循環を発見したと言えるかもしれない。肝臓の役割に関しては、彼は間違っていた（とはいえそれは部分的なものである。血糖は肝臓から放出される。したがって血液の含有物の一部は肝臓に由来する）。前述のとおり、血液は小さな穴を通って右心室から左心室に流れるという考えも誤りである。しかし、この誤りでさえ絶対的なものだとは言えない。というのも、彼が調査した身体には胎児のものもあったとすると、彼の考えは見かけよりも正しかったとすら考えられるからだ。哺乳類の胎児では、血液は実際に、卵円孔と呼ばれる、左右の（心室ではないが）心房のあいだの穴を通って直接流れる。この穴はしばらく開いているが、やがて発達中に閉じる。ガレノスのモデルの主要な問題は、「血液は肝臓で生産され、各器官で消費される」とする古来の信念に固執したことと、もちろん血液とその機能に関する彼の理論にある。しかし、彼のモデルは当たらずとも遠からずであったと言えよう。

生体解剖が許されていたなら、ガレノスはそれらに関して真実を見出していただろうと私は思う。彼の明晰な頭脳は、利用できる道具と既存の概念に限定されていた。要するに彼は、地質構造の変化や堆積作用などの過去のできごとから、地球の歴史を推測しなければならない地質学者に似た立場に置かれていたのだ。それは不可能ではないが困難である。そもそも地質学者でさえ、ガレノスよりは有利な立場にいる。彼らは火山を見て過去の火山を、地震を経験して過去の地震を想像できる。川底の堆積の状態を観察して、一〇〇〇年にわたる堆積の推移を推測できる。それに類することはガレノスには行なえなかった。脈打つ心臓も、それに関する手がかりを与えてくれるポンプも見ることができなかった。科学はたとえ（メタファー）や類推（アナロジー）によって進歩するケースも多いが、当時は心臓に似た機能を果たす機械はまだ発明されていなかった。

現在では一般に、ガレノスはものごとを間違ってとらえていたと見なされている。確かに彼はいくつかの事象の理解に関しては間違っていたが、それはどんな科学者にも当てはまる。私たちは、間違いそのものではなく、いかに既存の間違いが是正されたかに注目すべきである。彼は後退よりもはるかに大きな前進をもたらした。彼の誤りを批判する人々でさえ、彼の影響下に置かれていた。彼の発見は至るところに存在する。ガレノスは患者の脈を測ってそれを健康の指標として利用した最初の西洋の学者であり、熱のある患者を冷やし、寒気を感じている患者を暖めるよう初めて他の医師に奨励したのも彼であった。弱った身体を運動によって鍛えられるとする考えはガレノスに由来する。あまりにも画期的であったために、その後ほぼ二〇〇〇年にわたって実践されることのなかった真の革新もある。たとえば彼は針を使って白内障を除去した。その種の手術は、その後一八〇〇年間一度も行なわれなかった。どうやら彼は脳外科手術すら行なったらしい。頭蓋に穴をあけ腫瘍を切除したのだ。これは現代の腫瘍切除手術の先駆けと言える。[*10] ローマ市とその建築が現代の都市とそのデザインに多大な影響を与えているのと同様、ガレノスは現代の生活に強い影響を及ぼしている。自分がすべてを理解しているわけではないことを知っていたからこそ、彼は身体を理解しようと探究を続けたのだ。世代を追うごとに少しずつ身体に探りを入れ新たな真実を解明していくという探究方法も、彼の遺産である。

*

不運にもガレノスの死後ローマは衰退し始め、紀元四七六年頃のロムルス・アウグストゥスの死によってローマの西側の領域は完全な混沌(こんとん)状態に陥る。メソポタミア文化、エジプト文化、初期のギリシア文化、ローマ文化によって受け継がれてきた学問の火は消える。光は失われた。なだれ込んできた民族集団は、神にしか興味を持たないか、単に自己満足しているだけだった。アレクサンドリア図書館に収蔵されていた、原本のエーベルス・パピルスを含むパピルスの巻物は焼かれ、それとともに人体の探究も灰燼(かいじん)に帰した。

その後、かつては暗黒時代と呼ばれていた、他の何にも増して宗教が重視される時代が到来し、悲惨なできごとが起こり始める。小さな封建国家同士が戦争し合い、書字文化自体が失われた地域もあった。戦火を免れたギリシアやローマの医学文献は見向きもされなかった。これが一世代のあいだのできごとなら、誰かがかつての知識を覚えていたことだろう。しかしそれは何世代にもわたって起こり、無知は何百年も続いた。そのあいだに知識は失われ続け、やがてヨーロッパ全域の状況が、文明時代の夜明けを迎えんとしていた頃の狩猟採集民と同程度にしか自己の身体について知らない人々で占められていると思えるほど悪化した。彼らは心臓を、血液を送りだす器官ではなく魔術によって脈打つ器官と見なすような、精霊と無知の世界に住むようになった。輝く月や太陽を見上げてそこに神を見出し、動物や植物を見てそれらにも神を見出した。人が死ぬところを見ると、そこにも何の説明も配慮もなく身体を操り、折れるものを折り、取り去れるものを取り去る神を見出した。暗黒の運命観が、蓄積されたほぼすべての知識を消し去ったのである。

おそらくこれは言い過ぎであろう。歴史家のあいだでは、ローマ帝国滅亡から紀元一〇〇〇年頃までの期間を暗黒時代と呼ぶと不評を買うようになった。歴史家は、ここかしこに知識のポケットが存続していたと指摘するだろう。資料は大事に保護されていた。個々の小さな炎、つまり保存されていた知識の断片は世代から世代、手から手へと伝えられた。ヨーロッパでは大規模な喪失があったとはいえ、知識を大切に保存していた個人はいたはずだ。知識を求める者が誰もいなかったなどということがあり得たのか？　とはいえ心臓に関して言えば、暗黒時代の闇はほぼ完全だった。紀元四〇〇年から一四〇〇年のあいだ、心臓、動脈、静脈、血液の機能に関する新たな発見はほとんど何もなかった。この期間、知識はただ劣化するのみであった。現実に、一〇〇〇年から一四〇〇年にかけての心臓に関する知識は、紀元四〇〇年時点、それどころかガレノスが生涯を終えたキリスト生誕二〇〇年後の時代の知識に比べてさえ劣っていた。

当初ガレノスの業績は完全に失われたと考えられていた。西ヨーロッパでは、ただの一巻も彼の業績の写しが残されていなかったらしい。しかしローマ帝国の東側では、彼の書き物はラテン語からアラビア語へと翻訳し転写され、アラビア語で写しがとられるようになっていた。イスラム教徒の科学者は、ガレノスのみならず古代の知識全般が完全に失われるのを防いだ。ガレノスの言葉のすべてが翻訳されたわけではなく、また、翻訳の途上で意味や文脈が失われるケースもあったはずだ。しかし彼の炎は受け継がれた。西ヨーロッパ、とりわけイタリアの学者がこれらの翻訳を再発見したとき、彼らはそれを重宝した。過剰と言えるほどに。ガレノスの言葉は、当時のヨーロッパの知識に比べてあまりにも先進的に見え、それを基盤に新たな知識を築き上げていくための源泉としてではなく、古代から受け渡された解き明かされるべき知恵、言い換えると文字どおりの聖典として扱われたのである。人体の科学は、ガレノス、偉大なガレノス、完全無欠のガレノス、そして心臓の王子ガレノスを中心にまわり始める。

第3章　芸術が科学を発明する

すぐれた画家が描くおもな対象は二つある。それは人間、および魂の意図である。前者を描くのは容易だが、後者を描くのは困難だ。

――レオナルド・ダ・ヴィンチ（一四九〇頃）

一五〇八年のある日のことだ。午後も遅くなっていた。そのときレオナルド・ダ・ヴィンチ（一四五二～一五一九）は、フィレンツェの教会病院、サンタ・マリーア・ヌオーヴァ病院にいた。彼は医師ではなかったが、かつてこの世に生を受けた他の誰よりも、つまりガレノスよりも人体についてよく知っていた。彼は一〇〇歳を超える老人と話をしていた。歴史では、単に「老いた人（イル・ヴェッキオ）」として知られるこの人物は、親切で多弁だった。彼は大いなる人生を歩んできた。ダ・ヴィンチはミラノから戻ったばかりで、優雅な衣服を身につけていた。おそらく紫の外套（がいとう）を着、ピンクのケープをまとっていたのだろう。実に洗練され、美しかった。彼は覆いかぶさるようにして、オニオンスキン紙（タマネギの皮のように薄い紙）のようなイル・ヴェッキオの皮膚を指で穏やかに触る。すると突然イル・ヴェッキオは死ぬ。ぽっくりと死んだのだ。ダ・ヴィンチは、ナイフを取り出して身体の解剖に取り掛かる前に、いたわりながらイル・ヴェッキオを抱える。それから衣服をたくし上げて、まだ暖かい身体に切れ目を入れる。これは真の解剖である。検死解剖（autopsy）という語は、「自分自身で見る」を意味するギリシア語に由来する。このときダ・ヴィンチは、まさにそれを行なおうとしていたのだ。

今日では、寿命は無際限に延びつつあるように思える。死はあらゆる手段を尽くして先に延ばされる。ダ・ヴィンチにとって、医学の目的は死を防ぐことではなく、相応の長さのよき人生を送ったのちに、彼の言葉を借りると甘き死を甘受することにあった。よき人生のあとの甘き死は、望み得る最善の結果であった。当時のもっともありふれた死因は、天然痘、感染症、狂犬病、激しい悪寒と痛みをともなうマラリアなど、いずれも激烈なものだった。しかしイル・ヴェッキオは痛みを感じずに死んだ。自然で必然的なプロセスを経て死んだのである。年をとることの何がかくも甘い死を引き起こすのか？これは、昔も今も未来も、この世に生を受けた誰もが無関心ではいられない謎である。

偉大な芸術家は胸部にゆっくりと切れ目を入れ始める。イル・ヴェッキオの身体は、彼が普段扱っているウシやウマに比べると繊細で小さい。*1 指、つま先、静脈、骨、神経など、各部位をじっくり観察するには忍耐が必要だ。どの切込みも無駄にはできない。切れ目を入れるごとに、人体の真実を理解するために、そしてそれを描く技能を向上させるためにスケッチをする。ダ・ヴィンチは何かを探しているわけではなかった。彼は探検していたのだ。人体に関してはほとんど何も知られていなかった。ガレノス以来、最低限の進歩を見ただけであった。何が起こっても不思議ではなかった。もしかすると肝臓は爆発するかもしれない。脳は黄色くなるかもしれない。皮膚や身体器官には無数のシナリオが待ち受けており、そのいずれもが起こり得た。彼は自分の見たものについて熟考した。*2

ルネサンス初期の他の多くの芸術家同様、ダ・ヴィンチの生まれは卑しかった。彼はトスカーナ地方の小さな町で未婚の母のもとに生まれている。*3 その町から、父と暮らすためにヴィンチという名の町に送られたらしい。後世になるとこの町は、あたかも町の名称が彼の名前をとったかのごとく、彼の名のゆえに知られるようになる。のちに書かれた自身の記述によれば、彼は戸外に置かれたゆりかごで寝ていた。そして田舎の少年として育つ。夜空は暗かった。日中は鳥が木のまわりを活発に飛び回る様子を観察していた。凧がすぐそばに落ちてきて、その尾が彼の顔をかすったこともある。

今では、レオナルドの若き日の何気ないできごとが、のちの偉大な人生を暗示する特別な予兆であったかのように思える。晩年になってからの彼にもそう思えた。しかしそのときにはそうは思えなかった。芸術の才能を示し始める以前の幼少期の彼は、至って普通の少年であった。一四歳のとき、公証人の父は、ある落ちぶれた男から盾の紋章の描画を依頼された。レオナルドにその作業を任せると、彼はみごとな怪物の紋章を描いたので、父のセル・ピエロはすぐにそれを売り払って儲け、(少なくとも本書の文脈からすると)奇しくも、ごく単純な心臓の絵が描かれた類似の盾をどこかで安く買ってきてその代わりにした。

この盾の話がうそかまことかは別として、彼の芸術の才はあるときから父に認められ、一四~五歳の頃には、父が圧力をかけたこともあってフィレンツェを本拠地とする芸術家アンドレア・デル・ヴェロッキオ(一四三五~一四八八)が、彼を弟子にしたいと申し出た。この弟子入りは彼が突っ走るきっかけになった。*4

当時のフィレンツェにおいてはほぼすべてのものごとに当てはまるが、弟子入りは金持ちのみに許されるぜいたくであった。ダ・ヴィンチはルネサンス黎明(れいめい)期に生まれている。彼の誕生は、知識や美が再び重宝される新時代の始まりを画した。これは、最初は芸術、やがて科学の分野で起こったが、知性の問題であるとともに金銭の問題でもあった。フィレンツェでは、商人、とりわけメディチ家の人々は、芸術作品の購買や依頼などに、途方もない出費が可能なほどの富を蓄積していた。富裕な人々は、作品の購入や贈り物を通じて、芸術家が芸術だけで暮らしていける文化を作り上げた。このような文化のもとで、芸術家は古代の技法を探究したり、新たな技法を創造したりすることが可能になったのである。古代の作品を検討すると、それらは完全であるように思われ、当時の芸術家たちは、それらが古代の技法を再学習するための格好の出発点になることに気づいた。かくして古代の技法を学習すると、彼らはもたつきながらもそれを自らの芸術活動の基盤として利用し始める。ダ・ヴィンチ、ミケランジェロ、ティツィアーノらの偉大な芸術家は、このような基盤を踏み台にして頭角を現わしたのである。

ダ・ヴィンチは、自身で注文を受け自活できるようになる前に、師匠のヴェロッキオの工房で一〇年近く弟子として訓練を積んだ。ダ・ヴィンチの署名の入った最初の作品は、独立直後に制作されたものである。それには、のちの彼自身の言葉を借りると、心臓を通る血のごとく、筋肉のような丘を縫いながらアルノ川が流れる様子が描かれている。

独立を果たしたダ・ヴィンチは、彼に大きな期待をかけ、概して驚くほど忍耐強いパトロンの支援を受けるようになる。彼は駆け出しの頃から非常にゆっくりと仕事をした。絵を描くには、まず適切な絵の具を自分で発明する必要があった。遠近法に対する新たなアプローチを考案する必要もあった〔空気遠近法を指す〕。しかし何よりも、解剖をしなければならないと感じていた。ルネサンス期の芸術家のほとんどは、細かな身体描写の訓練に解剖が有益だと考えていた。彼らには、「身体の力、脆弱性、現実性を、芸術という形態でより効果的に表現する」ために、身体について知る必要があったのだ。レオン・バッティスタ・アルベルティ（一四〇四〜一四七二）は、絵の訓練に必要な、身体に関する三つの要素があることを示唆し、広範に流布していた（基本的にギリシア流儀の）心情を吐露した。三つの要素とは、骨格の組み立て、筋肉の配置と構成、そして皮膚と脂肪である。これらは、ヴェロッキオやミケランジェロ（一四七五〜一五六四）らのアプローチにも取り入れられている。ダ・ヴィンチは、骨、筋肉、皮膚を学んだ点では当時の他の芸術家と同じだったが、それ以外の身体部位を徹底的に調査した点ではきわめて異例だった。彼は体内の隙間を覗き込み、自らが語るように、解剖を行なうたびに未踏の深い洞窟に入った少年のごとく振る舞った。いかに探検が恐怖に満ちたものになろうと、真実に至るルートを見出すために、暗闇に閉ざされた洞窟の奥へ奥へとつねに進んでいった。そしてその際、そこに何があるかばかりでなく、いかに、また何のために機能しているのかを見極めようとした。人体の理解への貢献は、他の芸術家たちが切望していた一種の本能的なリアリズムを彼の芸術に加味する結果をもたらし、さらには新たな科学的発見をも可能にしたのだ。

探究を進めるにつれ、ダ・ヴィンチは、目の生物学、神経生物学、生殖生物学、血管や心臓の研究などの解剖学のさまざまな下位分野で認知される、真の科学的な飛躍をもたらした。（アルノ川を描いてから一五年後の一四八五年頃に行なわれた）現存するもっとも初期の解剖学研究でさえ、粗いスケッチながら、かつて記録されたことのない血管の結合や身体器官の特徴が描かれ、将来の発見の基盤をそこに見て取れる。[*5] 他の科学者同様、彼には何が進歩で、何が再発見なのかをつねに確信していたわけではなかったが、とにかく自分の発見をすべて等しく記録していった。異論はあろうが、彼のもっとも偉大な業績は、心臓や血管について記したノートである。[*6] 彼は心臓と血管の解剖を、最初はウマ、次にウシ、それからさらなるウシと、動物を用いて始めている。これらの動物の血管は、彼には子どもの頃に探検し、大人になってからはスケッチを楽しんだ川のように見えた。それらは、血液と未知の魔法を運んで身体中を流れていた。それらはどこに達しているのだろう？ いかに機能しているのか？ 何が血液を動かしているのか？ その理由は？ 初期の解剖では、彼は苦労を強いられた。ガレノスの教えに非常に強い影響を受けていたため（一〇〇〇年のあいだ、ガレノス以上の業績を残した者はいなかった）、実際には存在しないにもかかわらず、ガレノスが提起した構造を体内に発見したと思い込むこともあった。しかし時が経つと、ダ・ヴィンチは自分の目の確かさと、その目で見たものを信じ、それに基づいて自分自身で身体の機能を考察するようになる。ガレノスのくびきから完全には自由になれなかったが、やがて彼は（そして彼のみが）、単に過去の知識を再確認するのではなく、新たな真実を発見するようになった。[*7]

人間や他の動物の身体を考察するにあたり、ダ・ヴィンチは身体を一種の機械、「動き回り生存するための乗り物」と見なし始める。[*8] ポンプやレバーやギアから成る分析可能な乗り物と考えたのだ。この現代的とも言える感覚がかくも明瞭に表現されたことは、彼以前には一度もなかった。[*9] この機械を研究するにあたり、彼は少しずつガレノスの考えを取り上げ始め、自分の目で見たものと異なる場合には洗練したり、ときにはまったく覆したりした。ガレノスは、血液が肝臓で生産され、そこから心臓を経て肺に流れ込みそこで使われると考えた。しかしダ・ヴィンチは、血液が肝臓、心臓、肺のあいだのみならず、すべての動脈、静脈を通って流れていることを観察した。彼にとって、それは明らかに思われた。さらには、肝臓ではなく心臓が血管システムの中心であることも明白だった。胎児の心臓も鼓動する。それは素早く鼓動し、原初的であり、心臓が生きていることの本質であるのは明らかだ。脳は魂の座だが（今日の私たちなら意識の座と言うだろう）、心臓はその代理者であり、筋肉質の容器であった。初めて四つの心臓の部屋を正確に描写し、心房と心室がそろって収縮しなければならないことを観察したのはダ・ヴィンチであった。彼はさらに、心臓の弁と動脈を通る血液が一方向に流れることに気づいた。血液は一方向に流れ、決して逆流しない。これらの地味な発見は、解剖学におけるおよそ一〇〇〇年ぶりの真の進歩だったのだ。

絵画における『モナ・リザ』と『最後の晩餐（ばんさん）』同様、血管と心臓の部屋に関するダ・ヴィンチの科学的発見のなかでも際立つ業績が二つある。一つは、現在の私たちが生理学的モデルと呼ぶものに基づく。彼は川を観察して、流れの動力学を理解した。一四九八年から一〇年近く、「流れ」に対する考えが彼の頭を占めていた。川の水がなぜ、そしていかに動くのかを把握しようとして、重りを乗せた浮きや、木の葉、コーク、紙、種子、さらには水で満たした管にインクを落としたものなどをアルノ川に流した。そして、川の水が土手（あるいは実験では、ガラス管）に押しつけられたときに、渦や小さな水の輪が形成されるのを見た。それから彼は、その基盤となる水の動きを理解するために、これらの物体が動く様子をスケッチしたり絵に描いたりした。

ダ・ヴィンチは、川のなかにそそり立つ岩のように、位置によって流れを許したり止めたりする心臓の弁を通って、いかに血液が流れるのかに関心を抱く。彼は一五一三年以後、バチカンの壁の内側にある病院で働きながら、心臓の弁やその近くの血管の緻密な解剖を行なっている（また、当時彼と同じくそこで解剖を行なっていたミケランジェロと小さないさかいを起こしている）。こうしてダ・ヴィンチは、バチカンの病院での仕事を通して心臓の弁をはっきりと観察し、細かく描写することができた。そして一九世紀後半になるまで、心臓の弁がそれ以上の詳細さで描かれることはなかった。

心臓の弁の特徴を把握した彼は、次にその機能の理解を目指す。生きた動物の心臓が機能する様子を観察することはできなかったため、彼は身体ではなく物理的なシステム、すなわち川の観察に立ち返って、血管、血液、弁の生物物理的システムを理解し、その機能を推測しようとした。あるシステムを別のシステムのモデルとして用いるこの方法は、現代科学のもっとも一般的なアプローチの一つだが、彼が生きていた時代には事情はまったく異なっていた。彼は肝臓の研究に基づいて、血管が細くなるほど血流が速くなると推測した。その推測は一般に正しい。*10 また、大きな左心室が収縮する際、大動脈弁が閉じる前に、いったん左心室から出た血液がその弁を通ってもとの心室に逆流するのを防ぐことは困難であろうと推測した。大動脈弁はおよそ一秒に一回開閉する。したがって、開口部はきつく、そして迅速にふさがれねばならない。このような迅速な開閉が生じ得る理由は、各弁の真上にある大動脈の隆起部（のちにイタリアの解剖学者の名をとってバルサルバ洞と呼ばれるようになる）を一つの要因として形成される小さな渦にあると、ダ・ヴィンチは考えた。彼はこの予測を、ガラス製の動脈、つまり人工の大動脈を製作してそれに種子を含む液体を流すことで検証した。種子の動きを観察した彼は、自分の説が検証されたと感じた。彼の考えによれば、左心室の出口にある弁を血液が通過する際、渦が形成され、弁が

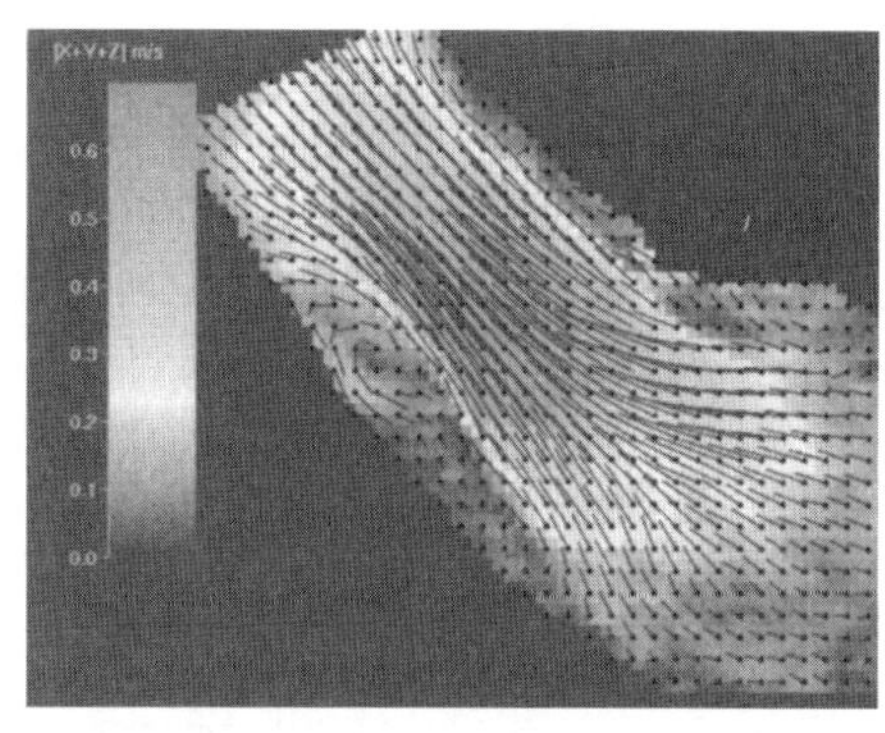

左：ダ・ヴィンチのスケッチを単純化して描き直した渦（図版提供：Jennifer Landin）。右：ダ・ヴィンチの死後およそ400年が経過してからコンピューターを用いて描いた同じ渦のモデル（図版提供：Copyright © 2014. Tal Geva, MD）

閉じるのを支援する。彼は正しかった。ただし、二人の技師ブライアン&フランシス・ベルハウスが、ダ・ヴィンチが用いたものと本質的に変わらない方法によって、この予測を一九六八年に再検証するまで、誰もそれに気がつかなかった。二人も人工の大動脈を構築して、人工の血液の動きを観察したのである。[*11] 二人は論文を発表したときには、自分たちが初めて渦に気づいたのだと思っていたが、一年後にはダ・ヴィンチに四〇〇年も先を越されていた事実を発見する破目になる。[*12]

しかしダ・ヴィンチの最大の科学的発見は、イル・ヴェッキオに見出したものに基づく。それは古代アレクサンドリア以来、もっとも克明に観察された全人体の解剖記録である。[*13] 彼はイル・ヴェッキオの解剖に、身体が腐敗し悪臭を放ちバラバラになるほど十分な時間をかけた。この作業は退屈で不快だった。彼はノートに次のように書いている（やや自画自賛のきらいがあるが）。

（解剖のような）仕事をしたいと思っても、胃のせいで作業が続けられなくなるかもしれない。それが問題にならなくとも、皮をはがれた身体を恐る恐る眺めながら夜を過ごさねばならないという恐怖に耐えられないこともある。それも障害ではなかったとしても、この仕事に必要な製図法を会得していないかもしれない。それを会得していたとしても、遠近法がともなわれていない場合もある。それがともなわれていても、幾何学的原理や、筋肉の力を計算するための原理を知らないかもしれない。あるいは、単純に忍耐力を欠いているかもしれない。

ダ・ヴィンチはこれらの資質をすべて備えていた。だから彼はイル・ヴェッキオを解剖することで、数々の発見をすることができたのだ。それには、またもや川のモデルを適用することで推定した死因も含まれる。この時点ですでに、川は古くなればなるほどそれだけ曲がりくねることを観察し知っていた。若い川は、まっすぐに大地を流れ下る。しかし時が経つにつれ、岸に土砂が堆積して、川は次第に曲がりくねる。水は圧縮されないので、隘路（あいろ）を通る際には、強い圧力のもと迅速に流れねばならない。長い年月が経過するにつれ、急な湾曲部を突き切るほど圧力が増して川岸が破壊されるまで、川は曲がりくねって狭くなり、その長さはどんどん伸びていく。ダ・ヴィンチは、齢を重ねるにつれ曲がり、よれ、狭くなったイル・ヴェッキオの血管に、かろうじて血流を維持できるほど狭くなった箇所を見出した。イル・ヴェッキオの動脈は、ダ・ヴィンチがそれまでに観察してきた「空を飛ぶ鳥や、草原をうろつく野獣」の血管より、もろくなり、よれ、狭隘化（きょうあいか）していた。よれて狭くなった部分は、血液が運ぶ栄養が、それを必要とする身体の部位に到達するのを妨げ、そのために身体は飢えた。彼は、血液が肺から酸素を、肝臓から糖を運ぶことを知らなかった。また、それらが供給されなければ、脳は三分で飢餓に陥り、身体はやがて死ぬことを知らなかった。とはいえ彼は、動脈壁の硬化や肥厚が何を引き起こし得るかを理解していた。ダ・ヴィンチは、人が高齢に達すると、動脈が硬化し、狭くなり、その結果、やがてつまることを発見した。イル・ヴェッキオの甘き死は、現代ではアテローム性動脈硬化と呼ばれる症状によって引き起こされたのである。

ダ・ヴィンチは、これらの発見や、他の器官、出生、胎児の生態、関節などに関する同様に画期的な発見のすべてを合わせて、ガレノス以来のもっとも包括的な解剖学の書物として残せたはずだ。事実彼は、「解剖学全書」を書くことの可能性を議論している。一五一〇年の冬には、おそらくそのような書物の執筆を目指して、解剖学者のマルカントニオ・デッラ・トッレ（一四八一～一五一一）と一緒に作業をしている。それは実際に書かれた可能性もある。一五一八年にダ・ヴィンチは、アラゴンの枢機卿に文書を見せている。この失われた文書は、ダ・ヴィンチの最高傑作となるべきものだったのだろうか？　そうだと考える者もいる。いずれにせよ、この文書に言及する記録は、枢機卿の秘書が書いたノートしか残されていない。

この紳士は、これまで他の誰もなし得なかったような方法で微に入り細を穿って描かれた、手足、筋肉、神経、静脈、靭帯、腸、さらには男女の身体を論じるために必要な他のあらゆる器官に関する図を示しながら解剖学について書いている。われわれは、わが目でしかとそれを見た。彼はまた、他のことがらについても書いている。それらはラテン語ではなく卑俗な言葉で、無数の巻にわたって書かれている。それらが公刊されれば利益になるし、読者はさぞかし楽しめるだろう。

どうやらダ・ヴィンチは枢機卿という強力な後援者を得たらしい。しかも芸術ではなく、驚くべきことに科学の後援者を。彼は家に帰って、枢機卿に見せた文書を完成させたのかもしれない。しかし枢機卿は知らなかったことだが、ダ・ヴィンチはすでに卒中に見舞われたことがあった。それが普通の卒中なら、アテローム性動脈硬化によって形成された斑(プラーク)が血液の流れや心臓の鼓動の圧力によってたまたまはがれ、おそらくは凝結した血とともに、脳の細い血管に送られてそこで災厄を引き起こしたのだろう。だから彼は、すでに手を動かせなくなっていた。文章を書くことも、図を描くこともできなかったはずだ。この一年後に、(おそらくは再度の卒中によって)彼は死んでいる。かくして、いかなる書物が書かれていたにせよ完成を見ることはなく、彼の知識は、ノートという形態で残されているもの以外は失われてしまったのである。

彼の死後、弟子の一人フランチェスコ・メルツィは、彼の残した書き物から、待望される解剖学全書を起こそうとした。メルツィは全生涯をかけてこのプロジェクトに取り組み、単純にダ・ヴィンチの発見をそのまま伝えようと試みた。しかし、この課題はあまりにも困難だった。ダ・ヴィンチは文字を逆向きに書くよう自分を慣らしていたため〔ダ・ヴィンチは左右を逆転させた鏡文字で書いていた〕、メルツィは逆向きに読むべく学ばねばならなかった。問題はそれに留まらなかった。ダ・ヴィンチには、いくつかの単語を融合して奇妙な複合語を造語したり、大した理由もないのに通常の単語を分解して使ったりする癖があり、また、彼は句読点をまったく打たなかった。（これらすべては、枢機卿が読んだ文書が、ダ・ヴィンチの残したノートより洗練されたものであったことを示唆する）。しかし、それよりもさらに大きな問題があった。ダ・ヴィンチの書き物を読む現代の私たちには彼の洞察が理解できるが、同時代人にとってその内容は、あまりにも革新的すぎた。おそらくメルツィは、真の発見と、狂人の発したでまかせのように思われる箇所を必死に区別しようとしたことだろう。ダ・ヴィンチは同僚の反応を斟酌（しんしゃく）することなく、自信満々に科学の限界を突き破っていったのに対し、メルツィには同僚の反応が気になった。彼は自分の師匠が愚かに見えることを望まなかったのだ。ダ・ヴィンチの書き物のほとんどは彼の天与の才の賜物（たまもの）であることをメルツィは知っていた。だが、全部がそうだと言えるのか？　それは彼にはわからなかった。その結果、メルツィはプロジェクトを完成させることができなかった。一五六八年にメルツィが死んだとき、ダ・ヴィンチのノートは依然として混乱したままだった（メルツィは、少なくとも五〇〇〇枚は抱えていた）。メルツィはノートに基づいて九〇〇章以上を編纂（へんさん）したが、それらは混乱を極めていた。かつてこの世に生を受けた誰よりも多くの発見をした人物を、メルツィが理解することはついぞなかったのである。かくしてダ・ヴィンチの偉大な解剖学全書は日の目を見ることがなかった。その代わり、それまでの人体の理解を変える寸前まで達した彼の科学的業績は、彼の最大の発見が別の科学者によって再度なされるまで単に忘れられていった。

確かにダ・ヴィンチは、自分の洞察をめぐって同僚と議論を戦わせている。*14 いくつかのスケッチを見せびらかしたに違いない。一人の老人を解剖したというのに、ワインを飲みながら仲間とそれについて語り合わなかったとは考えにくい。ちなみに歴史家の集めた食料雑貨品店の勘定書きによれば、ダ・

ヴィンチは大量のワインを購入している。たぶん彼は「彼の動脈がどんな状態だったか、きみたちには想像もつかないだろうね」と仲間に語ったに違いない。彼の死後数十年のあいだにノートは消失し、人々の話題にものぼらなくなった。破棄されたノートもあったのだろう。メルツィらの仲間や富裕な家族、あるいは宗教指導者の手に渡ったものもあるかもしれない。これらのノートの一部は、一九世紀の後半に再発見され翻訳されている。一九六〇年代まで待たねばならなかったノートもある。いずれにせよ、彼の業績の多くは見つかっていない。したがって、血流、アテローム性動脈硬化、心臓弁の機能に関するダ・ヴィンチの偉大な洞察は見失われたまま、心臓をめぐる知識の再発見にわずかの役割しか、あるいはまったく何の役割も果たさなかった。とどのつまり、ダ・ヴィンチという人物は、「まだ夜のとばりがおりたままの、あまりにも早い時間に目覚めてしまった」のだ。[*15] ケネス・キールが書いているように、「現在私たちが科学と呼んでいる領域における彼の甚大な努力は、残念ながら彼の仲間たちをまどろみから揺り起こせなかった」。彼が後世の科学に何らかの影響を及ぼしたとすると、それは丹念な解剖より芸術のためであったと考えられる。『モナ・リザ』[*16]や『最後の晩餐』を始めとする彼の絵画作品では、パトロンは彼の筆致に偉大さを見出している。それは、身体や骨、あるいは鼓動する心臓の理解に基づいて描かれた絵画の偉大さなのである。

第4章　血液の軌道

一五三三年にベルギーをあとにしたとき、アンドレアス・ヴェサリウスは一九歳にすぎなかった。だが、必ずや自分は偉大な人物になると信じていた。この信念を成就するためにはどこに行くべきかをしばし考え、イタリアのパドヴァ以外にないと結論した。パドヴァでは、科学が復活しつつあったのだ。科学、とりわけ医学の歴史を通じて、ヴェサリウスが数十年間暮らしていた頃のパドヴァほど重要な場所はない。彼は偉大になるためにパドヴァに行ったのである。

パドヴァは現在の北イタリアに位置するが、ヴェサリウスが訪れた頃は、ヴェネツィア共和国の一小都市であった。ヴェネツィアでは、共和国のリーダーたる総督は、絹のガウンを着て三角形の帽子をかぶった一種の神にして王であった。一五世紀後半から一六世紀前半にかけて、ヴェネツィアの総督は何代か続けて、富裕なコミュニティーのリーダーと協力し合いながら、教育に資金を投入してヴェネツィアを科学の一大勢力に仕立て上げようとしていた。当時のヴェネツィアはすでに、海陸の軍事力に関しては一大勢力を築き上げていたが、今や学問の中心地にならんとしていたのだ。ダ・ヴィンチの死後、一六世紀中頃には、熱意にあふれた若い学者（解剖学者も含む）が、パドヴァに集まり始めた。かくしてパドヴァの評判は高まっていく。

評判どおりの偉大さを求めてパドヴァにやって来たヴェサリウスではあったが、確かに分野によってはそれが見つかっても、彼の観点からすると解剖学は違っていた。パドヴァの解剖学劇場は、知識の殿堂というよりサーカスのように見えた。死体の下をイヌが這い、すべてが腐って悪臭を放っていた。しかしそれよりひどかったのは、学生と教授たちの反応であった。ヴェサリウスは、彼らが新たな知識を貪欲に求めて目の前の死体を熱心に見つめているはずだと思っていた。ところが彼らはあらぬ方角を見ていたのだ。たとえば、神の病院（Hospital Dieu）のうす暗い地階では教授が本を読み、助手が死体を解剖し、もう一人が該当する部位を持ち上げるか指差していた。そこでは何も明らかにされていなかった。身体の特徴も、そして間違いなく真実も。これはダ・ヴィンチの死からまだ二〇年しか経っていない頃の話だが、どうやらすでに彼の教訓はほぼすべて失われていたらしい。

ヴェサリウスがそこに見た科学は真の科学ではなかった。それは新たな真実を解明する試みと言うより、何世紀も以前に得られた知識を解剖学者がひけらかす、科学の装いをこらした一種の教化であった。この種の教化解剖学は一三一五年に起源を持つ。そのときボローニャ出身の一人の女性が死刑を言い渡され処刑された。モンディーノ・デ・ルッツィという名の解剖学の教授が彼女の死体を引き取り、バチカンの同意を得て、人体について学生に教えるために解剖を始めた。それ以前の解剖は、検死を目的に行なわれていた。たとえば、一二八六年にクレモナ、パルマ、およびその近郊の町でニワトリと人々を襲う疾病が発生した際、原因を特定するために多数のニワトリと数体の人間の死体が解剖されている。それによって心臓に腫れ物や突起物が発見されたと記されているが、それが現在の医学では何の症状にあたるのかはよくわからない。いずれにせよそれは、ニワトリや卵を食べてはならないとするお触れを出すには十分だったが、[*1]当時実施されていた他の解剖と同様、教育や新しい科学という面ではほとんど何の進歩ももたらさなかった。だがルッツィの解剖を皮切りに、解剖の非公式の手順が確立される。解剖は四日間続けられることになった。それを過ぎると、誰にも耐えられない悪臭のひどさで解剖を続けることはとてもできなかった。また解剖は、ボローニャ出身の女性のような犯罪者の死体を用いて、年に一回または二回行なわれ、身体を解剖し尽くすのが常識となった。（これはそれ以前の慣習とは異なる。それ以前は、解剖のあとでも家族が訪問する場合があることを考慮して、身体の形状が保たれるのが一般的であった）。これらの解剖学講義をもとに、ルッツィは既存の解剖の知識について論じた初めての書物『アナトミア（*Anathomia*）』を著す。この書の目的は、当時の解剖学そのものと同様、今日私たちが知る科学の追及ではなく、それまで隠されていた身体の内部を単に見せ、教育することにあった。彼の書は教科書であり、そこに進歩が見られたとしても、それは身体の生物学ではなく解剖の方法における進歩だった。完璧な解剖は真実ではなく神を明らかにした。のちに神が宿っているはずの心臓にメスが入れられ、筋肉しか発見できなかったとき、解剖はガレノスの知識を明らかにする。しかしそれでも不十分だった。たとえば、ルッツィの書に含まれる心臓の解剖図は、ガレノスが一〇〇〇年以上前に描いたものより不正確であった。これが学問的な解剖の伝統の実態であり、ダ・ヴィンチの業績とは比べ物にならなかった。それは、いかに間違っていようが、細部に至るまで過去を再発見することに焦点を置く伝統だったのである。

ヴェサリウスは当初、見て学ぶこの伝統に従っていたが、やがてそれに大きな不満を募らせていく。

彼は発見したかった。発見はすでに過去のものになったわけではない。身体の器官には、これまでに明らかにされてきた以上のものが潜んでいるはずだ。ヴェサリウスは、ルッツィの伝統に基づく年に二回に加えて独自の解剖を行なうようになる。少なくとも彼自身の言葉によれば、それによって彼は、実際に身体の血を研究するただ一人の学徒となった。同僚にやめるよう促され、ときには脅されることもあった（解剖学者同士の殴る蹴るのけんかはさして珍しくはなかった）。彼は教師たちにかみつき、「ステーキを切るため以外にナイフを手にしたことがない」と自分の師匠をこき下ろした。次々に身体を解剖して、心臓や他のあらゆる器官に関して他者が見落としてきた知識の獲得を目指し、腐敗する死体から新たな発見をもぎとりながら独自の知識体系を築いていった。

ヴェサリウスは、ただ単にそこに何があるのかを観察するだけでなく、自分が観察したものが例外ではなく平均的で正常な身体の状態なのかどうかを確かめるために、多数の死体を解剖しなければならなかった。彼はまた、自分で死体を探し回らねばならず、歴史上の名だたる解剖学者のなかでも、死体収集に非常に長けていた。*2 自ら絞首台まで行き、処刑者の首につながれたロープを切って死体を自分の体で受け止めた。あるいは、多数の死体が半分埋められた状態で放置されている墓地に行くこともあった。納骨堂に侵入するために合鍵を偽造しさえした。彼と学生は、死体を手に入れるためなら何でもした。あまりにも多くの規則を破ったため、場合によっては、解剖を始める前に死体の皮膚をはいでおくよう学生に指示しなければならなかった。というのも、いままさに解剖せんとしている死体が、忽然と消え失せた身内の遺体であると誰かに気づかれたら面倒なことになるからだ。

解剖を行なえば行なうほど、ヴェサリウスは彼の師匠たちが授ける知識をますます疑い始める。彼らの間違いに自分で気づきもしたが、おそらくダ・ヴィンチを含めた他の情報源からも知識を得ていたはずだ。ダ・ヴィンチの業績は刊行されていなかったが、口伝え、もしくは何らかの非公式な手稿を通して依然としてある程度の影響を及ぼしていたのかもしれない。ダ・ヴィンチの死の五〇年後、ルネサンス芸術家の伝記作者ジョルジョ・ヴァザーリ（偉大だが正確さに疑問符がつくことが多い）は、ヴェサリウスが「赤いチョークで素描し、被験体が生前に所持していたペンで注釈を入れた書物を著したレオナルドの才能と労力に驚くほど助けられた」と書いている。赤いチョークを使った素描に何が描かれていたのか、そもそもそれはほんとうに存在していたのか、存在していたとしてもヴェサリウスが目にしたのかは今となってはわからない。だが、ヴェサリウスとダ・ヴィンチのあいだに結びつきがあった可能性は否定できない。いずれにせよ、ヴェサリウスがこの素描を見ていたとしても、それは落書き程度のものだったのかもしれない。というのも、彼は最終的にダ・ヴィンチの発見のほとんどを見落とし、また逆に、ダ・ヴィンチが見落としたものを発見しているからだ。

ヴェサリウスを悩ましたガレノスの確信の一つは、血液が穴を通って心臓の右側から左側に移動するという主張である。ヴェサリウスは定期的に心臓を解剖していた。だが、彼が見たものは左右の心室を分かつ筋肉の厚い壁だけで、穴は見つからなかった。ダ・ヴィンチは穴に関しては何の言及もしていない。ヴェサリウスにしてみれば、そのような穴が存在するのなら、不可視であるか、ガレノスが誤っているかのいずれかでなければならなかった。ところが、ガレノスの教えの問題をあからさまに論じることは、当時は依然としてタブーだった。ヴェサリウスの忍耐はもはや限界であった。フラストレーションに駆られて大胆になった彼は、ダ・ヴィンチが書いたとしてもおかしくはない書物を著した。この書は、医学の歴史におけるもっとも重要な書物と現在では見なされている。*3

ヴェサリウスはこの書『人体の構造(*De Humani Corporis Fabrica*)』で、人体を新たに示した。一五四三年刊行のこの書に言及するにあたって研究者は、ヴェサリウスによって二〇〇以上のガレノスの誤りが訂正されたとすることが多い。これはある意味で正しい。『人体の構造』は従来の知見に挑戦する書であり、ガレノスの誤りの多くを訂正している。しかし、これらの訂正の多くは〔芸術家の描いた図版によるものであって〕ヴェサリウス自身の言葉によるものではなく、彼の革新はより微妙なものであった。

ヴェサリウスはこの大著を書くにあたって、身体を描写する能力を持ち、その作業を喜んで引き受けてくれる芸術家を難なく見つけられた。それが誰であったかに関してはさまざまな憶測があるが、資料が示すところでは、ティツィアーノその人か、そうでなければ彼の弟子であった可能性が考えられる。ティツィアーノ(一四八八～一五七六)は、一六世紀初期のヴェネツィアではもっとも高名な画家で、同時代の他の画家と比べて「小さな星のなかの太陽」と呼ばれていた。そして色使いにおいても、人体の動きの描写においても燦然(さんぜん)と輝いていた(彼は現在でも輝き続けている。なにしろ最近、彼の絵の一枚が、七一〇〇万ドルで取引されているのだから)。

いずれにしてもそれが誰であったにせよ、ヴェサリウスがヴェネツィアとフィレンツェの技法、とりわけ赤いチョークの使用を含めてダ・ヴィンチの技法に依拠していたことに間違いはない。おそらくダ・ヴィンチの影響が、彼がフィレンツェの芸術に与えた影響を介して、知らず知らずのうちにヴェサリウスにも及んでいたのだろう。ヴェサリウスはティツィアーノか彼の弟子、もしくはダ・ヴィンチのスタイルを踏襲する誰かに、解釈に関して教示を与えつつも、自らの目で見たとおりに描かせたはずだ。身体のリアリティがガレノスの教えからもっとも明白に逸脱するのは、まさにこの描写においてであった。芸術家が明確に描いてくれれば、ヴェサリウスにはガレノスの業績の何が誤りかを言葉で説明する必要はなかった。アルトゥーロ・カスティッリョーニが述べるように、ヴェサリウスにとって解剖は、「素描のために、素描とともに素描を通して発展した。文章の必要性は、(劇的な)絵の必要性ほど強くは感じられなかった」のである。*4

伝統に対するこの些細(ささい)な反抗でさえよくは受け取られなかった。ヴェサリウスの師シルヴィウスは彼について、「吐く息でヨーロッパの空気を毒する不敬な狂人」と述べている。この種のコメントに対してヴェサリウスは、「教授どもは、ナイフを手にするのは自分たちの威厳に関わると考えている」と不平を言った。しかし、このような状況は変わろうとしていた。彼は丘を駆け上がっていたのだ。他の誰かがつまずいて転ぶのは時間の問題だった。ただし、彼が想像していた以上に長くかかったが。

なぜヴェサリウスは、一〇〇〇年以上も、さらにはダ・ヴィンチが死んで五〇年以上が経過しても他の誰もが見落としていたのに、ガレノスが犯した間違いのいくつかに気づけたのだろうか？　一つには、多数の死体が必要であった点があげられる。また、心構えも関係する。ヴェサリウスは、たぐいまれなる観察力に恵まれていた。他の人々は、彼がはっきりと見ていたものを部分的にしか見ていなかった。芸術も一つのカギである。芸術は彼にとって、心臓や動脈や静脈を仔細(しさい)に観察し表現するための道具であった。たとえば、静脈弁の史上初の素描があげられる。ひとたび彼が心臓を示すと、さらなる発見がなされるのは必然になった。彼がガレノスの知識が不完全であることを明らかにすると、他の解剖学者たちは『人体の構造』を参照しながら、他の何を見落としているのかを考慮し始めたのだ。

ヴェサリウス以後の最初の進歩は、彼の弟子の一人ヒエロニムス・ファブリキウスによってなし遂げられた。ファブリキウスは、静脈のあちこちに小さな弁があることを正確に書き留めた。彼には、静脈弁は末端に向かう静脈の血流を遮断しているように見えた。彼は間違っていた。つまり、彼以前の人々と同様、静脈の血液はそもそも心臓の右側に向かってしか流れないことを理解していなかった（肺静脈はその例外で、酸素を受け取った血液を肺から心臓の左側へと運ぶ）。彼はどちらの方向に血液が流れるのかを知らなかったために、弁の働きを正しく理解できなかったのである。しかし、弁を観察したことには非常に大きな重要性があったことが明らかになる。

ヴェサリウスとファブリキウスの業績はパドヴァの富と相まって、世界中からさらに多くの学者を引きつけた。彼らは新しい考え方や視点を持ち込み、新たな洞察を持ち帰った。ウィリアム・ハーヴェイという名の若者が、やがて人体の解剖の歴史における最大の発見に導いてくれる教育を受けにやって来たのは、パドヴァ、ファブリキウス、そして盛大な公開パフォーマンスとして解剖が行なわれていたボーと呼ばれるパドヴァの解剖学劇場を目指してであった。そこで若き日のハーヴェイは、ファブリキウスのような偉大な人物の講義を聞き、悪臭を放つ死体を見下ろすと、劇場を満たすろうそくの明かりのまたたきによって身体の各部位が消えたり現われたりするのが見えた。それは、かろうじてではあれ包括的な真実を見通すには十分な光であった。

ウィリアム・ハーヴェイは、（ヴェサリウスの『人体の構造』が刊行されてから三五年ほどが経過した）一五七八年にイングランドのケントで暮らす労働者階級の家庭に生まれている。そこでは、彼がやがて知的巨人になる可能性はほとんどなかった。彼は貴族ではなく、貴族でなければすぐれた学校には進めなかった。しかし彼が学校に入るちょうどその頃から、状況は変わり始めた。政治的、経済的な理由によって、教育システムは広く門戸を開き始め、若き日のハーヴェイは、かつてなら入学が許されなかったようなすぐれた学校に入れたのである。そして、そのような学校でよい成績を収められれば、大学を含め自分の望む場所に行ける。

人体における血液循環を発見し、それを通じて人間の身体組織に対する理解を再編したウィリアム・ハーヴェイ。(図版提供：The National Library of Medecine)

入学当初、ハーヴェイは将来偉大な人物になるようには見えなかった。クラスでもっとも優秀な生徒でもなかった。しかし彼には、同級生と比べて有利な点が一つあった。彼らが裕福な家庭で育てられ欲しいものは何でも手に入ったのに対し（それには教育も含まれる。高価な学位は、学問的な成功を何ら保証するものではなかった）、ハーヴェイは自分の手で成功をもぎ取らねばならなかったのだ。彼の父が日雇い仕事に精を出していたのと同じように、ハーヴェイは成功するためには猛勉強をしなければならなかった。とはいえそれは、成功を渇望しての必死の努力というより、何をしなければならないかを彼が若くして心得ていたというほうが正しいだろう。成功するには勉学に励まねばならない。そう認識し、彼はそれを実行に移したのである。かくして彼は勉学に励み、次第に多くのことを学んでいった。

その最初の結果は、医学校への入学という形で現われる。彼は、ケンブリッジのゴンヴィル・アンド・キーズ・カレッジで古典、修辞学、哲学を学んで一五九七年に卒業している。そこで勉強し続けることもできたが、パドヴァのボーで学ぶ機会があるという話を耳にする。パドヴァは彼に、当時の最高の知識人、つまり人々に示せるほどの知識を蓄積した男性たち（とわずかにいた、明らかに注目に値しながらもまともな記録が残されていない女性たち）の一人になる機会を与えたのである。ボーでは、ファブリキウスが身体を解剖し、同じ建物の別の部屋ではガリレオが夜空を解剖してそれについて書物を著していた。

ハーヴェイがパドヴァにやって来たとき、そこではヨーロッパのどこよりも進歩が可能な環境が整っていた。しかしヴェサリウスが画家に影響されたのに対し、ハーヴェイは別の方向から影響を受けた。それは、予測を立て観察（と実験）によって検証することを信条とする新世代の天文学者たちからの影響である。パドヴァでハーヴェイが学生だった頃、ガリレオはそこで教授を務めていた。もしかするとハーヴェイは、ガリレオの講義を聴講したかもしれない。いずれにせよ、ガリレオが彼を直接教えることはなかったとしても、この年長の科学者の科学に対する姿勢は彼に影響を及ぼさずにはいなかった。ガリレオは天文学において多くの新発見をしているが、もっとも重要な業績の一つは、地球が太陽の周りを回っているとするコペルニクスの信念に依拠して自説を展開したことにある。コペルニクスは地球が太陽のまわりを回るとする理論を提唱したが、ガリレオは太陽中心説をとった場合に予想される現象に関して一連の仮説を立て検証することで、コペルニクスの業績を発展させた。ハーヴェイは、人体を対象に類似のアプローチをとる。まずその機能に関する仮説を立て、しかるのちに測定や観察、あるいは場合によっては実験を行なってその仮説に基づく予測を検証したのである。

ハーヴェイはパドヴァで成功を収め、ヴェサリウスのように不満をぶちまけることはほとんどなかった。彼は、描くことはできてもまだよく理解はできなかったが、たくさんの死んだ心臓を見たあと一六〇二年に卒業している。卒業後、最初はロンドンの聖バーソロミュー病院で医師の助手を務めてから、やがて王立内科医協会の講師として終身在職権を得ている。このポストについた彼は、週に二回、解剖学と外科手術の講義を行なえばよく、スケジュールは比較的楽だった。この気楽な地位は、ダ・ヴィンチの偉大さを開花させたものと同様な時間の余裕をハーヴェイに与えたのだ。こうして彼は、講義や治療ばかりでなく、心臓に関する壮大な概念の探究を行なえるほどたっぷりとした時間を手にできた。

やがてハーヴェイは、新たな理論とその検証へと自分を導いてくれるとおぼしき心臓や血管についての知見を、観察を通して獲得し始める。彼は、現在では比較生物学と呼ばれるアプローチを用いた。

多数の動物の身体を観察してそれらのあいだの差異を理解しようとし、のみならず研究対象にする現象によって、それにふさわしい動物があると認識していたのだ。この比較によるアプローチは、他の人々が見落としていた現象を観察することを可能にした。そして、かくして得られた観察結果を、同時代の科学者の手になる発見や先人の考えに結びつけた。

一七世紀初頭にイングランドに戻る頃、少なくとも一人の学者が心臓の機能に関して大胆な説を唱えていた。その仮説自体はハーヴェイの関心を惹(ひ)いたとはいえ、その学者の生涯に関するストーリーは、おそらく違った感情を彼に引き起こしたことだろう。すなわち現行の体制に逆らう説を提起すると陥り得る運命に対する恐怖の感情を。スペインでは哲学者兼解剖学者のミゲル・セルベート（ミシェル・セルヴェ）（一五一一年頃の生まれ）が、ガレノスのくびきを打ち破り、身体を新たな観点から見ていた。セルベートは、人生の意味と宗教に関する問いの探究の合間に、誰もが見落としていた現象、すなわち心臓によって肺に血液が送られることを発見した。彼は次のように書いている。

生気は、吸入された空気が、右心室から左心室へと流れる血液と混ざることで生成される。この血液の移動は、一般に考えられているように心室中隔を通じてではなく、左右の肺を横断する長い導管を通じてなされる。血液は肺で洗練され明るくなり、肺動脈から肺静脈に入る。そして吸入された空気と混ざり、残余の蒸気は除去される。やがて空気を帯びた血液は、心臓拡張期に左心室に吸い込まれる。

セルベートの発見はいくつかの緻密な観察に基づく。彼は、肺に入る血液の色が、そこから出る血液の色と異なることに気づいた（もちろん今では、それが酸素の有無によるものであることは誰もが知っている）。また、肺に至る動脈が、多量の血液が肺に流れ込んでいるかのように幅広くて厚く、何らかの栄養を肺に供給する目的で身体が血液を使っていると仮定した場合に予想されるほど狭くはないことにも気づいた。

洞察力に満ちたセルベートは、ハーヴェイのよき文通相手になっていただろう。二人は互いの見解を交換し合い、ハーヴェイはセルベートの発見をもとに考察を進められたかもしれない。しかし、この関係は実際にはあり得ない。二人が会える機会が持てるようになる数十年前に、セルベートは不自然な死を遂げているからだ。彼は心臓の研究に加え、宗教改革の試みに関与していた（事実、彼の解剖学的な洞察は宗教に焦点を置く書物のなかで開陳されている）。彼はカトリック、プロテスタント双方の持つ諸側面を攻撃した。標準化した心臓の理解を再考しようとしたのと同じようなあり方で、標準化したキリスト教信仰の解釈を再考しようとしたのだ。『三位一体の誤り（*Errors in the Trinity*）』を皮切りに、やがてカルヴァンと、「人間の運命は誕生前に神によって定められている」とする予定説を直接的に攻撃する著書を書いた。そして大胆にも、あまりにも大胆にも、この著書をカルヴァンに送りつけた。それに対しカルヴァンは、「私はあなたを憎みも軽蔑もしません。迫害するつもりもありません。しかし、堅固な教理をかくも図々しく侮辱するあなたに対しては、私は鉄のように固い決意をもって臨むでしょう」と書いた返事を送っている。セルベートはカルヴァンに返事を出し、二人の文通はカルヴァンが忍耐の限界に達するまで続く。カルヴァンは一五四六年二月一三日に、友人のウィリアム・ファレルに宛てて次のように書いている。「セルベートは私に、たわごとが書かれた長大な書物を送ってきた。彼がここに来ることを認め、(……) 彼が実際にここに来たら、そして私の権威に少しでも価値があるのなら、彼を生きて帰しはしない」。事実セルベートは、カルヴァンに会うために旅をし、彼の支持者に捕らえられている。解剖学の書物を出版した九か月後の一五五三年一〇月二七日、四二歳のセルベートは、人間の肺、動脈、静脈、心臓の働きに関する仮説が書かれた異端の書物に囲まれて火刑に処せられた。*5

ハーヴェイは心臓について学生と議論し解剖を行なったときにセルベートに言及しているが、最初は革新的な洞察としてではなく誤った思考の例として取り上げた。セルベートの考えは、依然として急進的すぎたのだ。しかし心臓について理解が深まるにつれ、ハーヴェイはセルベートの正しさを認めるようになった。血液がほんとうに心臓の壁を通るのではなく肺に流れ込んでいるのなら、心臓に関する他の見方も修正されねばならないのではないかと考え始めた。パドヴァの解剖学者レアルド・コロンボ(一五一〇〜一五五九)は、心臓の弁によって、血液が心室から出る一方になるようコントロールされていると書いている(それまでは、血液は心室から出るとともにそこに戻ると考えられていた)。これは、心房から入って心室から出るという、心臓内における血液の流れの一方向性を示唆する。この事実は当時そうであろうと推測されるようになってはいたが、十分に記述された例はまだなかった。コロンボはまた、肺から出る静脈が、(空気ではなく) 血液を含むことを示した。ハーヴェイはやがて、セルベートとコロンボの考えを学生に教えるようになった。また、二人の考えの正しさを示すさまざまな証拠を提示した。たとえば足の静脈には弁が存在する。ヴェサリウスの考えでは、弁は足に血液が溜(た)まるのを防いだ。しかし、血液が心臓から流れ出るとする考えが正しいのなら、血液の逆流の防止が弁の機能であると考えられる。そう考えたハーヴェイは、ガレノスがかつて行なったようなタイプのテストを行なった。すなわち弁の機能と、血流の方向のテストである。彼は志願者の腕に止血帯を巻き、静脈の血流をさえぎるのに十分な程度にきつく締めた（その際、より深くに位置する動脈は影響を受けないようにした）。すると止血帯より下方、すなわち手首に近いほうの腕の側が膨れた。つまり、血液はそちら側に流入できても、そこから出られなかったのだ。ハーヴェイは次に、動脈、静脈双方の血流がさえぎられるほどきつく止血帯を締めると、（動脈を通して血流が流れ込まなかったので）静脈の膨張が起こらないことを示した。そして最後に、動脈だけがさえぎられると、止血帯より上方、すなわち心臓や胴体に近いほうの腕の側が滞留した血液で膨れることを示した。どうやら血液は、静脈を通って心臓に向かい[*6]、動脈を通って心臓から離れる方向に流れるらしかった。だがハーヴェイには、いかにそれが可能なのかがわからなかった。

ハーヴェイは、セルベート、コロンボらの観察結果を結びつけて身体の血液循環を再考し、自分の目で見た現象を説明し得る新たなモデルを考案する。そして、このモデルから得られる予測を現実の事象に繰り返し適用し、その過程でモデルを洗練させ自信を深めていく。身体の機能を説明するモデルを考案し、実験や観察によって検証するというこのアプローチは、現代では当然の方法に思えるが、ダ・ヴィンチの業績を除けば何世代にもわたり用いられていなかった。

ハーヴェイがテストした現象の一つは、いかに動脈の筋肉が形成され機能するかに関するものであった。ガレノスは（少なくとも彼の翻訳者の解釈によると）、心臓の収縮ではなく、動脈の筋肉の収縮によって血流が引き起こされると考えていた。ガレノスらは、患者の動脈に脈動を感じた。事実、動脈は脈打つ。しかしハーヴェイがそれを詳細に調査したとき、外側ではなく内側から強化されていること

（そして動脈が大きいほど血液が激しくほとばしり出ること）に気づいた。動脈が血液を押し出して体内を循環させているのなら、それは筋肉の鞘（さや）で取り巻かれているはずだ。ところが筋肉、あるいは少なくとも頑丈な繊維質の細胞は、どこか別の場所に発する圧力から血管を保護するかのように、内側に存在した。そのどこか別の箇所とは心臓のことに違いないと、ハーヴェイは考えたのである。そしてさらに、心臓は鼓動するばかりでなく、最初に心房、次に心室という順序で二つの段階を経て鼓動することを示した。彼は確認可能なほど収縮が遅い魚類やカエルの心臓を研究することで、これらの収縮を観察することができたのだ。

心臓が肺を通して身体へと血液を押し出しているのなら、「血液はいったいどこから来るのか？」という新たな問いが生じる。セルベートとコロンボの洞察を組み合わせてもこの問いには答えられない。ガレノスは、食物が内臓で消化されたあと、魔法のエネルギーとも呼べる生成物が肝臓に運ばれ、そこで血液に変えられると考えた。このモデルに従えば、人は心臓を流れる血液の量に相当するだけの食物を摂取しなければならない。それに対しハーヴェイは、動脈や静脈について考察するうちに別の可能性を思いついた。つまり、血液が肺で活性化されて何度も使い回され、体内を循環している可能性だ。ハーヴェイの説が抱える難題は、どこかでどうにかして血液が動脈から静脈に移らねばならない点であった。しかし少なくとも見た目には、それらはつながっていない。彼は、目には見えない穴、つまりガレノスの言う不可視の心臓の穴のようなものではなく、体中に存在する一連の目に見えない穴を介してこの移行が生じているのではないかと考えた。ハーヴェイはそのような穴の存在を実証することはできなかったが、血液が循環していないと仮定した場合に必要な血液の量を見積もることで、その不在の不可能性を証明できると考えた。ダ・ヴィンチはすでに、一回の脈動によって動く最小の血液量と、一日の総脈拍数を見積もっていた（ただし、脈動が心臓によるものか動脈によるものかの区別はされていなかった）。これら二つの数値を掛け合わせれば、肝臓が一日に生産しなければならない血液の量を概算できる。その結果は数千リットルという驚くべきものであった（ちなみに現在の見積もりでは、一日に心臓を通過する血液の量はそれよりさらに多く、六〇万リットルとされている）。この量は、肝臓が生産するには、また、一日の平均の食物摂取量で補うにはあまりにも多すぎた。[*7]

ハーヴェイはこれらすべてを著書『心臓の動きと血液の流れ』（一六二八）にまとめ、「血液は循環する」と論じた。血液は心臓の働きにより動脈を通して身体に押し出され、静脈を通って心臓に戻り、肺に送られる。そしてそこで生気が抽出され、それと一緒に身体に送り出される。彼のこの考えはもちろん正しい。

今日の教科書は、ハーヴェイが血液循環を発見したことを強調する。しかし彼はそれ以上の業績を残している。心臓が血液を肺から身体に送り出し、送り出された血液が再び心臓に戻ってくることが、また血液が生気を含むことがわかるまで、肝臓、腎臓、その意味ではあらゆる器官が持つ機能の客観的な説明は不可能であった。しかしひとたびハーヴェイが心臓、動脈、静脈の機能を明確にすると、身体の残りの器官に関する理解も深まった。

たとえば、肺の仕事は環境とのガスの交換であることが初めてわかった。肺は静脈が毒素（二酸化炭素）を廃棄し、必須の要素（酸素）を取り込むことを可能ならしめていることを、現代の私たちは知っている。もっとも基本的なレベルで、肺は生命には必須の不可視の支援物質を私たちに与え、不可視の致命的な廃棄物を排出しているのだ。[*8] ハーヴェイは身体器官の構成に関する概念を一新する次のような文章を書いている。

論理によっても図によっても、あらゆる事象が次のことを示している。すなわち、血液は心耳と心室の働きによって肺と心臓を通過し、身体のすべての部位に送られる。そしてそこで、静脈と身体の穴に入り、それからあらゆる周辺部位から中心へと至る、次第に大きさを増す静脈によって運ばれ、最終的には大静脈、さらには右側の心耳に注ぎ込む。この循環は、一方では動脈によって、他方では静脈によってかくも多量の絶え間ない流れを通じて完成する。この現象は食物の摂取によっては絶対に説明し得ない。単なる栄養摂取という目的をはるかに超えた何かがそこには必要なのだ。「血液は絶え間なく動いている」「この動きは鼓動という形態で心臓が実行する機能に基づく」「それが心臓の動作や収縮の唯一の目的である」という結論は避けられない。

ハーヴェイの解剖の多くはイヌを用いて行なわれているが、イヌでも人間でも心臓の川が循環していることは明らかだった。ガリレオは地球が太陽の周りを回っていることを、ハーヴェイは血液が身体を循環していることを示したのである。この循環は、あらゆる鳥類、哺乳類、さらには多少修正を施せば爬虫類、両生類、魚類にも見出せる。

この心臓の循環回路の知識を得て、新たな医学研究の波が押し寄せてきたのだろう、あるいはもしかすると心臓の手術を試みる者さえ現われたのではないかと思う読者もいるかもしれない。しかし実際のところ、そんなことは起こらなかった。ハーヴェイは賞賛された。だが彼が引退すると、医学そのものも、彼のあとを追ったかのような状況に陥る。同僚に仕事に戻るよう説得されたが、彼は戻らなかった。彼は次のように述べている。

あなたは、私が現在過ごしている満ち足りた安息地から私を狩り立てて、再び信仰のない航海に挑ませようとするのか？　あなたは私の研究成果が以前引き起こした嵐をよく知っているはずだ。無限の労力を費やして蓄積した知識を書物という形態で公刊し、私に残された日々の平穏をかき乱す嵐を引き起こすよりも、自分の家に引きこもって人知れず賢くなるほうがはるかによいのではなかろうか？

ハーヴェイの説は認められ始めていたが、彼自身は疲れていた。彼は次にとるべきステップを他の人々に任せたが、取るべきステップは数多くあった。血液自体、その後数十年間は理解されなかった。ハーヴェイ自身も、血液に関して真の理解は得ていなかった。それが実際に身体を循環するところを観察したわけでもなければ、動脈と静脈を結ぶ毛細血管を見たこともなかったのだから。イタリアの科学者マルチェロ・マルピーギが、顕微鏡を使ってもっとも細い動脈と静脈のあいだに存在する一細胞分の幅の結合を発見するまでには、さらに一世代がかかっている。マルピーギはハーヴェイ同様、自分が関心を抱く現象をもっとも容易に観察できる生物に実験の対象を絞った。つまりモデル生物〔生命現象の研究に用いられる生物〕を観察したのである。もっとも細い動脈や静脈を観察するとなるとカエルが理想的であり、彼が顕微鏡でもっとも細い動脈、細動脈と、もっとも細い静脈、細静脈を結ぶ毛細血管を観察したのも、カエルを用いてであった。毛細血管の壁は厚さが一細胞分（穴は四〇〇〇分の一インチ〔一インチ＝二・五四センチメートル〕）しかないが、どこにでも存在する。いかなる体細胞も、毛細血管から二〇ミクロン（およそ髪の太さの三分の一）以上離れては存在しない。また毛細血管は肺胞と境を接し、酸素を取り込み、二酸化炭素を放出する。さらには細胞を血の海に浸す。

しかし、血液は実のところ何を運んでいるのか？　ハーヴェイはこの問いを回避し、単に心臓の魔法を血液に移しただけだった。要するに彼の考えでは、血液は肺で吸入された生気を運び、身体に拡散するのである。ハーヴェイは心臓もこの物質を必要とすると考えた。また、血液が身体から心臓に戻ってくる直前に、静脈のなかで何らかの発酵作用が生じると考えた。彼は発酵作用によってブドウの果汁がワインに変わることを知っていた。おそらく、使用済みの血液も、発酵作用によって活力を取り戻すのではないだろうか。そう彼は考えたのだ。

やや脱線するが、血液が発酵作用によって活性化するという興味深い考えについて補足しておこう。言うまでもなく、この考えは間違っている。心臓に戻ってくる血液の性質は、発酵作用ではなく体中を循環するあいだに起こった事象によって決定される。酸素と糖は細胞によって消費される。それらの代りに、血液は細胞の廃棄物と（一種の廃棄物である）二酸化炭素を受け取る。しかし、ハーヴェイは正しい方向に進んでいた。このプロセスは発酵作用によるものではないが、そこには微生物が関与する。次にそれについて説明しよう。

発酵作用が血液を活性化させるとハーヴェイが主張する三八億年前に、地球上で生命が誕生した。*9細胞は酸素を必要とすると、私たちは当然のことのように考えているが、その事実が発見されたのは二〇世紀中頃にすぎない。しかも、酸素を必要としない可能性も十分にあり得た。生命が誕生したとき酸素は不要だったばかりか、そもそもほとんど存在しなかった。生命がいかに誕生したのかという問いは、現在でも活発に議論されてはいるものの推測的にならざるを得ない研究テーマだが、生命がたった一つの細胞とともに始まったことはほぼ間違いない。あらゆる生物は、この細胞の子孫なのだ。地球上では、例外はどこを探しても存在しない。最初の細胞とそれに続く初期の子孫は、ほぼ誰にも推測できるように、極度の熱に対処する能力を持ち、水素や硫黄などの無機質の分子を化学変化させることで得られるエネルギーを活用して生きていた。少なくとも最初は、生物は他の生物を食べて生きてはいなかった。そもそも他の生物など存在しなかったからだ。酸素もまだ存在せず、その頃の生物は嫌気性（「anaerobic」：「*an*」は「欠く」を、「*aerobic*」は「酸素の使用」を意味する）であった。沼地の泥のなかから半分消化された食物で満たされた結腸に至るまで、現代の低酸素環境で生きるさまざまな単細胞生物と同様、それらの生物は酸素なしで生きられた。

生命の発達における次の主要な移行は、捕食者（イーター）、つまり他の生物種を食べる生物種の進化であった。この新たな生命形態は、他の細胞の消化を可能にする、化学物質のナイフたる酵素を備えている。それぞれは一細胞分の大きさしかないが、それでもこれらの生物は捕食者（プレデター）である。突如として、世界は物騒になったのだ。人体は依然として、これらの生物が進化させた酵素をコード化する多数の遺伝子を用いている。それには、たとえば炭水化物を分解する酵素がある。つまり他の生物種を食べる私たちの能力は、太古の単細胞生物が備えていた同様の能力にその起源を持つのだ。それから、やがて心臓の発生に至る変化が生ずる。

三五億年前、太陽を食べる能力、つまり光合成を行なう能力を持つ細胞が登場した。*10 ビッグバンの化学は、残り物、すなわち宇宙の塵(ちり)で生きていかねばならないような状況を生み、地球上の生物を破綻させたが、太陽からエネルギーを取得する能力を備えた生物種が誕生すると、生命はそれを利用可能な資源に加えられるようになった。生命は、意図や計画なくして大気を変えることさえできるようになり、二八億年前までには光合成を行なう細胞が増殖し、海や沼沢地を満たした。そして、この緑色をしたスライムは大気を根本的に変えるほど繁栄し、大気は木や細菌などの、光合成を行なうあらゆる生物によって、光エネルギー、水、二酸化炭素から廃棄物として生成される酸素で満ちた。多くの種にとって酸素は毒であったが、微生物は順応し、ある系統のバクテリアは、呼吸と呼ばれるプロセスを通して代謝に酸素を用いる能力を進化させた。これらの酸素に依存する種は、(現代の細胞と同様、依然として酸素によってダメージを受ける場合もあったが) それまで地球上に誕生したいかなる生命よりも効率的であった。それらの種は繁栄し、それと同時にそれらを食べる捕食者も繁栄を見た。

最初期の捕食者にとっても、捕食の方法は現在と変わらない。獲物を見つけて、食べて、消化するのだ。しかし少なくとも一度は、それとは異なる事態が生じた。捕食者が、好気性の生物種の特定の個体を摂食したところ、この個体は生き残ったのである。のみならず (分裂によって) この捕食者が増殖する際、内部の細胞もきわめて効率的に増殖し、それを通じてこの捕食者の子孫は、酸素を消費する種を体内に宿すようになった。酸素消費者を体内に宿した捕食者は、宿していない捕食者より不利であると思えるかもしれない。しかし結果は逆だった。酸素を使える分、消化した食物からより多くのエネルギーを生成できるので、この尋常ならざる混成体（ハイブリッド）は繁栄したのだ。

これらのハイブリッドの成功は、数十億年にわたって続く。事実、私たちの誰もが、これらの酸素消費者の少なくとも一つをあらゆる細胞内に宿している。それはミトコンドリアと呼ばれ、細胞の動力室として機能する。植物、菌類、原生生物、動物など、地球上に存在する真核生物のすべては、このキメラの子孫なのである。このキメラが成功した理由の大きな部分は、それによって生物がより活発に活動できるようになり、また、一片の食物からより多くのエネルギーが得られるようになったことに求められる。

単細胞生物が多細胞生物に、さらには今日のすべての生物に進化するにつれ、多くの変化が生じた。植物は植物独自の、サメはサメ独自の、そして人類は人類独自の特徴を進化させた（植物も二つの系統の融合によって太陽を食べる能力を獲得した。光合成を行なう能力を持つ小さな細菌が、別の生物に飲み込まれながらも消化されなかったのである）。しかしこれらすべてのプロセスを通じて、太古の酸素消費者ミトコンドリアは、おのおのの細胞内に留まった。そして生物が大きくなるにつれ、新たな問題が生じる。単細胞生物では、酸素は外から細胞に拡散してきた。酸素を取り込むのに特別な仕組みは必要でなかった。しかし生物が大きくなると、表面から遠い細胞には酸素が届きにくくなったのだ。やがて新たに発達した身体の奥まで酸素を取り込むための気管が分枝し始める。これらの生物は最初、心臓も他のいかなる収縮する器官も持たなかった。また、血液にも、その前駆となる物質にも満たされていなかった。酸素を取り込み、二酸化炭素を排出する空間を確保するには気管で十分だったのだ。

しかし、環境中の酸素のレベルには限界があった。理由はまだ解明されていないが、やがて大気中の酸素のレベルが下がり始めたのである。酸素レベルが低下すると、それを探して取り込むのに苦労しなければならない。身体の構造によっては、もはやその生物の生存は不可能になった。たとえばトンボが最初に進化したとき、空気中の酸素の濃度は史上最高値を示し、呼吸は容易だった。その頃のトンボは酸素をミトコンドリアに送る手段を欠いていたにもかかわらず、巨大化して羽の差し渡しが六〇センチメートルに達するものさえ現われた。ところが酸素のレベルが低下すると、このタイプのトンボは絶滅し、二度と姿を見せなかった。要するに、心臓が必要だったのである。

空気ではなく血液のような液体に満たされた管は、身体の広い範囲に酸素を送るための、もっとも初歩的な仕組みと言えるだろう。生物が、たとえばゴキブリくらいの大きさになると、血管だけではすべてのミトコンドリアに酸素を運ぶのには不十分になる。心臓が進化し始めたのはこのような状況のもとにおいてであり、最初は圧搾する細胞から成る鞘として、次に小さなポンプとして、やがて二つの部屋を持つポンプとして発達し、そして最後に現在の動物に見られるさまざまな心臓に進化したのである。ポンプは酸素を含む血液を送り出して、それを必要としている箇所に送り届ける。肺は、広い表面積で酸素を取り込めるよう進化した。それでも不十分になると、身体は呼吸筋によって呼吸する能力を獲得する。肺が進化すると、血液は酸素や二酸化炭素以外の物質を運ぶようになる。たとえば、身体の各部位間における信号の伝達を可能にするホルモンと呼ばれる化合物を運び始める。また、血液は細胞の状態の安定化を支援する役割を果たし始める。海洋を漂う細菌は、波浪に弄ばれ自然のなすがままにならざるを得ない。海の温度が下がれば自身も冷たくなる。だが血液は、細胞の受ける外界の影響を緩和し

（各細胞は基本的に細菌であることを忘れてはならない）、酸素の恒常的な供給、そして鳥類や哺乳類では、体温の調節が確実に行なわれるようにする。

二種類の微生物から成るキメラから私たちの複雑な身体が進化した事実には、驚きを感じずにはいられない。だが、それは挑戦でもある。なぜなら、私たちの細胞のおのおのが酸素を必要とし、また、血液循環の阻害はすべての組織の阻害を意味するからだ。血液循環が止まれば、酸素は身体の各部位に届かなくなる。脳は酸素をもっとも必要とする器官であり（ミトコンドリアももっとも多い）、そのために最初に影響が現われ始める。飢餓状態に陥り、脳細胞は死滅する。ダ・ヴィンチは、微生物や酸素の歴史を知らなかった。彼が理解していたのは、「血液が欠乏すれば身体は死ぬ」ということだけだった。血液は心臓が停止するまで、その押す力によって各細胞に向けて送り届けられる。ダ・ヴィンチが望んだ甘い死によってであろうがなかろうが、心臓が止まるまでは。

ミトコンドリアの存在、歴史、役割は、一九七〇年代に入ってようやく明らかにされた。その発見は、人体が実際には細胞間の接合と、心臓および循環器系によってつなぎ合わされた複合体であることを、また、循環器系の真の目的が、私たち一人々々を構成する細胞の共同体の維持であることを示唆した。この複合体は、細胞、細胞内のミトコンドリア、内臓に宿る微生物、皮膚に寄生する細菌などから構成される。死はつねに、何らかの理由で循環器系が酸素、栄養、メッセージをこれらの多様な細胞に送り届けられなくなった結果として生じる。死とは身体の各部位がバラバラになり、それらのあいだの結合を失うことである。そのことは、出血性卒中においてもっと明瞭に見て取れる。出血性卒中は、脳の血管が閉塞もしくは破裂すると生じる。破裂は、血餅が脳の狭い血管に入って血流をせき止め、一方の側の圧力が高まると起こる。血管が破裂すると、血液はニューロンのうえにじかに流れ始める。それだけでも損傷は生じ得るが、真のダメージは破裂した箇所の下流にある領域が酸素を受け取れなくなり死滅することで生じる。そして記憶にせよ機能にせよ、その領域の細胞が関与していた能力はすべて失われる。大規模な卒中では、脳の一領域の全体が（小規模であればその断片が）失われる。ダ・ヴィンチやハーヴェイが最終的に見舞われたのは、まさにこの現象であった。ハーヴェイの死が、血液が身体のあらゆる部位に行き届かなくなったために引き起こされたというのは、ある意味で詩的であるとも言えよう。しかし、心臓と細胞の結びつきが失われると直面しなければならない悲劇をそこに見るのはもっとたやすい。並外れた発見の生涯を送ったハーヴェイでさえ、ごくありふれた死を迎えたのである。

　ハーヴェイが死んだ頃、心臓や循環器系の障害の治療は誰にも行なえなかった。障害が生じれば、その人は死ぬ以外になかったのだ。それには多くの理由があったが、最大の理由は、手遅れになるまで誰も心臓や動脈や静脈の障害を検知できないことにあった。かくして偉大な人々が卒中で倒れた。立っていても、座っていても、走っている最中でも、踊っているときでも心臓発作は襲ってくる。そうなってから初めて、人々は異変に気づいた。心臓の問題に対処する医学の進歩は、科学技術（テクノロジー）が追いつくのを待たねばならなかった。生きた身体の内部を観察する方法、そして大胆にもそれを試みる人物の登場を待たねばならなかったのだ。

第5章　心臓をむしばむプラークを見る

人は自分の心に抱くものを世界に見出す。*1

——ヨハン・ヴォルフガング・フォン・ゲーテ『ファウスト』

〔心は「heart」の訳であり英語の「heart」（やドイツ語の「Herz」）は心臓をも意味する点に注意されたい〕

人生の悲劇はたいがい動脈に関わる。

——ウィリアム・オスラー

一九二九年のある晩、ヴェルナー・フォルスマンは行きつけのバーのカウンターに座って遠くを見つめていた。彼の外観は、前頭葉よりも前腕のほうが発達しているといった印象を与える。フォルスマンは、フットボールのラインマンのような大男だった。しかし彼は独自の考えを持ち、少しばかり酔いが回ったときにそれを披瀝（ひれき）した。友人たちが耳をそばだてると、彼は「私はヴェルナー・フォルスマンだ。二五歳になるが、これから人の腕に管を挿入して心臓まで通し、壊れた場所を修理するつもりだ。それによって心臓の未来は変わるだろう。私が変えてみせる」とはっきり宣言した。

それから彼は自分の案を説明した。友人たちは魅入られると同時に当惑を感じた。彼の話は、とても信じられるようなたぐいのものではなかったからだ。フォルスマンは呆然としている彼らに、獣医がウマの頸静脈から心臓までカテーテルを通して鼓動を検出するところを描いたスケッチを見たと語った。*2 彼はこのスケッチを、自宅の戸棚にあった古い教科書のなかで見つけたらしい。*3 このウマの実験のスケッチを見たとき、彼はまったく新たな心臓医学をそこに垣間見た。この新たな医学では、患者の胸部を開かずに、鼓動する心臓を観察し治療することができるのだ。彼は幼児がお気に入りの人形を持って歩くように、どこに行くときにもこのスケッチを携帯していた。

フォルスマンがこの方法を考えていた当時、それを成功させるには大きな障害があった。心臓はもろく不可侵であると、言い換えると神聖で触れてはならない身体の聖杯であると依然として見なされていたのだ。この点では、四〇〇年前のイタリアと大して変わらなかった。ウマの心臓は研究できたが、それは人間の心臓と異なり巨大で堅固だ（いずれにしても、ウマを使った研究も、その後〔注2を参照〕は現われていない）。しかもフォルスマンは内科医であって外科医ではなく、一年前に医学の学位を取得したばかりだった。ベルリンのモアビット病院の外科研修医に応募するも落とされ、ドイツのエーベルスヴァルデにある、あまり知られていないアウグステ・ヴィクトリア病院で産婦人科の研修医として雇われていた（どうやらそこで職が得られたのも、この病院の主任外科医と懇意にしていた彼の母親の口添えがあったかららしい）。

やがて彼は外科で、助手として働き始める。しかしよくて非公式の研修医、悪くするとたまにメスを使う機会が与えられる、医学の学位を持つ守衛のような扱いを受けた。研究室もオフィスも与えられな

1928年、博士論文を書くために研究を行なうヴェルナー・フォルスマン。手を休めて誇らしげに口からタバコを突き出しながら窓の外を見つめている。（図版提供：The Werner Forssmann Family Archives）

かった。それどころか、建物に入る鍵さえ持たせてもらえなかった。しかしみなぎる決意を心に抱いていたことだけは確かだ。心臓外科という闘技場で、角を構えて今まさに突進せんとしている猛牛のようだった。

駆け出しの頃のフォルスマンは、地位の低い研修医の仕事として、死体のそばで何時間も過ごした。基本的な検死解剖や患者の死後のあと片付けも行なった。最初のうちは死体を嫌悪したが、これはごく自然な反応と言えよう。しかし時が経つにつれ、嫌悪感は消え、代りにぞくぞくするような畏怖を覚え始める。最近まで生きていた患者の死体は、心臓の鼓動を除けばあらゆる面で生前と変わらなかった。四六時中死体を見ていた彼は、多くの死体では心臓の状態が悪化しているという、当時注目され始めた現象を観察できた。指を突っ込むと、心臓の弁が硬化しているのがわかった。冠動脈（心臓の表面を覆うメデューサのヘビのような血管）は、血管の内壁に蓄積した白く硬い物質でほぼ完全にふさがっていることが多かった。心臓の問題が直接の原因で死亡したのかどうかは別として、身体の各部位は、血液がかろうじて通過できる隘路を通して何とか維持され、いつ機能を失ってもおかしくない状態にあった。*4 彼らは、知らず知らずのうちに目をつぶって綱渡りをしていたとも言える。当時、そしてそれ以後三〇年が経っても、心臓の障害は致命的で、高所に張ったロープからセイフティーネットなしに転落するにも等しいと見なされていた。ただ手をこまねいて見ているしかなかったのだ。心臓が止まり、綱渡り師は転落する。たまたま観客のなかにいた医師が、そばに立って覗き込む。しかし、診断や治療は綱渡りよりもむずかしい。医師は死者にしか心臓の障害を検出できなかったのだから。まだ生きている人の心臓は、観察も治療もできなかった。障害は、身体が地面に激突するまで気づかれることがなかったのである。

しかしフォルスマンは、死体に指を差し込みながら、身体の問題のいくつかが粗悪な配管(プラミング)に起因し、修理が可能なのではないかと考え始める。問題は、いかに修理するか、そしてそもそもどうやって故障箇所を見つけるかであった。当時、心臓の病気は検死官が記録する対象であって、医師が治療するものではなかった。フォルスマンは、そのような状況を変えたかった。ウマの実験で用いられた方法を適用すれば、生きた人間の心臓の故障箇所を特定し、もしかすると薬剤を散布したり心筋自体に働きかけたりすることで修理できるのではないだろうか。ウマと人間では、心臓の構造がどう違うのか？

フォルスマンはとにかく前進したかった。しかし彼は葛藤を抱えていた。自分の夢と上司のあいだで板ばさみになっていたのだ。のちに彼の娘は次のように書いている。「父はとても大胆な人で、自分の情熱と格闘していました。真理を探究する冒険家であり、結果がどうなろうと正しいと思ったことを実行するのが自分の義務であると信じる悲劇の主人公でもありました」。

フォルスマンは、患者の肩から腕の静脈を介して心臓に特殊な装置を通すことを考えた（入口としては首の静脈も考えられたが、彼は、吸血鬼に噛(か)まれたような傷跡が残るかもしれないことに患者が反対するだろうと推測した）。動脈ではなく静脈を通そうと考えたのは、血流の方向にカテーテルを動かせるからだ。そうすればカテーテルは、ヴェサリウスが観察した静脈弁を血液とともに通過し心臓に達するだろう。つまり彼は、静脈を通すことで身体の持つ太古の安全扉に阻止されずに、カテーテルを心臓まで通せるだろうとひたすら期待したのである。

この提案に少しでも見込みがあると考えた者は誰もいなかった。長い歴史を通じて、先進的な考えの持ち主でも、誰にも疑われ避けられるような状況に直面すると、たいがいはあとずさりしてきた。

フォルスマンは当たって砕けるしかないと思っていた。彼の場合には、勇敢と言うより猪突猛進と言ったほうが当たっているかもしれない。かくして一九二九年、彼はさんざん議論した末に、自分の考えの価値を上司のリヒャルト・シュナイダー医師に説得できた。彼はシュナイダーにウマのスケッチを見せた。シュナイダーは実験を許可するが、動物（ウサギ）を使うことを前提とした。[*5] 最初から人間を対象にしたい、すなわち自分自身を実験台にしたいと懇願するフォルスマンに対し、シュナイダーは「そんな自殺行為はあきらめろ。いつの日かきみが死んでいるのが見つかるようなことにでもなったら、きみの母親にどうやって説明すればいいのかね？」と答えた。[*6] スキャンダルになればフォルスマンの家族が破滅するだろう。シュナイダーはフォルスマンの母親と懇意にしていたので、本人が自己の身がどうなっても構わないと思っていたとしても、始末に負えないティーンエイジャーのように振舞う彼を息子に持つ母親の未来を心配していたのである。

フォルスマンは動物実験を行ないたいのではなく、人間の患者を対象にしたかった。彼はただじっと待つことなどできないタイプの人間だ。だから、まず自分自身を対象に実験を行なうことにした。ウマのスケッチの獣医がしたように、カテーテルが心臓にうまく届くかどうかをとにかく試してみようと考えた。あとは成行きにまかせればよい。方法はカテーテルを静脈に挿入し、X線写真を撮ってそれがどこまで到達したかを確認するというものだった。誰でもわかるように、このような実験は下手をすれば命取りになる。心臓はもろく繊細ですぐに混乱をきたす。ガラスの宮殿に石を投げるなどもってのほかだ。どうやらフォルスマンは、自分の身の安全などほとんど考えていなかったらしい。だが、実験は一人ではできなかった。少なくとも他に一人は必要だった。というのも、彼は手術室の戸棚の鍵を渡されるほど高く評価されていなかったからだ。

　当時は、医学全般に関しては数百年前のダ・ヴィンチやハーヴェイの時代から多少の進歩が見られてはいたとしても、心臓や循環器系に関する理解に関しては数百年にわたりほとんど何の進歩も見られなかった。おそらく最大の飛躍は、生きた身体を対象に心臓や血管を観察できるようになったことであろう。X線の発見によって、患者の心臓の形状を観察できるようになったのだ。長時間フィルムにX線を当てると、心臓は、縞模様になった肋骨の背後に白いかたまりとして輪郭を現わす。それだけではない。血管に各種染料を流せば、X線は遮断される。そうすれば、イメージをネガ型ではなくポジ型で示すと、血液やその他の物質が流れるあらゆる箇所が黒い形状として現われる。血液の量が多ければ、それだけイメージは暗くなる。この方法によって、脳やその主要な動脈、さらには手足のくねった血管の印象的で美しいイメージを生み出せる。[*7] しかし、これらの方法がもっとも有効なのは死体に対してである。そうなってから診断したのではもう遅い。生体を対象にすることは、当時はあまりにも危険であった。

　フォルスマンは、カテーテルが心臓に達すればそこで薬剤を散布できるはずだと考えた。また、患者を殺さない程度の染料を散布して、心臓の様子を観察することも、また、かくして問題の所在が明らかになれば、場合によっては修理することもできるはずだった。自分の考えを尋ねられたフォルスマンは、心臓に薬剤を散布するために自分の提案する方法を用いる可能性について語った。当時、心臓に薬剤を投与する唯一の方法は、心臓にやみくもに注射針を刺すことだけだった。[*8] いずれにせよ、彼はとにかく試してみたかったのだ。彼もしくは他の誰かが観察できさえすれば、さまざまな心臓の治療が可能になるはずだと彼は考えていた。

フォルスマンは千鳥足で前進した。誰かに支援を請わねばならなかったが、ゲルダ・ディッツェンという名の手術室（オペ）の看護師（ナース）をすぐに見つけられた。彼は徐々に、自分の考えの利点や重要性を彼女に吹き込み、それがいかに人類に資するかを説いた。彼自身の言葉によると、彼は「クリーム入れのまわりを回る甘いもの好きのネコのように彼女にまとわりついた」[*9]。例のウマのスケッチも見せた（というより会う人すべてに見せていた）。未来の医学に対する、彼の方法の価値も説明した。彼女にそれを試してみることもできるという、とんでもない提案すらした。「ほんとうなの？　危険は絶対にないの？」と彼女が訊（き）くと、彼は「絶対にない」と答える。こうしてディッツェンは、彼を手助けすることを決心する。つまり、自分が実験台になることにしたのである。彼女は彼を見て「あとはあなたにまかせます」と言った。[*10]

　実験当日ディッツェンは、ガーゼ、鎮痛剤、縫合糸、尿道カテーテル（通常は膀胱（ぼうこう）から尿を排出するために使われる管）などの器具や薬品を引っ張り出してきた。サイは投げられた。フォルスマンはこの管を静脈に通すだろう。ディッツェンには覚悟ができていた。彼らはこの方法を、まだ動物にも、さらにはのちの彼の主張とは異なり、死体にも試したことがなかった。これは、両者合意のもとでの狂気の沙汰と呼べるものであった。フォルスマンはディッツェンをテーブルの上に仰向けに寝かせ、（彼の言によれば彼女の安全のために）革ひもで手足をテーブルに固定し腕を麻痺（まひ）させた。こうして準備は整った。

　だがディッツェンの腕を麻痺させるあいだ、フォルスマンは彼女には見えないよう彼女の頭の背後に外科手術用カートを動かし、座って自分の腕のひじの内側を麻痺させていた。結局、自分を実験台にすることにしたのだ。しばらく自分の静脈を見てから、次にこれから挿入しようとしているゴム製の太い管を見つめる。まだ考え直せる。しかし、彼の性格からして今さらやめるわけにはいかない。かくして彼は、彼女に気づかれないようにして、自分の左腕の静脈に切れ目を入れる。それから一方の端に針が装着された管を取り上げ、切れ目からねじ込んで静脈をさかのぼらせていく。静脈内には痛みを引き起こす神経線維が存在しないことを初めて知る（この時点では、実験はおそろしく苦痛に満ちたものになることも十分に考えられた）。管は血流の方向に楽に動かすことができた。そしてかつてヴェサリウスが発見した静脈弁を通過する。少なくとも最初は、ディッツェンに気づかれないよう黙々と管を押し進めていた。彼女はいつ実験を始めるのかを尋ねる。そのとき初めて、彼は実験がすでに始まっていることを告げる。事態を見て取った彼女はフラストレーションに駆られてかん高い声をあげたが、彼が自分の静脈を通して管を次第に押し進めていくところを見守っているほかはなかった。管はひじを過ぎて肩に向かってさかのぼり、肩を越え、右心房に向かって下りていく（左腕を選んだ理由は、右腕の静脈に比べ左腕の静脈のほうが、心臓へ向かう手前のカーブが緩いからである）。だが、管は心臓に到達する直前で止まる。一つ問題があった。二人が選んだ部屋には、X線撮影装置が備えられていなかったのだ。*11 そこでは、自分の達成した業績を証明する記録を残せなかった。フォルスマンはディッツェンを縛っていた革ひもをほどき、X線担当の看護師を呼ぶよう彼女に懇願する。彼女は言われたとおりにし、彼らは普通では考えられないことを始める。地下にあるレントゲン室まで歩いて行こうとしたのである。

心臓の近辺で一片の金属が上下する状態では、何が起こっても不思議はなかった。フォルスマンは、ディッツェンと並んでドアを出て階段に向かって歩く。それから階段を下りる。階段の一番下まで到達すると、レントゲン室に向かう。そこには二人目の看護師エヴァが待っている。また、フォルスマンの友人ピーター・ロマイスもいたが、彼は心配し怒っていた。フォルスマンの腕からカテーテルを引き抜こうとしたが、フォルスマンはロマイスの膝を蹴って彼を下がらせる（フォルスマンの手はふさがっていた）。ロマイスの目には、フォルスマンは気が触れたかのように見えた。それからエヴァは二枚のX線写真を撮影する。しかしカテーテルは肩の血管に留まり、心臓にはまだ届いていなかった。彼女は撮影を中断し、フォルスマンは右心房に届くまでカテーテルを少しばかり先に押し進める。先端が心臓に入ると、彼は実験が成功したことでうなり声をあげる。エヴァはもう一枚X線写真を撮影する。この写真では、カテーテルの先端が心臓の内部に垂れ下がっている様子がはっきりとわかる。これで証拠は得られた。彼は自分の人生が変わろうとしているのを感じた。*12

ニュースはたちまち病院中に広がった。怒り心頭に発した上司のシュナイダー医師に呼びつけられたとき、フォルスマンはまだ興奮状態にあった。写真を見せると、上司は怒りを静めて思案していた。フォルスマンが何か驚異的なことをなし遂げたのは明らかだった。彼は新たな科学の分野を切り開いたのだ。シュナイダーも、この実験を続けねばならないと判断した。その夜シュナイダーは「給仕が正式なイブニングドレスを着た、天井の低い流行遅れのワイン居酒屋」にフォルスマンを連れて行き、二人はおいしい料理を食べ、ワインを心ゆくまで飲みながら新たな医学分野の誕生を祝った。それはのちに心臓病学と呼ばれるようになる。

フォルスマンは自分を対象に同じ手順を五回繰り返したのち、患者を対象にカテーテルを用いて薬剤を散布した。またイヌも使った。収容施設が見つからなかったので、自分の母親の家でイヌを飼っていた。彼の母親は（カーペットが汚れないよう）浴槽でイヌを飼っていた。彼は浴槽でイヌを鎮静させてか

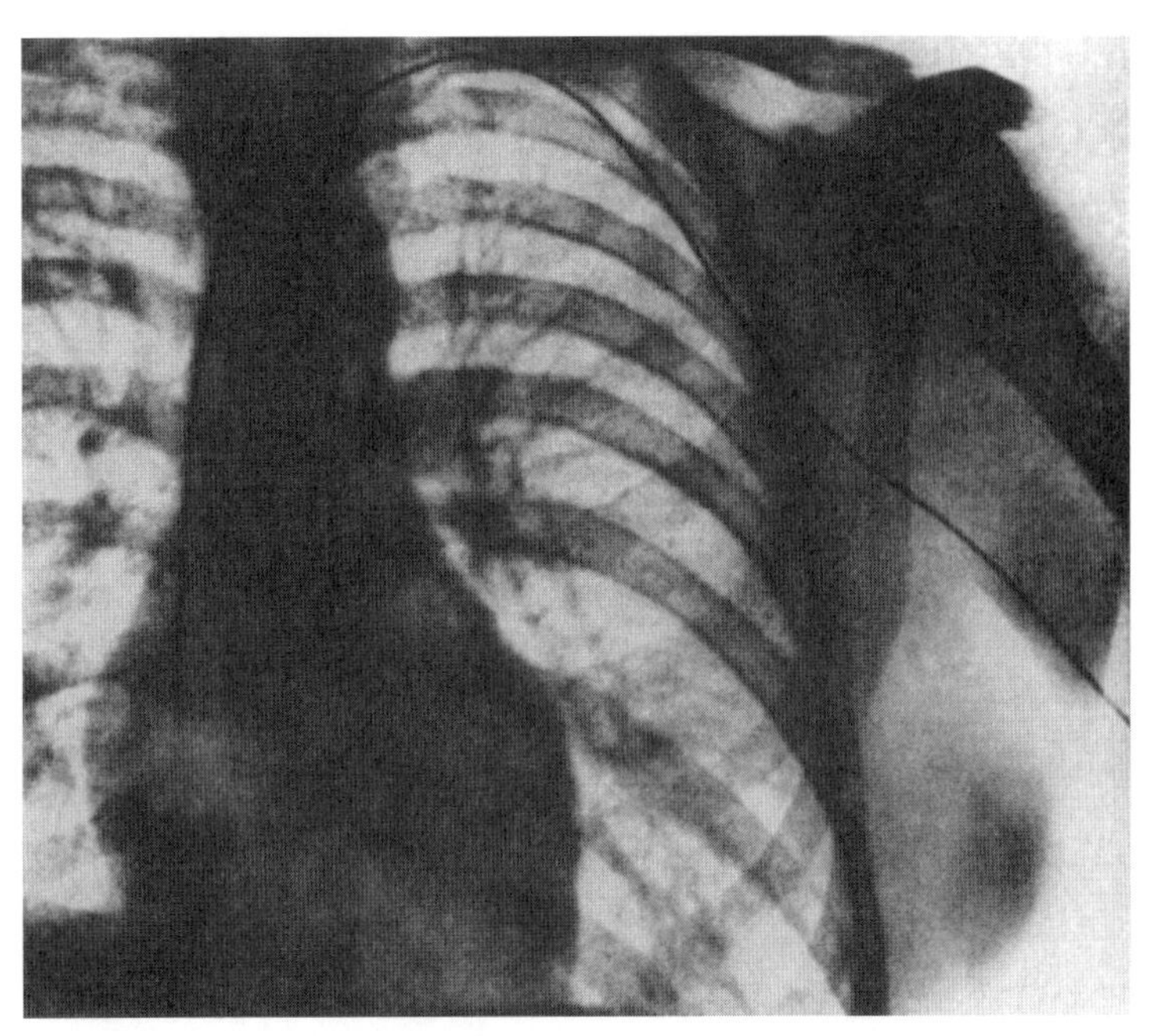

フォルスマンの心臓の右側の部屋にカテーテルの先端が入ったところを写したオリジナルの胸部X線写真。かくしてフォルスマンは、カテーテルの先端で自分の心臓に触ったのである。(図版提供：The Werner Forssmann Family Archives)

ら車で病院に運び、自分の身体を使ってほぼつねに成功していた手順でカテーテルを挿入したのである。この方法は診断のみならず治療にも適用できた。だから彼もシュナイダーも、この新たな手法を用いて、医師や科学者が生きた心臓を観察し治療できるようになることを望んでいた。しかしフォルスマンは、正式な職につく必要があった。非公式の研修生として働きながら、心臓の科学を推進することなどおよそ不可能だからだ。病院長のフェルディナント・ザウアーブルッフ教授は当時のドイツを代表する外科医で、その後もいくつかの心臓手術の手法を考案している。彼はフォルスマンの手法に懐疑を抱いていたが、無報酬でなら病院で働くことを許可した。一か月後、フォルスマンは彼の手法について論じたシュナイダーとの共著論文を世に問うた（それほど狂気じみて見えないよう、大胆にも実験の詳細をごまかした）。[*13]この論文はヨーロッパ中の新聞に注目された。しかし論文の刊行はザウアーブルッフを激怒させた。彼はフォルスマンが医学をサーカスに変えたと思ったのだ。そして、そもそも無給で働いていた彼を解雇した。

フォルスマンは外科で仕事にありつくことはできなかった。何度か好機が訪れたこともあるが、そのたびに希望は挫折に変わった。彼の業績はメディアではよく知られていたが、とりわけドイツの外科医はあまりにも突飛なものと見なしていた。彼は自分の業績から疎外された。大きな構想を抱いて死体をつつき回しながら、上級医師の手伝いをし、試験を行ない、普通の病気にかかった患者を診察してほとんどの時間を過ごしていた。彼の大胆な試みは、結局彼には何ももたらさなかったのである。そうこうしているうちに第二次世界大戦が始まり、彼は軍医として前線に送られる。

従軍中の彼には知るよしもなかったが、一九四〇年にアメリカで、二人の医師アンドレ・クルナンとディキンソン・リチャーズが、彼の論文を読んでその手法を取り入れ、単純で頻繁に使われるツールに仕立て上げた。クルナンとリチャーズはそれぞれ独立して、フォルスマンの手法を用いて左心房に（細い針で穴をあけることで）アクセスする方法、および左右両心房における血液ガスの濃度を測定する方法を考案した。彼らのアプローチは呼吸に光を当て、多くの人々が心臓の部屋に抱える問題を明らかにし始めた。これらの問題は、それほど単純ではないとはいえ、フォルスマンなら自分でも見通せたと思っただろう。第二次世界大戦が終わる頃には、フォルスマンのカテーテルは、X線を用いて心臓の状態を視覚化するために染料を心臓の部屋で散布する目的で、アメリカの病院で用いられるようになっていた。*14 こうしてバーでの自慢は、ちょうどフォルスマンが史上最悪の戦争で反対陣営の軍医として人命を救っているあいだに、アメリカで現代医学へと発展したのである。*15

フォルスマンは、自分の考案した手法がアメリカで広く用いられるようになっていた事実を知らなかったらしい。自分の命を守ることで忙しかったからだ。戦後、事態はさらに困難なものになった（戦争が終わる頃、アメリカの部隊は、胸にゲーテの『ファウスト』を抱えるだけで他にはいっさい何も持たずに命乞いをする彼を発見している）。彼は一九四六年まで戦争捕虜（ほりょ）として扱われ、その後妻と六人の子どもを連れてシュヴァルツヴァルトにある小さな町に移った。その町で彼は、生き残るためなら何でもした。最初は、泌尿器科医であった妻が家族を養った。彼は地元の病院で職を得ようとしたが、プロイセン人であることを理由に断られている。開業医になるために融資を受けようとしたが、それも断られている。きこりをし、それから彼らしく医師になることに再び挑戦した。捕虜収容所を釈放されてから四年後の一九五〇年になってようやく、バート・クロイツナハの小さな病院の泌尿器科で職を得ることができた。この時点では、彼も家族も平和な暮らし以外の何も望んでいなかった。
一九五六年一〇月一一日、バート・クロイツナハのパブで一杯やっていたとき、彼はすぐに帰宅するよう催促する妻からの電話を受けた。外国なまりのある人物が電話をかけてきたと言うのだ。どうでもよいと思った彼は再び飲み始め、家には数時間が経過した一〇時に帰る。すると再び電話が鳴る。ボンからだった。インタビューの申し込みだったが、彼は断る。翌日目覚めると、いつもどおり仕事に出かけ、腎臓病の患者二人に手術を施す。その日彼は、心臓カテーテルを考案した業績に対し二人のアメリカ人にノーベル賞が授与されるというニュースを聞いた。それは彼のカテーテル、彼の心臓の望遠鏡を発展させたものだった。そのニュースを聞いても彼は何も感じなかった。院長が手術室に入ってきて次のように伝えようとしたとき、彼はまだ無感覚なままでいた。「フォルスマン君。きみときみの妻にこのニュースを最初に伝えられてとても嬉しい。きみは二人のアメリカ人とともに今年度のノーベル生理学・医学賞を受賞することに決まったよ」。
この受賞によって、彼の業績は世界に知られるところとなった。賞を受け取るために、家族は初めてドイツをあとにした。ストックホルムで撮影された写真では、椅子に座ったフォルスマンは、ドレスの上で腕を組んで隣に座る妻を見ている。背後には六人の子どもが立っている。幸福の瞬間がみごとにとらえられていると言えよう。息子の一人は滑稽な表情をしている。[*16]
フォルスマンはようやく、自分にふさわしいと長いあいだ感じていたものを手にできたのである。この成功を得て満ち足りた引退生活に入ることも可能だったが、彼の人生はいつのときにも単純ではなかった。ノーベル賞を手にドイツに戻ると、新たな地位を得ようとした。しかし、最初はまたもやつま

ストックホルムでのノーベル賞授賞式の前に撮影されたフォルスマンの家族。フォルスマンの背後には6人の子どもレナト、ベルント、ヨルゲ、クヌート、ヴォルフ゠ゲオルク、クラウスが立っている。隣に座っているのは妻のエルスベトである。（図版提供：The Werner Forssmann Family Archives）

ずいた。やがてドイツの循環器系研究機関の長に就任し、心臓切開手術を行なうよう要請される。これは彼がそれまで夢見ていた仕事である。だが彼は断った。遅すぎたのだ。彼はそれに必要な技術を持たず、これから身につけるわけにもいかなかった。一九五八年には、デュッセルドルフにある福音病院(Evangelische Krankenhaus)の外科のポストを提示された。このポストは創造力より管理技術が必要とされる職であったが、彼は承諾した。一九六九年に引退するまでそこで働き、それ以後は戦争直後に暮らしていたシュヴァルツヴァルトの村に家族と戻った。自宅の居間には、ハイスクールフットボール大会の優勝杯のごとくノーベル賞メダルが飾られていた。それから一〇年後に、フォルスマンは心臓発作で死去している。実のところ、彼の心臓はとうの昔に壊れていた。死の数か月前に、彼は自分の人生について、「とても苦痛だった。リンゴ園を育てたのに、それを収穫した他の誰かが壁のかたわらに立って、私を見てあざ笑っているように感じていた」とコメントしている。*17

フォルスマンは、心臓の何を観察できるかを根本的に変えた。彼がどう考えようと、次の世代の心臓病学は、彼のリンゴ園の果実で養われたのだ。ドイツ再統一後の一九九一年、彼が最初に自分の手法を試した病院は、ヴェルナー・フォルスマン病院と改名された。彼が自分の心臓にカテーテルを通した部屋は現在でも使われている。彼の娘は、数年後にそこを訪れたとき、その部屋から地下のレントゲン室まで歩くと現在でも遠く感じられると述べている。この娘と息子たちもフォルスマンの遺産である。彼らは世界中で成功を収めている。フォルスマンの手法も、もちろん彼の遺産である。彼は心臓に至る道へと第一歩を踏み出した。薬剤を散布するという第二歩も踏んだ。染料を用いて心房や心室を視覚化する方法の発明に至る道を開いた。しかし彼は、やがて自分を殺すことになる心臓障害を観察すること

フォルスマンが最初の手術を行なったエーベルスヴァルデの病院。現在では彼の名前が冠せられている。(図版提供：The Werner Forssmann Family Archives)

はなかった。冠動脈の障害だ。

フォルスマンの手法は、手術前に心臓の基本的な特徴の確認ができるようにすることで多くの生命を救ったが、医師が把握すべきすべての特徴をそれによって観察できたわけではない。彼は冠動脈がつまり得ることを知っていた。もちろん自分の冠動脈も。そして、つまった動脈は修理できると考えていた。しかし塞栓（そくせん）は、彼が指を突っ込んだ死体のように当人が死んで心臓を開くまでは目に見えない。染料は冠動脈の形状を明らかにするが、問題はそれによって患者が死亡することだ。それでは選択肢にならない。心臓の大きな部屋で希釈されれば、心臓の視覚化に染料を用いても安全である。しかし、狭い冠動脈内では濃度が高くなりすぎて有毒化する。大胆な彼にも、限界はある。彼は自分の冠動脈の内部で染料を散布するつもりはなかったし、他の誰に対してもそうするつもりはなかった。

冠動脈の手術は、心臓を安全に観察する能力の限界を超え、実施不可能と考える者もいた。前世紀の外科医が心臓手術を行なう寸前で何度も断念してきたように、無数の心臓の内部で、カテーテルは冠動脈に至る狭い通路のへりで止まってきた。進歩の瞬間はやがて訪れる。しかしそれには、心臓という深く危険な洞窟のなかでヘマをして事故が起こるのを待たねばならなかった。

ヘマをしたのは、オハイオ州クリーブランドにあるクリーブランドクリニックの外科長フランク・メイソン・ソーンズであった。彼のストーリーとフォルスマンのストーリーが交差する時点で、彼はすでに心臓外科医のあいだでよく知られていた。彼は大胆で野心家だった。*18 四六時中働いていたが、不思議なところがあり、口にタバコをくわえながら患者のうえにかがみ込むこともあった。フォルスマンが心臓外科の無頼のラインマンだとすれば、ソーンズはブルドッグのような顔をした口の悪いクォーターバックといったところだ。彼は病院でしみのついた白いTシャツを着たがるタフなリーダーで、ほえ立てるように命令を発した。[19] 成功者は惜しげもなく褒め称え、失敗者は足蹴にした。自分のまわりにいる外科医に真っ向から戦いを挑み、ほぼつねに勝利を収めた。人々は彼と仕事をしたがるか、辞めるかのいずれかであった。[20]

ソーンズにはさまざまな噂がつきまとったが、彼を愚か者、あるいは絶好の機会を見逃した間抜けと見なす者は誰もいなかった。彼は駆け出しの頃から、心臓の問題の特定にフォルスマンのテクニック、血管造影法を適用することに恐ろしく長けていたために、彼の片腕ドン・エフラーは、誰にも治療できないものを治療できた。なぜなら、誰にも見えないものを特定し観察できたからだ。ソーンズは調査研究を「ドアを蹴飛ばして開けるようなものだ」と言い、[21] 実際にドアを蹴飛ばして自分の領分を確保していた。またフォルスマン同様、心臓医療の革新を目指して何が何でも前進しようとする激しい意欲を持っていた。[22] フォルスマンとは違って運と権力を手にしていたが、運には限界がある。ある日ソーンズは、クリーブランドクリニックの地下室に掘った穴に立って仕事をしていた。この穴は、心臓を大きく拡大して観察する目的で取り寄せた巨大なイメージ増幅器を使うために必要だった。穴に入っていると、自分の上に横たわる患者に当てたX線が結ぶ画像を見上げることができたのだ。これは疾病を診断する能力を改善するために彼が行なった数々の工夫のうちの一つにすぎない（彼はまた、フィリップス社、イーストマン・コダック社と共同でX線の出力の強化を図った）。この日彼は、この穴に入っていつもとそれほど変わらない手順を実行していた。具体的に言うと、心臓弁（僧帽弁、大動脈弁）の疾患と考えられる障害を調査するために、カテーテルを使って患者の心臓の大動脈に少量の染料を注入しようとしていたのである。この頃までには、心臓の部屋と弁を観察するために、動脈や心臓の部屋に染料を散布することが普通に行なわれるようになっていた。そのために染料は欠かせなかったが、彼は造影用の染料（造影剤）を冠動脈に流すことだけは何としてでも避けようと細心の注意を払っていた。

というのも、冠動脈に染料を注入すると心室細動と呼ばれる致命的な不整脈が引き起こされると見なされていたからである。この見方はフォルスマンの業績にさかのぼる。心室細動が生じると、心臓の鼓動を保つ信号がリズムを失い、両心室は、左右の翼の羽ばたきが異なる鳥のように鼓動をコントロールできなくなる。

この日、すなわち一九五八年一〇月三〇日、患者は仰向けになって両腕を広げ、天井のひびを見上げていた。彼は目覚めていた。というのも、何か支障が生じた場合、患者の口を通してその事実を知るしかないからだ。だから、それがクリーブランドクリニックの標準的な手順になっていた。要するに患者は、自分の身体という炭鉱に持ち込まれたカナリアのようなものと見られていたのである。ソーンズはこれまで何度も行なってきたように、患者にカテーテルを挿入し、心臓に向かって押し進める。X線画像によれば、それは右側に入っていた。それから彼は助手に造影剤を四〇～五〇ｃｃ散布するよう指示する。多量だが、いつもどおりの量である。染料が心臓に向かって流れ始めたとき、カテーテルが突然「跳ねた」。右側の冠動脈に侵入して、染料を散布し始めたのだ。ソーンズはあえぎながら「患者を殺してしまった！」と叫んだ。

ソーンズは穴から飛び出し、患者の胸に切込みを入れるためのメスを探す。患者の心臓の鼓動は遅くなり、律動はピークから単なる丘程度にまで落ちる。彼は患者に「せきをしろ」と叫ぶ。せきをすることで染料を冠動脈から除去できるかもしれない。おそらくいくぶんかは。今日なら患者の胸にショックを加えるだろう。しかし当時は、その程度の単純な技法ですらまだ発明されていなかった。患者の心臓が完全に止まれば（明らかに止まる寸前だった）、胸部を切り開く以外にないが、それには、脳が酸素を大量に失い患者が死ぬまでに残された時間、すなわち三分では足りないはずだ。この状況では、彼はすぐに死ぬだろう。

ところが、彼は死ななかった。

患者の脈拍は、徐々にもとのペースに戻りつつあった。息が続く限り繰り返し「せきをしろ」と叫んでいたソーンズは大きく息を吸い、顔には笑みが浮かび始め、もう一度叫んだが、その声には喜悦の響きが含まれていた。何かとてもすばらしいことがたった今起こったのだ。患者が死ななかったことはもちろん、将来へのインパクトの大きさという点では、次の事実を強調しなければならない。ソーンズはそのとき、心臓全体を観察するために現在でも用いられている方法を意図せずして発明したのである。

このような状況に置かれれば、並の外科医なら患者が死ななかったことに感謝し、おもむろに次の仕事に取り掛かることだろう。本人の言によれば、ソーンズも最初は「安堵と感謝の気持ちでいっぱいであった」。しかしすぐに、このできごとに未来に向けての可能性を見て取る。確かにこの患者は死の寸前に至ったが、患者を殺さずに済ませられたのである。冠動脈に染料を注入しながら、それは染料の量と注入方法の問題であろう。このできごとについて、ソーンズは次のように書く。「この事故は、われわれがこれまで探し求めてきた手法の考案に至る道を指し示しているのではないかと、私は思い始めた。（……）それだけの量の造影剤を冠動脈に直接注入しても患者が耐えられるのなら、希釈した染料をより少量用いることで、この種の撮影のための不透明化が可能かもしれない。大きな恐れとおののきを覚えつつ、われわれはこの目標の達成に向けたプログラムを開始した」。

ソーンズの最初の発見はミスから生まれた。しかしこの発見をもとに前進する際には、彼はミスを繰り返さなかった。その後の一連の試みがそれを示している。すでに一時間後には、「誤り」を繰り返す計画を立て、たった二日後にはそれを実行に移した。今度もうまくいった。その次も。それから数年間、ソーンズはこの手順を繰り返し、より高性能のフィルムや増幅器、さらには万一の場合に備えて(胸部を開かずに心臓を再始動させる)心細動除去装置(デフィブリレータ)を徐々に導入しつつ、より簡単に一連の手順を行なえる新たなカテーテルを発明した。彼は、一九六二年までに一〇二〇人の患者を対象に冠動脈への染料の注入を行なったと報告している。[*23] また一九六七年までには、ソーンズとクリーブランドクリニックの同僚は、冠動脈造影法と呼ばれるようになる手法を八二〇〇回実践している。冠動脈造影法とともにソーンズの名声は高まった。心臓の秘められた運河について他者に教えることは、彼にとって喜びであった。だが彼は、自分が観察した心臓の疾患を治すことができなかった。彼の新たな観察方法が、最初はクリーブランドクリニック内で、やがては世界中で知られるようになるのと同じ速さで、それまで知られてはいたが明確化されていなかった事実に関する認識が広がっていった。つまり、心臓に流入する動脈は、必然的と言えるほどつまりやすいという認識が。もしかするとこれは、ダ・ヴィンチの言う甘き死なのかもしれない。しかしソーンズは何度も心臓発作を見てきたが、確かに充実した人生を送ったあとのきっぱりとした終焉(しゅうえん)と言える甘き死もあったとはいえ、すべての死がそうであるはずはなかった。さらに重要なのは、甘かろうが甘くなかろうが、動脈の閉塞はまれな現象ではないことだ。

一八一六年頃、ウィリアム・ブラックは死体を観察して、胸の痛み、狭心症の原因が冠動脈の硬化と肥大にあるらしいことを発見した（ダ・ヴィンチはアテローム性動脈硬化について記しているが、冠動脈のアテローム性動脈硬化には特に焦点を置いていないように思われる）。胸の痛みは、（死を除けば）冠動脈がつまっていることを示唆する唯一の現実的な兆候であった。そのため、冠動脈の閉塞は狭心症の発症と同義と見なされるほどだった。しかしソーンズは、撮影したアンギオグラムを見て、それがそれまで考えられていたよりもはるかに一般的に見られることを見出した。アテローム性動脈硬化は、症状が現われていなくても明らかに存在していたのだ。アンギオグラムでは、健康な心臓の血管（大動脈などの主要な血管）は全体が黒く見える。したがって健康な心臓のイメージは、頂上から弧を描きながら伸びる冠動脈の目立つ暗い線によって、ねじれた黒い花のように見える。黒は血液の存在を示す染料の色である。ところが、ソーンズが数千人を対象に撮影したアンギオグラムの多くでは白い箇所が見られた。これは、染料が届かなかった部分を示す。つまり、生きていくには必須の動脈がつまっていたのである。それは心臓をむしばむ動脈硬化巣(プラーク)なのだ。

前進するには二つの問題があった。少なくともソーンズが冠動脈造影法を行なっていた当時は、冠動脈の閉塞による心臓病を治療する手段はただの一つもなかったことが一つ。その時点までの心臓病の治療の歴史は、魔術と願望の歴史でもあった。一四九二年、ローマ教皇インノケンティウス八世は狭心症を患っていた。ある報告によれば、彼は一〇歳の少年を三人連れてこさせ、若い生き血を口で受けられるよう少年たちをロープで吊(つ)るしたのだそうだ。少年たちも、最終的には教皇自身も死んだ。[*24] 数世紀後、イングランドのチャールズ二世は、後世の見方ではおそらく心臓病か初期の脳内出血（のちに述べるように心臓病の同類項）を発症した際に瀉血（血液を排出させて症状の改善を試みる治療法）を受けている。一九五八年になっても、心臓病患者の運命は以前と大して変わらなかった。治療と言えば、ベッドで休息をとり、ワインを一杯飲むのが関の山だったのだ。狭心症（「angina pectoris」：「angina」はギリシア語で「締めつける」を、「pectoris」は「胸」を意味する）を患う患者が診察を受けにくれば、今やソーンズは「締めつけ」を引き起こしている現象を観察し、さらにはそれが起こる前でも冠動脈の塞栓を診断することができた。とはいえ、それに対して何の処置も取れなかった。

心臓外科手術は、ソーンズが偶然に冠動脈造影法を発見した一九五八年には以前より一般的になってはいたが、依然として特殊なケースに限られていた。傷は縫えた。いくつかの先天的な障害は治療できた。いくつかの穴も修理できた。しかし、心臓障害のほとんどは端的に言って治療不可能だったのである。当時は慎重さが優先される時代であり、[*25] それだけに次の時代に起こったことが余計に驚異に思われる。

次の一〇年は、あとから振り返ってみると無分別とも言える態度で外科医が心臓の治療に手を染めた時代であった。当時でも、その種の批判をする人が大勢いた。[*26] ソーンズが次にとるべきステップは、アテローム性動脈硬化によって閉塞した冠動脈の治療、もしくはその予防のいずれかであった。これらを繰り返し容易に行なうには、別の準備が整っていなければならなかった。誰かが心臓治療のよりよい方法を考案する必要があったのだ。というのも、ソーンズが冠動脈造影法を発見した頃は、心臓の手術には依然として三分から六分がかけられるにすぎなかった。それを過ぎると、脳における酸素の欠乏のために患者は死んだ。冠動脈の修理のような大胆な介入を行なうには、六分では二〇分ほど少な過ぎた。

したがって、手術にかけられる時間を延ばす方法を誰かが考案しなければならなかった。その最初の試みは、身体を冷やして基本的にあらゆる身体活動の速度を低下させ、六分を一〇分以上に延長することに焦点を置くものだった。この方法は、うまくいくこともあったがつねにではなく、また多大な困難をともなった（最初の頃は患者を氷づけにしなければならなかったが、やがて心臓だけを冷やすようになった）。しかし他にも方法は考えられた。心臓を開いているあいだ、血液に酸素を運ばせ続ける機械を考案できるのではないかと考える外科医がいた。一〇分間でも心臓の代わりができれば、つまった冠動脈をどうにかできるのではないだろうか。あるいはもっと多くのことができるかもしれない。そう考えたのだ。

第6章　心臓のリズムを作り出す装置

一九三〇年のある夜、ハーバード大学医学部付属マサチューセッツ総合病院で、ジョン・ギボンの師エドワード・チャーチル医師は、疲れて青白い顔をし、息切れのする女性患者が収容されている病室にギボンを呼んだ。この女性は二週間前に胆嚢（たんのう）の手術を受けていた。チャーチルは彼女を手術室に移動させ、ギボンと若い技師メアリー・〝マリー〟・ホプキンソンに、夜通し看護して一五分ごとに心拍と呼吸の状態を記録するよう指示した。どうやら患者は、右心室と肺を結ぶ大きな血管である、肺動脈に塞栓（そくせん）症（しょう）（血液の凝固による閉塞）を起こしているらしい。二週間前の手術が原因で塞栓が引き起こされたことに、ほぼ間違いはなかった。見通しは暗い。肺動脈が閉塞したままだと、肺（と最終的には心臓や脳）に流れ込む血液の大部分が遮断され、命取りになる可能性がある。しかるに、塞栓の除去に成功した外科医はほとんどおらず、アメリカには一人もいなかった。チャーチルは自分がその最初の一人になるつもりだった。ただしそれは、肺動脈が完全に閉塞して患者が意識を失い、介入しなければ確実に死ぬ状況になった場合に限られた。

ギボンの仕事は、患者の状態が悪化したらチャーチルに報告することだった。要するに、彼は患者が死にかけるのを待っていたのである。一晩中、彼とホプキンソンは、患者と話をしたり眠るところを見守ったりと、寝ずの番をしていた。そして朝の八時に、患者は意識を失う。チャーチルが呼ばれる。彼は手術室に駆け込み、患者の胸に切込みを入れ、肋骨（ろっこつ）を押し開く。脳死まで三分しかない。手術は手探りで行なわれる。鼓動する心臓から湧き出る血で背後が見えない。だが彼は肺動脈を探り当て、そこにあったいくつかの血のかたまりを取り除く。しかし遅すぎた。脳への酸素の供給が長く絶たれたために、彼女が意識を取り戻すことはなかったのだ。

緊急手術は一種の悲惨なサーカスである。危険がつきもので、誰も見たいとは思わない。だが、若い外科医のギボンは見なければならなかった。患者の死体を見て泣き、その日のできごとは忘れられなかった。彼はのちに次のように回想している。「ずっと寝ずの番をしているあいだに、心肺機能のいくつかを外部の血液回路で置き換えられれば患者の命を救えるかもしれないという考えが浮かんだ」[*1]。この苦い経験のために、彼は場合によっては作家か、あるいは別の職業に転向していたかもしれない。だが彼はそうはせず、患者の心臓や肺が機能していないとき、あるいは少なくとも手術をするあいだ、身体の各組織に酸素を帯びた血液を供給できる人工心肺の開発に次の数年を費やした（最初に彼が想定していたのは塞栓の手術での使用であったが、すぐにそのような装置は心臓手術のまったく新たな分野を切り開くであろうことに気づいた）。彼はまた、技師のマリー・ホプキンソンと結婚した。以後彼女は、共有する夢の実現に向けてギボンと協力し合うようになる。彼は、マリーと一緒に生涯をかけて偉大なことをなし遂げたいと切望する志の高い人物であった[*2]。

ジョン・〝ジャック〟・ヘイシャム・ギボンは、一九〇三年九月二九日に代々続く医師の家系に生まれ五代目を継ぐことが運命づけられていた。[*3] 彼の先祖たちは、一〇〇年以上にわたり治療と慰撫(いぶ)に努めていた。彼らが行なっていた心臓の治療は、そのあいだまったく何も変わらなかった。効果のない薬剤をあれこれ取り替えはしたが、結果はつねに同じだった。心臓病を抱えた患者は、家で休養し、あれやこれやの薬を飲むよう指示されるだけだったのだ。ギボンは、その状況が変わる可能性のある初めての世代として生を受けたのである。

プリンストン大学に入学したとき、彼は医師にはなりたくなかった。フランス文学を専攻し、姉とフランスを旅行して回った。彼女の言によれば、彼は「知的好奇心と哲学で燃え盛っていた」。[*4] 創造的な作家か画家になりたかったのである。ボヘミアンの生活を目指す自由な精神を抱いて一九歳で学校を卒業した。しかし父親に「医者になりたくないのなら、なる必要はない。だが、医学の学位を取ったからと言って、文章がひどくなるわけではない」と諭される。その言葉に説得されたのか、父に黙従することにしたのかは定かでないが、ギボンはフィラデルフィアのジェファーソンカレッジ医学部に入学し、一九二七年に二三歳でこの大学を卒業している。

彼がチャーチル、マリー・ホプキンソンと一緒に息絶えた患者を見つめ、人工心肺の開発を決心したのは、ジェファーソンカレッジを卒業後三年が経過した頃のことである。一九三〇年の時点では、人工心肺の開発が可能だと考えていた人はほとんどいなかった。だから弱冠二七歳のギボンとマリーが装置の設計に着手したとき、自分たちで一から始めなければならなかった。二人は、マサチューセッツ総合病院ブルフィンチビルディング最上階の研究室を使い、他の研究室から集められるだけ部品を集めた。

彼らは、ボストンの市街地でつかまえてきた野良ネコを対象に、自分たちのアイデアと間に合わせの装置のテストを行なった。ネコの肺や心臓は小さい。だから、それに見合った量の血液を酸素化して送り出す機械を製作するのは比較的容易だった。しかしそのネコを対象にしてさえ、装置の開発は困難を極めた。この装置は、何とかして赤血球を損なわずに血液に酸素を付与できなければならない。それには穏やか、かつ強引でなければならなかった。

一九三一年、二人はフィラデルフィアに戻り、ギボンはペンシルベニア病院で外科医の助手として職を得た（同時にペンシルベニア大学医学部フェローでもあった）。より恒久的な職を手にした彼は、人工心肺を開発する作業がしたかったが、その余裕はなく夢の実現は先送りになった（ただし夕食時には、二人はつねに装置について語り合っていた）。同僚は二人を好意的に見てはいたが、彼らに成功の見込みはないと考えていた。三年後、彼は再びマサチューセッツ総合病院でチャーチルと働くことを決意する。というのも、彼には人工心肺を開発するための空間と時間が、また、マリーにはギボンの助手としての職が約束されたからである。マサチューセッツ病院に戻った二人は、一年以内にプロトタイプを作成し、それを野良ネコに試した。最初はほぼすべてのネコが死んだ。しかも悲惨な死に方で。ギボンとマリーはこの結果に落胆したが、ボストンに戻ってからまだ一年が経過していない一九三四年の末には、一匹のネコが二〇分間生き残った。二〇分間生きていたのだ！　興奮した二人はネコのそばでジグを踊り、自分たちのなし遂げたことへの喜びと、将来の可能性に対する希望を思い切り表現した。ついにやったのだ！のちにギボンはこの瞬間について、「あのとき実験室で（マリーと）踊ったダンスほど、私の人生で陶酔と喜びに満ちたものはなかった」と回想している。

ギボン夫妻はこの発見を公表しなかったが（三年待った）、噂は広がった。ネコを使った実験の成功を評価したペンシルベニア大学医学部は、ハリソン研究室の外科医学リサーチフェローの職を提供することをギボンに申し出た。彼はその申し出を受ける。フィラデルフィアに戻った二人は、ネコとイヌを用いて実験を進めていった。ただし、自分たち自身の手で実験を行なう時間は減り、装置を実際に動かすのに必要なチームを管理することにより多くの時間を費やした。装置は洗練され、実験に使われたネコと、それより結果は劣るがイヌは、予測どおりに多かれ少なかれ健康な状態を保ったまま実験を終えることができた。ジャックとマリーと人数の増えた助手たちは、人を対象に適用できる寸前まで装置を洗練させた。当初二人は人工心肺をおもに塞栓の手術に用いることを考えていたのだが、この装置によって他の心臓手術、「不可能」とされていた手術も可能になるであろうことは、関係者の誰の目にも明らかになった。[*5] ギボンによれば、装置自体は「ばかげたループ・ゴールドバーグ・マシン〔手の込んだ方法でさまざまな部品を寄せ集めて連鎖して動くよう作った機械で、アメリカの漫画家ループ・ゴールドバーグの創作に基づく〕のように、世界各地から取り寄せた金属、ガラス、電気モーター、水槽、スイッチ、電磁石などで構成」されていた。それでも、少なくとも比較的小さな肺を持つ小さな動物が対象なら装置は機能した。しかし、やがて第二次世界大戦が勃発する。

ジャック・ギボンは、実現に向けてマリーとともにそれまでの自らの生涯を捧げてきた飛躍が手の届くところまで近づいているのを感じながらも、予備役将校として志願した。彼は義務を果たさねばならないと感じていたのだ。それは彼の家族がしてきたことでもある。ギボンの母方の祖父（祖父母で彼が知っていたのはこの祖父のみだった）は南北戦争に従軍し、彼と同名の大おじジョン・ギボンは鉄の旅団いる。

を指揮した北軍の著名な司令官であった。また彼の父は、米西戦争と第一次世界大戦で志願し従軍している。

ギボンは、太平洋戦線に設けられた第三六四基地病院で外科医長を務めている。そこでは必要に迫られて間に合わせの手術を実施せざるを得なかった。この間に合わせの手術は、研究室を離れているときにも、装置と心臓手術について考察し続けることを可能にした。四年後に椎間板ヘルニアのために除隊され、妻と家族のもとに帰ってきたときには、彼は戦前よりもさらに熟達した外科医になっていた。そして、ジェファーソン大学の教授兼外科リサーチ監督として、より権威ある職を提示され（一九四六年一月に受諾し）、装置の開発を再開する準備が整った。

戦争が終わると、世界の政治の様相は大きく変わったが、科学や医学においても変化が生じた。アメリカは科学的発見の一大勢力になり、それによってギボンの人工心肺を含め、不可能と見なされていた多くのものごとが実現可能になった。戦争前には、彼は人工心肺開発の支援を取りつけるために大変な苦労を強いられたが、戦争が終わると、装置の開発はジェファーソンカレッジ病院の主要な目標になった。そのため他の医師も進んで彼を支援しようとした。事実、彼がいないときに、彼を「支援する」医師もいた（クラレンス・デニスはギボンの設計に基づいて、独自の人工心肺を組み立て、手術室で試している）。

次第に拡大していく研究室の助力を得て、ギボンは装置を改善していく。今や二人は、研究の新たな局面において実地の作業を行なうことはほとんどなく、必要とされる詳細な知識を自分たち以上に身につけた専門家を適宜新たに雇いチームに加えていった。新チームは新たなプロトタイプを作成したが、戦前のものと同じく機能はしたものの完全ではなかった。装置の構造は、ポンプによって酸素を付与された血液が一連の管や水路や弁を通過するというものであったが、血液がポンプを通る際、つまったり、悪くすると感染を引き起こしたりした。また酸素の泡が発生し、そのために脳の塞栓が引き起こされ、装置がそもそも防ごうとしている死を余計に無惨な様態でもたらす可能性があった。ギボンは粗雑な機械に、精密かつ繊細な心臓と肺のネットワークの代わりをさせようとしていたのだ。腕に羽を貼りつけた人間が鳥に似ていると言えるのなら、彼の装置は心臓や肺に似ていた。[*6]

ギボンのチームは、腸の周囲の筋肉が消化管を絞るのと同様なあり方で、人工心肺の管を（何度も転がしながら）絞り血液を誘導する装置で置き換えることで、ポンプを改良できた。しかし、心臓に入った酸素が、弁の背後に溜まるという問題がまだあった。彼が雇ったフランク・アリブリッテン医師[*7]は一計を案じ、空気抜き、すなわち一種の煙突を考案した。それを左心室の筋肉を通して刺すのである。

問題はそれだけではなく、次から次へと発生した。そしてそのたびに彼らは即席の改良を加えていった。ギボンと彼のチームは、人間を対象に装置を用いるという最終目標に近づきつつあったが、それでも先はまだ長かった。

人工心肺の開発にあたってきた長い年月を通じて彼が切望していたのは、それを医療に役立て、患者を治療することだった。しかし周囲の同僚たちは、有名になること、つまりメディアでの成功を話題にし始めていた。ギボンは逆に、自分の装置がメディアの注目を浴びることを嫌っていた。医師は匿名で治療に従事すべきというのが彼の信条だったのである。彼は問題を解決したかったのであって、メディアの前でそれについて論じたかったのではない。だが彼に選択肢はなかった。人間を対象に装置を使う前ですら、メディアが押し寄せてきた。ウェイン・ミラーは『心臓の王（*King of Hearts*）』で、「電気と鉄で神を演じようとしている男ほど、魅惑的な見世物はない」と述べている。「チームメンバー」の一人がＩＢＭ社社長トーマス・Ｊ・ワトソンであったことも、余計にメディアをあおる結果になった（のちにＩＢＭは、クイズ番組『ジェパディ！』で人間を相手に勝ったことで有名になるコンピューターに彼の名前をつけた）。ワトソンはギボンに資金援助し、装置の自動化（とロボット化）を促進するためにＩＢＭのエンジニアを派遣していたのである。[*8] ワトソンとの共同作業は、ギボンの装置に必要以上にＳＦ的な神秘性を与える結果になった。『ライフ』誌は装置を「ロボット。ピアノ大の、光り輝くステンレスのキャビネット」と評した。

一九四九年、チームはこのロボットをより大型の動物に試した。九匹のイヌの心臓を止め、その機能を人工心肺で置き換えたのだ。あるケースでは、四六分間機能した。『タイム』誌はこの成功を報じ、次の目標が明らかに人間であるとほのめかした。同じ年、国立心臓研究所は、装置の開発を促進するためにギボンとジェファーソンカレッジに二万六八二七ドルを授与している。[*9] 同僚と一般の人々は、心臓手術がすぐに一新されると考えていたが、ギボンと彼のチームにはそれほどの確信はなかった。彼らは、血液に酸素を付与する仕組みにまだ満足していなかったのである。[*10]

二年後、人間を対象に装置を試す機会が訪れた。そのときギボンは、ジェファーソンカレッジで生後一五か月の女児の手術を行なっていた。彼女の心臓の鼓動は乱れていた。両親の同意を得て、ギボンは女児の胸を開き、心臓に入る二つの最大の静脈（酸素を欠く血液が流れる静脈）にカテーテルを通した。カテーテルはプラスチック製の管で巨大な装置につながれており、この装置は二つのポンプによって管を流れる血液に酸素を付与した。一方のポンプは血液を人工肺に送るため、他方は人工肺を通して血液を送るために使われていた。さらに、酸素を付与された血液を、鼠径部の動脈につながる管を通して少女の身体に戻すために三番目のポンプが使われていた。[*11] 装置は六人の助手によって操作されていた。しかし何かがおかしかった。ギボンは問題と思われる箇所、右心房にメスを入れる。このとき彼は、心房中隔欠損、すなわち左右両心房のあいだに穴が見つかるはずだと考えていた。しかし穴は見つからない。手探りでいくら探してもどこにも見つからなかった。結局損傷箇所を見つけて修理する前に、女児は出血多量で死んだ。彼はのちに検死解剖を行なった際に、欠陥が内部ではなく外部にあったことを知る。要するに、見当違いの場所を探していたのだ。彼はアンギオグラムを用いなかった。というのも、ジェファーソンカレッジには、そのための装置もなければそれを操作する人員もいなかったからだ。ギボンは一生、このできごとを気に病んだ。しかし、人工心肺は放棄しなかった。

その年、ギボンとアリブリッテンはもう一度チャンスを得た。一九五三年の一月に、ペンシルベニア州ウィルクスバリにあるウィルクスカレッジの一八歳の新入生セシリア・バボレクが、息切れと不規則な心拍を訴えて来院した。その際彼女は、（誤って）連鎖球菌感染によるリウマチ性心疾患と診断され、二か月後に再検査のためにもう一度来院するよう指示される。三月二九日に再来院したとき、彼女の状態は悪化しており、発熱、悪寒、心臓の肥大、心雑音の症状を呈していた。フォルスマンの心臓カテーテル法を用いた検査によって心房中隔欠損、すなわち死亡した女児に予測されていたものと同じ心臓の穴が発見される。酸素を付与された血液が左心房から左心室に送られるたびに、多量の血液が二つの心房を分かつ壁、心房中隔にあいた穴を通って右心房に流れ込んでいたのである。ギボンは一九五三年五月六日に手術を予定した。今回は診断に確信を持っていた。彼とアリブリッテンは、献血を使って装置に呼び水を差し手術の準備を整えた。手術の前夜、アリブリッテンは不安で眠れなかった。そしてその日がやって来る。彼らは人工心肺のそばまでセシリアをカートに乗せて運び、胸を切り開く。彼女の静脈と動脈は装置のパイプにつながれ、酸素付加装置が作動する。すべてがほぼ計画どおりに進む。しかし彼女の心臓の欠陥はギボンの予想よりもはるかに深刻だった。穴の大きさは五〇セント硬貨ほどあった。六分で済むと考えていた手術は、一〇分、一五分と延びていく。さらに時間は経過する。ギボンの心には疑いが芽生え始め、さらにまずいことに技術的な問題が発生する。人工心肺がつまってしまったのだ。手術の助手を務めていた（また、ギボンの研究室の日常活動を管理していた）バーニー・ミラー医師は、装置の再始動を試みる。抗凝血剤は枯渇していた。ミラーは部分的に人為操作することで何とか装置を作動させることができ、そのあいだにギボンは手術を続けた。事態は絶望的な様相を呈していた。人工心肺がなければ患者はすでに一四分前に死亡しているはずの二〇分が経過する。彼は震える手で巨大な穴を縫う。二二分が経つ。セシリアの顔を見るとまだ血が通っているように見える。二四分が経過する。彼は必死で縫う。そばで見ている看護師の顔は青ざめる。二五分、二五分半と、時間がどんどん過ぎていく。セシリアの顔は少し青ざめたのではないだろうか？　二六分が経過して、ようやく手術は終わる。彼はセシリアの身体から装置をはずす。すると彼女の心臓は、（……）再び鼓動し始めた。肺も機能し始めた。彼女は深く息を吸い数週間後には十分に回復した。彼女はその後、長い人生を送っている。*12『タイム』誌は、ギボンが「夢を現実に変えた」と報じた。ジェームズ・レ・ファニュは、「人工心肺は、人間の精神がなし遂げたもっとも大胆な、そしてもっとも成功した偉業である」と称えた。*13　セシリアは

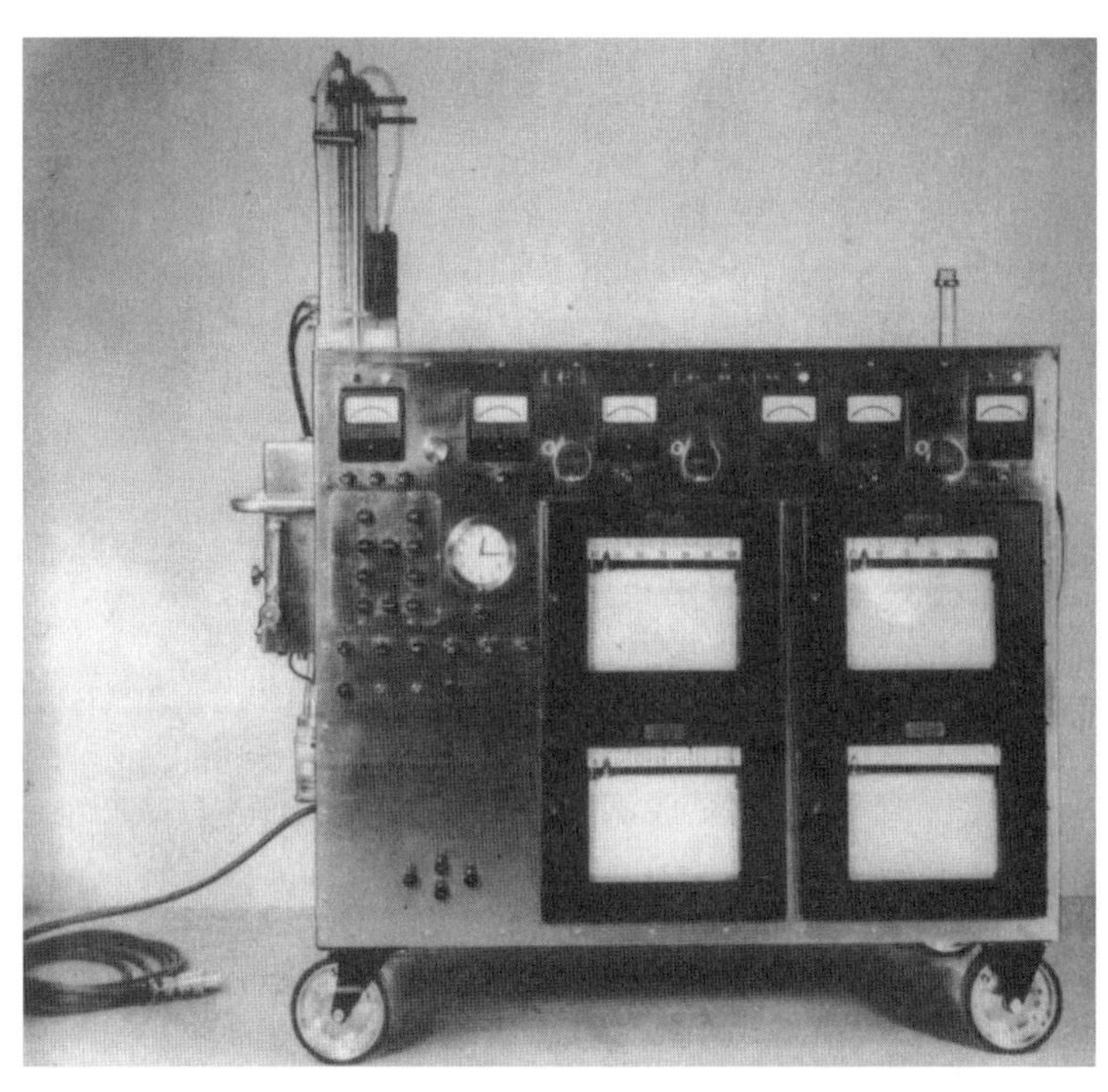

今日どこの病院でも見られる小さな人工心肺の祖先である、ジャック・ギボンの巨大な救命用人工心肺モデルⅡ。（図版提供：The Thomas Jefferson University Archives and Special Collections, Scott Memorial Library, Philadelphia）

その後六六歳まで生き、人工心肺はさらに長く生き続けた。のみならず、形態は変わっても今後も永久に生き残るであろう。

ギボン自身は、装置の使用に関して比較的地味な期待を抱いていただけだった。彼は、セシリアの手術に成功したあと『タイム』誌の記者に次のように語っている。「人工心肺は、あらゆる心臓病に通用する万能マシンではない。おもに変形した心臓を持って生まれた患者に適用されるだろう。冠動脈の疾患の治療には使えない。(……) しかし、この装置によって初めて心臓に探りを入れられるようになったのは確かである」[*14]。彼は、将来の期待と自らの業績に対して非常に謙虚であった。記者が撮影のためにセシリアと人工装置と一緒にポーズをとるよう求めると、彼は拒否した。彼自身の言によれば、写真嫌いなのだそうだ。

ギボンは同年の七月に、人工心肺を用いてさらに二度手術を行なっている。患者はともに五歳の少女だったが、二人とも死亡した。そのうちの一回は、最初に女児を手術したときと同様、誤診が原因だった。彼は子どもたちの死を深く悲しみ、彼女らの死が自分の失敗を象徴すると思い込んだ。彼が執刀することは二度となかった。病院では訓練を積んだ心臓病専門医を雇い、カテーテル法研究室を立ち上げる。彼の考えでは、それらが揃(そろ)っていれば、女児と五歳の少女は誤診で死んだりはしなかったはずだった。しかし自身の経歴にはピリオドが打たれ、彼が心臓手術を行なうことは二度となかった。友人のウィレム・コルフによれば、彼は人工心肺さえ二度と見たくなかったのだそうだ。成功した手術について著名な雑誌に寄稿することもなく、あまり知られていない外科雑誌に発表しただけであった。やがて個人開業医としての仕事と教育に集中するようになり、引退後は絵を描いていた。マリーは学校に戻り、社会福祉の博士号を取得した（のちにマリッジカウンセラーになっている）。しかし、人工心肺は他人の手で改良が加えられていく。血液をさばかせて心臓の状態の詳細な観察を可能にするギボンの装置は、初めて心臓の治療を可能にした。外科医は数十分間作業を行なえるようになった。それだけの時間があれば、あらゆることが試せる。

いくつかの改良が加えられ（さらには他の革新によって）、人工心肺はさまざまな心臓手術を可能にした。それによって、あなたが本書を読んでいるあいだにも、多数の命が救われている。人工心肺は小型化し、

ジャック・ギボンと、人工心肺のおかげで命を救われたセシリア・バボレク。彼らの前に何気なく置かれているのは人工心肺の一部。（図版提供：The Thomas Jefferson University Archives and Special Collections, Scott Memorial Library, Philadelphia）

誤操作がほとんど起こらなくなっている。（ギボンがしたように）心臓全体をバイパスすることも、左右一方の側のみをバイパスすることもできる。一九六〇年代以来、ほとんどの大病院は人工心肺の操作を担当する灌流（かんりゅう）技師を採用してきた。実際の心臓に比べれば人工心肺は粗雑ではあるが、きわめて重要な装置であり、技術の力と限界を示す象徴とも言える。つまるところ装置の能力は限られている。分あるいは時間の単位でなら有用でも、何日も何年もつなぎっ放しにしておけるわけではない。患者が人工心肺につながれているあいだ、肺は血液を受け取れない。たとえ脳は生存できても、やがて肺は機能不全に陥り最終的には死ぬ。*15 もちろん電気の供給が絶たれれば、人工心肺は停止する。装置は故障することもある。また保守が必要であり、修理を怠ることはできない。人間の心臓は保守なくして一〇〇年間動き続けられる場合もある。とはいえギボンらは、一時的とはいえ血液の酸素化と循環という心臓の二つの機能を複製することができた。そしてそれによって、以前は不可能であった新たな手術の実現へと至る道を切り開き、それと同時に、心臓の機能の代替に向けて一歩を踏み出したのである。*16

ギボンの人工心肺は、循環器系の機能の一つである呼吸を一時的に電気機械によって置き換えることで機能する。しかし心臓手術の歴史の最初期の頃から、電気機械を用いるよりもっと恒久的な修理が可能ではないかと、あるいは少なくとも欠陥のある心臓の配線を取り替えられるのではないかと考えられていた。心臓はさまざまな様態でショートし得る。心臓だけが電気的な身体器官なのではない。身体のあらゆる細胞は電気によって作動する。だが心臓の電気は特殊だ。より強力で測定が可能であり、大きな影響を及ぼす。心電図（electrocardiogram：ＥＫＧ）は、心臓の電気的活動が持つこの測定可能性を利用する。「electro」は「琥珀」を意味するギリシア語に由来する。琥珀は電気と同様、引きつける力を持つと考えられていたのだ。「gram」は「描く」「書く」を意味するギリシア語に起源を持つ。「telegram（電報）」という用語を考えてみればよい。心電図は、言ってみれば心臓から送られる電報がいかなる身体の部位でも検知可能であることを示す。最初の初歩的な心電図はイヌを対象に記録されている。その際イヌは、鼓動する心臓の電気を伝導する（そして最終的にその記録を補助する）塩水のなかに立たされた。やがて、より効率的な伝導体が開発される。現在では非常に単純な機械を皮膚につなげて（各手足に電極を一つずつ装着し）、電気的リズムを記録できる。心電図のモニターは身体に着用すらできる。心電図はまず、心房の収縮の開始を記録し、次に心室の収縮を記録する。丘が山になり、いくつかの小さな丘が続いたあと、心室の収縮が終わった時点で再び丘が現れる。正常に機能していれば、この身体の電気の地勢図は一生続く。数十億回にわたり上昇と下降を繰り返すのである。*17

心臓の電気は、二段階で心臓に血液を送り出させる。第一段階では、洞房結節（右心房の頂上にある細胞群）から発せられた信号が拡散し、同時に心房の収縮を引き起こす。また二つめの節、房室束に同じことを実行するよう伝える（それによって心室の収縮が引き起こされる）。その結果生じる心臓の収縮は、ヘビが獲物を飲み込むときの収縮に似る。収縮するあいだ、心臓の各部屋を取り巻く筋繊維が縮んで血液を搾り出すのである。洞房結節は一分間に一〇〇回ほど信号を発する。それゆえ、ほとんどの人の心臓に特徴的なゆっくりした安静時心拍数を維持するためには、神経系は常時心臓に信号を送って心拍数を落とさねばならない。興奮したり危険が迫ったりしたときには、神経系は単にこのブレーキを解除しさえすれば、心拍数を一分間に一〇〇回まで上げられる（ただし、それ以上上げるにはもっと積極的なコントロールが必要とされる)。

これらのどの段階でも異常は発生し得る。病院には毎日人々が来院し心電図をとり、実際に異常が発見される。通常、彼らは何かがおかしいと感じているから病院にやって来る。だがつねにではない。心臓の上部にある部屋、心房が一時的にリズムを失うと、心臓のリズムは乱れる。たいていの人は、コーヒーを飲みすぎるとそれを感じる。心房が脈打つタイミングが非常に早くなるのだ。すると心房は満杯になる前に収縮し、心室に送られる血液は少なくなる。[*18] このときには、何の鼓動も生じていないかのように感じられる。次の鼓動では、心室は過剰な血液で満たされる。この二度目の鼓動は、通常よりも強く感じられる。したがって「無鼓動」「強すぎる鼓動」と続く。また、洞房結節から信号を受け取る前に、早すぎるタイミングで心室が収縮すると同様な現象が起こり、血液が少なすぎる状態に多すぎる状態が続く。異所性興奮と呼ばれるこれらの小規模の不整脈は、恐ろしく感じられるかもしれないが、幸いにも無害である。

それとは別の形態の不整脈、心房細動は、六五歳以上の高齢者のおよそ二〇人に一人に起こる。心房細動では、心房が不安定かつ非同期的に収縮する。心房の筋線維は、洞房結節の制御を免れて、個々バラバラにうごめく芋虫が入った袋のように勝手に収縮し始める。収縮に協調性がなくなることで、血液は心房の隅にたまってそこで凝血しやすくなる。これらの血のかたまりは脳に流れ込む可能性がある。加えて洞房結節から発した信号が不規則に房室束に伝わるために、心室の収縮、およびそれによる脈拍は不規則になり、速くなったり(それには疲労、動悸(どうき)、場合によっては心不全がともなう)遅くなったりする。前述のとおり、心房細動の症状は、無数の芋虫が入った袋のごとく心房が収縮しているように見えるほど奇異なものになる場合がある。心房細動は高齢、ウイルス感染によっても引き起こされ得るが、原因不明のケースが多い。[*19] 治療はたいてい、初歩的な医薬品の投与によって行なわれる。心臓が再始動する際に、リズムが正常に戻ることを期待しつつ、ショックを与えて一旦心臓を止める場合もある。[*20]（正常に戻る理由はわかっていない。この方法は、コンピューターをリブートするのと大して変わらない）。それでも問題が解決しなければ、異常な信号によって心臓の他の領域に誤動作が引き起こされないよう、心臓の一部を切除することがある。

心房だけでなく心室も非同期に作動し始める場合がある。しかし心室細動によって心室の鼓動がリズムを失うと、致命的な問題が生じる。心房の場合にはリズムが乱れても、それなりの量の血液が心室に送られる。しかし心室の鼓動が乱れると、心臓全体が痙攣（けいれん）し、自己と格闘するような状態に陥る。[*21] 心室細動が生じると、ゆっくりとですら血液を送り出せなくなる。心室のポンプが機能しなくなれば、血液は脳に届かず、すぐに処置しなければ患者は確実に死ぬ。[*22] 心室細動に対処する第一の手段は、混乱を止めるために心臓にショックを与えることである。心臓が無事に再始動すれば、あるいは問題は対処されているかもしれない。

要するに、心臓のリズムはさまざまな様態で乱れ得るのだ。鼓動の維持は、身体にとって容易なことではない。こまごまとこのような説明をしたのは、人工ペースメーカーというアイデアを外科医が考慮し始めた頃は、心臓の自然なペースを乱すこれらのような要因が、よく理解されていなかったという点を指摘しておきたかったからである。理解されていたことと言えば、心臓が電気仕掛けであるということくらいだった。だから、ギボンの人工心肺が成功を収める直前に活動していた世界中の外科医たちは、この単純な見方に基づいて人工のペース維持器、ペースメーカーを考案しようとしていた。これはごく単純な思いつきで、常軌を逸した自然の刺激を人工の刺激で置き換えようとするものであった。この解決方法は、心臓の電気的な故障の種々の原因を取り除く可能性を持つように思われた。多様な電気的問題に対処する単純な修理方法だと考えられていたのだ。

ウィルソン・グレートバッチはこの課題に果敢に挑んだ一人である。彼は修理屋であり、また発明家であり、少なくとも一時期はニューヨーク州立大学バッファロー校で電気工学の教授を務めていた。彼は外科医ではなく、一九五六年にあるミスを犯すまでは、心臓について考えたことすらなかった。ギボンの人工心肺がジェファーソンカレッジ以外の病院で使われ始めた年、グレートバッチは慢性疾患研究所のために心臓の音を記録する装置を開発しようとしていた。彼は装置の回路を完成させようとして抵抗器に手を伸ばす。そのとき彼は、うっかりして不適切なものを回路に組み込んでしまう。そのために、装置の電気パルスの発信は途切れがちになった。それ自体は単純なミスだったが、グレートバッチは装置を組み立て直さず手を止めた。彼がまだコーネル大学の動物行動研究室の学生だった一九五一年にした会話を突然思い出し、ある考えを思いついたのである。その会話で研究者たちは、心臓の電気的活動と房室ブロック〔注22を参照〕について話し合っていた。そのことを思い出した彼は、もしかすると、彼が製作した装置の人工的なパルスによって心臓の鼓動を引き起こせるのではないかと考えたのだ。しかもペースを調節することもできる。心臓の鼓動に関連するさまざまな異常を、少なくとも一時的に矯正できるのではないだろうか。そう考えたのである。

グレートバッチがうっかりして不適切な抵抗器を取り上げるまでの二〇年間、医師や研究者は患者の心臓にショックを与えていた。一九三〇年代に、アルバート・ハイマンは心臓からの電気の大きさを量化する装置を開発し、およそ一〇〇〇分の一ボルトの単位で正確に測定した。そして、心臓が止まった患者にその測定値に見合ったショックを加えれば、蘇生（そせい）が可能ではないかと考えた。中空の金めっきの針を患者の肋骨のあいだから右心房に通し、発電機のスイッチを入れた。この方法でハイマンは、心臓が止まった多数の患者の命を救った。彼はまた、自分の先駆者たる、さまざまなタイプの修理屋を啓発して、心臓治療のためのより洗練された電気装置の考案に着手させた。それには、長期間持続する人工ペースメーカーも含まれていたかもしれない。心臓を再始動できれば、動かし続けられる見込みはあった。

グレートバッチは、現在ではペースメーカーと呼ばれている装置の開発に専念し、自宅の裏の小さな納屋に作業場を構えた。装置を縮小して体液中に沈められるようにする必要があった。ペースメーカーはすでにいくつか製作されていたが、それらはいずれも大きすぎ、信頼性がなく、車のバッテリーにつなぐのが普通であった。しかも、ハイマンの金めっきの針とは違って、（心臓だけでなく）患者の全身にショックを与えた。グレートバッチが自分ならもっとましなものを作れると考えたのは、至極当然であろう。

グレートバッチは二年以内に、使えるとおぼしき装置を完成させ、一九五八年五月七日にバッファローの在郷軍人局病院に持っていく。そこで外科医長のウィリアム・チャルダックは、装置をイヌの心臓につないだ。装置は（イヌを乗せて打ち上げられたばかりのスプートニクをもじって）ティクニク六号と呼ばれ、体液が侵入しないよう、包装用テープとビニールで包まれた。ティクニク六号は性能が悪く、長くは作動しなかった。しかしその翌日にグレートバッチが組み立てたティクニク七号は、二四時間機能した。そのとき初めて彼は、他の誰もがすでに気づいていたことに気づいた。そう、これはレースなのだ。アメリカとスウェーデンのいくつかの研究室は、人体に埋め込めるほど小さく効率的なペースメーカーの開発を試みていた。壁のコンセントに差し込めるペースメーカーをすでに製作した研究チームもあった。グレートバッチはペースメーカーの開発に専念するために他の仕事を辞めた。つまり彼と家族は、貯金と庭の野菜で食いつながねばならなくなったのだ。しかも二〇〇〇ドルは研究費として取っておいた。しかし家族の窮乏生活はやがて報われる。一九六〇年、チャルダックは一〇人の患者にグレートバッチが開発した装置を埋め込み、それらはすべて機能したのである。

一九六〇年一〇月、グレートバッチはメドトロニック社という新興の会社に装置を売却した。当時、電子医療機器メーカーはまだ繁栄していなかった。成功はまったく約束されておらず単なる可能性にすぎなかった。メドトロニック社は一九四九年にアール・バッケンと義兄弟のパルマー・ハーマンズリーによって設立され、ハーマンズリーの両親が住むミネアポリスの家の裏に建てられた二棟のガレージで事業が開始された。しかしこの状況はやがて変わる。一九六〇年一二月の末までには、メドトロニック社は一個三七五ドルで五〇個のグレートバッチ・チャルダック装置を受注していた。一九六三年には、一四万四一三五ドルの純損失を出した。さらに数年間はその調子が続く。バッケンとハーマンズリーは、さっぱり利益の出ない会社を売却しようと一時は考えた。しかし、それまで会社に費やしてきた労力を考えれば、ここであきらめるわけにはいかなかった(ただし二人は破産していたため、それ以上損失は出せなかった)。彼らは生産量を減らして、製品をより完全なものにする方針を定める。これはエンジニアのグレートバッチの意向にも沿っていた。彼らの目標は、「製品に最大限の品質と信頼性を確保し、（……）献身、誠実さ、一貫性、奉仕の精神を持つ会社として認められる」ために全力を尽くすことであった。この目標の実現に向けて、グレートバッチとチャルダックは、ペースメーカーをより安全で効率的にする新たな技術革新を追及し続けた。このアプローチ、さらにはクライアントの医師を訪問して回る二人の努力はやがて実を結ぶ。メドトロニック社の売上は、七万二九二三ドル（一九六三年）、一五万一一〇八ドル（一九六五年）、一〇〇万ドル（一九六九年）、二〇〇万ドル（一九七〇年）と伸び、そこから会社は順調に成長し続け、彼らの装置で心拍が調節されている人の数は増え続けていった。二〇一二年の総収入は一六二億ドルにのぼり、この数値はモンゴル、ベニン、ナミビアのGDPにほぼ匹敵する。

やがて他のペースメーカーも市場に出回り始める。グレートバッチの装置も含め、これらのペースメーカーの基本的な作動原理はどれも同じである。規則的に小さな電気刺激を生み出して、心臓が持つ本来のペースメーカーの仕事を代替するのである。この小さな刺激の心臓への投入方法は装置によって異なる。静脈を介して心臓に導線を通す場合もあれば、心臓切開手術によって電極と装置を直接心臓に設置する場合もある。二〇〇九年には、アメリカだけでも二〇万個以上のペースメーカーが埋められている。アメリカの成人の、およそ五〇〇人に一人は小さな電気インパルスを発する人工ペースメーカーによって心拍が調節されている。かつては想像すらできなかったことが、現在では多くの場所であたり前になっているのだ。*[23]

グレートバッチは、ペースメーカーが恒久的に埋められるようになるとは考えていなかった。当初から彼は、本来のペースメーカーが回復するまでの間に合わせとして人工ペースメーカーを考えていたらしい。もちろん彼は医師ではなかったので、どうすれば心臓が回復するかに関しては無知だった。実際、初期のペースメーカーは、人工心肺と同様、一時的な肩代わりのために使われていた。しかしすぐに、患者は人工ペースメーカーを埋めたまま退院し日常生活を送れることが明らかになった。ただし一点注意が必要ではあったが。つまり装置はバッテリーで作動するため、それを取り替える必要があった。

グレートバッチは、心臓が持つ本来のペースメーカーを治すことこそできなかったが、より長持ちするバッテリーの開発なら可能なはずだと考えた。当時使われていたバッテリーは、よくて二年しかもたなかったのだ。そこで彼は、バッファローの納屋の作業場に戻り、さっそく仕事に取りかかった。そして、数年前に別の研究者グループが開発したリチウムイオン電池を試し、それが長持ちするバッテリーとして有望であることにただちに気づく。ただし、それには一つ問題があった。リチウムイオン電池には爆発の危険性があったのだ。それからグレートバッチは改良に改良を重ねて、二年よりはるかに長持ちし、かつ爆発しないバッテリーを考案してそれを生産する新たな会社（グレートバッチ社）を設立する。会社は期待をはるかに上回る成功を収め、今日ではほぼすべてのペースメーカーにリチウムイオン電池が使われている。

グレートバッチの発明はそれに尽きない。他の医療用移植装置を開拓し、ヘリウムの融合反応を利用した発電方式の開発を目指し、動力源に太陽光発電を用いるカヌーなどといったものさえ発明している。合計すると三二五件の特許を持ち、高齢になっても発明を続けた。七二歳のときには、ニューヨーク州のフィンガーレイクス〔ニューヨーク州の北西部にあり、細長い形状のいくつもの湖から構成される〕で、自分の発明した太陽光発電カヌーに乗っておよそ二五〇キロメートルのクルージングを行なっている。彼が発明したペースメーカーが世界中の無数の人々を支援してきたのと同様、このカヌーは彼を支援し前進させたのである。

グレートバッチは、あらゆる国の人々の生命を延長するという偉業を達成したあと、二〇一一年に九二歳でその生涯を閉じた。彼は死の直前ですら、もっと多くの発明をしようと考えていた。電話インタビューには次のように答えている。「自分は世界を変えられないのだと考え始めている。だが、今でもそうしたいと思っている」。

グレートバッチ（やギボン）の成功を目のあたりにした外科医たちは、血液の酸素化と心臓の鼓動を複製できるのなら、心臓全体に関しても同じことが可能なのではないかと考え始めた。やがてこの考えは、（人工心肺にはなかった）鼓動をも複製する人工心臓を開発する試みを生む。しかし人工心肺の成功と、心臓の電気的特性を操作する方法の理解の進歩は、それとは異なるアプローチも生んだ。誰かの心臓を、すなわち鼓動する能力やポンプをすでに備え、バッテリーを必要としない心臓を取り出して他の誰かに移植し、電気刺激を与えて生き返らせ再び鼓動させる方法である。このアプローチはギボンやグレートバッチが次の段階として想定していた方法ではないが、心臓の働きを一時的に欠きながら身体を生かすことのできるギボンの人工心肺と、機能不全に陥った心臓の鼓動を調節する方法に関する理解の進歩によって可能になったのだ。ほとんどの医師や研究者にとって、心臓移植は英雄的であるとともに狂気の沙汰に思えた。（心臓ではないが）移植の先例はあったとはいえ、現代医学のみならず神話や奇怪な実験にも依拠していた。古代エジプト人、フェニキア人、ギリシア人はすべて、二つの動物種から成る生物が登場する神話を生み出した。たとえばペガサスは鳥の翼を持つウマであり、ミノタウロスは雄牛の頭と人間の身体を持つ。歴史的に言えば、キメラとはヤギ、ライオン、竜が混合した特定の怪物を指すが、現代の用法では、ペガサス、ミノタウロスなどの神話的な怪物はすべて、断片をつなぎ合わせたキメラの範疇に属する。[*24] 文字どおりの意味における移植の最初の例は、紀元四〇〇年頃に見出される。コスマスとダミアンという二人の兄弟が、壊疽で足を失った男の身体に、不運なエチオピア人の健康な足を接合したのである。[*25] 一七六〇年代になると、スコットランドの外科医ジョン・ハンターは人間の歯をオンドリの頭に移植した。また、ニワトリ同士のあいだで睾丸を移植した。一九〇〇年代の初期になると、フランスの外科医アレクシス・カレル（一八七三〜一九四四）と生理学者チャールズ・ガスリー（一八八〇〜一九六三）は、動物同士のあいだで臓器を移植する実験を行なった。その際彼らは、つなげた静脈から受け手の動物の外側に臓器が垂れ下がるようにして移植している。イヌが余分な心臓を必要としているのであれば、カレルなら仕事を請け負ったに違いない。少なくとも一時的には、首の静脈から垂れ下がる心臓をつけてくれただろう。いずれにせよ、カレルのイヌは例外なく死んだ。移植した心臓や他の臓器が、受け手のイヌの免疫系に拒絶されたからである。[*26] 当時の人々は、免疫系が移植の主要な障害であり、その対処がきわめて重要であるという教訓をカレルの実験から得られたはずだ。ところが彼の実験は、心臓移植が人間にも可能であることを示す証拠としてとらえられた。彼に啓発されて、さらなる実験が行なわれた。ときに異なる動物間の臓器移植を意図したこれらの実験は真剣な試みではあったが、突飛さではカレルの実験と変わらなかった。一九一六年、シカゴの外科医で山師のジョン・R・ブリンクリーは、死体から睾丸を摘出して、より男らしくなりたいと思っている男性に移植した。それには、ブリンクリー自身と『ロサンゼルス・タイムズ』紙の編集者も含まれる。この考えは広がり、ヤギ、イノシシ、シカなどの人間以外の動物からも組織が調達された。この手の移植が、数千、おそらくは数万回行なわれていたのだ。[*27] 移植は一般に、身体が生き続けられるよう、損傷した身体部位や器官を一つずつ置き換えるために試みられていた。

グレートバッチは、イヌの心臓の鼓動を調節する自身の試みを、ロケットでイヌを宇宙空間に打ち上げたロシアの試みにたとえた。心臓移植の可能性を追求した人々は、ロシア人が宇宙遊泳をするとは考えていなかったし、また、とくにイヌに興味を持っていたわけでもなかった。しかし彼らはやがて、月に生きた人間を送り込むことを目指すアメリカの天体物理学者に自分たちをなぞらえるようになる。

第7章　フランケンシュタイン博士の怪物

不死の存在は人間ではなく、ライオンの頭とヤギの胴体、ヘビの尻尾を持ち、口からは恐ろしい炎を吐く。

——ホメロス『イーリアス』

リチャード・ロウアーの人生は成功に恵まれていた。彼はサンフランシスコのスタンフォード病院で訓練を受けた。そこで彼は、人間の心臓移植を成功させる見込みがもっとも高いと誰からも見なされるようになる人物、ノーマン・シャムウェイと会う。シャムウェイはロウアーの師になり、ロウアーはシャムウェイの外科研修医、助教授、そして右腕になる。二人は、心臓移植を見世物ではなく現実的な医療として確立していく。

心臓移植の実現にはさまざまな障害がある。それらのいくつかはシャムウェイとロウアーが着手する以前に、心臓を視覚化するアンギオグラムや、心臓手術を可能にする人工心肺の開発によって克服されていた。また、知られてはいるが克服されていない障害もあった。しかしほとんどの障害はまだ知られてすらいなかった。それは途上でさまざまな困難に遭遇したオデュッセウスの航海にも比すべきものであり、二人はイヌを使って困難に対処しながら至難の航海を進めていった。それがいかに困難なものになるかは、当初二人にはよくわかっていなかったが。

ロウアーは一九五七年の秋にスタンフォードで働くようになり、一九五八年の夏には、シャムウェイと二人で実験的な手術に着手している。まず、手術をするあいだできる限り長く心臓と身体を生かしておける方法を考案することから始めた。二人はスタンフォードレーン病院の五階の研究室に配備されていた人工心肺を利用でき、それを用いてイヌを対象に長時間手術を行なうことができた。不運なことにイヌは、大きさが人間のものに近い心臓を持つ。だから心臓の実験には、よくイヌが使われた。二人が行なった最初の注目すべき実験は、一種の耐久テストであった。彼らはすでに、イヌの心臓を締め金で留め、人工心肺を用いて身体を生き続けさせることができた。ここまでは、外科医は人間を対象にしても行なえた。次のステップは心臓自身を生き続けさせることだ。実験は、イヌの心臓を摂氏二八度近辺まで冷やすことで行なわれた。というのも、冷やされた心臓は酸素の消費量が低下するからである。実験はうまくいった。互いの接続が断たれたにもかかわらず、身体も心臓も生き続けたのだ。こうして二人は、イヌの心臓を氷で冷やせば一〇分間、二〇分間、そして最終的には一時間まで生かしておけることを発見した。彼らにとってこの結果は、思いつく限りのいかなる手術も可能であると思わせる、そして、彼らの前には大きな可能性が横たわっていることを感じさせる、共同研究初期の革新的発見（ブレークスルー）であった。次のステップは生存時間を長引かせることだったが、それを達成する前に、二人は研究を退屈に感じ始める。

人は退屈すると、気晴らしをしたり食い気に走ったりする。しかしシャムウェイとロウアーは違った。退屈しのぎに二人は、イヌから心臓を完全に除去したあとで、もう一度そのイヌに戻せるかどうかを試してみる。前回の実験では、心臓は締め金で留められただけで、完全に切断されていたわけではなかった。したがって今回の実験は、さらなる可能性を追求するものであった。実験を開始すると、さっそく問題が起こる。しかしこの問題は二人を魅了し、さらに深い探究へと導く。最初の問題は、イヌの大動脈がきわめて短く、また、心臓がもろいことだった。したがって心臓を戻すとき、縫える部分がほとんどなく、扱いが非常にむずかしかった。*1 かくして実験は混乱を極める。血餅が形成され、手術を試みた最初の二〇匹はすべて死んだ。しかしその後は数匹が生き残り、二人はより大胆になる。実験はもはや退屈しのぎではなくなり、趣味の移植は目標そのものになった。ある時点で、イヌの個体間での心臓移植が彼らの目標になる。そして、人間の動物モデルとしてイヌを使って実験しているからには、最終的な目標は人間同士の心臓移植を成功させることにあった。

シャムウェイとロウアーは密かに研究を続けた。衆目を集めることは利益にならないように思われたのだ。いずれにせよ、心臓移植に真剣に取り組んでいる者は他に誰もいないように思われ、競争相手がいないために彼らには余裕があった。宇宙開発を始めとする科学の分野で激しい競争が繰り広げられていた当時にあって（前年にスプートニクが打ち上げられていた）、二人は単に一番になるためだけに功をあせる必要はなかった。

一九五九年、二人は動物同士の心臓移植を行なう準備を整えた。理論上、異なる個体間の心臓移植は、一度摘出した心臓を同じ個体に戻すよりも簡単だと考えられる（利用可能な組織がより多いため）。しかし理論と実践は異なる。このとき、シャムウェイはロウアーと一緒に、カリフォルニア州パロアルトのスタンフォード病院センターに移る機会を得る。それには制約事項がともなったが、大きくて新しい実験室を提供されたので、シャムウェイは申し出を受諾し、ロウアーとイヌと野心を引き連れてそちらに移った。

その日パロアルトでは、健康ながら獰猛(どうもう)な目つきをしたイヌが心臓の受け手(レシピエント)に選ばれた。もちろん臓器提供者(ドナー)は別のイヌだった。二匹は麻酔をかけられた後に冷やされ、シャムウェイはすべての準備を整え、ロウアーはメスをとった。彼はレシピエントのイヌから注意深く心臓を切除し脇に置く。次にドナーから心臓を摘出する。これらの作業はそれぞれ数分で済んだ。それからドナーの心臓をレシピエントのイヌに縫い込む。心臓にショックを加えてレシピエントのイヌを生き返らせる栄誉はシャムウェイに与えられた。彼がそうすると、心臓は鼓動し始める。そして最後に人工心肺がはずされる。これらはすべて、一時間以内に済ませられた。こうして二人は、初めて心臓移植に成功したのだ。子犬の心臓をイヌの首に移植したアレクシス・カレルとチャールズ・ガスリーの手になる先例はあるが、レシピエントのイヌの本来の心臓は体内に残されたままであった。また、このイヌは二時間後に死んでいる。それとは違って今回は、ほんとうの心臓移植だった。

翌日の地元の新聞には「スタンフォードの外科医がイヌの心臓を取り替える——イヌは生きている」という見出しが躍った。そのときシャムウェイは三六歳、ロウアーは三〇歳になっていたが、二人はまだ野心に燃えた少年のようであった。一九六二年までに、彼らは四回移植に成功し、いずれもレシピエントは数か月間生き長らえた。*2 彼らは次々に成功を重ねていく。一九六三年、ロウアーはスタンフォードを去り、バージニア医科大学（現在はバージニア・コモンウェルス大学の一部）で自分の研究室を持つ。とはいえ、大陸の両端に分かれても、一〇年は、あるいは必要ならそれ以上、イヌを用いた共同研究を続け、人間を対象に安全な移植を行なえるよう、自分たちの方法を完成させる計画を立てた。それにあたり彼らは、レシピエントの身体がドナーの心臓を拒絶する現象を防ぐ手段、すなわち数時間や数日ではなく数十年間、移植された心臓が新たな身体の内部で鼓動し続けられるようにする方法を見つけねばならなかった。

シャムウェイとロウアーは、自分たちのプロジェクトを、月に人を送り込む計画にたとえることを好んだ（いずれにせよこのたとえは、当時の外科医のあいだで一般的に好まれていたようだ）。当時、宇宙開発は技術とともに新たな発見と進歩を競う舞台でもあった。心臓移植も進歩という観点から見られていた。自分たちの目標の価値は、それを目指す者にとって疑う余地のないものであった。

しかし宇宙開発は心臓移植の開拓のたとえの一つであったが、心臓移植に関する記事を執筆していた当時のジャーナリストが好んで使った別のたとえがあった。それはメアリー・シェリーの書いた物語に基づく。シェリーは史上初の心臓移植の試みが行なわれる一世紀以上前に生きていたが、彼女も必然的な（よって、よき）進歩という精神（エトス）に魅せられていた。しかし一八一六年の春に転機が訪れる。メアリーと夫のパーシー・ビッシュ・シェリーは、バイロンと彼の愛人クレア・クレアモント、さらにはバイロンの主治医と、スイスのレマン湖畔の別荘を訪れる。雨のせいで別荘にこもらざるを得ず、そこで語り合ったり文章を書いたりした。

たたきつけるような雨が降ったある夜、メアリーは友人らとすわって怪談を語り合っていた。最初のうち彼らはドイツのホラーストーリーのフランス語訳『ファンタスマゴリア（*Les Fantasmagoria*）』を読んでいたが、やがてバイロンは各人が独自のホラーストーリーを創作して皆に語り聞かせることを提案する。メアリーには語る話がなく、ほら話の創作は男たちが担当する。一八一六年六月二一日、彼女は夫のパーシーとバイロンの会話を聞き、少し変わった怪談を思いつく。科学と進歩に関する怪談だ。そのときパーシーは、チャールズ・ダーウィンの祖父エラズマス・ダーウィン（一七三一～一八〇二）が、科学の力を用いて死んだ動物をよみがえらせたと書いたことに言及したのである。[*3] メアリーは熱心に聞いていた。その考えは刺激に満ちかつとても恐ろしかった。死体をよみがえらせる？　そう思った彼女はめまいを感じる。生命の本質が理解される以前の時代には、人は、動物の死体に囲まれたエラズマス・ダーウィンが、それらを一体々々蘇生（そせい）していく様子をリアルに思い浮かべることができたのだ。

真夜中になると、メアリーは頭のなかがアイデアに満ちた状態で目覚めた。一種の白昼夢のようなものを見ていたのである。彼女はそのなかで、「自分が作ったもののそばにひざまずく」青ざめた科学者を見た。彼は「一人の男が手足を広げて横たわる恐ろしい光景」を見下ろしていた。そして何かの動力によって、この男は「生命の兆候を見せ、生命がまだ半分しか宿っていないかのようなぎこちない動き」で身じろぎをした。この科学者は生命の神秘、つまり体内に秘められたメカニズムを模倣したのだ。

彼女はやがて進歩についての怪談を語る一冊の書物を書き上げ、科学の行く末を示唆する。当時のイングランドは、技術と産業と進歩の期待で逆に闇が生じつつあった。彼女は、科学とそれによってよみがえらされた生き物の両方を怪物として描いたこの書物で、自分に思いつけるもっとも恐ろしいできごとを描写したのである。彼女が創造した怪物は、さまざまな生物の器官で一片々々組み立てられ、最後に生命を付与された。

メアリー・シェリーはこの書物で、何が怪物を蘇生させたのかを描いただけではない。当時の科学の観点からすれば、生物に生命と感情を付与するために彼女が必要とした器官はただ一つ、心臓であった。[*4] 言うまでもなく、この怪物はフランケンシュタイン博士の怪物である。フランケンシュタイン博士の怪物は、心を宿す心臓のおかげで人間に愛情と親切心を求め、いずれも見つからなかったために社会と自分を生んだ科学者を恐怖に陥れたのである。

心臓外科医にとって、自分たちの営為をフランケンシュタイン博士の進歩への情熱にたとえられるのは気分のよいものではない。だがこのたとえは、シャムウェイとロウアーが一匹のイヌから心臓を取り出し別のイヌに移植したその直後から用いられるようになった。その種の比較にこめられた批判は、他の外科医たちが人間を対象に心臓移植を行なう可能性を追求していた次の一〇年間続く。心臓移植のもっとも声高な批判者の一人は、かのヴェルナー・フォルスマンであった。死体を用いた検証もせずにカテーテルを自分の心臓に通した男フォルスマンが、外科医に節度を求めたのである。[*5] レシピエントの身体による臓器の拒絶反応を理解せずして移植を試みるのは性急にすぎると、彼は警告した。彼の視点からすれば、それは無謀な前進だったのだ。しかしシャムウェイとロウアーは熟慮を重ねながら前進した。彼らは功をあせらず、どんな場合にいかなる理由によって移植が機能するのかについて、さらには拒絶反応について理解を深めようとしていた。彼らは彼らのあり方で、すべての準備が整うまで待つべきとするフォルスマンの諫言を遵守していたのである。しかし、心臓移植を行なおうとしていたのは彼らだけではない。時が経つにつれ、心臓移植を計画する外科医が彼らの他にも現われ始めた。その一人がクリスチャン・バーナードだった。

バーナードは南アフリカ〔以下南アフリカとある箇所は南アフリカ共和国、もしくはその前身の南アフリカ連邦を指す〕の小さな町で生まれた。アパルトヘイト時代の南アフリカで暮らし、自分も祖国ももっと尊重されてしかるべきだと思っていた。そして、心臓移植に成功すれば自分も祖国も栄誉を手にできるはずだと考えるようになった。彼は子どもが消防士に憧れるのと同じような思いで、自らの手で心臓移植を成功させたかった。しかし、優秀な外科医で努力家であったとはいえ、心臓手術の訓練を受けたことはなく、まして心臓移植の機微についてはほとんど何も理解していなかった。心臓にまつわる歴史も知らなかった。要するに彼は、何の準備もせずに突然心臓移植のストーリーに飛び込んできたのである。

南アフリカで標準的な医療の訓練を受けたあと、バーナードはミネソタ大学のウォルト〔ウォルトン〕・リリハイ博士の研究室で訓練を受けた。バーナードは、アメリカの外科医療技術をそこで学び、南アフリカに持ち帰ろうと考えていた。彼の博士論文は先天性腸疾患に関するものであった。彼はシャムウェイと、共通の師のもとで研究しているときに短期間会ったことがある。リリハイは心臓探究の開拓者の一人であったが、その過程であらゆる規則を破っていた。刑務所に送られる寸前までいったことが何度もある。そのリリハイのもとで数か月間訓練を受けたバーナードは三つのことを学んでいた。心臓手術の進歩の速さ、規則を遵守する必要はないこと、そしてそれまで名前すら知らなかったシャムウェイとロウアーが心臓移植手術に向けて必要な歩みを徐々に進めていることの三点である。

バーナードはミネソタ州に滞在したあと南アフリカに戻り、自分の手で心臓移植を行なえると確信するに至る。シャムウェイとロウアーがイヌの心臓を一旦摘出して戻す実験を行なった一九五八年、バーナードは南アフリカのケープタウンにあるグルートシューア病院の外科医に任命される。心臓手術の経験はあまりなかったにもかかわらず、彼はそこで心臓外科を設立する。すぐに外科研究の講師に昇進し、さらに心臓胸部外科長に就任する。地元では、彼の名声は高まりつつあった。

数年が経過し一九六六年になると、彼はシャムウェイとロウアーによる研究の進展を知るために、バージニア医科大学にいたロウアーの研究室を訪問する。バーナードはそこに三か月間滞在し、ロウアーの同僚の一人で腎臓移植の発展に貢献したデイヴィッド・ヒュームと行動をともにして迅速にそして貪欲（どんよく）に学んだ。バーナードはヒュームの行動を注意深く観察し、どんな免疫抑制剤を使っているのかを書きとめ、ロウアーがイヌを使って心臓移植を行なう様子をあ然と見つめていた。人によっては、その光景はホラーショーか奇跡か、はたまたその両方に見えたはずだ。しかしバーナードにとっては、レッスンだった。ロウアーの実験を観察することで、彼は心臓移植が人間にも可能であることを、そして自分の手で行なえることを確信する。それが自分の意図であることをロウアーの助手の一人に打ち明けさえしている。この助手はそれをロウアーに報告したが、彼はまったく心配していなかった。なにしろバーナードは、心臓移植に関してはほとんど何も知らないのだから。どうやって実行しようというのか？

この時点でバーナードの弟マリウスが、クリスチャンがケープタウンで実行していたプログラムに参加した。バージニア州への旅行から南アフリカに戻ったあと、クリスチャン・バーナードはマリウスをそばに置いて、心臓移植の準備を開始する。彼の病院と南アフリカが一番になるのを望んでいたのだ。こうして彼は、それに向けてあらゆる準備を整えた。それには、他の国の病院では利用できる資源が南アフリカでは手に入らないという単純な理由によって、必要以上の作業を迫られた。循環器専門医のチームも存在しなければ、必要な装置もすべては揃って(そろ)いなかった。たとえば大型の装置を殺菌するのに使える大きな滅菌装置(オートクレーブ)は手元になかった。だが、彼は何とか間に合わせる。

バーナードがもっとも必要としていたのは、心臓が必要な患者と心臓を供給してくれる死体であった。前者については、自分の心臓では長くは持たないことが明らかな患者がやがて入院してきた。この患者、ルイス・ウォシュカンスキーの状態はひどく、バーナードがルイスに心臓移植の可能性を示唆したところ、彼と(しばらくして彼の妻アン)はそれに同意する。アンがしんらつにバーナードに生存の確率を尋ねると、彼は「八〇パーセント」と答えた。バーナード兄弟がそれまでにイヌを用いて行なった実験では、ほぼすべてのレシピエントのイヌが手術中に死に、手術中には死ななかったイヌも、一週間以上は生きられなかったにもかかわらず、彼はそう答えたのである。

次に、ドナーが現われるのを待たねばならなかった。このときまで心臓以外の臓器移植手術のドナーはすべて、すでに死亡した個人であったが、バーナードはもっと急進的な考えを持っていた。つまり脳は死んでいても身体は生きているドナーを探していたのだ。これは、死後数秒しか経過していない心臓を「つかまえる」必要がないため、ドナーが見つかる確率を大幅に上げた。しかし(やがて「生きた心臓を持つ死体(living heart cadavers)」と呼ばれるようになる)脳死患者の心臓を使うという考えは、心臓移植に関して新たな倫理的問題を惹起(じゃっき)する。*6 だが、バーナードにとって都合のよい状況があった。世界のほとんどの国では、法律によって心臓が停止した瞬間をもって死とすると明確に規定され、よってドナーの心臓は、移植に供される以前に止まっていなければならなかった。しかし南アフリカの法律はあいまいで、彼はドナーの心臓が止まるのを待つ必要はなく、脳死を待てばよかった。だから、そのような患者が現われるのを、つまり誰かの脳が死ぬのを待ちさえすればよかったのである。

一九六七年の秋になると、ウォシュカンスキーの状態は悪化した。バーナードは心臓移植手術の準備は整っていると感じていた。実験の結果ははかばかしくなく、レシピエントの身体に起こる問題にどう対処すべきかについてはよくわかっていなかったのだが、他の外科医も心臓移植手術の準備を整えつつあることを知っており、自分が一番になりたければ今しかないと考えていたのだ。シャムウェイとロウアーのイヌを用いた実験の成功が次々に報道され、シャムウェイは人間を対象に心臓移植を行なう準備が整ったと発表していた。マイモニデス医療センターのエイドリアン・カントロヴィッツも準備が整い、レシピエントとドナーが現われるのを待っていた。またテキサス州の二人の外科医、デントン・クーリーとマイケル・ドゥベイキー〔第8章参照〕も、おのおのが移植の可能性を考慮していた。さらにはケープタウン大学のバーナードの同級生で、そのときはロンドンの国立心臓病院に勤めていたドナルド・ロスも準備が整っていた。さらに言えば、ミシシッピ州では、才能に恵まれた外科医ジェームズ・ハーディが、すでに驚くべきことをなし遂げていた。当時のほとんどの外科医が人間同士の移植を考えていたのに対し、ハーディは別の考えを持っていた。彼は四匹のチンパンジーを購入してミシシッピ大学の医療センターに送り、心臓移植を必要とする患者が現われるまでそこで飼っていた。患者はやがて現われる。ボイド・ラッシュという名のこの患者は昏睡(こんすい)状態に陥っており、脈は衰弱していた。また、左足は壊疽を起こし、顔は血のかたまりであばた模様になっていた。心臓は十分な量の血液を身体に送り出すことができず、その機能は明らかにかなり前から失われつつあった。彼が数時間、あるいはよくて数日の命であることは誰の目にも明らかだった。一九六四年一月二三日にハーディは、ラッシュの左足を切断し、チンパンジーの心臓を移植する準備を整えた。同日遅くなってから、ハーディは、ラッシュの胸を開き、心臓を取り出す。ハーディがのちに語ったところによると、それは、まだ生きている身体の内部の本来心臓があるべき場所に空虚な空間が存在するという「畏怖の念を起こさせる光景」だった。次にハーディは、一時間近くをかけてチンパンジーの心臓をラッシュの身体に縫合する。振り返ってみれば、ハーディの手術が成功する見込みは非常に低かったことがわかる。ラッシュはひどい状態にあり、さらに重要なことに、まず間違いなくチンパンジーの心臓に対して免疫反応が引き起こされたはずである。しかしこの実験はうまくいった。チンパンジーの心臓は、しばらく不安定な鼓動を打ったあと九〇分間人間の胸の内部で鼓動し続け、ラッシュはそのあいだ、チンパンジーの心臓で生き続けたのである。ただし彼は、実験とは無関係の障害が原因ですぐに死んだ。ハーディの実験は人々をぞっとさせ、チンパンジーの臓器を人間に移植することの倫理を問われた。だが時が経つにつれ、それは他の外科医たち、とりわけ一九六七年の秋に、今度は人間のドナーの心臓を用いて同じことを実行しようとしていた外科医たちを勇気づけたのである。

史上初の人間同士の心臓移植手術を行なうためには、バーナードは急がねばならなかった。ハーディの手術からは三年が、また最初のイヌの心臓移植からは九年がすでに経過していた。そしてそのあいだに、さらに多くの外科医が手術に必要な基礎知識を蓄えていた。一一月二二日、バーナードはドナーの候補に関して電話を受けたものの、心電図はこの男性の心臓が損傷している可能性を示唆していた。ただし、この男性の人種も、彼の心臓を拒否する理由の一つであったように思われる（レシピエントは白人であったがドナーは黒人で、当時はアパルトヘイトの時代であった）。次に一九六七年一二月三日、バーナードは再度連絡を受ける。二五歳の女性デニス・ダーヴァルと母親のマートルは、パン屋でキャラメルケーキを買ったあと道路を横断しようとして、酒をしこたま飲んでいた予備警察官フレデリック・プリンスの運転するトラックにはねられた。マートルは即死し、デニスは瀕死の重傷を負う。まったくの偶然ながら、アン・ウォシュカンスキーはそのときちょうど車を運転して同じ道を通っており、事故現場を見ていた。彼女はその光景を見て身震いしたが、この事故の持つ暗く複雑な意味合いはこの時点ではわかっていなかった。デニス・ダーヴァルはただちにグルートシューア病院に運び込まれ蘇生が試みられるが、それは不可能であることが判明する。彼女の命を救うことはもはや不可能だとしても心臓は救えると判断され、できるだけ長く身体を生かしておくために何台かの機械が設置される。[*7] 心臓の鼓動は正常で、血液は損傷した脳を含めあらゆる器官に送り出されていた。

バーナードは病院に駆けつけた。彼と弟と同僚は、あとで法的な問題が生じないよう念を押すために、密かにカリウムを与えてデニスの心臓を停止させ、摘出する前に心臓はすでに止まっていたと言えるようにした（三人ともそれについて口外しないよう誓った）。午前二時二〇分のことで、その夜は長い夜になることが予想された。彼らはのこぎりでデニスの胸骨を切り、マリウス・バーナードは彼女を人工心肺につなぐ。それからできるだけ長く心臓を持たせるために彼女の身体を二八度まで冷やす。隣の部屋ではウォシュカンスキーの心臓が除去され、彼も人工心肺につながれ冷やされる。次にバーナードは最初の部屋に戻り、デニスの心臓を摘出して小さな容器に入れ、胸を開かれたウォシュカンスキーが待つ部屋に運ぶ。そして小さな心臓を取り出し、ウォシュカンスキーの胸にあいた大きな穴に埋め、動脈と静脈に縫いつけていく。午前五時四三分、ウォシュカンスキーの身体からデニスの心臓に血液が流れ込むよう締め金をはずす。心臓はピンク色に変わり、それからいくつかの手続きを行なったあと、午前六時一三分に人工心肺のスイッチを切る。ウォシュカンスキーの心臓は正常に鼓動し、それにつれバーナードの心臓の鼓動は速まる。手術は成功したのだ。

翌日の一二月四日、南アフリカの『スター』紙には「移植された心臓が鼓動する！」という見出しが躍った。南アフリカに心臓手術プログラムがあることを知っていた人などいただろうか？（そんなプログラムはなかった。実際のところ、バーナード兄弟がいただけである）。バーナードの功績は世界中のほぼあらゆる新聞の第一面を飾った。バーナードが家に帰ると、フランスやロンドンなど世界各地から電話がかかってきた。月曜日には、CBSとBBCが報道チームをケープタウンに送り込んできた。誰もが手術について知った。ウォシュカンスキーは話もできれば食べることもできた。今や体内では二五歳の女性の心臓が脈打っていたが（心が宿っていたと言う人も大勢いたはずである）、彼は以前の彼と変わりがなかった。彼の妻は、心臓が取り替えられたので、もはや彼が自分を愛してくれないのではないかと恐れたが、どうやら彼は以前にも増して彼女を愛しているようだった。一二月一五日には、少しばかり微笑んだ彼の顔が『ライフ』誌の表紙を飾った。同日バーナードは『タイム』誌の表紙を飾っている。そこには、あたかも彼が心臓移植を受けたかのように、心臓のイラストの前面に彼の頭部と肩が描かれている。かくして彼の有名人としての新たな生活が始まる。彼は「人間の心臓移植手術が可能になるには、何年もの動物実験が必要だった」と述べているが、それを行なったのが彼ではなくシャムウェイとロウアーであったことには言及していない。バーナードは映画スターとつき合い寝た。世界中を旅行して回った。『ニューヨーク・タイムズ』紙は、「これは、宇宙開発や現代生物学が最近到達した高みにも匹敵する、現代科学における偉業の頂点の一つだ」とコメントした。バーナードは賞賛の嵐に包まれ、自分でもそれを存分に享受した。

レシピエントのウォシュカンスキーは次の日もその次の日も生きた。それは奇跡に思われた。しかし一週間、そして二週間が過ぎると状況は悪化する。一五日目になるとどうやら彼の免疫系が反応し始め、肺への攻撃を開始する。免疫系を抑制する医薬品、イムランとプレドニゾンが大量に投与されたが、それは別の致命的な問題を引き起こす。肺の内部に寄生していた細菌、クレブシエラとシュードモナスの増殖が抑えられなくなったのだ。一八日目に彼は死んだ。

この時点で心臓移植のストーリーは、月面着陸とは異なる悲劇的な様相を呈する。最初の月面着陸は無条件の成功であった。だが最初の心臓移植に関してはそうは言えない。とはいえ、悲しみの期間がしばらく続いたあと、バーナードはその後も祝福され続けた。ウォシュカンスキーの葬式の数日後、ニューヨークとワシントンD.C.でテレビインタビューを受けに行く途上、彼はシャンペンを飲みながらファーストクラスの座席にすわっていた。それから講演をしたりインタビューを受けたりしながら世界中を回った。ハリウッドのパーティーにも出席した。そのあいだにも、バーナードがなし遂げたことを自分たちでも行なう準備を何年もかけて整えてきたいくつかの外科医のグループは、心臓移植を実現する競争を続けていた。*8 長期にわたる生存という観点からすれば、心臓移植はまだ一件も成功していなかったのだから。
バーナードの手術から数日が経過した一二月七日、エイドリアン・カントロヴィッツは幼児に心臓移植を試みている。カントロヴィッツはバーナードの手術より一年半早い時期に心臓移植の準備を整えたが、その好機が訪れたときに、ドナーの心臓の状態が悪いことが判明し、手術を見送っていた。そのようなニアミスが何回かあったのち、別のレシピエントが現われたときに、健康なドナーの心臓が手に入るという好機に恵まれた。カントロヴィッツはそのときすでに、四〇〇匹以上の子犬を対象に心臓移植を行なった経験を持っていた。シャムウェイを除けば、当時の彼は、人間の心臓移植を行なう準備が世界でもっとも整っていた外科医だった。しかしレシピエントの幼児は六時間しか生き長らえられなかった。彼は屈辱を感じ、手術が「完全な失敗」であったと公表した。彼はその後もう一度心臓移植手術を行なったが、それも失敗した。そのため、何百匹もの子犬を犠牲にし、耐えに耐え、一〇年をかけて心臓移植の準備を整えた後、彼はこの分野から手を引いた。[*9] 一か月後、今度はシャムウェイが、マイク・カスペラクという名の男性に心臓移植を行なっている。カスペラクは一五日間生き長らえた。翌年には、テキサス州でデントン・クーリーが一七回心臓移植を行なっている。レシピエントは皆、年内に死んでいる。ただし多くのケースでは、レシピエントが新聞記者にインタビューを受けたあとではあったが。このように、心臓移植をめぐる競争は死のサーカスの様相を呈していた。バーナードがそれに火をつけたのである。誰もがそれを認めていた。しかしそのコストやいかに?[*10]
最初の心臓移植が行なわれてからわずか三年後の一九七〇年一二月までに、一七五件の移植手術が実施されている。そのときまだ生きていたレシピエントは、(バーナードの二人目の患者を含め)二三人にすぎない。そもそも手術をしなければ、おそらくもっと多くの患者がまだ生きていたのではないかと言う者もいた。[*11] ほとんどの患者は、手術後数日もしくは数か月以内に死亡したのだ。手術は驚異的で畏怖の感情を引き起こすものであり、テクノロジーの奇跡であった。だが、フランケンシュタイン博士の怪物同様、それによって与えられた命は悲惨な結末を迎える運命にあった。レシピエントの身体がドナーの心臓を拒絶するのをいかに防げばよいのかも、確実に感染を阻止する方法もまだわかっておらず、よほど運に恵まれなければ、移植はできても、ドナーの心臓もレシピエントもすぐに死ぬ結果に終わった。競争的な雰囲気のなかで心臓移植を試みた初期の外科医は、実力以上に性急にことを押し進めていたのである。

このときまでに、シャムウェイとロウアーは人間の心臓移植に向けて誰よりも多くの時間を費やしていた。また誰よりも多くの心臓移植手術を行ない、成功の確率は誰よりもはるかに高かった（彼らの患者のおよそ四二パーセントは六か月以上生き長らえたが、一般には六か月以上生きたレシピエントは一〇パーセントを切っていた）。その彼らが執刀しても、レシピエントの半分以上は六か月以内に死んでいる。だからロウアーがもう一件移植手術を行なって患者が死んでも、そのこと自体は大した驚きではなかった。だが彼にとって驚きだったのは、その死のために殺人罪で訴えられたことだった。

一九七二年五月二五日、ロウアーはバージニア州リッチモンドで心臓移植手術を行なった。患者は短期間生きられたがやがて死亡し、彼は訴えられた。だが、殺人罪に問われたのはレシピエントの死によってではなく、ドナーの死によってであった。

ブルース・タッカーは、勤めていた鶏卵包装出荷場で転倒し、コンクリートに頭部を打ちつけて脳に重度の損傷を負った。病院に運ばれ、医師は頭蓋を開いて脳の圧力を緩和しようとしたが、タッカーは無反応のままだった。人工呼吸器につながれていたが、「機械的に生きている」だけに見えた。翌日病院はタッカーを「引き取り手のいない死者」と見なした。外科医が彼の胸を開き、肋骨を折った。それから心臓を切除し、他の患者の身体に移植できるよう注意深く取り出した。ロウアーの目からすると、タッカーの心臓の摘出は、他の患者の命を救うための第一歩であった。

だが、タッカーの家族の見方は違っていた。

タッカーの家族は、ロウアーと彼のチームが、ブルースが死ぬ前に、そして家族を見つけて連絡をとる前に心臓を摘出したと主張した。家族の目には、事態は次のように映ったのである。ロウアーは心臓を手に入れることしか考えていなかった。レシピエントのジョセフ・クレットの身体はすでに手術台に乗せられ、手術の準備は整えられていた。五四歳になるアフリカ系アメリカ人のタッカーは、運の悪いことに黒人で、ロウアーが手ぐすねを引いてドナーの心臓を待ち構えているちょうどそのときに病院に運び込まれてしまった。病院は、彼の死を宣言して生命維持装置をはずす前に、自分たちを探し出す労力をほとんど費やさなかった。靴製造業を営むタッカーのきょうだいは、ブルースを探して病院に何度も電話をかけたが、「現在手術中です」「順調に回復しているところです」などと告げられた。心臓移植に関する言及は何もなかった。タッカーの友人が電話したときには、「タッカーという名の患者はいません」とさえ言われた。心臓移植手術が実施されたあとでタッカーのきょうだいが病院に到着したときですら、ブルースの運命は知らされなかった。さらに言えば、州の法律では脳死患者から臓器を摘出するには二四時間待たねばならなかった。だが病院はそれを無視した。このようにタッカーの家族の目には、ロウアーは臓器の到着を待ち構え、何としてでもそれらをつなぎ合わせようとする現代のフランケンシュタイン博士のように映ったのである。

タッカーの家族は、野心に燃えるアフリカ系アメリカ人の弁護士ダグ・ワイルダーを雇った。ちなみに、ワイルダーはのちにバージニア州知事に就任している。[*12] 彼は大きな野望を抱いており、おそらくはそれを念頭に置きながら、家族自身でさえ少々居心地が悪くなるほど大胆な議論を展開した。それはタッカーのストーリーをもとに人々の感情に訴えかける議論であった。ワイルダーは、「もう少し待てばブルース・タッカーは回復したはずだった」「ロウアーは哀れな男を殺した」「人通りのない路地で出会ったかのごとく、ロウアーは抜け目なく彼を殺した」「ロウアーはもっとも貴重なものを奪い去った。タッカーの心臓だ」と論じたのである。

ワイルダーは個人的にもタッカーの家族を支援するにあたり格好の立場にあった。手術が行なわれる前から、ワイルダーは心臓移植、とりわけアフリカ系アメリカ人から白人への移植に反対していた。彼は、「彼らは白人市長の心臓を取り出したりなどしない。誰の心臓を取り出すかは誰もが知ってのとおりだ」と書いた。リッチモンドでは、ロウアーの手術が行なわれる以前から、心臓移植に関する議論は人種問題の色合いを帯びていた。そのような折にロウアーは、きわめてあいまいな状況のもとで黒人の心臓を取り出して裕福な白人に移植したのだ。

この裁判では、ロウアーの未来ばかりでなく心臓移植の未来も脅かされた。仕事場で転倒したタッカーを診断した神経科医は、脳死を宣言してはいなかった。タッカーの状態が変わる可能性は「ほとんどない」と非公式に口にしただけである。この神経科医は、いかに小さくても回復の見込みを完全に否定したわけではなかった。そのままにしておきさえすればタッカーは回復したかもしれないと家族に思わせたのは、一種の言葉の綾によってであった。

＊

多くは、人間の死をいかに定義するかにかかっていた。古代ギリシアに端を発する医学の歴史のほとんどの期間を通じて、心臓の停止をもって生命の終焉とされていた。キリスト教に関して言えば、『聖書』は「身体の生命は血液にあり」と明記している。神が生命を人間の鼻腔に吹き込むとされ、これは循環器系の活動を生命と見なすことを示唆する。類似の考えは、『トーラー』や『コーラン』にも見られる。移植手術が行なわれるようになる以前は、アメリカを含め多くの国では、心臓の死が法的な死として定められていた。だからバーナードに先を越された当時、心臓移植の準備を進めていたアメリカの外科医は、ドナーの心臓が停止し、脳と心臓が死ぬのを待って摘出しなければならないと想定していた。だが、デニス・ダーヴァルの心臓は実際に止まっていたのか、止まっていたとしていかにしてかに関して論議が続いていたとはいえ、バーナードは前進することで議論の流れを変えたのである。バーナードの業績に対して他の外科医がどう思おうと（多くの外科医はよくは思っていなかった）、流れを変えたのは彼だとほとんど誰もが認めていた。愛情、情熱、魂、そして思考の宿る場所と見なされていた心臓は、単なる一器官にすぎなくなったのだ。

バーナードの業績に対応するために、ハーバード大学学長は専門家を招集し、生命を「脳の生命」

と、死を「脳死」として定義する基準を含むハーバードコードを起草した。ハーバードコードは、「心臓のない身体は心臓移植、もしくは何らかの人工心臓によって生き返らせることができるが、脳のない身体を生き返らせるのは不可能である」とした。また脳死は、患者が周囲に気づく能力や、自発的に動く能力を失い、脳の電気的活動を測定する脳波図（EEG）によって脳に活動が認められなくなった時点として定義された。多くの病院はこのハーバードコードの提起と手術のあり方の変化に応じて、脳死を生命の終焉の基準として用い始める。しかしこのようなコードは、とどのつまり文化的な規定であり、とりわけ法制化されるまではあいまいな生命の境界づけにすぎず、ロウアーがこの手術を行なった当時のバージニア州では、法として規定されていなかった。

当初ロウアーは裁判を楽観的に考えていた。タッカーの果たした役割を重視し、自分と同じ状況に立たされれば、他の外科医も必ずや同じことをしたはずだと考えていた。しかし判事は、早い段階でロウアーにとっては都合の悪い判断を下した。『ブラック法律辞典』〔アメリカの標準的な法律辞典〕の死の定義に基づいて、脳死ではなく心臓の停止をもって生命の終焉と見なすよう陪審団に勧告したのである。*13 ロウアーや世界中の外科医にとって、この勧告は大きな衝撃だった。古代のように心臓の鼓動を生命の定義とするなら、ロウアーは間違いなく殺人を犯したことになる。そして同じことは、心臓移植を行なった他のすべての外科医にも当てはまる（バーナードがしたように短期間心臓を止めたとしても、それは一種のこじつけであって正当な理由にはならない）。ロウアーは心臓が一つの器官にすぎないことを知っていた。判事はなぜそのような判断を下せたのだろうか？　彼は、理性の力に訴えて反論したかった。しかしその一方で、彼の心は悲鳴を上げていた。医学の進歩に貢献しようとしたせいで、一生刑務所に閉じ込められる可能性が現実味を帯びてきたのだ。『ナショナルオブザーバー』紙は、『ブラック法律辞典』の死の定義のせいで「陪審員たちは、医師らに有罪判決を下さざるを得ない立場に置かれるだろう」と論じている。

最初は困難な戦いに直面していると感じていたタッカーの家族は、勝てるのではないかと思い始めた。家族にとっては、ブルース・タッカーの処遇にはより包括的な意味があった。アフリカ系アメリカ人は、医療システムによって理不尽で悲劇的で不道徳な扱いを長く受け続けてきた。家族は市民の権利を奪われたことに対して九〇万ドルを、不当な死に対して一〇万ドルを要求した。生命の終焉をいかに定義しようが、彼らは訴訟を手にしていた。ワイルダーが陪審団に向かって、タッカーは「（病院の）階級制に直面した無名の黒人」の一人にすぎないと語りかけたとき、黒人の大多数はそこに真実を聞き取った。

直近の先例も家族に有利に働いた。ロウアーのチームがタッカーの心臓を摘出してから二週間半後に、日本の外科医和田寿郎が日本初の心臓移植手術を成功させているが、宮崎信夫という名の一八歳のレシピエントは、八三日が経過してから肺感染症のために死亡した。患者の死のニュースを知った札幌医科大学の別の医師は、水泳中の事故のために脳死を宣言されたドナーを殺したとして彼を告発した。やがて訴訟は取り下げられるが、それはロウアーの裁判の裁定が下ってからはるかのちのことである。しかも訴訟が取り下げられた理由は、和田の無実が認められたからではなく、ドナーの医学的状態に関する証拠があまりにも不十分だったからである。[*14] ロウアーの裁判が行なわれていた当時、和田が裁判に勝つか負けるかははっきりしていなかった。ただし心臓移植を実践する外科医としての和田の経歴が絶たれたことは明らかだった。ロウアーもそうなるかもしれなかった。

ロウアーは次第に不安を募らせる。彼の弁護士はもちろん彼を代弁したが、できるだけことを荒立てないようにしていた。そのとき判事は別の勧告を行なった。陪審団はどちらの死の定義を採用しても構わないことに決定したのだ。つまり陪審団は、ロウアーが考えていたように、すなわちハーバードコードに沿って、「脳の機能の完全で不可逆的な喪失」をもって死を定義する可能性の考慮を認められたのである。判事がなぜ考えを変えたのかは不明だが[*15]（アメリカの外科医のコンセンサスに影響されたのかもしれない）、実際に変えた以上、ロウアーやヒューム、あるいは彼らの同僚が裁判に勝つ可能性が高まったことに間違いはなかった。

評決を待つあいだにロウアーは、被告として立たされているのが自分だけではなく、彼が敗れれば、自分の属する分野が、テクノロジーが、そして不断の進歩が挫折することに気づく。心臓移植、および心臓それ自身が裁判に立たされていたのである。何千年ものあいだ、心臓の鼓動は生命を意味した。医師は魂について語ることを止めたが、生命について語るのを止めたわけではない。そして医師にとっては、生命は脳に移動した。しかし法廷では、一二人の陪審員が自分たちの心臓を脈打たせながら、そのような医師の見方が、正しいか否かを決定せんとしていた。正しくないと採決されれば、つまり生命の源は現在でも心臓にあると決定されれば、脳死患者から心臓を摘出した外科医は全員、殺人犯である。

陪審団は紙片を廷吏に渡し、廷吏は判事に渡す。判事の大きな手が紙片を開く。ロウアーの目には、判事ができるだけゆっくりと紙片を開いているかのように映る。判事は評決を読もうとする。ロウアーは見上げる。判事の乾いた唇が開き、「責任無し」と言い渡す。往時のリッチモンドのスタイルを模した貴族的な判事が判決を下す法廷で、全員が白人で構成される陪審団は白人の医師の側にくみしたのだ。ロウアーは居住まいを正して泣き始める。タッカーの家族は椅子に沈み込んですすり泣きし始める。ブルースは死に、裁判には負けたのである。法の世界では、ロウアーの名は死のタイミングに結びつけられた。そしてこの裁判の後、脳死をもって死と見なされるようになる。[*16] 脳死をもって死を定義すべく州法が改訂されたとき、この裁判が言及されているが、[*17] 一般社会の見方は決して変わらなかった。リッチモンドでは、意識と魂は心臓から追放された。[*18] 法システムは大胆な一歩を踏み出したのだ。ところが肝心の外科医は彼らの本性に反して後退し、ロウアーの裁判の直接的な反応としてではないが、何年かが経過するうちに心臓移植をタブーとして扱うに至る。

外科医にしてみれば、とりわけ死の意味を明確化する法律が通っていない州や国において、法的問題が生じる可能性は残っていた。しかしさらに大きな問題は、ほとんどのケースで手術がうまくいっていないことであった。新たな心臓を移植されて生まれ変わっても、患者は長くは生きられなかった。すわって、微笑んで、最愛の人と抱き合って、そして死んでいったのだ。依然として多くのケースでは、レシピエントは心臓移植を行なわなかった場合より早く死んだように思えた。それだけでも、外科医が心臓移植から手を引く理由として十分である。皮肉にも、世界で始めての、それから日本初の、さらにはアメリカ初の心臓移植が実施されたあと、手術が引き起こす興奮は小さくなっていく。残されていた課題は、移植された心臓に対するレシピエントの身体の拒絶反応を抑制する方法を見出すことであり、これはきわめて地味な仕事であった。そもそもこの問題を解決できるのか否かさえもはっきりせず、何度も心臓移植手術を行なった外科医でさえ、やがて手を引いた。ヒューストンのメソジスト病院に所属するマイケル・ドゥベイキー博士は、一二回心臓移植手術を実施したあと止めている。ヒューストンのテキサス心臓研究所に所属するデントン・クーリー博士は、一時は心臓移植手術の実施回数において世界のトップに立っていたが、彼も止めている。クリスチャン・バーナードは一〇回で止めている。一九七一年、心臓移植はやがて放棄され、そうなれば「医療の失敗の時代」が締めくくられるだろうとするカバーストーリーが『ライフ』誌に掲載された。[*19] 一九六八年には一二一件実施されていた心臓移植手術も、一九六九年には四七件、一九七〇年には一七件、一九七一年には一〇件と尻すぼみになっていった。

他の外科医によってもときに心臓移植手術が行なわれたが、彼らもすぐにその試みを放棄した。しかしシャムウェイとロウアーは心臓移植を続け、やがて二人（とりわけシャムウェイ）は、かつて予想されていたとおりにこの分野を支配する。[*20]

シャムウェイは、手術が成功よりも致命的な失敗で終わる場合が多いことを認めた。それを認めたのは彼が最初であった。彼はレシピエントが一人また一人と死んでいくところを見てきた（他の外科医と比べ、レシピエントは数か月、あるいは数年長く生き続けられたとはいえ）。移植された心臓が大きすぎたり小さすぎたりしたために死んだ者もいる。レシピエントの身体や、ドナーの心臓を蘇生するのが遅すぎたために死んだ者もいる。しかしほとんどは、感染のため、もしくは移植された心臓に対してレシピエントの身体が拒絶反応を起こしたために死んでいる。

シャムウェイは、感染と拒絶反応の問題を解決するために努力を重ねた。それらは表裏一体である。感染は手術中もしくは手術後に侵入した病原体によって引き起こされ、ステロイドなどの薬剤によって免疫系が過剰に、また広範に抑制されることで容易に拡大する。シャムウェイは、病原体の侵入を許すほど多量に使用しないよう留意しつつ、ドナーの心臓を受け入れるに十分な程度にレシピエントの身体の免疫反応を抑制する一連の化合物を投与するアプローチを用い始める。[*21] この努力は華々しい科学とは言えない。だからそれによってシャムウェイがメディアの注目を再び浴びることはなかった。しかしそれは、心臓移植を新奇な出し物から正真正銘の医療に変えるには必須の科学であった。それに関しては、彼の功績はほとんど評価されていない。『ニューヨーク・タイムズ』紙に掲載された彼の死亡記事でも、心臓移植を可能にした人物として言及される前に、史上初の心臓移植手術を行なったのはバーナードであると記されている。

拒絶反応の問題の解決は二つの要素から成る。シャムウェイは早くから、レシピエントとドナーの血液型がマッチしているほうが、拒絶反応を回避できる可能性が高いことに気づいていた。この点は、イヌの研究では解決し得なかった。というのも、イヌには人間ほど多くの血液型が存在しないからだ。しかし血液型を一致させても、身体は移植された心臓を拒絶した。したがってシャムウェイはどのみち、移植された心臓に対する免疫系の反応を抑制しなければならなかった。もちろんバーナードもこの事実を知ってはいたが、彼は問題の複雑さを無視することにした、つまり免疫系の問題を回避しようと試みずに運を天に任せたのだ。それに対しシャムウェイは、運を天に任せたりはせず対策を考え、そのテストをしていたのである。

免疫系の第一の仕事は自己と他者を、すなわち私たちと彼らを区別し、それに従って戦争を仕掛けるか平和を保つかを決定し反応することにある。他者と判定されたもののすべてが攻撃されるわけではない。たとえば人間の身体は、皮膚や内臓に、ある種のバクテリアを宿し、その働きに依存している。しかし他者の身体から移植された臓器は少なくとも最初は拒絶され、自己と異なる度合いが大きければ大きいほど拒絶される可能性は高い。この反応をしばらく抑えられれば、免疫系は移植された臓器を自己と、つまり「彼ら」ではなく「私たち」と見なし始めるだろうと、シャムウェイは考えた。したがってカギは、最初の免疫反応を抑制することにあった。

彼は免疫系を抑制する手順を何度も試したが、そのたびに実験室は心臓が壊れたイヌの死骸で一杯になった。そして『ライフ』誌が心臓移植の終焉を予言する記事を掲載した一九七一年に、最初の躍進が得られた。ノルウェーの荒涼とした高原地域ハルダンゲルヴィダで休暇を過ごしていた、サンド社(現在のノバルティス社)に勤める科学者ジャン゠フランソワ・ボレルは有用な化合物を生産する能力を持つ土壌生物を探すことにした。

ボレルはとりわけ抗生物質の発見に関心があった。土壌の細菌や菌類は抗生物質の豊かな源泉である。最初に採集した菌類は有用な抗生物質を生産しそうになかった。だが彼は、会社の規約を遵守して他の効果がないかどうかを確認するいくつかのテストを行なった。あとから行なったテストでは、この菌類からの抽出物によって、ペトリ皿に培養されていた免疫細胞の振舞いが変化したように思われた。また、この抽出物は生きたマウスの免疫機能を抑制した。ボレルは抽出物に含有される活性化合物がシクロスポリンであることを、また、シクロスポリンによって全免疫系が抑制されるわけではないことをつきとめた。自己と非自己を区別する役割を担う免疫系の構成要素、すなわちヘルパーT細胞のみが抑制されたのである。これはまさに、移植された心臓に反応することで問題を引き起こしていた免疫系の構成要素であった。ボレルはただちに、この発見が大きな可能性を秘めていることを認識する。

ボレルがシクロスポリンを発見してから二年（最初に採集されてから四年）が経過した一九七三年、シャムウェイは「心臓、腎臓などの移植された必須の臓器を守り、かつ感染と戦う身体の能力を損なうことのない抗拒絶反応薬を、生化学者が開発する日を依然として待ちわびる」人物として新聞記事に紹介された。*22 彼はシクロスポリンに関しては何も知らなかった。その発見のニュースは、ボレルの研究室の外にはまだ伝わっていなかったからだ。医薬品の発見から認可、生産、使用に至る道のりは長くゆっくりとしている。シクロスポリンの場合、それには一二年がかかっている。*23 それに関するボレルの最初の論文は一九七八年に発表された。シクロスポリンは一九八〇年に人間を対象に実験的に使用され、一九八三年に二度の臨床テストが実施されたあとで、アメリカ食品医薬品局（ＦＤＡ）によって認可されている。*24 その間シャムウェイは、心臓移植の他のほぼあらゆる側面を完全なものにした。シクロスポリンはパズルの最後のピースであり、それが認可されるとすぐに、移植に不可欠な化合物として用いられ始める。シクロスポリンの使用には問題がないわけではない。それを投与しても、ほとんどの患者はそれ以外の免疫抑制剤（たいていはステロイド）も必要とした。最初は使用量の調節がむずかしかった。また、シクロスポリンやその他の免疫抑制剤を長期間使用すると、健康上の重篤な問題が引き起こされる可能性がある。とはいえ、シクロスポリンは不可能な移植を可能にする。そのおかげで、心臓移植手術の件数は再び激増し始めた。一九八七年になると、アメリカでは心臓移植を受けた人は四〇〇〇人に達し、その多くは移植手術を受けなければ生きてはいなかったはずであった。また、多くはシャムウェイの患者であった。かくして、拒絶反応の問題を解決しようとするシャムウェイの努力と、ボレルのノルウェーでの休暇は、医療における大きな躍進として結実したのである。ここにはシャムウェイの最終的な勝利、彼のストーリーの誇り高き結末、心臓が壊れ絶望的な状況に置かれた人々に向けられた真の解決策としての心臓移植の復活を見ることができる。今日では万単位の人々が、他人の心臓を宿して生活している。彼らは真のキメラであり、その存在は、医療の進歩のために格闘し続けた外科医や研究者のみならず、わずかな可能性を求めて自らの身体を提供しその過程で命を失った、ルイス・ウォシュカンスキーを始めとする患者たちの存在によって可能になったのだ。

ほとんどの医薬品の発見に関して言えることだが、シクロスポリンが自然界でいかなる役割を果たしているのかについて考察する者は誰もいなかった。なぜ菌類がかくも強力な免疫抑制剤を生産しているのか？　最近になって、二人の菌類学者と学生たちのおかげでそれに関する手がかりが得られた。

この手がかりは、菌類学者でコーネル大学教授のキャシー・ホッジが、菌類の二つの標本を調査した際に得られた。これらの標本は、コーネル大学教授リチャード・コーフの菌類講座を聴講していた学生が、一九九四年の秋にニューヨーク州ダンビーのミシガンハローステート・フォレストで収集したものであった。それらはいずれも小さく、先端の白い柄（え）と、黄色い「果実」（子嚢殻（しのうかく））のかさから構成されていた。また柄は、コガネムシの幼虫の腫れ上がった白い身体から突き出ていた。幼虫は、多くの甲虫類が棲（す）みかにしている動物の糞（ふん）のかたまりのなかで生きていたらしかった。*25 ホッジはこの奇妙な菌類の正体をつきとめようと考えた。

ホッジは著名な菌類の専門家であったが、その彼女にもこの菌類は奇怪に思えた。それが有性時代にあることはわかったが、種の特定はきわめて困難だった。昆虫の行動を変えることで知られる冬虫夏草属の一種であると思われた。冬虫夏草属は条件がすべて整うと昆虫の身体に付着する。そして昆虫の外骨格を貫いて体腔へ、さらには頭部に向けて成長し、そこで昆虫の行動を変え、ときにその個体を木の枝に登らせる。かくして高みに上ったこの菌類は、昆虫の頭部から外へ柄を伸ばして生殖構造を形成し、空中に散布されるのを待つ。この種の菌類は多様かつありふれている。おのおの細部は異なるが、生きた昆虫の身体から柄を伸ばす能力を持つ点では共通する。森によっては、注意深く観察していれば、コロニー全体のアリが、頭部から菌類を高くそびえさせ、植物の葉や茎に下あごを埋めているところを目撃できるはずだ。ホッジには、コガネムシの身体から伸びる奇妙な菌類は冬虫夏草属に見えた。だが、いったいどの種なのか？

ホッジが乾いた標本を培養すると、この菌類は彼女がよく知る別の種類の菌類、かつて一度も冬虫夏草属に結びつけられたことのない菌類によく似ていることがわかった。それは、シクロスポリンが分離された菌類に似ていた。というより、そのものだった。つまりシクロスポリンは、ホッジがコガネムシの身体に見出した菌類の無性時代の個体から分離されたものだったのである。菌類によくあるように、無性時代と有性時代の外観があまりにも（精子と卵子の違いと同じくらい）異なっているために、それぞれに別の種名がつけられていた。ホッジはそれら二つの種が、無性時代と有性時代のクビナガクチキムシタケ（のちに「*Cordyceps subsessilis*」から「*Elaphocordyceps subsessilis*」へと名称が変えられた）であることを見抜いたのだ。[*26] ノルウェーで採集された菌類の話は、突然複雑な様相を呈し始める。それはニューヨークでも見つかる。それは昆虫に寄生する。シクロスポリンは、昆虫の免疫系を回避しその身体を乗っ取るた

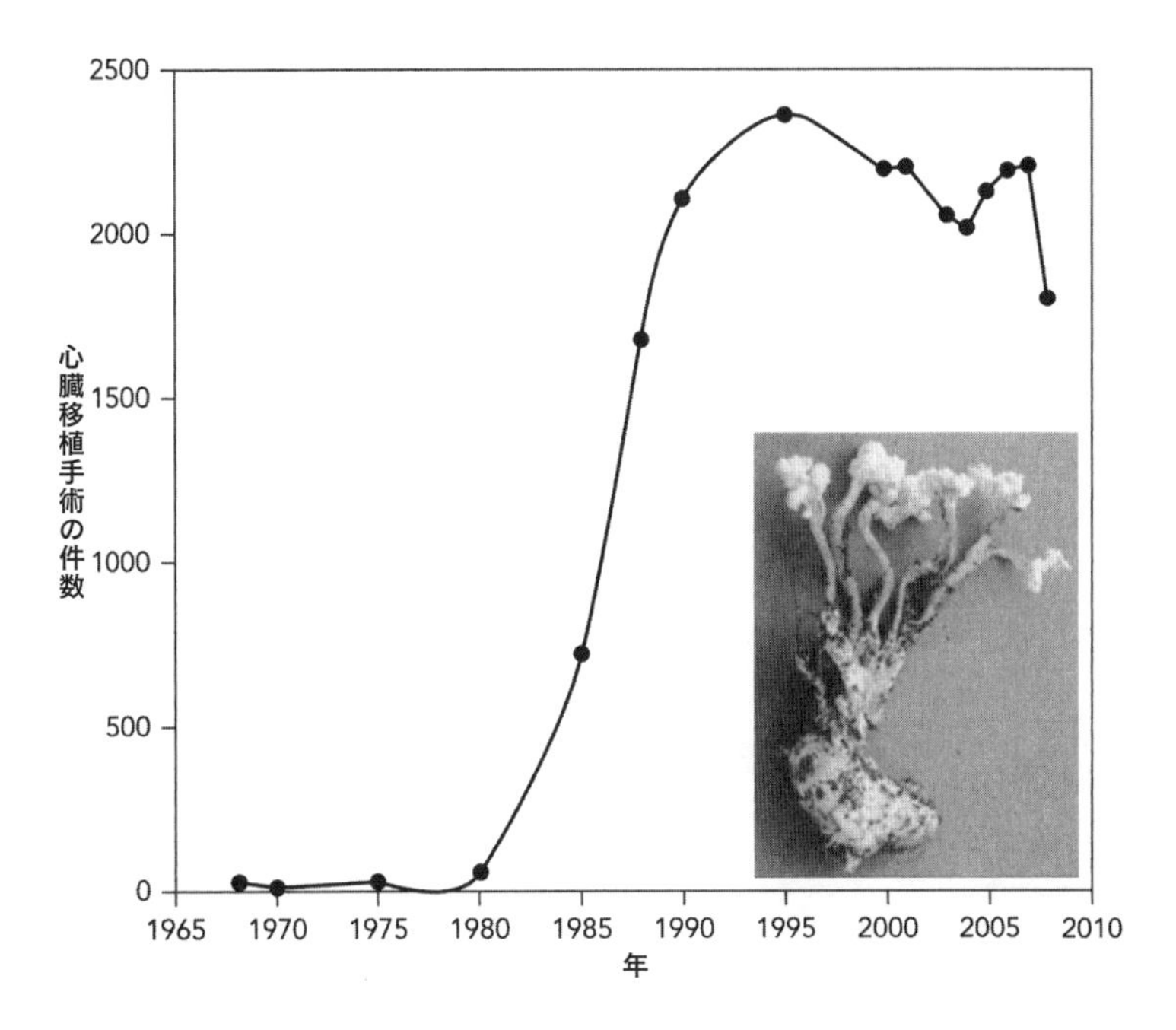

心臓移植手術の推移。心臓移植を行なった最初の外科医たちは、いつの日かそれがありきたりの手術になることを願っていた。しかしそれには免疫抑制剤の登場を待たねばならず、また今日に至るまで、人間の生きた心臓の不足という問題がつきまとってきた。グラフ内の写真はシクロスポリンを生産する菌類が育つ甲虫の幼虫。（図版提供：Kathie Hodge）

めにこの菌類によって生産されている可能性が浮上した。これは、移植された心臓がレシピエントの免疫系を回避するのに必要とされる方法でもある。このように、免疫系を抑制する真の革新は、細菌感染を防ぐペニシリンの使用と同様、進化の革新に由来するのだ。

心臓移植が最終的に真の医療になり得たのは、これらの甲虫と菌類が太古の時代に繰り広げたストーリーのおかげでもある。現在ではシクロスポリンの年間売上は数十億ドルに達する。さらに重要なことに、心臓移植手術は年間数千件行なわれている。二〇一二年には、三五〇〇件以上の心臓移植手術が実施されており、レシピエントの八〇パーセントが一年以上、七七パーセントが三年以上、七〇パーセントが五年以上生存している。トニー・ハスマンは移植された心臓で三一年間、一万一〇〇〇日間生きた。一万一〇〇〇回眠り、一万一〇〇〇回目覚め、一万一〇〇〇回朝食をとったのである。今や心臓移植は、一人の人間が死ぬことで別の誰かを生かす手続きとしては、これ以上望めないほど定型的なものになった。ただしその頻度は、医学や科学のみならず文化にも依存するようだ。世界の心臓移植手術の三分の二は、これまで心臓移植の研究を先導してきた実績を持ち、法廷でも文化的にも生命の終焉を脳死と見なすことを支持するアメリカで実施されている。ちなみに、心臓移植が必要なおよそ一〇〇万人の患者のうち、五パーセント未満がアメリカに住んでいるにすぎない。

実際に手術を受けた人々にとって、心臓移植は奇跡である。この点に関しては、ハーディやバーナード、そしてとりわけシャムウェイとロウアーを含め、多くの外科医や研究者に感謝しなければならない。しかし失われた生命、救われた生命、費用（平均すると心臓移植には一〇〇万ドルがかかる）などを含めて総体的に考えると、成功の定義はそれほど単純ではなくなる。いついかなるときにも、心臓移植手術によって何万もの人々の生命を延長させることができる。もっと多くの人々が臓器を提供するようになれば、さらに何千人もの生命を救えるだろう。だが、心臓の数はつねに少なすぎる。万単位、あるいは一〇万単位で足りないのだ。心臓移植手術の史上初の成功を競っていた初期の頃、別の解決方法（ソリューション）が必要であることがすでに明らかになっていた。ギボンやグレートバッチの考案した機械的な革新を基盤にしたほうがよいのではないか？　もしかすると、心臓を一から人工的に作れるのではないだろうか？

第8章　原子力で動くウシの心臓

人間は充電された粘土にすぎない。

——パーシー・ビッシュ・シェリー

マイケル・ドゥベイキーは心臓切開手術の開拓者にして発明の天才、完全主義者、そして眠るのは死んでからだという信念を持つ男であった。目覚めているときは一刻も無駄にはしたくなかった。周囲の人々にも多くを求めた。彼自身の記録によれば、二〇〇八年に死去するまで一六万回の心臓手術を行なっている。それらの多くはまったく新しいタイプの手術であった。彼は洗練されてもいなければ、ハンサムでもなかった。彼が際立っていたのは、自分の目の前にあるもの、そばにあるもののすべてを革新しようとする貪欲（どんよく）な意志においてであった。

ドゥベイキーの行動の多くは、一つの目標をまっすぐに見つめてのものだった。その目標とは、人工心臓、すなわちいかなる心臓病に苦しむ患者の体内でも、何年も、あるいは永久に動き続ける機械の開発であった。人工心臓を検討し始めたとき、彼は新奇な科学の実践を意図していたわけではなかった。

彼や他の多くの外科医にとって、人工心臓は未来であり、何百万、あるいはもしかすると何十億もの男女の長寿の秘訣（ひけつ）になるはずだった。彼が夢見ていたのは、生物工学に支えられた希望にあふれる人類の未来、心臓の問題がテクノロジーと時間によって解決される未来であった。

ドゥベイキーも心臓移植をめぐるレースに参加した一人であった。彼と、一時は彼の協力者であったがやがて最大のライバルになるデントン・クーリー*1は、四番目と五番目の心臓移植を競い合い、その後も二人は生涯にわたり競い続ける。クーリーは髪を申し分なく整えたハンサムで陽気なテキサス人で、要するにドゥベイキーとは容姿や性格が正反対であった。だがドゥベイキーは、心臓を別の心臓で置き換えることはしたくなかった。心臓を人工心臓で、すなわち時計職人が時計を製造するように、カッコーではなく人間の一生が飛び出してくる時計を生産する心臓職人によって慎重に組み立てられた小さな機械で置き換えたかったのだ。彼は世界を代表する外科医の一人になったばかりでなく、金属を鍛えて部品を溶接し、何百万年もかけて自然が細胞を用いて作り上げてきた器官の人工バージョンを製作する機械屋になったのである。もっと正確に言えば、彼は寄付金を集めて機械工場を開設し、必要なエンジニアをまるまる雇って運営する工場経営者といったところだった。

人体の壊れた器官を人工の器官によって置き換えるというアイデアは古代にさかのぼる。紀元前一五世紀のエジプトのある墓では、皮と木でできた人工の足の親指を持つ男の遺体が見つかっている。紀元前三五〇〇年から紀元前一八〇〇年のあいだに書かれた古代インドの聖典『リグ・ヴェーダ』では、戦争で足を失い、戦場での使用に耐えるほど頑丈な鉄の義足を装着した戦士の女王ヴィシュパラのストーリーが語られている。古代ギリシア人は鉄製の手、木製の足などのさまざまな人工補綴（ほてつ）物を製作していた。[*2] 古代ローマでは、ガレノスが人工の目を製作したと言われている。しかし心臓となると話は違う。足の親指を人工のものに置き換えるのと、体温や身体の活動、あるいは情動に反応しつつ鼓動し続ける筋肉を置き換えるのとでは、話がまったく異なる。

外科医のなかには、間に合わせとして使用されていた大型の外部装置、人工心肺の拡張として、基本的に人工心臓をとらえていた者もいた。しかしドゥベイキーの考えはそれとは違っていた。彼は、人体に埋め込んで何十年、あるいは何世紀も継続して使える小型の人工心臓を考案したかったのだ。過去にも同じことを考えていた人物はいる。一九三七年、ウラジミール・ペトロビッチ・デミコフは、圧搾するとイヌの心室と同様に機能する装置を発明した。見た人の話ではこの装置は驚くべきものではあったが、実用的ではなく確かな記録も残されていない。

ドゥベイキーが人工心臓を着想したとき、年間一万七〇〇〇人から五万人の患者がレシピエントになると見積もられていた。[*3] これは、数か月ではなく数年、数十年単位で寿命を延ばせる多数の人々から成る大規模な市場であった。しかしドゥベイキーにはもっと資金が必要だった。というより、そもそも分野全体がもっと資金を必要としていたのだ。彼は富裕な患者と話をして資金を集め、他の科学者とともに議会に出向いて人工心臓の開発プロジェクトの設立や資金の工面を嘆願した。遺伝学を専攻するスタンフォード大学教授でノーベル生理学・医学賞受賞者のジョシュア・レーダーバーグが述べるように、人工心臓は「誘導ミサイルや亜音速爆撃機とほぼ同程度に複雑な」システムであった。ちなみに誘導ミサイルも亜音速爆撃機もすでに開発されていた。翌年、議会は（アメリカ国立衛生研究所に属する）国立心臓研究所（ＮＨＩ）内に人工心臓プログラムを立ち上げることで応じた。[*4] このプログラムは、ＮＨＩでは最初の目標の絞られたプログラムで、非常に重要と見なされていたため、国会議事堂と直通電話でつながっていた。ＮＨＩは一九六五年に、六つの契約業者に人工心臓開発計画を提出するよう要請した。

ドゥベイキーはすでに早くから、機械仕掛けの心臓の問題が、ペースメーカー同様エネルギーにあることを理解していた。本物の心臓は食物によって維持される。食物はミトコンドリアに燃料を供給する。ミトコンドリアは恒常的にエネルギーを生産し、心臓の収縮する細胞を焚きつける。医療においては、それに見合ったテクノロジーは存在しなかった。少なくとも、人々が期待する何年も動き続ける人工心臓の製造を可能にするテクノロジーはまだなかった。考えられる選択肢は、コンセントから電気を取り込む心臓（人々が未来の人工心臓として期待するたぐいのものではなかった）、もしくはバッテリーで作動する心臓であった。バッテリー式のほうがすぐれていると思われたが、当時の技術ではバッテリーは長持ちしなかった。グレートバッチのリチウム電池でさえ、（鼓動を調節するために信号を送るだけでなく）心臓全体を動かすために用いるとなると、長くは持たなかった。それゆえバッテリーを使えば、その交換のために繰り返し手術を行なわねばならない。そうこうしているうちに、すべてを解決すると当時は思われたアイデアが登場する。原子力だ。原子力で動く人工心臓は永久に、あるいは少なくとも他の身体器官に比べて長持ちするはずだと考えられたのである。

原子力人工心臓は、ＮＨＩが計画を提出するよう要請した企業のうちの一社サーモエレクトロン社（現在のサーモフィッシャー・サイエンティフィック社）によって最初に提案されている。ドゥベイキーはすぐに、原子力人工心臓が答えだと感じた。ＮＨＩもアメリカ原子力委員会（ＡＥＣ）も同様に感じていた。しかし、サーモ社が人工心臓を製作するにふさわしいと考える者は誰もいなかった。彼らは、前途に立ちはだかる困難を正しく理解していないと見られていたのだ。

当時のAECの責任者はグレン・シーボーグであった。彼は医師ではなく物理学者であった。同世代では、もっとも偉大な物理学者の一人だったと言えるだろう。彼は新元素の発見に生涯のほとんどを捧げ成功している。技術と忍耐と才気と運によって可能になった一連の発見により、彼と同僚は八つの新元素を加えて周期表を拡張したのである。おのおのの新発見によって、宇宙を構成する物質に関する私たちの理解はそれだけ深まった。彼のチームが発見した元素の一つシーボーギウムは彼の名にちなむ。また、それには原子番号94のプルトニウムも含まれる。一九四〇年に彼は、プルトニウムの同位体プルトニウム239にニュートロンが衝突すると、原子爆弾を作れるほど莫大(ばくだい)なエネルギーが生じることに気づいた。すぐにシーボーグはマンハッタン計画に招聘(しょうへい)され、より多量のプルトニウムを生産する方法の考案を推進した。*5

数年後に日本の長崎に落とされた爆弾はプルトニウム爆弾、つまりシーボーグの科学がきっかけとなって開発された爆弾であった。プルトニウム原子が孕(はら)むエネルギーによって、およそ七万人が死に、一〇万人以上が負傷した。この爆弾の投下とともに対日戦争は終了する。シーボーグはカリフォルニア大学バークレー校に戻り学者として暮らしていたが、やがてAECを率いるようジョン・F・ケネディ大統領に要請される。もう一度プルトニウムに関する仕事に関与するよう求められたのだ。AECはできるだけ多くの原子力の平和利用を探そうとしていたが、その一つが原子力人工心臓だった。

NHIで働いていたシーボーグは原子力人工心臓の最善の製造方法の考案を、およびそれには誰が適任かを検討した。シーボーグの考えでは、最善のアプローチは数多くのグループと契約して、しかるのちにどのグループが傑出しているかを決定することであった。こうして、独自の原子力人工心臓を設計するための資金が六社に与えられたのだ。そしてもっともすぐれた設計を採用することで、アメリカはプルトニウムの崩壊によってエネルギーを供給し、人々を何年も歩き回れるようにする原子力人工心臓の製造が可能になるはずだった。大きな可能性をみすみす見逃すことなど絶対にないドゥベイキーは、このプロセスを通じてつねに裏で立ち回り、原子力人工心臓の開発に関与するようソビエト政府を説得していた。これは冷戦が頂点に達していた頃のことであり、このドゥベイキーの行為は、（少なくとも彼自身によって）「至高の平和活動」と見なされた。

議会は、シーボーグのAECと人工心臓プログラムの両者によって、最終的な実用模型を組み立てるグループの指名を行なうよう示唆した。シーボーグを頂点とするAECのメンバーは、プルトニウムがさまざまな側面で重要な役割を果たす世界の実現を目指していたために、また、人工心臓プログラムのメンバーは、ドゥベイキーが夢見る人工心臓の実現に向けて大きく前進できると考えていたがゆえに、原子力人工心臓を支持していた。そしてこれら二つのグループは、五年後の一九七〇年までに人工心臓の大量生産を可能にするという目標に合意し、両者あわせて二〇一三年の通貨価値に換算して五〇〇〇万ドル以上の資金の投入を受けた（これは比較的大きな額ではあったが、必要と見積もられていた額の六分の一にすぎなかった）。[*6] かくして原子力人工心臓は、明らかに近い将来現実のものになると思われた。

しかしすぐに問題が生じる。心臓は複雑ではあれ予測可能なのに対し、人間、とりわけ科学者は複雑であるうえに予測不可能だ。普通に考えれば、原子について熟知するシーボーグのグループと、心臓について熟知する人工心臓プログラムは完璧に補完し合う二つのチームだと見なせる。しかし実際には、二つのグループはわずかの期間協力し合ったあとで、人工心臓の開発を目指す協業を一種の受動的攻撃行動〔直接的な攻撃行動によってではなく間接的に不満や怒りを表現すること〕による争いに変えてしまう。[*7] 互いに対する敵意は、原子力人工心臓の開発手順をめぐる論争から生じ始めた。

開発に必要なステップとその順番の決定は、錯綜(さくそう)した問題をもたらした。そもそもいかに人工心臓を身体につなげるかが問題になった。人工心臓は動脈や静脈に合わせられねばならない。また、免疫系の反応にも、いかなる種類の損耗にも耐えねばならない。ドゥベイキーのチームはテキサス州で、すでにこの問題に焦点を絞っていた。そして、人工心臓は相当な圧力で血液を送り出さねばならない。さらには、プルトニウムが解決してくれるはずの動力源の問題もあった。AECは、NHIとの協業を通してこれらすべての問題を同時に解決すべきだと考えていた。ところがNHIはそれに強く反対した。ポンプを最初に検討し、動力源の問題についてはあとまわしにしたかったのだ。この問題やその他の問題に関して双方の合意がとれず、両者は原子力人工心臓の開発に向けて個別に作業を行ない始める。NHIは原子力が関係しない部分の開発を行なうために五社と契約し、AECは一度にすべてを開発するために最終的にウェスティングハウス・エレクトリック社一社と契約した。

プルトニウムが崩壊するとエネルギーが放出される。プルトニウム239を用いた場合、その量は莫大になるが、より軽い同位体のプルトニウム238を用いれば、放出されるエネルギーのコントロールは比較的容易になる。錠剤大のプルトニウム238は、数十年間心臓を動かせるだけのエネルギーを供給するはずだが、プルトニウムを動力源とする心臓は、本物の心臓が持つ圧搾室とはまったく異なる新たなタイプのポンプの発明を必要とする。このポンプは原子力エネルギーを機械エネルギーに変換し、それを使って作動しなければならない。シーボーグは、そのような装置の開発が可能であると考えていた。彼の計算では、AECは、必要となれば（ネプツニウムの熱放射によって）数百キログラムのプルトニウム238を生産する能力を持っていた。[*8] ひとたび原子力人工心臓が完成すれば、プルトニウム238によってエネルギーを供給し、多くの命を救えると、彼は確信していた。

数年が経過すると、AECとNHIの大規模なチームは、エネルギー変換とポンプ機能の完成という共通の目標を目指すようになった。一九七二年には、両チームに進展が見られた。AECによる相応の成功の大部分は、一人の人物、すなわちウェスティングハウス社と共同作業を行なっていたウィレム・コルフの努力に帰される。コルフは、人工心臓の開発にはもっともふさわしいひたむきな研究者であった。当時の彼はクリーブランドクリニックにいて、ソーンズ、ルネ・ファバローロ〔第10章参照〕、ドナルド・エフラーらと同じ建物で働いていた。コルフはすでにこの時点で人工腎臓を発明した実績を持っていた。ちなみに今日使われている透析機は、彼の人工腎臓にヒントを得ている。（彼は撃墜されたドイツ空軍の航空機の部品、古いフォード車のラジエーター、オレンジジュースの缶、ソーセージの皮で人工腎臓を製作した）。[*9] しかしより重要なことに、彼と日本の技術者阿久津哲造は、プラスチック製の電気人工心臓を開発し、それを用いて九〇分間イヌを生存させることに成功したと米国人工臓器学会ですでに発表していた。一九七〇年代に入るとコルフは、動力源としてプルトニウムのエネルギーを用いるべくこの独自のモデルを再設計し試作版を製作したが、どのモデルの人工心臓も人体には大きすぎるか、血液を送り出すには弱すぎるかのいずれかであった。

それとは別にNHIのチームは、（プルトニウム238の崩壊による）[*10] 原子力エネルギーを取り出し、小さな蒸気エンジンの動力に転換する二四オンス〔およそ六八〇グラム〕の装置を開発した。それには当初の予想より三年長くかかったが、少なくとも完成はした。しかしさらなる問題が発生する。ＡＥＣのモデルと同じく、人体に埋め込めるほど小さくしたＮＨＩのポンプや動力源は、どのモデルでも左右両心室の機能を完全に肩代わりするには力が弱すぎたのだ。この状況下で、（そして、ＡＥＣが完全な能力を備えた人工心臓を開発する努力を継続しているあいだに）、ＮＨＩは新たな試みに着手する。彼らは、人工心臓ではなく、（動脈を介して血液を身体に送り出す）左心室の機能を支援する装置の開発に目標を変更したのである。より地味ではあるが、それでも有用であることに変わりはない。月ロケットを断念してロンドンまで飛べる飛行機の開発に目標変更したようなものである。

次のステップは、小さな原子力エネルギー源とポンプをウシの心臓に装着することだった。彼らは一頭のウシの心臓を故意に傷つけ、左心室から出ていく下行胸部大動脈に装置をとりつける予定であった。装置はその位置で、傷ついた心臓のせいで弱くなった血流を取り込み、それに勢いを与えた。ポンプは心臓自身の電気インパルスに反応して作動するため、心臓にペースメーカーを埋め込む必要はなく、要するにこの装置は本物の心臓が作り出すペースに依拠して動作した。[*11] 一九七二年二月、ＮＨＩの補助人工心臓は実際に、故意に傷つけられた子牛の心臓に埋め込まれ、うまく機能した。装置は正常に血液を送り出したのである。少なくとも装置の流入側の管がよじれるまでの八時間は。

その間、ＮＨＩから独自に資金（四五〇万ドル）を割り当てられていたドゥベイキーは、テキサス州で続けていた非原子力人工心臓の開発に進展を見ていた。非原子力である以上、彼の装置は壁のコンセントから電力の供給を受けねばならなかった。代替案はなかった。それでも他に選択肢のない患者には、少なくとも当時は進歩に思えた。

ドゥベイキーの開発した人工心臓の適用をめぐって、（怒りに満ちた）論争が巻き起こる。彼に雇われていたアルゼンチン人の外科学研究者ドミンゴ・リオッタは、彼が属するチームが飼育していた一〇頭の子牛に装置を埋め込むことに成功したと主張する会議抄録を書いた。この主張がなされたあと、史上初めてウシを対象とする補助人工心臓の埋め込みに成功したと見なされる実験を実際に行なっている。他の外科医立会いのもとで、さらに七頭のウシにポンプが埋め込まれ、数時間以内に一頭以外のすべてのウシが死んだ。どうやらリオッタは、会議抄録では自分の成功を見越していたらしい。[*12] のみならず事態はさらに奇妙な展開を見せる。

一時はドゥベイキーの弟子だったが、すぐにライバルになるテキサス心臓研究所のデントン・クーリーは、ドゥベイキーのために彼が製作した装置をもう一台作って、人間に使いたいから自分に譲ってほしいと、（ドゥベイキー本人には何も言わずに）リオッタに頼み込む。リオッタはエンジニアの一人に装置を作るよう依頼し、てっきりドゥベイキーが使うものと思っていたこのエンジニアはすぐに装置を組み立てる。彼は直接装置を手渡す手はずにはなっていなかったので、持っていけるよう目立つ場所に置いて帰るが、一緒にノートも残しておく。そこには、まだうまく機能しないので人間に使ってはならないと書かれていた。

装置を手にしたクーリーは、ドゥベイキーが会議に出かけて留守にするのを待ってから、一九六九年四月四日にレシピエントを探した。そしてハスケル・カープという名のレシピエントを見つける。カープは心臓移植を必要としていたが、心臓が見つからなかったのだ。実際にはドナーは一人現われたが、彼女の心臓はひどく損傷していたために使えなかった。二人目のドナーはなかなか現われなかった。そこでクーリーは、ドナーの心臓を入手するまでの間に合わせとして、リオッタから手渡された装置をカープに埋めた。その間、カープの妻は全国的なドナー探しを先導していた（心臓移植の成功が疑われるようになるにつれ、ドナーの数は激減していた）。彼女は「どこの誰でも構いませんから、私の願いを聞いてください。私の夫は心臓を必要としています。彼は、本来神が私たちに与えてくれた心臓があるべきなのに、自分の胸の内部では人工の装置が埋め込まれていると知りながら、病院のベッドに横たわって呼吸し続けているのです」と訴えた。[*13]

ひどく劣化した使えない状態でドナーの心臓がテキサス州に届いた次の日、カープは死んだ。脳死の判定が下されたあと、なぜかクーリーはカープに心臓を移植している。カープの人工心臓の記事を掲載した多くの新聞は、「手術は成功したが、カープは別の理由で死亡した」と書いた。記事に脳死後の心臓移植への言及はなく、さらに言えば専門家のあいだで、手術が一瞬でも成功したのかどうかが今日でも議論されている。ニュースを知ったドゥベイキーは激怒し、しばらくあたりかまわずわめき散らしたあと、数十年間クーリーとは協力はおろか話しさえしなかった。ただし、死を間近にして寛大になったドゥベイキーは和解の意を示し、短い間ではあったが二人は仲直りをした。リオッタの心臓は二度と使われることがなかった。[*14]

ドゥベイキーからリオッタを経てクーリーの手に渡った心臓は原子力人工心臓ではない。いずれにせよ、長期間持続する動力源の問題を別にしても、ハスケル・カープの本物の心臓の持つ能力を複製することはどのみちできなかった（血液が人工心臓内でつまるなどさまざまな問題があった）。これは原子力人工心臓の開発のむずかしさを示唆する。当初、原子力人工心臓および（何が動力源であれ）補助人工心臓開発の進展は、好意の目で見られ大きな期待を持たせるほど迅速であるように思われた。多くの医学研究者は、その種の人工心臓を必然的なものと考えていた。一九六四年には、人工心臓は一〇年以内に完成するだろうとドゥベイキーは予想していた。一九六六年になると、グレン・シーボーグは、原子力人工心臓にとり替えるだけで故障した心臓を治療できる未来について公言した。テクノロジーは、たとえ当初の予想より地味だったとしても、成功に至る道を歩んでいるようだった。しかしやがて進歩の速度は鈍り始める。クーリーの思いあがりは人工心臓に対する期待に泥を塗り、おそらくは前進しようとする意欲をいくぶんかくじいたのかもしれない。*[15] 一九七六年までには四一個の原子力補助人工心臓がウシに埋め込まれていたが、それらはいずれもリオッタが試した非原子力の装置からほとんど進歩がなかった。*[16] 一九七九年、『ニューヨーク・タイムズ』紙はこれに関して次のようなコメントを掲載している。「人間向けの人工心臓の開発が始まってから一五年が経過し、それに対して一億二五〇〇万ドル以上がつぎ込まれてきたにもかかわらず、実用化の目途はまったく立っていない」。

問題のいくつかは技術的なものだった。協業の問題もあった。研究室や諸機関のあいだで、協力ではなく競争が行なわれていたのだ。しかしプロジェクトが成熟するにつれ、原子力人工心臓や、より一般的には人工心臓に対する科学者の見方は変わっていく。一九六〇年の時点では、現代の生活にテクノロジーをいかに組み込むかに関する規則はほとんど存在しなかった。アメリカ食品医薬品局（ＦＤＡ）はまだなく、患者のインフォームドコンセントという考え方も存在しないに等しかった。アメリカ原子力委員会は、方針決定の責任を自らが負っていた。人工臓器の倫理に関する議論はなされていたが、法関係者ではなく学者のあいだでであった。しかし一九六〇年代の後半には、テクノロジーを警戒する人々が増え始め、とりわけその結晶を人体に埋め込むことの影響に関しては激しい論議が起こった。子宮内避妊器具を埋め込んだ多数の女性に起こった悲劇が認識され始めた。突如として、装置の人体への埋め込みには制限が課されねばならないとする世論が沸きあがり、人体に埋め込む装置の開発に対して新たなルールが規定される。このルールによって、装置の危険性を示す低から高までのランクづけが求められた。それを通して、原子力人工心臓は絶対的な意味で危険か否かを問わず、他のいかなる装置に比べても危険であることが明らかになった。そのことは人工心臓一般に関しても言える。こうしてたった一つの規定によって、人工心臓プロジェクトの推進は大胆で野心的な試みという位置づけから、文字どおり有害な営為と見なされるようになったのである。最初はゆっくりと、やがて急速に、原子力人工心臓プロジェクトの資金は減り続けていく。[*17] シーボーグはしばらくカリフォルニア大学バークレー校に戻り、プロジェクトに言及することはほとんどなかったらしい。人工心臓プログラムのリーダーたちは他の分野に転出した。そして、原子力人工心臓開発の立ち上げに手を貸したドゥベイキーは、完全なバッテリーもしくは電気を動力源とする補助人工心臓の開発に集中するようになった。彼自身は認めなかったが、この目標は原子力人工心臓、あるいは完璧な人工心臓の開発に比べればはるかに平凡なものだった。今日では毎年多数の患者が、本物の心臓の鼓動を支援する補助人工心臓の埋め込み手術を受けている。それは電源コードによって（胸壁を通して）数台の大きなバッテリーに接続され、これらのバッテリーは二時間ごとに再充電されねばならない。言い換えると、現在でも動力源の問題は解決されていないのだ。もっともすぐれたバッテリーでさえ、無数の生きた細胞によって生み出される効率的な動力に比べれば取るに足らないものなのである。

もちろん、人工心臓の開発という目標に向けドゥベイキーが最初に設定した道のりはたいへん魅力的だったので、その試みを続行する者もいた。彼らは問題の大きさに駆り立てられていたのだ。五〇〇万人を超えるうっ血性心不全患者の一〇～二〇パーセントが、ドナーの心臓も他の治療手段も見つからずに毎年死んでいる。だが原子力人工心臓に言及する者は誰もいなくなった。このエピソードについて書かれることもほとんどなかった。こうして一九七〇年代後半以後の人工心臓の開発は、壁のコンセントを電源とする大型の装置に焦点が置かれるようになる。

入念に計画された最初の完全な人工心臓の移植の試みは、当初の予想の一六年後にあたる一九八七年に行なわれている。ウィレム・コルフ博士はすでに、クリーブランドクリニックからユタ大学に移り、バイオメディカルエンジニアリング研究所の所長として人工臓器の研究を推進し、二〇〇人以上の医師と科学者から成るチームを率いていた。またウィリアム・デブリースと、さらには一九七一年からロバート・ジャービクと共同研究を行なっていた。ジャービクは開業医ではなく、実のところアメリカのどの医学部にも入れずボローニャ大学に入学しているが、そこも二年で退学している。幻滅した彼はアメリカに戻り、バイオメカニクスで博士号を取得する決心をし、今回は目標を達成することができた。そしてその資格で、コルフのもとで機械屋として働く次第になったのである。ジャービクが見守るなかで、コルフとデブリースは、引退した歯科医バーニー・クラークにジャービク－7心臓を埋め込んだ（コルフは、彼のもとで働き続ける意欲を向上させるために、彼のチームが開発した装置に部下の名前をつけることがよくあった）。クラークは衰弱がひどかったために心臓移植を行なえず、また、ジャービク－7は人間への埋め込みがＦＤＡによって認可されたばかりだった。バーニーの新しい心臓には、二つの心室とチタニウム製の六つの弁が備わっていた。心室によって搾り出された血液は、チタニウム製の弁を通って身体に送られ、別の弁を通って戻ってきた。ジャービク－７は、尻尾のようにこの装置から（そして身体から）出ていく管に接続された空気ポンプによって作動した。クラークの身体の外に置かれたこの空気ポンプは、洗濯機ほどの大きさがあった。クラークがこの新たな心臓に頼るようになってから一一二日が経過した。医学の歴史における奇跡的な日々と言えよう。『ニューヨーク・タイムズ』紙はこの成功を報道し、完全に埋め込める人工心臓の開発は当初の見込みより遅れるが、一〇年以上はかからないと（一九九四年になるだろうと）論じる。[*18] しかしクラークの立場からすると、これは奇跡どころではなかった。クラークは最初こそ喜んでいたものの、人工心臓や補助装置につきものの感染症がつねに彼の身体を襲い、装置の内部で血液がつまり、卒中に見舞われるなど、次々に問題が生じたのだ。彼は一一二日間の多くを意識のないまま過ごしたが、意識が戻ったときには死にたいと口にした。

クラーク以後は、まずまずの進歩が見られたにすぎない。次にジャービク－７の埋め込み手術を受けたビル・シュレーダーは六二〇日間生きられ、そのあいだにロナルド・レーガン大統領の見舞いの電話を受けている。しかしクラークのケースと同様、延命は一時的であり、しかも本人は治療を受け続けねばならず、大きな希望は持てなかった。現在では数社が人工心臓を製造している。ジャービク－７のいくつかの改良版は数か月、あるいはまれに数年間患者を生き長らえさせた。しかし数年生きられたところで、患者の生活はつらいものだった。しばらくジャービク－７は、「治験装置」として使われていた。これは、まったく望みのない最悪のケースでのみ患者に埋め込めることを意味する。しかも、その後も使い続けられるかどうかは技術の進展に依存していた。一九九一年には、(長年にわたり進歩が見られなかった) ジャービク－7は治験装置としての地位を失い、カーディオウェストと命名された改良版でその地位を取り戻すまで新たな試みは中止される。この新バージョンの人工心臓は、バックパックに収納されたバッテリーに電線を介して接続されていた。このバッテリーは補助装置のバッテリーと同様、二時間ごとに再充電されねばならなかった。なお、補助人工心臓は、患者本人の心臓が回復するか、もしくは心臓移植のドナーが見つかるまでのあいだ、心臓を支援する間に合わせの手段として比較的頻繁に用いられるようになっていた。[*19] 補助ではなく純粋な人工心臓は、本物の心臓がまったく機能を果たさず支援だけでは足りない場合に用いられた。それによる延命は有益ではあったが (小さな部品で組み立てられた人工心臓が、イタリアの乳児に埋め込まれた例もある)、心臓の欠陥を最終的に解決するものではなかった。これらの事実からは、機械仕掛けの心臓の開発は、誘導ミサイルや亜音速爆撃機の製造や、さらには月面着陸よりはるかにむずかしいという教訓が得られる。いまだに私たちは、進化が細胞やミトコンドリアによってなし遂げたことを、金属やプラスチックやバッテリーを使ってなし遂げられないでいるのだ。このことは、サルバドール・ダリが暮らしていた地域、バルセロナの郊外にある古い教会でもっとも明らかになった。

サルバドール・ダリとアントニ・ガウディとドン・キホーテで知られるカタルーニャに住むマリアノ・バスケスという名のコンピューター物理学者が、人工心臓の構築を決意した。ドゥベイキーとシーボーグが心臓の機能を複製する装置を考えていたのに対し、バスケスはいかに心臓が機能するかをモデル化しようと試みた。彼の人工心臓が身体に埋め込まれることはない。なぜなら、それはコンピューターを用いた心臓のシミュレーションだからだ。彼はこのアイデアを、友人とビールを飲んでいるときに思いついた。それまでの彼は、よりすぐれたトイレやロケットをいかに組み立てるかなどといったエンジニアリングの問題に研究の焦点を絞っていた。しかし彼の友人は、いかにも友人らしく彼にスケールの大きな注文を出し始めた。「どうして、もっと美しくて、やりがいがあって、おもしろいことをしないのかね?」「なぜ人体を研究しないんだ?」「その気になれば、そう、たとえば心臓の複製を作れるのでは?」などといった具合に。心臓は美しい。そして神秘的だ。トイレやロケットとは違って、何百万年もの進化を経て形作られてきた。アルゼンチン人のバスケスは、子どもの頃ドミンゴ・リオッタをテレビで見たことがあった。人工心臓開発のストーリーについても、あらましは知っていた。彼はその代わりに、心臓の機能のシミュレーションの構築を目標に据える。バスケスと、バルセロナスーパーコンピューティングセンターのプロジェクトで働く同僚のアリャ・レッドは、個々の筋細胞同士が心臓の液体、すなわち血液を動かすために信号を伝達し合う様態を模倣することで、このシミュレーションの構築を目指した(それはトイレが血液ほど高貴ではない液体を流す様態を模倣するのにも似ていた)。

脈打つ心臓はただ鼓動するだけではない点に留意されたい。危険に直面すると心臓の鼓動は速まる。トラに追われれば、身体にはいくつかの現象が生じる。脳の扁桃体(へんとうたい)は、逃走を指示する信号を発する。信号は副腎に伝わり、副腎髄質はアドレナリンを分泌する。分泌されたアドレナリンは心臓内の生きたペースメーカーに働きかけ、その速度を速める。また鼓動を強める。アドレナリンは、心臓細胞がより多量のカルシウムを吸収できるようにし、それによってより多くの心臓細胞が収縮する。こうして心臓は頻繁に、そしてより完全に収縮し始める。トラに追われるような事態に追い込まれれば、あなたは間違いなくこのような心臓の反応に感謝することだろう。

トラを前にしてのこの迅速な反応は、循環器系のなし得る唯一の対策ではない。心臓は心室から送り出された血液の量を検知するセンサーを備える。体内に循環する血液の量が少なすぎることが検知されれば、センサーは血液の増産を指示する。また、もっとも重要なもの（心臓、脳、肺）を除く諸器官の細動脈の収縮を引き起こす。つまり心臓は、心臓、肺、脳が死なないよう指を少しばかり冷たくする能力を持つ。

これらのような心臓のさまざまな機能を熟知していたバスケスらは、その複雑性に鑑みてそれらを無視し、通常の安静時の心拍だけを再現することにした。彼らはさらに単純化を図るために、少なくとも最初は血液の動きも考慮しないことにした。つまり血液を欠く安静状態の心臓の鼓動をシミュレートすることにしたのだ。（おそらくこれは妥当な判断だったのだろう。ライト兄弟は彼らの初飛行を雷雨のなかで行なったわけではなかった）。しかしいずれにしても、シミュレーションを完成させるには、心臓内でいかに信号が伝播するのかを正確に知る必要があった。そしてそれには、心臓を画像表示する新たなツールを導入しなければならなかった。彼らはバルセロナ自治大学コンピュータービジョンセンターの研究者と協力し合いながら、生きた心臓の高解像度（一〇個の赤血球の幅に相当する三六マイクロメートル）のＭＲＩ画像を取得し、取得した画像データに基づいて心臓の筋肉線維の走る経路のモデルを構築した。そしてこれらの経路を、一種のデジタル化された骨組みに変換した。次に彼らは、これらの高解像度の骨組みの上に重ねられた数十万本の仮想筋肉線維を走る電気インパルスをモデル化した。このモデルは、それらの線

アリャ・レッドの人工心臓モデルによる心臓の例。おのおのの麺のような線は、本物の心臓をイメージ処理することで生成された筋肉線維である。アリャ・レッドモデルは、世界でもっともすぐれた「完全な人工心臓」だと言える。ただし完全に仮想的な心臓ではあるが。（画像提供：Mariano Vázquez & Guillermo Marín, Barcelona Supercomputing Center）

維のおのおのが、隣接する線維からの刺激によって収縮する際の規則をいくつか規定した。

このように彼らのシミュレーションは、本物の心臓から抽出した高解像度の骨組みと、筋肉線維の振舞いを規定するいくつかの規則だけから、高解像度画像の緻密さで機能する心臓を再現したのである。モデルには包括的な規則はなく、個々の筋肉線維の振舞いに関する規則があるのみだったが、それで十分だった。これは、個々のアリの単純な振舞いが高度なコロニーを形成する様子によく似ている。さらに言えば、このアプローチには柔軟性があり、バスケスのチームは、イヌやウサギの心臓の高解像度画像をもとにこれらの動物の心臓の鼓動をシミュレートできた。本物の心臓とまったく同様、無数の細胞が収縮する際の順序に従って、おのおのの鼓動はそれ以前の鼓動とわずかずつ異なる。このようなシミュレートされた心臓の各鼓動のユニークさは、心筋の構成とそれによって発せられる信号が鼓動を生むあり方の重要な基盤について、研究者たちがよく理解するようになったからこそ得られたのだ。またそこには、科学者、エンジニア、物理学者、医師の謙虚さが意図せずして現われているとも言えよう。血液を欠く安静状態の仮想心臓を生み出すコンピューターは巨大で、一万の処理装置（プロセッサー）で満たされた八つの部屋を必要とする。ここには、私たちの限られた知識と心臓の偉大さを教えてくれる真の奇跡がある。人工心臓の開発や改良を試みる人々は、スーパーコンピューターを用いて構築された心臓によって得られた教訓をしっかりと受け止めねばならない。つまり、本物の心臓は非常に複雑であり、それに比べれば、多くの部屋を占有するコンピューターを用いて構築した最高のモデルでさえ粗末なものにすぎないという事実を肝に銘じておかねばならない。

バスケスと三〇人の研究者から成るチームは、いつの日か「平均的な」心臓のみならず、特定の個人の心臓をシミュレートして、その問題をよりよく理解し、それに基づいて治療ができるようになることを期待している。バスケスは、血流のモデルを追加する予定でいる。現時点では確実ではないが、心臓の反応の動力学モデルも組み込む予定にしているようだ。

バスケスがコンピューター心臓を構築し始める数十年前、医師でエッセイストのルイス・トーマスは、人工心臓の開発について「私たちは、心臓病の原因を解明せずに当座しのぎの装置を作っている」と述べた。だがバスケスらが、健康なものであれ、心臓病を患うものであれ、個々の心臓をシミュレートすることに成功すれば、この当座しのぎのデジタル装置を用いることで、心臓の電気的欠陥のいくつかを、また、それらの原因を理解できるようになるだろう。そうなれば、たとえば私の母の不整脈など、特定の心臓病をモデル化し、どの箇所の筋肉線維をいかにして治療すべきかがわかるようになるかもしれない。少なくとも理論的には、冠動脈の塞栓(そくせん)、およびその影響をモデル化することは可能なはずだ。しかしそのためには血液について理解する必要があり、また、いずれにせよこのアプローチでは、疾患の詳細やメカニズムが解明できるにすぎない。そもそもいつの時代にどのような理由でこれらの疾患が生じたのかの解明は、はるかに困難である。その答えの一部は、スーパーコンピューターや手術室からは遠く離れた、古代エジプトの女王の身体に長らく埋もれていた。

第9章　羽より軽い心臓

心臓の病気を検査し、その人が腕や胸や心臓の一方の側に痛みを覚えていることがわかれば、（……）その人は死に脅かされている。

――エーベルス・パピルス

私は彼女を最初に写真で見た。その写真では、彼女は前方を見ている。彼女の美しさは信じられないほどだ。腕と胸は蜂の巣模様の衣装で覆われている。両手には用途不明の道具が握られ、細く暗い首は誇らしげに滑らかな顔を支えている。長いモール織のかつらが耳を覆う。彼女は微笑んではいないが、それに近い表情をしている。これが一枚の写真によってわかる、四五歳のときの彼女の姿である*1〔写真は注にあげられているサイトの最下段を参照されたい〕。そしてもちろん、彼女の身体が残されている。この身体は私たちの心臓についての理解を変えることになる。

およそ三五〇〇年前に生まれた彼女は、王妃ネフェルタリとラムセスII世の長女で、女王の谷で暮らしていた。王家の両親と旅をして回り、エジプト各地で両親とともにもてなされた。エジプト南部にあるアブ・シンベル神殿には、彼女の像が寄進され讃えられている。彼女は大勢の従者にかしずかれ運ばれていたのだろう。食べていたのは野菜が豊富で肉を欠いた古代エジプトの典型的な食物ではなく、特権階級の食物だったはずだ。彼女は恵まれた人生を送った。おそらくパン、オリーブ油、ヤギの肉、豚肉、蜂蜜、さらにはビールさえ口にしていたかもしれない。[*2] あるいはおいしいブドウも。そのような生活を続けているうちに、母のネフェルタリが死去する。父は再婚するが、二番目の妻も死ぬ。そして父が死に、彼女すなわちメリタムンは女王になる。彼女は若い女王で、統治期間は短かった。そして彼女は歴史から消える。長い間、これが彼女について知られていたことのすべてであった。

彼女の統治がいかに終わったのかは置くとして、メリタムン自身が死去した際、王家の家族は彼女が来世で暮らすための準備を整えるのに散財を惜しまなかったはずだ。専門家の一団が呼ばれる。彼らは胸骨から始めて彼女の小さな身体を切り開き臓器を取り出す。おのおのの臓器は別々の陶製のつぼに収められ、のちに必要になった場合に備えて彼女の横に置かれる。今や死後のボートとなった心臓だけは彼女の体内に戻される。次に彼女の身体は包まれ、ひつぎに納められる。その表面には彼女の顔が描かれる。このひつぎは別のひつぎの内部に納められ、そしてそれも巨大な石棺に納められる。それから石棺は彼女の墓に運ばれる。この石棺の内部で、彼女の身体と織物の下に埋められた彼女の心臓は、秘密を隠し続けてきたのだ。この一種の埋もれた財宝は、近年になって発掘された。

彼女の復活は一九四〇年のエジプトに始まる。メトロポリタン美術館のエジプト学者ハーバート・ウィンロックは、紀元前一四七九年から紀元前一四五八年までエジプトを統治したハトシェプスト女王の像を砂漠のなかで探していた。もちろん彼一人で探していたわけではない。彼はテーベの砂の平原に繰り出した一団の作業員たちに囲まれていた。各人はシャベルや他の道具を手にし、砂の堆積を見つめてその下には何が埋もれているのかを思案していた。

当時はハトシェプスト女王についてほとんど何も知られていなかった。というのも、王位継承者である敵意に満ちた息子が、彼女の姿をかたどった多数の彫像を一つずつたたき壊し、統治の証拠をほぼ完全に破壊し尽くしてしまったからだ。[*3] ウィンロックは失われた彫像を発見したかった。もちろん他の誰もと同じように、彼も見つけものが探しものと異なる場合がままあることを心得ていた。

ウィンロックたちは、何も発見できずに一シーズンを棒に振る。もちろん廃墟(はいきょ)や身体は見つけた。なにしろ、エジプトはそれらで満ちているのだから。だが重要なものは何も見つからなかった。しかしやがて助手の一人が、作業していた現場を取り囲む丘の上の吹き寄せられた砂の下に、その場所にふさわしくない剝離された岩の断片をいくつか発見する。[*4] それらは特段重要なものではないかもしれなかった。しかし、少なくともウィンロックの熟練し、そしておそらくは過剰な期待に満ちた目には、何か重要なものに映った。もしかすると、墓につながるトンネルを掘ったときに運び出された岩の堆積なのではないだろうか? そう期待したのだ。彼はすでに長期間砂漠を探し続けていた。だから発見に至り得るいかなる兆候も、彼を興奮させるに十分だった。心臓は早鐘を打ち、喉から飛び出しそうだった。[*5] 彼はチームのメンバーを集め、さっそく掘り始める。彼らはなるべく慎重に掘り進めていたが、遠くからはいっせいに骨を探す飢えたイヌの群れのように見えた。そこは王家の谷であり、すぐ向こうには緑の蜃気楼(しんきろう)のように、ナイル川沿いの農耕地が広がっていた。彼らは丸一日、掘って、掘って、掘りまくる。こうして、どこかに何かが埋もれているに違いないというウィンロックの直感だけに頼って、何の発見の兆候も得られないままさらに四八日間掘り続ける。そして二月二三日、砂が陥没し始める。職長のライス・ギランは、トンネルを発見したとウィンロックに報告する。それは鉱山の通気坑であろうが動脈であろうが、あらゆるトンネルがとる形状をしていた。つまり丸かった。トンネルはレンガの壁に続く。この壁は、間に合わせのレンガであわてて築かれたかのように見える。それは未完成で、再度開かれるのを待っていた。作業員たちは、壁を壊して向こう側を見たがる。いとも簡単なはずだ！ウィンロックと同様、彼らは財宝を見つけたかった。発見の興奮を味わいたいからか、見つかった宝の使い道に関して独自の考えを抱いていたからかは別として。

しかしウィンロックは作業員たちに待つように指示する。壁の向こう側にほんとうに重要な発見が待っているのなら、それについてまだ誰にも知られたくなかったのである。全員を家に帰し、穴の番をした。誰もが翌日には何らかの進展があるだろうと期待していた（すべてが発見されるまでに、さらに数十年がかかることなど彼らは知るよしもなかった）。

数日後の二月二八日、ウィンロックと数人の作業員たちはレンガの壁のそばに立っていた。彼らは慎重に壁に穴をあけ始める。壁の向こう側には彫像、金、芸術品、そしておそらくは王の墓など、財宝が見つかることを期待していたのである（ここ数週間ウィンロックの自信は薄れていたが）。その代わりに彼らがそこに見たのは、何かの切れ端、陶器の破片、カゴ、得体の知れない物体など、がらくたの山であった。それはウィンロックの言葉を借りると、「みすぼらしいゴミ捨て場」であった。しかし、捨てられていたのはゴミだけではなく、小さなひつぎのそばには遺体が放置されていた。この遺体にはそれ自身独自のストーリーがともなうことがのちに判明するが、いずれにせよ彼らはそれを求めていたのではなかった。さらに奥に分け入ると、くぼみが見つかり、当時の初歩的な懐中電灯の光によってその奥にさらにトンネルが続いていることがわかる。その先には大広間の入り口のような開いた空間が見える。おそらくそこには部屋が広がっているのではないだろうか？　ウィンロックは来た道を引き返して作業員たちを家に帰し、その場所に番を立てておく。砂漠のなかで無駄骨を折り続けてきた彼には、ようやく光明が差してきたように思われた。

次の数日間、彼は作業員に厚板を集めさせた。しかしそれらをトンネルに運び込む前に、発見物を写真に撮り、分類しておく必要があった。考古学は退屈なアンチクライマックスに満ちた研究だと言える。新参者の期待とは裏腹に、ほとんどの日々はつらい労働を強いられ、その期間を経たうえで、運がよければ、そして十分に準備が整っていれば、くぼみを見つけて乗り越え、その向こうに何があるのかを確かめられる。その日は近いとウィンロックは考えていたが、彼とチームが発見したものが、同僚の考古学者ばかりでなく歴史によって評価されるほど意義あるものではないかと感じ始めていた。待てば海路の日和ありだ。

少しずつ写真が撮られ、スケッチが描かれた。あらゆる破片にラベルが貼られた。こうして、トンネルが発見されてから二週間、作業員が砂を掘り始めてからほぼ八週間が経過した三月一一日の午前、ようやくくぼみを越える準備が整う。狭いトンネルの角をうまく曲がれて、なおかつくぼみを渡せるだけの長さにあらかじめ切っておいた厚板が、ついにトンネル内に持ち込まれる。これは楽な作業ではない。厚板を一枚渡し、さらにもう一枚渡す。それらは何千年も前に同じ間隙を渡す際に用いられたに違いない溝にうまくはまった。そしてこれら二枚の厚板を支えにして、人が歩ける小さな板を設置する。

それからウィンロックはその上を渡り、ためらいがちにトンネルを進む。彼の心は明るくなり、発見の可能性で浮き立つ。彼自身の言葉によると、彼の身体は「好奇心でひりひりした」。

トンネルは、くぼみの向こう側で大きな部屋に通じていた。ウィンロックら一団はそこで立つことができた。その部屋には、二つの巨大なひつぎがあり、奥のひつぎには遺体が納められていた。この遺体は包帯で包まれていた。ウィンロックはそれにラベルを貼り、詳細を記録し、厳重に管理した。これは一つの発見であった。そしてそこには、一連の謎が秘められていた。

ウィンロックはこの女性の正体、さらにはその生涯の謎に関心を抱く。これらの謎の一部はやがて解かれる。ひつぎを博物館にゆだねる前に、彼はこの女性の生前の生活を示すいくつかの発見をする。ひつぎとそれが置かれていた部屋は、費用をかけ注意深く準備されていた。くぼみから回収された小さな衣服についてもそれと同じことが言えた。そしてそれには、彼女の名前が記されていた。この身体の主はまさしく歴史から消えた女王メリタムンだったのだ。[*6] 彼女は人々のあいだを回って供応を受けながら生涯幸福な生活を送ったあと、死の世界に招じ入れられたのであろう。少なくともウィンロックが彼女を発見し、博物館の奥の部屋に置き去りにするまでは。

最大の謎は、なぜ、そしていかに彼女が死に、歴史から消えたのかであった。彼女は若くして死んだわけではないが、いずれにせよ何か特定の原因で死んだはずだ。ウィンロックには、彼女の死因はわからなかったし特に関心もなかった。だから彼は別の謎を解くことに焦点を移し、この女王の身体は、事実上放棄されたのも同然になった。カイロ博物館に不作法に運び込まれたメリタムンの遺体は、数十年間待ち続けねばならなかった。彼女にしてみれば、すでに紀元前一五八〇年以来待っていたのだから、さらに数十年待つくらい何でもなかったのかもしれないが。

メリタムンの死因の手掛かりはやがて彼女の身体に発見されるが、石棺もヒントを提供した。ウィンロックはそれに古代エジプトの遺品によく見られる凝った描写、ヒエログリフの絵文字と文字どおりの絵を見つけた。絵の一つには、羽と心臓が天秤(てんびん)にかけられているところが描かれていた。

エジプトの王が死に、死の世界に下ったとき、その心臓は鳥の羽一枚と比べて軽いか否かを試すために天秤にかけられると信じられていた。[*7] 心臓のほうが軽ければ、王は死後の世界で心ゆくまで〔to his heart's content〕食べ、交わることができた。だからその重さは王のなした行為のよき尺度になる」と考えられていたのである。一人の人間の尺度が心臓に書き込まれているとする考えは、心臓にはその人がなした罪と悪行の記録が書き込まれているとするキリスト教の考えのなかに復活する。いずれにしても、心臓の重さによってその人の生涯の価値を評価するという考えに関しては、エジプト人が先んじていた。やがてこの見方は、王だけでなく廷臣、貴族、さらには神官にも適用されるようになる。

計量するのは神であるとされてはいるものの、ヒエログリフでは、天秤は死後の世界への入場を許可する審判の役割を担い、判定の公正さに目を光らせるヒヒに見守られている。心臓のほうが軽ければ、故人は死後の世界に旅立てる。このように、古代エジプト人の身体の探究のほとんどは、長寿より、死後のよき生活を確保する目的で行なわれた。彼らにとって、この世での日常生活は準備であって、来世における生活こそ本番だったのである。もちろん心臓のほうが重かったら話は別だ。その場合、心臓と生まれ変わる機会は、ワニの頭部とアゴ、ライオンの胴体、カバの後肢と尻尾を持つキメラ、つまり貪り食うアメミットに食われる。現代から振り返ってみれば、重い心臓を持った結果として生じる心臓発作を表すものとしてアメミットを見たくもなろう。*[8]

実際に心臓が天秤にかけられたことがあるのか、また、あるのならどのような羽と比べられたのかはわかっていない。重い鉛の羽なら、誰もが喜んだに違いない。心臓の計量の絵は多くの石棺に描かれているが、その種の絵のなかでももっともよく議論されてきたのは、女王メリタムンの石棺に描かれている絵だ。それはとりわけ優美で、はっきりしている。女王の心臓が置かれているほうの皿は、羽が置かれた皿よりわずかに高い位置にあるが、ほんのわずかである。つまり古代エジプト人は、かろうじてアメミットの餌食にならない程度の軽さの心臓を持って女王が死んだと考えていたのである。しかし、カリフォルニア大学アーヴァイン校のグレゴリー・トーマス博士らは、それが願望であることを証明しようとしていた。

二〇〇八年、グレゴリー・トーマスは心臓学の会議に出席するためにエジプトを訪れ、そのついでに、心臓の画像処理を専門にするエジプト人の心臓病学者アデル・アラムとエジプト考古学博物館を見学した。そこで二人は、興味深い説明書きが添えられたメルエンプタハ王（ラムセスII世の息子で、紀元前一二〇〇年頃に生まれた）のミイラに出くわす。ガラスケース内の説明には、王はアテローム性動脈硬化を患っていたとあった。トーマスもアランも彼らの同僚も、医学部ではアテローム性動脈硬化が現代病であると教えられていた。*[9] だから二人は、その説明が明らかな間違いであると最初は結論づける。

トーマスとアラムは普段、現代病アテローム性動脈硬化について研究していた。それは疫病のように多発している。二〇一〇年には、アメリカだけでも（現在のニューヨーク市の人口よりも多い）一七〇〇万人が循環器系疾患で死亡している。そしてそれらの死のほとんどはアテローム性動脈硬化に起因する。人口増加以外に理由がなかったとしても、アメリカにおけるその種の死は将来増えると予想されている。もちろん、この問題はアメリカに限られない。現代エジプト人の心臓の運命も大して変わらない。国が発展を遂げ、感染や乳幼児の病死は避けられるようになったが、その代わりに人々は循環器系疾患で死ぬようになったのである。そのような事情があるために、アテローム性動脈硬化は、余計に欧米の生活や食習慣に結びついた現代の問題であるかのように考えられ、事実そう教えられているのだ。医師でさえ、ほとんどがそう信じている。だが、真実はそれほど単純ではない。

トーマスとアラムがエジプト考古学博物館でミイラを見るまでには、一般には心臓病の発症に先立って動脈にプラークが形成されることが知られていた。これらのプラークは、コレステロールと特定の免疫系細胞（マクロファージ）が、大きな動脈の内膜の下に蓄積し始めると生じる炎症によって引き起こされる。「コレステロール（*cholesterol*）」という語は、「胆汁」を意味するギリシア語の「*khole*」と、「硬い」を意味する「*sterol*」に由来する。[*10] その外観は蠟状で脂肪のように見えるが、脂肪ではない。それは、$C_{27}H_{46}OH$という分子構造を持つアルコールの複雑な形態であり（ステロール）、あらゆる種類のアルコールと同様、炭素、水素、酸素のみから構成される。コレステロールは身体にとって必須の化合物であり、それが欠乏すると身体は悲惨な状況に陥る。しかしそれがあっても悲惨な状況に陥り得る。特定の条件下では、身体は血中のコレステロールに負の反応を示す。コレステロールは体内を循環する代わりに、免疫系のいばり屋、マクロファージや炎症細胞〔炎症を引き起こしたり悪化させたりする細胞〕の攻撃目標になるのである。私たちは（コレステロールや他の脂質で黄色く染まる）プラークを脂肪質と考えがちだが、かたまりのほとんどは身体の免疫系細胞によって生産された細胞から構成される。免疫系がコレステロールを攻撃しなければ、そもそもプラークが形成されることはない。

これらの現象が起こる理由もまだよく解明されてもいなければ、歴史的な起源もわかっていない。心臓手術、心臓移植、人工心臓の歴史に比べると、心臓病の歴史はあまり華々しくはない。背景となる文脈は、たいていぱっとしない。史上初の心臓移植を行なったクリスチャン・バーナードは、心臓が疾患を起こす理由や、ときに奇形に陥る理由を研究しなかった。生涯を通じてそれらにほとんど関心を持っていなかったのだ。その点では、彼の師たちも、史上初の心臓移植手術の成功を彼と競ったライバルたちも同罪だった。どうやら彼らは、自分たちが治療している病気の歴史について真に関心を持ったためしがないらしい。病因に関しては、豊富な学識に基づく見解すらたいがい持っていなかったようだ。かつての誰よりも心臓内の治療に多くの時間を費やしていたにもかかわらず、これらの医師は基本的に事故車を修理する機械工だった。壊れた車があれば喜々として修理するのに、路面のタイヤの跡やその他の手がかりにはほとんど何も気づかないのである。もちろん彼らとて、細かな証拠や問題を見てはいたが、あまりにも近くを見すぎて、全体像が把握できなかった。

ではなぜ心臓は病気になるのか？　そう問われれば、外科医は運命、神、堕落した生活、不運などと答えてきた。あるいは、心臓病は現代病だと答えるかもしれない。この答えは直感に基づくものだが、それを裏付ける証拠はほとんどない。トーマスとアラムが、心臓はいつ壊れ始めたのかという問いに興味を持つようになったときに最初に知ったことは、誰もアテローム性動脈硬化の起源を確かには知らないという事実であった。[11]

多くの疾病は、たいてい心臓病よりまれであるにもかかわらず、その歴史が詳しく調査されている。しかしそれらの疾病の多くは、病原体によって引き起こされる。その場合、病原体の遺伝子を調査してその歴史を再構成できる。私たちはマラリア原虫（プラスモジウム）や、人から人へとマラリア原虫を運ぶ蚊を研究できるし、それによって原虫と蚊が引き起こす疾病の歴史を学べる。しかし心臓病は、（少なくとも直接的には）病原体によって引き起こされるわけではない。病気にかかった本人の遺伝子以外に、研究対象になり得るいかなる遺伝子も存在しない。本人の遺伝子を研究したところで、心臓病の歴史はまずわからないだろう。それを解明する数少ない手段の一つは、古代人の心臓を探すことだ。それにはまず古代人の身体を見つけなければならない。

古代人の身体を扱った経験などまったくなかったが、トーマスとアラムはそれを研究せざるを得なくなった。ナポレオン統治時代、エジプトでロゼッタストーンが発見され、ヒエログリフによって書かれたメッセージが読めるようになった。二人は、古代エジプト人の身体を用いて、一つの謎の解明が可能なのではないかと、すなわち私たちの虚弱な心臓の起源のストーリーを再構成できるのではないかと考えた。何となれば、古代エジプト人の身体なら博物館にたくさんあり、また、古代エジプト社会はそれなりに現代社会の文化的先駆をなすと考えられるからだ。（影響は直接的である。エジプトの文化はギリシアの文化に強い影響を与え、古代ギリシアの文化は現代西洋文化のあらゆる側面に影響を及ぼした）。二人は心臓の専門家であり、とりわけアラムはCTスキャンによって皮膚を通して心臓や血管のイメージを取り込む専門家でもある。ミイラの包帯を通して同じことをするのは、それほど困難ではないはずだ。

二人はすぐに、作業の遂行に必要な各ステップのそれぞれに関して、詳細を熟知する同僚の専門家の協力を仰ぐ（二〇一〇年に撮影されたチームの写真では一九人の学者が微笑んでいる）。[*12] しかし現代の心臓と古代の心臓を比較するにはミイラを必要としたが、ミイラを取り扱うには、ミイラになるのと同じくらいの面倒な手続きが必要だった。それには理由がある。ミイラは単なる工芸品ではなく祖先でもある。したがってそれを扱うには、いくつものやっかいな認可を取得せねばならず、その困難さは、一つ認可が得られるたびに、死後の世界へ入る許可が得られたように感じられるほどだ（というよりも、提案書がアメミットに貪り食われる可能性のほうが高いらしい）。ウィンロックがしなければならなかったことといえば、掘るためにシャベルを買うことだけだった。ところが、トーマスとアラムにとっては、認可を得るだけで貴重な時間が失われたのである。しかし、七〇人のエジプトの考古学者から成る委員会の面前で自分たちの計画を説明したあとでさんざん書類を提出し、それも無駄に終わったと思い始めた頃、ようやくトーマスの計画は承認された。彼の研究が重要だと見なされたことが大きかったようだ。さらに言えば、認可を与えた委員会の面々の多くは、心臓病が学問的というより現実的な問題になり得る年齢に達していたことも何がしか決定に影響を与えたのかもしれない。

二〇〇九年、メンバーはカイロに集まり、エジプト考古学博物館に連れて行かれる。そこでどのミイラを研究に用いるかを尋ねられる。彼らは一二〇体のミイラのなかから状態のよい四五体を選ぶ。当然ながら、チームは個々のミイラの歴史についてはよく知らなかった。彼らは、研究者、臨床医、外科医であり、考古学者ではなかったのだから。とはいえ、ミイラ研究ができる可能性に魅了されていたので（魅了されない人がいるだろうか？）、どのミイラを調査するかはそもそも問題ではなかった。かくして選ばれたミイラのなかにはメリタムン女王のものも含まれていたが、医師たちは彼女のストーリーについても、ウィンロックについても何も知らなかった。そもそも彼らにとって、女王の身体は博物館にごく普通の状態で収容されている多数のミイラの一体にすぎなかった。

ミイラの選定が終わると、彼らはそれらを病院に運び込み、その重さを肌で感じるところとなった。彼らは葬儀でひつぎを持つ会葬者のように見えたが、ミイラは再生に向けて旅立ったのだ。ひつぎは重かった。それでもひつぎは次々と道路を運ばれ、エレベーターに乗せられ、全身CTスキャナーが設置されている部屋に運び込まれた。そしてそこで、通常の患者と同じように、ミイラは（残存していれば心臓も一緒に）装置に寝かされた。特に驚くべきことではないが、布のおおいと皮膚を通して内部の詳細が見えていた。おおいを通してでも、また、死んでから長い年月が経過しているにもかかわらず、CTスキャンにはプラークが石灰質化した白いしみ、つまりアテローム性動脈硬化の形跡が認められた。こうしてスキャン画像を使ってもう一度心臓が比較された。ただし今回は、羽との比較ではなく現代の心臓との比較であり、それは古きよき時代の心臓と現代の病んだ心臓がどの程度類似するのかを調査するテストであった。科学者たちは古代の心臓をスキャンした画像と、現代の心臓の画像を比較し、現代の心臓の状態がほんとうに現代特有のものなのか、それともより根源的な人間の条件の反映なのかを確認したのである。

ミイラはすべて成人のものであったが、そのなかには当人が比較的高齢になってから死んだものと、若くして死んだものがあった。イアフメス・ネフェルタリ王妃の子守りであったライ（紀元前一五三〇年頃没）は、王とその近親者のみがミイラ化されたエジプト帝国初期の時代に生きていた。それよりずっとのちの、はるかに多くの人々が来世での生活を目指した時代に生きた人々のミイラもあった。最古のミイラは紀元前一九八一年のもので、最新のミイラは紀元三六四年のものであった。それらの身体の主は、異なる時代のまったく無関係な者同士であった。したがって彼らが選んだミイラを取り上げて「古代エジプト人」と総称するのは、ロンドンの后宮で出会った数名の人々を現代ヨーロッパ人の典型と見なすようなものである。とはいえ、それでもそれらは今日にあって古代の心臓の歴史を調査するには最良の材料を提供してくれる。ただし、一般労働者の心臓は含まれていないはずだ。時代が下るにつれミイラ化は一般化していくが、ほとんどのエジプト人、たとえばすべての石切職人や建設労働者は砂のふきだまりの下にひっそりと埋められたのである。

科学者や医師たちは、アテローム性動脈硬化の究極的な症状たる心臓発作や卒中の具体的な証拠を見つけられるとは考えていなかった。見つけられるとすれば、それはアテローム性動脈硬化の白い痕跡であった。現代人に関して言えば、身体のどこかでアテローム性動脈硬化が見つかれば、それは脳の動脈や、場合によってはもっとも危険な場所、心臓の動脈にもそれが存在する可能性があることを示す。また、存在しているのに見つけられないケースもある。

古代エジプト人の遺体にアテローム性動脈硬化が見つかれば、それは現代人と何らかの類似性があるゆえに発症したと考えられる。遠い過去の話ではあれ、裕福なエジプト人が、少なくとも同じ心臓病に罹患（りかん）する程度には現代のエジプト人やアメリカ人に近い食生活を送っていた可能性は十分に考えられる。古代エジプト人は一般にやせていた。アラムらがある論文で述べるように、「つまるところ、古代エジプト人は現代の機械なくして手で大ピラミッドを建設したのだ。そして〈ファーストフード〉はまだ発明されていなかった」。とはいえ、ミイラ化されるほどの名声を手にしていた個人は、まず間違いなくたらふく食べ、あまり運動をしていなかったはずだ。食道楽のエジプト人の手に入った食物は、肉、乳製品、卵、加工された穀物、肉の塩漬け、ビールなど現代のアメリカ人が飲食しているものとあまり変わらなかった。ハトシェプスト女王を調査した研究者の記述によれば、彼女は「垂れ下がった巨大な乳房」を持つ大女だった。

だが、より魅力的な可能性が考えられる。もしかするとアテローム性動脈硬化は、豊かで怠惰な生活のみに結びつけられるのではないのかもしれない。これまで考えられてきたよりも、もっと普遍的な症状なのかもしれない。トーマス、アラムらは、エジプト人のデータによっては、富裕な生活説と普遍的なアテローム性動脈硬化説に白黒をつけることはできなかったが、それを出発点にすることはできた。いずれにせよメルエンプタハ王に関してどんな説明が書かれていたにしろ、当時の知識に基づけばもっともありそうなシナリオは王のミイラにはアテローム性動脈硬化が存在しないというものだった。

医師が患者を診断するように、彼らはCTスキャンを撮り会議を重ねながらグループでミイラの調査をした。各スキャン画像の解釈に関して意見の一致を見るまで話し合いを重ねていった。一緒に覗き込みながら彼らが発見したのは、驚くべき事実だった。静脈にせよ動脈にせよ、四三体に血管組織が確認され、心臓も少なくとも一部が残っているものは三一体を数えた。医師たちは一体また一体とプラークを見つけ、驚いたことに半分近く（四五パーセント）のミイラにプラークが確認されたのだ。そして、より年長のミイラに見つかりやすかった。これは現代でも高齢になるほどプラークが発見されやすいのと同じである。[*13] しかし、プラークが見つかったミイラの主が生きていた時代や属していた社会階級はさまざまであった（ファラオから従者に至るまで見つかっている）。

総括すると、これらのミイラは、少なくともミイラ化された古代エジプト人のあいだでは、循環器系疾患がありふれていたことを示す明確な証拠を提供する。たとえ当時の人々の多くは循環器系疾患で死ぬほど長くは生きられなかったのだとしても、そのことは言える。事実、循環器系の塞栓（そくせん）によって死んだ可能性が高いミイラは何体かあった。ハトシェプスト女王の夫のミイラはその一つであった。（おそらくはアテローム性動脈硬化で）彼が死んだときに、ハトシェプストは、最年長の子息が統治するには若すぎたために女王になった。しかしチームは最初、ミイラの主が死んだときの年齢と同年齢の現代人には見つかるであろうもの、すなわち冠動脈のアテローム性動脈硬化をミイラに発見することができなかった。心臓は少数のミイラにしか残っていなかったのは確かだ。しかしそれでも、ときにアテローム性動脈硬化が冠動脈に生じていた事実を確認できれば、それには意味がある。つまった冠動脈の発見は、古代人にも心臓発作が起こっていたことのこれ以上ない証拠になる。

楽に研究できる冠動脈はわずかしか残っていなかった。だがメリタムン女王をスキャンすると、冠動脈を含め調査したあらゆる動脈の壁にアテローム性動脈硬化が見られた。彼女の動脈は、たった今心臓発作で病院に運び込まれた患者の動脈のように見えたのである。トーマスはのちに彼女の状態について、彼女が診察に来たら、ダブルバイパス手術を推奨するだろうと述べている。古代の装飾品を身にまとっていたとはいえ、彼女の身体は現代人としても通用しただろう。メリタムンの身体が明らかにしてくれたように、古代エジプト人は、現代人に少しばかり似ていたばかりでなく、彼らと私たちの心臓はまったく同じであるように思われた。メリタムンは壊れた心臓のために死んだのかもしれない。そもそも彼女が権力の座から退いたのもそのためかもしれない。彼女が納められていた石棺に描かれていた絵について再考するなら、彼女の心臓はある意味で羽よりはるかに重かったはずだ。それは「現代病」で重くなっていた。それどころか、古代エジプト人の身体だけが特別だったわけではない。のちの研究によれば、五三〇〇年前頃におよそ四五歳で転落死した男、すなわちイタリアで発見されたチロルのアイスマンは、頸動脈(けいどうみゃく)、大動脈、回腸動脈にプラークを抱えていた。[*14] つまった動脈は古代人にも見られる現象であるように思われたが、トーマス、アラムらはそれでも疑問を持っていた。彼らはアテローム性動脈硬化が古代以来のものである事実は証明したが、人類が数百万年にわたり動脈がつまるような生活を送っていたからそうなのか、アテローム性動脈硬化が人間であることの条件として普遍的なものだからそうなのかの区別をつけられなかったのである。もしかすると、貧しい古代エジプト人(たとえばピラミッドの石を積み上げた人々)や狩猟採集民では事情が異なるのかもしれない。もしかすると、アテローム性動脈硬化は余剰生産物が得られるようになってから出現した症状なのかもしれない。

トーマス、アラムらは、答えを見つけられると考えていた。死者をミイラ化していたのはエジプト人だけではない。ミイラは、近親者を埋めても、数千年間同じ姿で拝めることが確実であるほど寒冷な、もしくは乾燥している地域では世界のあちこちで見つかっている。エジプトやペルーなどの多くの地域では、ミイラは意図的に作られたが、たとえば死者が、温度が低く乾燥した洞窟に遺棄された場合など、自然にミイラ化するケースもある。だからトーマス、アラムらは、世界各地のミイラを調査してアテローム性動脈硬化の有無を確認できると考えた。そして考えるだけでなくそれを実践した。彼らは前回よりさらに大きなチームを編成して一三七体のミイラを調査したのだ。それには、ローマ時代末期、古代ペルー（紀元前九〇〇〜紀元一五〇〇年）、アメリカ南西部の古代プエブロ族（紀元前一五〇〇〜紀元一五〇〇年）の多数のミイラ、およびアリューシャン列島の狩猟採集民ウナンガン族（紀元一八〇〇年頃）の五体のミイラが含まれる。このように、彼らはエジプトの標本と合わせ、異なる時代、文化、地域から得られた農耕民や狩猟採集民のさまざまなミイラを研究したのである。

ここで少し個人的な話をしよう。本書を書き始めた頃、この研究の結果はまだ発表されていなかった。狩猟採集民、農耕民、食習慣、アテローム性動脈硬化、心臓に関する知識を総動員して、狩猟採集民や、エジプト以外の農耕民の裕福ではない人々の多くはアテローム性動脈硬化とは無縁であろうと私は推測していた。たとえばペルーの人々は、魚類に強く依存する食習慣を持っていた。プエブロ族は農場で生産されたものを主食にしていたが、エジプト人とは非常に異なるものを食べていた。私はこれらの民族のあいだでは生活様式が大幅に異なる点を考慮し、アテローム性動脈硬化に関しても大きな違いがあると予測していた。大金を賭けてもいいとさえ思っていたほどだ。研究が発表される前にトーマス、アラムらの研究チームのメンバーを対象に行なわれたインタビューから判断する限り、メンバーの多くが私と同じ賭け方をするであろうことは明らかであった。

だが、実際に賭けをしていれば、私たちは全員、大損をしたことだろう。裕福な文化に属する現代人と同様、アテローム性動脈硬化は年齢とともに増加する傾向が見られた。そして、あらゆる地域、時代のミイラの標本にアテローム性動脈硬化が見出されたのである。おそらくアテローム性動脈硬化と見られる症状は、三四パーセントのミイラに発見された。それは古代の症状でもあったのだ。イヌイットとウナンガン狩猟採集民の六〇パーセントはアテローム性動脈硬化を患っていた。これは、狩猟採集民がこれに関して農耕民より悪い状況に置かれていたことを意味し、調査結果は私たちの予測とは正反対だったことになる。この結果は、アテローム性動脈硬化が、私たちの怠惰な生活様式に起因する現代病であるとする考えを覆す。もちろん、現代の怠惰な生活様式も一役買っているのだろう。だが、論文の著者は次のようにきっぱりと述べる。「現代以前に生きていた人々におけるアテローム性動脈硬化の存在は、この疾病が特定の食習慣や生活様式に結びつくわけではなく、人間の老化に関わる固有の構成要素であることを示す」[*15]。

一九六〇年代から七〇年代にかけて活躍していた外科医がこのことを知っていたら、そして彼らが心臓を歴史という観点から考察していれば、心臓で何が起こっているのかをもう一度新たな観点から見直したことだろう。とりわけ冠動脈アテローム性硬化を自然な死、機先を制すべき老化の一現象としてとらえ始めただろう。ちなみに、これはダ・ヴィンチの見方でもあった。あるいは進化の観点から、冠動脈の疾患は古代エジプト、ペルー、北米原住民よりも古い起源を持つのか否かを解明しようとしたはずだ。しかし心臓移植を試みていた者や、人工心臓の考案を目指していた者を除く外科医は、ソーンズらが冠動脈や他の動脈に早くから見出していたアテローム性動脈硬化に出くわしたとき、テクロノジーが示唆する方針、介入に強調を置く方針、具体的に言えばメリタムン女王が受けるべきだったとグレゴリー・トーマスが指摘した冠動脈バイパス手術へと至る方針を採用し始めた。

第10章　壊れた心臓を修理する

ルネ・ファバローロのストーリーは、強い意志に導かれた人物が主役の典型的な成功物語の幕開けのような描写で始まる。ファバローロは一九二三年にラプラタ（ブエノスアイレスの南方およそ五〇キロメートルに位置する町）近郊の労働者階級の家庭に、シチリア移民の両親の息子として生まれた。母は針子で、父は熟練した大工であった。ファバローロは、自宅にいるときは父と家具を製作していた。かくして父の跡を継ぐこともあり得たが、小学校に通っている頃でさえなぜか医師になることを夢見ていた。だからやがて大学に行き、医学部に通う（とはいえ休みには家に帰って、父親の大工仕事を手伝っていたが）。そして一九四九年に学位を取得して医学部を卒業する。恩師は彼が優秀な医師になると考えていた。しかし、彼がもっとも秀でていたのは手さばきであった。彼は大工の父の力と、針子の母の繊細さを兼ね備えた手を持っていたのである。*1 彼は右利きだったが、左手も使えるよう訓練した。息を止めて、両手で切ったり縫ったりすることができた。このやり方で身体を完璧に縫えるようになり、彼が縫うとそもそも最初から切れ目などなかったかのように見えた。すべてが順調だった。ファバローロは高校生の頃の恋人マリア・アントニアを妻にし、大都市の外科医として成功の人生を歩み始めていた。しかし未来はそれほどバラ色ではないことがやがてわかる。

彼が一九四六年に医療の訓練を終える頃、フアン・ドミンゴ・ペロンがアルゼンチンの大統領に選出された。ペロンは、医師や学者の契約に関する権限を含め、ただちに自らの手に権力を集中し、反対派を抑えるために行使し始めた。ペロンの方針に不賛成だった少なくとも一五〇〇人の教職員が辞職するか解雇された。ファバローロは同僚や恩師が去っていくのを見て、そのことを知った。このような状況によって象徴される抑圧は、彼の心を煮え立たせた。彼は理想主義者であり、当時のアルゼンチンでは理想主義者は困難に直面せざるを得なかった。彼の理想主義は卒業と同時にさっそく試される。彼はペロンの正義党への忠誠を条件に、権威ある職を提示されたのだ。彼はこの申し出を断り、それによってペロンが権力を掌握しているあいだは、大病院から追放される憂き目に会う。一種の偉大さの兆候を示し始めていたこの男は、一九五〇年に灰色の乾いた草原(パンパ)に覆われる南西部の小さな村に移る。そしてそこで診療所に改装できそうな一軒の家を見つける。あたり一面風が吹き荒れ、ウシが草を食(は)んでいた。のちに自身が何度も語っているように、彼は都会の子どもから、田舎医者になったのである。

ファバローロは、手を尽くしてくだんの家を診療所に変えた。手術室や実験室やさらにはX線装置をどうやって工面するかも自分で考えた。時間のあるときには、自動車事故で足を失ったきょうだいのフアン・ホセの面倒を見た。二年後、彼同様医師であったフアン・ホセは診療所で彼と働けるまでに回復した。それから一二年間、二人は一緒に働き大きな成功を収める。彼らは地域の乳児死亡率を劇的に下げることができた。そのあいだにも、ファバローロは世界の状況について読み学んでいた。科学においても、医学においても、他の何においても、そしてとりわけ外科手術に関して、アルゼンチンは世界に後れをとり始めていた。彼は村の診療所のテーブルでワインを飲みながらファン・ホセと妻に、自分たちの行なっていることが、最新の治療の発見ではなく既存の医学の実践にすぎないと説く。アルゼンチンはそれ以上に値するはずだと彼は思っていた。ルネ・ファバローロは祖国の発展を望んでいた。しかしペロンが権力を掌握している限り、アルゼンチンを過去から未来へと導くことは不可能であった。つらい決断ではあったが、ファバローロはどこかよその国へ行くしかなかった。そして恩師の一人、ラプラタ国立大学のホセ・マリア・マイネッティ教授から、アメリカのオハイオ州クリーブランドにあるクリーブランドクリニックに行くよう助言される。教授によれば、クリーブランドクリニックでは最新の研究が行なわれているとのことだった。教授は彼に、クリーブランドクリニックのジョージ・クライル・ジュニアに口添えの手紙を書いておくと言った。

ファバローロは成功した外科医で熱烈な理想主義者ではあったが、世事には長けていなかった。世事にうとくうだつのあがらない人は失敗者だが、世事にうとくても成功する人は夢想家（ビジョナリー）と呼べるだろう。彼がどちらであったかは、当時は定かでなかった。彼は四〇歳にして、職が与えられる保証をクリーブランドクリニックから得たわけでもないのに、またそもそも、マイネッティの手紙を誰かが受け取ったかどうかさえ定かでないのに、妻をともなって地元を去りアメリカに向かうことに決める。彼は地球上でもっともすぐれた外科手術が行なわれている場所に行って仕事をし、いつかの日かペロンが退陣しその影響が払拭された日に、アメリカで手にした成功をアルゼンチンに持ち帰るつもりだった。だから一九六二年に、二人分のアメリカ行き航空券を買ったのだ。

二人がオハイオ州クリーブランドに到着すると、ファバローロは妻と荷物をホテルに残して、医療センターの外科長ジョージ・クライルのもとを訪れる。ファバローロはそれまでは人を使う立場にいた。繁盛をきわめる診療所を運営してきた。しかしクリーブランドでは、アルゼンチンを旅立ってたった今飛行機を降りたばかりで、すぐに職が欲しいことを説明しなければならなかった。これは世界のどこに行っても僭越な行為と見なされるだろう。しかも彼が要求したのは外科の仕事であった。彼は翌日からでも仕事を始められると言い、何から始めればよいのかを外科長に尋ねる。クライルは笑いをこらえる。彼はファバローロの恩師の手紙を受け取っておらず、ファバローロという名前を聞くのは初めてだった。それから彼はファバローロを丁重に扱いながら廊下をゆっくりと歩き始める。ここから出て行けと暗にほのめかしながら。

ファバローロは次々とドアを通り、やがて事態を理解する能力を持つ人物が仕事をしているオフィスのドアの前に立たされる。ソーンズの同僚で好敵手でもあったドン・エフラーだ。エフラーは練達の心臓外科医で、もちろんファバローロのばかげた目的にも十分に気づいていた。彼はクライルが言えなかったことを、噛んで含めるようにファバローロに説いて聞かせる。つまり、アメリカで手術を行なうにはアメリカの医学学位が必要であることを。どうやらファバローロは、この事実を知らなかったらしい（というより自分が到着した国についてほとんど何も知らなかったようだ）。彼は打ちのめされて妻の待つホテルに戻る。この事実を知った彼はどうしただろうか？

翌日彼はクリニックに戻り、エフラーに「すぐに試験勉強を始めます。（……）無給で働いて、言われたことは何でもします」と告げる。驚いたことにエフラーはそれに同意し、もっとも単純な仕事をファバローロに与える。彼は懸命に働いて底辺からすぐに這い上がり、夜間勉強によってアメリカの医師の免状を取得する。あっという間に再び外科医に、それも大きな目標を抱く外科医になった彼は、エフラーやソーンズと仕事ができる唯一の人物として認められた。ソーンズとは、時間をかけて何千枚もの冠動脈造影図を分析した。エフラーとは、かくして自分とソーンズが発見した心臓の欠陥を治療するための方策を練った。

ファバローロがクリーブランドクリニックで働き始めた頃は、ソーンズが観察した冠動脈の塞栓に起因するよくある疾患を含め、ほとんどの心臓病には依然として直接的な治療の手段が存在しなかった。二〇世紀初頭には、冠動脈が一時的に閉塞することで現われる主症状、狭心症は痛みを抑えることで治療されていた。[*2] 雑音を除去するためにカーラジオの配線を引きちぎるようなやり方で、心臓の痛みを伝達する神経を取り除くことによって、無数の患者が治療されていたのである。あるいは甲状腺を破壊することもあった。そうすれば、少なくとも理論上、代謝と血流を遅らせて心臓がつまる可能性を低下させられるはずだった。[*3] さらには心臓に放射線を当てる、脊柱にアルコールを注射するなどといったことが行なわれた。これらの方法はきわめて粗雑だが、大胆な外科医が心臓移植に挑戦し始めた一九六〇年代になってもまだ実践されていた。

しかし、身体の別の部位から、つまりの少ないより健康な動脈を抽出し心臓に移植したりつなぎ直したりすることで、阻害された冠動脈の機能を肩代わりさせるアイデアを思いつく外科医が現われた。この考えは心臓移植と似てはいるものの、ドナーが不要であるために、外部の組織に対する免疫系の反応を回避する必要がないという大きな利点があった。

動脈の移植は数十年にわたり論議されていた。アレクシス・カレルは一九一〇年に、「動脈壁は、動脈や静脈の切れ端によってつぎを当てられる。(……)その手術にはほとんど危険がともなわない。数か月後の経過を見ると、その結果もすぐれている」と書いている。[*4] 何人かの外科医は躊躇(ちゅうちょ)しながらもカレルの業績を追試した。また、心膜と心臓のあいだの領域に血液が注がれるよう、動脈と静脈をつなぎ直そうとした外科医もいた。彼らは血液がそこで吸収されると考えていたのだ。一九四六年、マギル大学のアーサー・バインバーグ博士は、それとは別の方法を思いついた。乳腺動脈を切断して心臓につなぎ直し、心室壁に縫いつけたのである。アンギオグラフィーを用いたあるグループの調査では、「バインバーグ・メソッド」による治療を受けた患者に関する一一〇〇件の事例が報告されている。どうやらほぼ半分の事例で、乳腺動脈から心筋への血流がうまく確保されていたようだ。[*5] これは一応成功と呼べるが、手術がうまくいかなかったケースは、しばしば致命的な結果に至っているので、ほどほどの成功を収めたと言うべきであろう。

ファバローロは、動脈や静脈をつなぎ直すのではなく移植すべきとするカレルの提言に従うことでこのアプローチを改善できると考えた。一九五四年、トロント大学のゴードン・マレーはイヌを用いて、三つの異なる動脈(鎖骨下動脈、頸動脈(けいどうみゃく)、乳腺動脈)を心臓に移植することに成功し、幸先のよい結果を得た。[*6] 他の実験室でも、イヌを用いた同様な手術が行なわれ成功した。これらの研究の詳細や、ソーンズが行なったアンギオグラムの結果を検討したあと、ファバローロは伏在静脈(腿(もも)の大きな静脈)を心臓に移植する準備が整ったと考えた。[*7]

彼は自分には何でも縫えると確信していた。もちろん誰もがこのスキルを持っているわけではない。彼は、この特殊な能力を最大限に利用して、患者の腿から伏在静脈の一部を切除し、その一方の端を大動脈に、また、他方の端を冠動脈の閉塞箇所を超えた位置に縫いつけることでバイパスを形成することを考えた。それと同じことを試した外科医はすでにいたが、それらの手術はつまった冠動脈の確たる治療の一部としてではなく、緊急の必要性に迫られて行なわれたものだった。テキサス州のメソジスト病院で三人の外科医によって一九六四年に行なわれた試みは成功しているが、一九七三年になるまで公表されなかった。*[8] ファバローロなら、彼の巧みな手さばきによって成功するはずであった。また、彼はソーンズと仕事をしていたので、繰り返し適用できる普遍的な解決策（ソリューション）の考案というソーンズの目標を共有していた。それが可能なら、やがてバイパス手術と呼ばれる手術のみならず、他のさまざまな治療が可能になるはずであった。

　ファバローロはこの手術についてソーンズに話した。二人は、右冠動脈の一定の区画のみが完全に閉塞している患者に限ってこの手術を実施すべきことに同意する。*[9] ある日ファバローロは、通常のアプローチが通用しない患者を治療しなければならなくなる。この患者は五一歳の女性で、右冠動脈がほぼ完全につまっていた。そのままにしておけば、血管は完全につまり、心臓は止まり、脳には血液が届かなくなって、彼女はほぼ間違いなく死ぬだろう。しかし彼は、自分の魔法の手を使えば何かができるだろうと考え、ためらいながらもバイパス手術に着手する。

　ファバローロはまず、女性の胸を切開する。心肺装置は（病院にはあったが）利用できなかったので、急がねばならなかった。患者の鼠径部（そけいぶ）から伏在静脈の一部を、次に右冠動脈を切除する。想像していたとおり、冠動脈は完全につまってプラークで満ちた細い管と化していた。それから彼は、手に持った組織を小さな指で注意深く、そして繊細に内に外に押しながら、彼にしかできない手さばきで針子のごとく縫い始める。縫い方が甘ければ、血は身体にあふれ出るだろう。縫い方を間違えば、すべては水泡に帰すだろう。彼は手がぶれないよう息を止めて縫い続ける。やがて手術は終わり、彼は息を吐く。彼女の心臓に再び血液が流れ込む。それから胸が縫い合わされ、彼女は病室に運ばれる。病室では、血管を通して心臓にカテーテルが通される。心臓の内部で染料が散布され、X線写真が撮影される。ファバローロが見たかったのは、心臓から出た血液が新たな動脈を通って流れていることを示す黒い空間だった〔冠動脈は心臓に酸素等の資源を供給する動脈だが、心臓から出る大動脈の基部から分岐する〕。それが見られるとは同僚は誰も思っていなかった。目標は遠く、到達し得ないと思われていたのである。うまくいくかどうかは誰にも知りようがなかったし、失敗すればこの女性はすぐに死ぬはずだった。

それからファバローロと同僚はX線写真を見て、心臓から出た血液が冠動脈を流れているのを確認する。彼らは見たのだ！　ファバローロの助言者であるメイソン・ソーンズはホールに飛び出し、「われわれはたった今医学の歴史を作った」と宣言する。彼はかつて同じ言葉を叫んだことがあり、また、将来もう一度繰り返すことになる。この瞬間、ファバローロの人生は報われた。パンパへの追放も、クリーブランドへの旅立ちも、無給でヘルパーとして働いたことも、すべてが報われたのである。

手術は次第に洗練されていった。[*10] すぐにファバローロは、もとの古い動脈を切除する必要がないことに気づく。それはそのままにして、バイパスとしてそのそばに新たな動脈を走らせればよいのである。そのため現在では、この手術は冠動脈バイパス移植（CABG）と呼ばれている。彼は左冠動脈にも挑戦する〔左冠動脈の塞栓のほうが重度が高いことについては注9を参照されたい〕。それからさらに大胆になり、心臓発作（急性心筋梗塞）中、あるいは後にバイパス手術を実施する。こうして最初の手術を行なってからちょうど一年後の一九六八年一二月に、彼は一七一人の患者を対象にバイパス手術を実施したと報告できた。患者の半分は、乳腺動脈移植によるダブルバイパス手術を受けていた。たった二年後には、彼と彼に啓発された外科医によって一〇八六件のバイパス手術が行なわれている。このバイパス手術の件数の増加を見ると、そこにファバローロの野心を見出したくなるが、患者の死亡率は四・二パーセントにすぎなかった。

ファバローロは、ほとんどの人が夢見ることしかかなわない成功を勝ち取った。アルゼンチンの針子の息子だった彼が、ソーンズとエフラーとともにトークショーへの出演を依頼されるようにさえなったのである。[*11] 彼はほとんど毎日（少なくともトークショーに出演していない日には）人命を救っていた。ラプラタ近郊の貧しい地区出身のこの男は、脈打つ心臓を修理しつつ、それでも満足はしていなかった。最初の冠動脈バイパス手術を行なってから四年後、彼はアルゼンチンに帰ることを決意する。数年間アメリカに栄光をもたらしたあと、祖国に栄光を持ち帰るためにアルゼンチンに戻りたかったのである。かくして彼は、アルゼンチンのためにクリーブランドクリニックを開設することになる。

ファバローロがアルゼンチンへの帰途についているあいだにも、心臓の歴史における彼の位置づけをやがて変えるに至る別のストーリーが展開していた。それどころか、それは心臓手術そのものの衰退の種をまいたのである。

アドルフ・バッハマンは、スイスのチューリヒにあるメディカルポリクリニック病院に診察を受けに行った。自分では最初は気づいていなかったが、彼は死に瀕（ひん）していた。三七歳の彼は、胸の痛み（狭心症）を訴えていた。医師がアンギオグラムを用いて彼の心臓を検査したところ、冠動脈の一つが、三センチメートルにわたってほぼ完全につまっていることが判明する。冠動脈のほとんどには問題がなくアンギオグラムで血液の黒い川が確認できたのだが、その川はある箇所で非常に狭くなり、プラークの土手の崩壊で流れは消え失せていた。アンギオグラムの見方を知っていれば、バッハマンはひどく心配になったはずだが、医師にはあわてた様子がなかったので、自分の健康を疑わなかった。事実医師たちは、ハゲワシの群れのごとく彼に微笑みかけていた。

最初医師は、ファバローロの開拓した新たなバイパス手術を行なう必要があるとバッハマンに告げた。しかし最後の最後になって別の可能性が浮上する。ベッドに横たわるバッハマンを見下ろしていた医師の一人は、アンドレアス・グルンツィッヒであった。彼はあるものを発明したばかりで、それを試してみたかったのだ。通常のアンギオグラム用カテーテルには、染料を散布できる細い先端部が装着されている。しかしグルンツィッヒは、一〇年間実験を続けたあと独自のカテーテルを考案した。彼のカテーテルの先端には、一種の頑丈な風船がとりつけられていた。

グルンツィッヒはどこにいても改良にいそしんでいたが、最後の思いがけないひとひねりは、自分の住むアパートの台所のテーブルで助手のマリア・シュルンプと作業をしているときに思いついた。そのときの様子は一枚の写真でわかる。彼らのまわりには、プラスチック、接着剤、ワインのビン、風船などさまざまなものが散らばっている。先端に風船が取りつけられたカテーテルは、高校の文化祭の出し物のように見える。うまく調節するには何千回ものテストが必要なのは確かだが、基本的な技術は恐ろしく単純だ。動脈に風船を挿入して膨らませ、その圧力で狭くなった動脈を広げ、しかるのちに風船を抜き取ってより多量の血液を流そうというのだから。だが、そのような装置を台所でテストするのと、人体内部で実際に風船を膨らませるのとでは話がまったく異なる。それを実地で試すための最初の候補としてバッハマンに白羽の矢が立ったのである。もちろん彼を説得できればだが。

　グルンツィッヒは装置の完成には多大な時間をかけているが、実践では、バイパス手術中に、強い血流を必要とせず、バイパスもしくは切除の対象になる不要な動脈に限って試してみたことがあったにすぎない。それに対しバッハマンは、装置の真の適用には格好の被験体になった。グルンツィッヒはバッハマンに装置について説明し、心臓外科医が患者に告げる決まり文句と化す言葉を口にする。「このアプローチはとても簡単です。回復にも時間はかかりません。胸を切り開く必要すらありません」と。

　バッハマンはその言葉に納得する。必要な書類にサインし、それが終わるやいなや、グルンツィッヒは彼の右冠動脈にカテーテルを通す。そして、さらにそれを心臓まで押し進める。心臓に達すると、彼は息を止めて風船を膨らませる。風船が動脈を外側に押し広げる様子を誰もが思い浮べたはずだ。成功するかどうかはまだわからない。もしかすると動脈は破裂するかもしれない。あるいは風船を抜けば元の木阿弥（もくあみ）になって、血管は再びふさがるかもしれない。

　しかし奇跡的にも、この方法は成功する。風船は動脈を広げ、血液は流れ始めたのだ。ドブさらいのように簡単であり、まさにそれは天才的な発明であった。この方法の特許はグルンツィッヒにたちまち大金をもたらし、他のさまざまな装置の考案を促し始めた。動脈を簡単に操作できることがひとたび示されると、カテーテルの先端にとりつけるさまざまな道具や施術が発明されるようになったのである。これらの新たな道具のなかでもっとも重要なものは、血管形成術（アンギオプラスティー）に続いて用いられるステントだ。ステントとは、風船を抜いたあとでもより確実に血流を確保できるよう、当該箇所に留置して動脈を支えるのに用いられる、小さな金属網の管をいう。恒久的なアンギオプラスティーとも言える。そして、グルンツィッヒの先例に倣って、まったく新たなタイプの心臓病専門医、すなわち心臓を切開せずに、スペランカー〔趣味で洞窟探検をする人〕のごとくその洞穴を探検する専門家が現われ始めたのだ。

ステントを含めたアンギオプラスティーは、その明らかな成功に加えてさまざまな状況をもたらした。風船やステントによる医療は直感的に理解しやすい。つまったパイプは、つまりを取り除いてつまらないよう補強するというやり方は、配管工が普段行なっていることだ。だから誰もがそのやり方を採用し始めたのである。ステントの急速な普及にともない、バイパス手術の件数はやがて減り始める。一九七〇年代には冠動脈バイパス手術が全盛期を迎えるが、やがてアンギオプラスティーが、そしてステントが頻繁に用いられるようになる。だが、何が最良の手段かの考慮はまったく欠いていた。初期の頃など、バイパス手術を受けた患者と、ステント留置術を受けた患者の予後に関する比較研究さえ一件も存在しなかった。もちろんやがて行なわれるようにはなるが、それは随分のちになってからの話である。

年月の経過とともに、グルンツィッヒの方法は洗練されていく。現在ではさまざまな種類のステントが存在し、動脈を開くだけでなく医薬品を散布〔医師は「溶出」という〕するものもある。つまり現在では、医師は胸部を切開することなく、動脈を広げ、強化し、もっともつまりやすいと考えられる箇所に医薬品を直接散布する装置を埋め込むことができるのだ。

グルンツィッヒの方法が普及し始めた頃、ファバローロはすでにアルゼンチンに戻っていた。彼は研究者として、そして医師としての創造性が絶頂にあった頃、四七歳のときに祖国に帰ることを決意した。アメリカに留まれば、さらなる名声と富を追うこともできただろう。むずかしい決断ではあったが、開業医となってアルゼンチンの人々を助けるためには祖国に戻らねばならなかった。彼はクリーブランドクリニックに辞表を提出し、上司の机の上に「ご存知のようにブエノスアイレスでは真の循環器系の手術が行なわれていません。(……) すぐれた医療の知識とスキルを持つ新世代のアルゼンチン人の医師たちが、やがて国中のさまざまな病院で働き、この国の大きな問題を解決できるようになれば、私にとってこれほど喜ばしいことはありません」と書いたメモを残していった。

アルゼンチンに戻ったファバローロは、大規模なクリニックを設立する準備を整え始めた。一九八〇年には、ファバローロファウンデーション(のちのファバローロ大学)を創設する。そこで彼は、アルゼンチン、およびそれ以外のラテンアメリカ諸国出身の四〇〇人以上の研修医を教えた。彼らは、ファバローロのバイパス手術などの心臓手術、のちにはアンギオプラスティーやステントなどの治療法、さらには肝臓、腎臓などの器官の障害の治療に関する訓練を受けた。こうして彼は再び成功を収め、彼の偉大さを証明する。この謙虚で野心的な男は、ラテンアメリカ中を手術して回り、他の医師たちを啓発した。そしてこれらの医師は、さらに多くの人々を治療した。だが、やがて悲劇が生じる。

アルゼンチンの経済は、ロシアとブラジルの経済崩壊のあおりを受けて一九九八年に破綻する。そのためファバローロファウンデーションは、突如として七五〇〇万ドルの負債を抱え込む。彼がこれまで努力してきたことのすべてが、失速せんとしていたのだ。彼は抑うつ状態に陥る。また、彼にずっと付き添ってきた妻を最近失っていた。そのとき七七歳になっていたファバローロは、それまでに人々のさまざまな死に様を見てきた。彼は成功したこと、失敗したことを一覧し、人々や壊れた心臓のために「物乞いに走り回る」のには飽き飽きしたと手紙に書く。それから銃を手にし、自分の脈打つ心臓に向けて発射した。

ファバローロは学んだ知識を自国民に還元するために祖国に帰ったが、グルンツィッヒはそのような足跡をたどらなかった。成功を手にした彼は、さらに大胆な生活スタイルをとるようになり、ドイツに帰ろうなどとはまったく考えなかった。一九八〇年には、「国の宝」として活躍してきたことを理由にアメリカ市民権を与えられている。彼がまだ生きているあいだに、ステントを埋める人の数は増え続けていた。だが彼自身にステントが必要になるときは来なかった。というのも一九八五年一〇月二七日、妻とともに暴風雨のなかをサンシモン島からアトランタに向かう途中、彼の操縦する飛行機がジョージア州フォーサイス近郊で墜落したからである。当時彼は四六歳で、研修医であった妻のマーガレット・アン・グルンツィッヒはまだ二九歳にすぎなかった。ファバローロの心臓も、グルンツィッヒの心臓も、二人が何としてでも除去しようとしたアテローム性動脈硬化を発症することはついぞなかった。

しかし、アンギオプラスティーを受けた最初の患者バッハマンは生き続ける。二〇〇七年に、グルンツィッヒが治療した冠動脈が、彼がアメリカに移住したあとバッハマンの治療を引き継いだ医師ベルンハルト・マイヤーによって検査されている。動脈はかつてよりつまり具合が大きくはなっていたが、治療する必要は特になかった。バッハマンは二〇〇七年になってからようやく禁煙を決意し、ストレスを減らすよう心がけるようになった。医師が推奨したわけではないのに自らステントを望み、彼のこの望みはかなえられた。これを書いている現在、彼はまだ生きている。そしてファバローロとグルンツィッヒの治療法も。

一九七〇年には、冠動脈バイパス手術は世界でもっともありふれた外科手術の一つになっていた。一九九〇年には、それより（ステントで補強された）アンギオプラスティー[*12]のほうが、さらにありふれた施術になっていた。アメリカなどの国々では、医療の成功は患者の延命年数や健康の度合いで測られる（それらの国々では、アンギオプラスティーやバイパス手術がありふれている）。しかし成功は、患者が病院に収容されていた日数や、病院の収入によっても測ることができる。医学的な成功という観点からすると、結果は患者の状態にも大きく依存するとはいえ、グルンツィッヒのステントはバイパス手術と同程度、もしくはそれより劣っていると思われた。しかしステント留置術は、長期にわたる入院を患者に余儀なくさせることがなく、また、病院にはるかに多額の収入をもたらす。だからすぐに、つまった動脈の治療としてもっとも頻繁に実施されるようになったのである。外科医は現在でも、患者の足や鼠径部から静脈を切除し、動脈の閉塞部を迂回するために転用し続けてはいるものの、その頻度は年々減ってきている。そもそも心臓手術自体が減りつつあるのだ。

ステントやバイパス手術はいずれも血流を回復するために行なわれているが、アテローム性動脈硬化の原因そのものを根絶するわけではない。アテローム性動脈硬化は、どこにでも流れを見つけてはせき止める、せわしないビーバーのようなものである。私は子どもの頃、庭の池の排水溝のつまりを取り除くのに多大な時間を費やした。ビーバーがやって来て、排泄物や泥や木切れを使って排水溝をふさいでしまうので、水が流れるようそれらを除去するのが私の仕事だったのである。だがビーバーがいる限り、排水溝はやがて再びつまる。

アテローム性動脈硬化を抱えると、人体のなかのビーバーは仕事の手を休めない。グルンツィッヒもファバローロも他の偉大な外科医たちも、この問題を解決することはなかった。彼らはがれきの掃除はした。だが、バイパスは再びつまり得る。およそ一五パーセントのバイパスは最初の年につまり、一〇年が経過する頃には四〇パーセントがつまる。[*13] また動脈は、アンギオプラスティーやステントで再開してももう一度つまり得る。これらの治療法はみごとで奇跡的ではあれ、結局のところ間に合わせにすぎないのだ。

だから誰かが、動脈をつまらせている元凶を断ち切る必要があった。

第11章　戦争とキノコ

二〇〇四年遠藤章は診察を受けに行った。身体に異常を感じていたわけではなく、単なる検査のためであった。医師は通常の検査を行なった。血液を採取し、脈を測り、記録をとって彼を帰す。遠藤はこのとき、自覚症状なくして身体が異常をきたす可能性のある年齢に達していた。だから調子よく感じていても、実際にはそうではない可能性もあった。

数日後、自宅の電話が鳴る。医師からだった。よくない知らせであった。コレステロール値が高すぎたのだ（二四〇ｍｇ／ｄｌ〔ｄｌはデシリットル＝一〇分の一リットル〕、ＬＤＬ一五五）。[*1] しかしよい知らせもあった。スタチンと呼ばれる、コレステロール値を下げる「非常によい薬」があるとのことだった。

遠藤は笑い出す。

彼が受け取った医師の処方は、現代の医療ではもっともありふれたものの一つだ。現在のアメリカでは、一〇人に一人の成人が、また六五歳以上の高齢者に限れば三人に一人がスタチンを服用している。成人全員がスタチンを服用すべきだと主張する研究者もいる。それほどスタチンは、心臓病や卒中の予防に有効だと考えられているのだ。だから彼が受け取った処方はごく普通のものにすぎない。しかし、遠藤自身とこの医薬品の長い関係と、最初にそれを生産した菌類は、それほどあたり前のものではない。

彼がまだ一一歳だった一九四五年八月、広島と長崎に原爆が投下された。これら二つの都市の上空にはキノコ雲がそそり立ち、科学の力と人間のおぞましさを存分に見せつけた。こうして数十万の命と日本の繁栄を犠牲にして戦争は終わりを告げる。彼は広島や長崎からは遠く離れた日本の東北地方の農家で育つが、戦争による困窮には耐えねばならなかった。原爆投下後日本は占領され、食物は不足をきたす。そのために彼は、他の多くの人々と同様、家族や近所の人々のために食料を調達する腕を磨いていった。[*2] 彼と友人たちは、農家の近くの森で、何時間もかけてキノコや食用の植物を採集していたのだ。キノコや植物には、食べられるものもあれば毒を含むものもある。

日本でも、美味をめでられ高値で取引されるキノコもある一方で、誤って食べれば命取りになるキノコもある。遠藤は食用キノコと毒キノコを識別するために菌類について学んだ。つまり食べるために学んだのである。キノコの種類の識別は、胞子の色、ひだのでき方、柄(え)の形状や大きさを基準にするなど、非常に緻密なものになり得る。しかし鑑別は重要であり、それによって栄養、薬、死のいずれがもたらされるかが変わる。

菌類は動くことができない。数億年前に大地に繁茂し始めて以来、菌類は生まれた場所の影響をもろに受けてきた。だから自己を守るための驚くべき武器を進化させてきたのである。菌類には逃げるというオプションはない。戦わねばならないのだ。少年の頃、遠藤はこれらの化学兵器について名前こそ知らなかったが、その洗礼を受けたときの結果は学んだ。彼は後年、祖父に連れられてキノコ狩りに行った日のことを回想している。彼らが採集したキノコは、英語圏ではフライ・アガリックと呼ばれるベニテングタケ（*Amanita muscaria*）だった。[*3] 祖父は、このキノコを積み上げその近くで何匹かのハエを放つ。大地の匂いをかぎつけたハエはこのキノコの山に向かって飛んでいき食べ始める。するとハエは次々に死んでいく。祖父はハエを殺したまさにそのキノコを取り上げ、ゆでて食べる。無害に見えたものが猛毒で、猛毒だったものが食用に、あるいは美味にさえなったのだ。（補足しておくと、遠藤の祖父は間違いを犯していた可能性がある。日本のキノコ図鑑では、ベニテングタケは調理しても毒性を持つキノコとして扱われている）。これら地元の知恵は、ベニテングタケがハエを惹きつけたように、遠藤の関心を惹いた。

遠藤は一一歳の頃でさえ、自分の育つ土地からもっと多くの知識を吸収したいと思っていた。彼は高校、大学を出て何か大きなことをしたかった。人々の病を治したかった。耐えれば耐えるほど、次々に新たな困難が立ちはだかる。祖父は町ではもっとも医師と呼ぶにふさわしい人物であったにもかかわらず、ほとんどの病気を治療できなかった。地元の人々が何人も病気になり、そのまま死んでいった。それが何の病気なのかも誰にもわからなかった。彼が小学校四年生になったとき祖母ががんになり、祖父はそれをどうすることもできなかった。遠藤少年は祖母の枕元に立ち、彼女の胃のあたりをさわりそこに固いかたまりがあるのを感じた。祖母が死ぬ前に、彼は自分の手を彼女の身体のうえに乗せた。そのとき彼に必要だったのは魔法だが、そのときにはまだ手にしていなかった。

遠藤は一七歳のときに地元の村を出て、秋田市の高校に通い始める。そこで彼の医学と菌類に対する関心は高まる。それは将来の職業に対する関心などといったレベルを超えて執念に近く、ハエを殺すキノコの再調査に彼を駆り立てた。その毒についてもっとよく知りたかったのだ。熱湯で毒が洗い落とされたのではないだろうか？　非常に単純な考えだが、彼はまだ高校生であったことを考えれば無理もない。ハエを殺すキノコをゆでてから皿に乗せ、また煮汁を別の皿に注ぐ。何匹かのハエが両方の皿に向かって飛んでくる。煮汁に止まったハエだけが死ぬ。明らかに毒素は洗い流されていた。これは尋常ならざる少年の熱中ではあったが、[*4]彼の偉大さはまさにこの種の熱中から開花するのである。

彼が大学に願書を提出しようとしたとき、両親はそれに反対した。授業料を払う余裕がなく、両親は彼の兄を通じて願書の提出を思いとどまらせようとした。遠藤はそれに説得されず、授業料は自分で工面することにする。こうして彼は村を出て、旧七帝大の一つで仙台市にある東北大学の農学部に進む。大学では始終腹をすかせていた。遅くなってから大学に出て、他の学生の残したものを食べることさえあった。自身の回想によると、「いつも箸を持ち」、遠藤のような貧しい学生が、富裕な家庭出身の学生が残したものを食べてよいことを知らせるベルが鳴るのを待っていた。ときにはそれを食べてさえ、「空腹がひどくて集中できず講義を聴けない」こともあった。ほとんど気を失う寸前だったのだ。

一九五七年に大学を卒業したあと、生活の苦しかった遠藤が、潤沢な資金に恵まれ苦労をせずに済む科学の分野で働こうと考えたとしても不思議ではなかったはずだ。両親の助言を聞き入れ、自分の経済状態に見合ったことをしていたならありきたりの道を選択していたのだろうが、彼は何か新しいことがしたかった。そのためには、自分に与えられたいくつかの選択肢のなかでも、より困難な道を選択しなければならないということを、彼は早くから覚悟していたようだ。彼が自らに課した困難な課題とは、ハエを殺したキノコに含まれていたもののような、強力かつ有用な化合物を発見するために、自然、とりわけ多様な野生の菌類の薬効を調査することであった。そのような研究を行なっている科学者は世界でもごく少数しかいなかったが、日本の科学者として遠藤には、野生の種、とりわけキノコに関して、子どもの頃に豊富な経験を積んでいた。この種の経験は日本の農村地帯ではごくありふれたものであり、日本産のキノコに関する科学的知識にも反映されている。

彼は東京の三共株式会社に入社する。東京は、世界でももっとも大きく、もっとも洗練された都市の一つになりつつあったが、当時はまだ戦争の荒廃から立ち直っていなかった。ブドウのペクチンはワインやサイダーを汚染し苦くする。何かでペクチンを分解できれば、その何かはきわめて大きな価値のあるものになる。そこで彼は、果物に含まれるペクチンを分解する酵素を求めて野生の菌類を研究した。

遠藤は進化生物学者のごとく考え、野生のブドウにそのような能力を持つ菌類を探す。つまり、ブドウに含まれるすべての栄養を摂取するために、菌類はブドウのペクチンを分解する化合物を生成する能力を持つべく進化したはずだと、彼は考えたのだ。そして一年以内に、*pilidiella diplodiella* という菌類を発見する。三共はすぐにこの菌類から抽出した化合物を商品化した。自然から学ぶ努力は、ここに実を結んだ。彼は自分の成功を味わうことができた。しかしそれで満足はしなかった。菌類を研究することに変わりはなかったが、食べる、飲むという目的からは離れたかった。ぜいたく品ではなく新薬の開発に従事して人々の命を救いたかったのだ。彼にはその方法がわかっていた。血中のコレステロール値を下げ、その高さに起因する疾病を治療することによってである。

コレステロールはステロール、つまりテストステロンやコルチゾールと同じグループに属する一種の自然のステロイドであり、細胞膜や、動物では血中に含有され体内を循環する。細菌からイヌに至るまで、ほぼすべての生物がコレステロールを必要とする。コレステロールはとりわけ脳の機能には必須であり、何かを考えるたびにわずかずつ必要になる。このようにコレステロールは必須の物質でありながら、二〇世紀初頭にロシアで行なわれた研究を皮切りに、ウサギを使った実験によって、過剰なコレステロールがアテローム性動脈硬化を引き起こし得ることを示唆する結果が得られた。この実験結果が真剣に考慮されるようになるまでには数十年がかかりさらに多くの研究を要したが、遠藤が研究を始めた頃には、正確にはまだ理解されていなかったとはいえ、コレステロールの過多がアテローム性動脈硬化の主因であると見なされていた。コレステロール値を下げれば、おそらくアテローム性動脈硬化を予防できるのではないか。皮肉にも、当時の日本における血中のコレステロール値は世界でも最低のレベルにあったが、日本の生活様式が欧米に近づけば、日本でもコレステロールの過多が問題になるだろうと、彼は考えていた。

遠藤が果物を対象に有益な菌類を探していた頃、自らの考えの実現に向けて第一歩を踏み出すことを可能にする重要な発見がコレステロール研究で得られていた。ハーバード大学のコンラート・ブロッホによって身体がコレステロールを生産する仕組みが解明され、血中や細胞内に含まれるコレステロールには食物から摂取されるものもあるとはいえ、そのほとんどは身体自身の生産物であることが発見されたのである。肝臓では、HMG-CoAレダクターゼと呼ばれる酵素が、コレステロール生産に必要な三〇ステップのうちでもっとも緩慢なステップ（HMG-CoAの変換）を実行している。他のすべての酵素は、このステップの完了を待たねばならない。このステップの速度を上げれば、コレステロールの生産は増大し、下げれば低下する。コレステロールを多めに摂取しても、（低比重リポタンパク質〈LDL〉の）コレステロールの過剰によってHMG-CoAレダクターゼの機能が妨げられ、その結果身体によるコレステロール生産が低下するので、システムのバランスは自然に保たれる。このバランス維持作用のため、少量のコレステロールが消費されても、体内のコレステロール値への影響はほとんどないが、大量のコレステロールが消費されると、血中のコレステロール値を調節する身体の能力が圧倒される。

身体が維持しようとするコレステロール値は人によって大きく異なり、変動の大きな部分は遺伝に起因する。遺伝性疾患である家族性高コレステロール血症を抱える人では、コレステロール値は、高コレステロールの遺伝子変異体を（両親からそれぞれ一つずつ受け取って）二つ持っているとおよそ八〇〇mg／dlに、また、一つだと三〇〇〜四〇〇mg／dlに達する。このコレステロール値の高さは、HMG－CoAレダクターゼを調節する能力の不足に帰される。つまりこれらの人々においては、この酵素はほとんどノーチェックで作用しているのである。この種の高コレステロール血症を抱える人は患者として扱われるが、実際のところ、両親から受け継いだ遺伝子のバージョンの違いに基づく、（食習慣（ダイエット）とは独立した）個人間におけるコレステロール値の変異という一般的な現象の一方の極に位置すると見なすべきである。遠藤は、ダイエットや生活様式がコレステロール値に与える影響が部分的であることをこの時点では知らなかったが、たとえそれらの要因を考慮したにせよ、身体のコレステロール値を化学的に変える能力は有用であり、場合によっては命を救うものであることについては十分に理解していた。

ブロッホの論文を読んだ遠藤はすぐに彼に手紙を書き、コレステロール値を低下させる薬品を開発するつもりであることを告げ、計画の詳細を提示した。彼は、尊敬する日本の科学者、野口英世が、梅毒トレポネーマ（*Treponema pallidum*）を発見し記録するという偉業をなし遂げたアメリカで働きたいと子どもの頃から思っていた。しかしノーベル賞を受賞したばかりで多忙なブロッホは返事を出さなかった。おそらくブロッホに手紙を送った有望な若き科学者は、遠藤だけではなかったのだろう。その代わりに遠藤は、ニューヨーク市にあるアルバート・アインシュタイン医科大学に行き、バーナード・ホレッカー教授のもとで研究を始める。そこで二年間、細菌の細胞壁に含まれるリポ多糖を研究したあと、再び三共で働くために日本に戻る。ニューヨークでの研究は彼が夢見ていたものとは違っていた。必要な新技術は学べたが、菌類を用いてコレステロール値を下げる方法を解明する好機が訪れるのを待っているかのような感覚を抱いていた。大勢の人々が高レベルのコレステロールのせいで死んでいるとおぼしきアメリカで過ごした時間は、むしろ彼を大胆にした。三共に戻った彼はすぐにも仕事に取り掛かりたかったが、それには障害があった。コレステロール研究に関する大規模なプロジェクトの推進を求める彼の提案の価値を上司に説得するのに三年がかかったのである（数年前にブロッホに出した手紙にも同じ考えが提示されていた）。[*5]

ブロッホの発見に基づく研究のほとんどは、体内でのコレステロールの作用、もしくはコレステロール値へのダイエットの影響に焦点が置かれていた。ダイエットや生活様式は重要ではあれ、遠藤には遺伝子（および文化）がより重要であるように思われた。ダイエットや生活様式が重要なら、それらを変えればコレステロール値を下げられるだろう。しかし生まれつきコレステロール値が高くなりやすく、心臓発作を起こしやすい人々にとっては、ダイエットや生活様式を変えるだけでは不十分だ。コレステロールの均衡レベルを再調整しなければならない。遠藤が目指していたのは、それを実現する手段を見出すことだった。

コレステロール過多に対処するには、ダイエットや運動を考慮するだけでは足りないことは、今でこそ広く論じられている。だが長い間、その点は無視されがちだった。そのような状況下で遠藤は、コレステロール値をコントロールする薬学的アプローチに焦点を絞り、またしても尋常ならざる方針をとった。ペクチンの問題を解決したときと同様、進化論的な観点を導入し、時代を先取りする思い切った知的跳躍をいくつか試みたのだ。自身の回想によれば、彼はこれらの跳躍を、実際に実行に移す五年以上前に着想していた。

遠藤は肝臓によるコレステロールの生産を遅らせることに焦点を絞り、まずカギとなる酵素HMG－CoAレダクターゼの作用を阻止する天然化合物を探し出すことから始める。それを実現する彼のやり方は、子どもの頃のキノコ狩りの経験と、大学生の頃に読んだアレクサンダー・フレミングの研究方法に基づいていた。フレミングは科学者であると同時に一種のアーティストでもあり、さまざまなことに手を出した。その一つに細菌アートがある。乳児や警官など、さまざまなイメージを一瞬でも出現させるために、所定の速度で成長するよう（そして所定の色が生み出されるよう）巧みに調整しながら、ペトリ皿で種々の菌種を培養したのである。このようなアートを制作するためには、各菌種に関して、成長速度、成長形態、色を正確に知っておかねばならない。フレミングは、細菌アートのためにいつも珍しい菌種を探していた。それを見つけるために彼がとった一つの方法は、ペトリ皿を必要以上に長く放置しておくことだった。一九二八年のある日、この方法で細菌を培養していたとき、ペトリ皿のなかで何かの微生物が環状に広がり、そのまわりに（表現はあまりよくないが）死の暈（かさ）が出現しているのを発見した。そして暈の部分では、何も成長していないように見えた。内側の微生物はペニシリンを生産する菌類アオカビであり、暈の部分は食物を競合し合うブドウ球菌を殺すためにその微生物が生産した抗生物質の輪だったのである。アオカビは、細胞壁のモルタル、ペプチドグリカンの生産を妨げる化合物（ベータラクタム）を分泌することで細菌を殺す。

フレミングはペニシリンを発見したが、その過程で、細菌と菌類（「細菌」は「bacteria」、「菌類」はキノコ、カビ、酵母などの真菌類を指す「fungi」の訳）のあいだで太古から交わされてきた戦いをも発見した。詳細に研究されてきたほぼすべての菌類は、細菌を殺すために用いる化合物を生産する（菌類によって生産された抗生物質は、現在でも市場に出回っている抗生物質の六五パーセントを占める）。ということは、菌類には一〇〇万種が存在すると仮定すると（菌類の種数はわかっていないが、一〇〇万という数値はそれほど大きくはずれていないだろう）、それに近い種類の抗生物質や抗真菌薬、あるいはその他の有用な薬物が、それら菌類の身体や遺伝子に宿っている勘定になる。抗生物質は、私たち人類の繁栄に欠かせない。だが遠藤は独自の視点からそれを見ていた。つまり菌類によって生産される抗生物質を、細菌を殺すこととは無関係な目的のために利用しようと考えた。この方針に沿いながら、まず菌類が細菌を攻撃する手段と、その利用方法を考察することから始めた。

菌類が細菌を殺すときに用いるもっとも単純な手段の一つは、（ペニシリンのように）細胞壁と、その内部の細胞膜を攻撃することである。細胞壁は細菌を維持し、無へと拡散するのを防いでいる。細胞膜は透過性のフィルターとして機能する。遠藤は、多くの細菌の細胞膜が、菌類とは違ってコレステロールを含む基盤から構成されていることを知っていた。そして進化の観点から見て、細胞膜の生成に必要なコレステロールを細菌が生産するプロセスを阻止する方法を菌類が進化させたのではないかと考えた。

遠藤はそのような菌類を探した。少なくとも現在の時点から振り返ってみると、その種の菌類が存在するという考えは妥当なものではあったが、彼がそれを発見できる可能性はきわめて小さかった。存在が予測される化合物を探していたのだが、どの種に見つかるかは見当もつかなかった。それゆえ彼は、数千の菌類の種を調査しなければならなかった。必要なら、それ以上の種を、何年、何十年をかけてでも調査し続けるつもりだった。唯一の限界は、彼の雇い主がどれだけ長く調査を認めるか、およびテストする種をどれくらい見つけられるかであった。この調査には、次のようないくつかのステップが必要とされる。菌類は自然環境のもとで見つける必要がある。見つけたらそれを巨大なフラスコを使って煮汁で培養する（菌類ごとに栄養源の種類を知っていなければならない）。コレステロールの生産に必要な（ラットの）肝酵素を混ぜてフラスコをかき回す。[*6] 酵素の作用を阻止する能力を持つ菌類は詳しく調査する。それらのうちで有害なもの、費用のかかるもの、繁殖の速度が遅いもの、熱すると破壊されるものは捨てる。これらすべてのテストに通った菌類を一覧し、それらを対象にさらなるテストを行ない、それらがいかに、そしてなぜ機能するのかを解明する。その際、ラットがコレステロールを生産するのに用いている律速酵素（律速とは化学系の反応の速さを決定する主因をいう）、HMG－CoAレダクターゼの働きが抑制されているかどうかを厳重にチェックする。かくして実際にそれを抑制している活性化合物が見つかれば、それを分離し精製する。

この作業は退屈で泥臭く、科学というより工場での作業に近い。いわば産業微生物学だ。あるインタビューで彼自身が述べているように、それは「くじとは違う。くじには必ず景品があるからだ。（……）医薬品を発見する研究には、そもそも景品があるのかどうかさえ誰にもわからない」。ある日一条の希望の光が差したかと思えば、一〇日間絶望の日々が続く。しかし三八〇〇種の菌類を調査したあと、彼はついに*Pythium ultimum*と呼ばれる菌類に、有益とおぼしき抗生物質シトリニンを発見する。ラットの血管に注射すると、シトリニンはＨＭＧ－ＣｏＡレダクターゼの働きを抑制し、さらに重要なことにコレステロール値を低下させたのだ。研究室は一時興奮に包まれたが、やがてシトリニンはラットの肝臓に有毒であることが判明する。振り出しに戻りである。

さらに二三〇〇種類の化合物をテストしたあとの一九七二年の夏のある日、ＨＭＧ－ＣｏＡレダクターゼの機能とコレステロールの生産を抑制する別の化合物が見つかり、遠藤と研究室は、再度興奮に包まれる。しかしまたもや問題が生じる。その効果を持つ菌類から化合物を分離できなかったのだ。そして一九七三年七月に、のちにコンパクチンと命名される魔法の化合物が発見され、ついに画期的な進展が見られる。コンパクチンの作用メカニズムは非常に単純で、ＨＭＧ－ＣｏＡレダクターゼが通常結びつく基質に似るコンパクチンは、それに取りついてコレステロールの生産を妨げるのである。自然界では、この化合物を持つ菌類は、細胞壁の構築を妨害することで細菌と戦う。しかし遠藤の望みは、それを用いて、プラークが形成されるほど血中のコレステロール値が上がらないようにすることで心臓病と戦うことだった。

遠藤がコンパクチンを分離した菌類は、京都の米屋で見つかった。それは米以外にも、ミカンやレモンなどの果物にも生える。コンパクチンはシトリニンより安全であるように思われた。これこそが彼の目指す化合物なのではないか。彼にとってさらに驚きだったのは、この化合物が、フレミングによる抗生物質の発見を導いた菌類の近縁種たる*Penicillium citrinum*によって生成されることだ。この事実だけでも幸先がよかったが、重要なのはこの化合物がラットのコレステロール値を下げられるかどうかであった。彼はそのテストのために三共の中央研究所に化合物を送る。彼は待つしかなかった。やがて結果が戻ってくる。ラットのコレステロール値は下がらなかった。彼の頭は絶望と呪詛(じゅそ)であふれかえる。もう一度、今度はラットとマウスを使って自分で試してみる。それでもうまくいかない。彼は当時を回想して「どうやら二年の努力と、六〇〇〇回以上のテストが水泡に帰したようだった」と述べている。

並の人物なら、ここであきらめただろう。そうしても許されたはずであり、それが妥当な判断でもあった。発見には必然的なものもある。しかし遠藤が最終的に探し求め、コンパクチンがその一形態であった医薬品スタチンの発見は、必然ではなかった。だが彼はあきらめなかった。気をとり直して、ラットではうまくいかなかった理由を調査し始める。ゆっくりとではあれ調査は進み、二年後に、すなわち最初にこのプロジェクトを思いついてから七年が経過してから、ニワトリのことを思い出す。彼にとって今やニワトリが希望の星であった。彼にはニワトリを飼育している北野訓敏という名の友人がいた。おそらく実験に使ったラットに何か例外的な条件があるのかもしれない。遠藤は、ラットの血中のコレステロール値が人間より低いことを知っていた。もしかするとラットは変り種なのではないだろうか。だが、その可能性はきわめて低かった。なにしろラットは、人間に類似しているという理由で動物モデルとして世界中の実験室で使われているのだから。それに対し、人間とニワトリは似ているとはとても言えない。しかし可能性はゼロではない。それが当選のまだ出ていない宝くじの最後の当たりくじの一枚である可能性はあった。

北野は飼っているニワトリを処分しようと考えていたが、遠藤はバーで一杯やりながら彼に待ったをかける。遠藤はニワトリの飼育方法を知っていた。さっそく北野のニワトリを引き取って、次の数週間をかけて、エサをやり糞の掃除をしながら一羽々々テストしていった。その際、何羽かには彼が発見した化合物を与えた。一三日が経過し、数羽のニワトリの血液を検査していた。そのとき彼の頭には、「自分はいったい何をしているのか？　ラットに効かなかった化合物が、ニワトリに効くはずはないではないか」という思いがよぎる。だがもしかすると……。ニワトリの血中のコレステロール値は高い。そして少なくともメンドリに関して言えば、その多くは卵の成分になる。（遠藤は知らなかったことだが、それに対しラットの場合、HMG－CoAレダクターゼを抑制する形態のLDLのレベルは非常に低い）。検査の結果、次のことがわかる。新しい化合物を与えられなかったニワトリのコレステロール値は、最初とあまり変わらなかった。これは予想どおりである。では、与えられたニワトリはどうか？　これは勝負を決するテストだ。結果は？　化合物を与えられたニワトリのコレステロール値は半分に下がっていた！　半減したのだ！　この瞬間に遠藤は、年をとりすぎて食べられなくなったニワトリを使ってコレステロールの問題を解決したのである。その後彼は、ラットやニワトリよりはるかに人間に類似するサルを使って実験を繰り返す。その結果、化合物はサルにも効くことがわかった。

（イヌやもっと多くのサルを使ってコンパクチンをテストするなどの）次のステップも困難ではあったが、最終的に彼は、身体におけるコレステロールのドアを閉じる化学的な鍵を発見する夢を成就した。次は商業化であった。ここまで来れば、商業化は些細な問題に思えただろう。だが些細どころではなかった。そもそも、「この薬品はほんとうに安全なのか？」という疑念がつきまとった。ラットを用いたある研究は、肝臓内での結晶体の形成を報告した（この研究ではコンパクチンは効きすらしなかった）。遠藤は一年をかけてそれが間違いであることを示すが、会社は依然としてコンパクチンによって結晶体が形成されたと、さらには（未公開のデータを用いて）コンパクチンによってイヌに腫瘍が引き起こされたと主張する。こうして彼のプロジェクトは中止される。彼はあらゆるルートでこの決定に抗議したが無駄だった。それまでの彼の仕事は、少なくとも彼自身にとっては無に帰してしまったのだ。

コンパクチンに関する遠藤の業績は、他の研究者を刺激してスタチンの開発へと至る。それは場合によっては極秘裏に行なわれていた。製薬会社のメルクは一九七六年に、秘密開示協定の一部として、メバスタチンのサンプルとそれに関する未公開データを入手した。メルクは三共の、そして遠藤の医薬品メバスタチンをそのまま販売するほど大胆ではなかったが、それを研究し類似の医薬品の開発を目指すほどには大胆だった。彼らは *Monascus Ruber*、さらには *Aspergillus terreus* と呼ばれる菌類からロバスタチン（メバコール）を分離する。ロバスタチンは一九八七年の秋にＦＤＡ〔アメリカ食品医薬局〕によって認可され、アメリカで市販された最初のスタチンとなる。その後、生物によって生み出されたものとの化学的類似によって、あるいは単に自然による生産物を変えることで、リピトールやクレストールなどの市販薬品に至る合成スタチンが生産されるようになる。現在では、これらの薬品を合わせると、スタチンはすべての医薬品のなかでも最大の利益を生んでいる。遠藤その人に関して言えば、彼が自分の発見から金銭的利益を得ることはついぞなかった。彼は一九七八年に三共をひっそりと去っている。それから東京農工大学に就職し、以来スタチン研究からの直接の実入りもなく、少ない資金で自分の研究を続けてきた。彼自身のコレステロールについて言えば、しばらくメルク社の医薬品メバコールを服用していたが、そのうちやめて代わりに運動をすることにした。スタチンはその後のテストに合格し、現在では毎年世界中で数百億ドルの売上げを計上している。三〇〇〇万人以上がスタチンを服用し、その結果、合計すれば数千万年の延命が達成されるようになった。

　スタチンが、とりわけ動脈がつまりやすくなった高齢者の命を救ってきたことに疑う余地はない。議論されているのは適用範囲についてである（たとえば若者にも、あるいは他の疾患でもスタチンを処方すべきかなど）。加えて最近の研究では、スタチンの効能が、コレステロール値の低減と、抗炎症性あるいは抗酸化性の効果の両方に基づく可能性が示唆されている。いずれにせよ、心臓をめぐる複雑なストーリーにおいて、これほど明確に恩恵が認められる治療法はない。その実現はまさに、菌類のごとく考え、進化に基づいて思考した、遠藤の三〇年にわたる努力の賜物（たまもの）である。フレミングと遠藤、そして菌類のただ一つの属のおかげで、すべての医療技術を足し合わせても及ばないほど大きな生存に対する恩恵が得られたのだ。アオカビ属に属する他の三〇〇種にはどのくらいの効能があるのだろうか？　それらのほとんどには名称さえつけられていない。ならば当然、研究などほとんどされていない。私の研究室だけでも、屋内で数十のアオカビ属の新種を発見し、また、菌類一般に関して言えば万単位の無名の種を確認している。これらやその他数十万の無名、未研究の菌類は、どれほどの魔法を発揮できるのだろうか？　その数は膨大だが、正確な数はわからない。一九七一年以来、医療に有効な化合物の発見の七〇パーセントは、野生の動物、植物、そしてとりわけ菌類や細菌の研究を通してなされている。これらの化合物には、スタチンに加え、抗生物質、抗真菌薬（菌類は菌類とも戦わねばならない）、さらには抗がん剤さえもが含まれる。ところが地球上に存在する何千万もの種のほとんどは、名前すらなく研究もされていない。スコップで土をすくうごとに、医学的に重要な発見が待っている。菌類は、あらゆる古びたパンのかけら、木の葉、丸太に生えている。かくして太古から続く菌類の系統は、さまざまな場所で化学と競い合い、協力し合いつつ、生き続けているのだ。*[7]

第12章　完全なダイエット

遠藤章は進化化学の観点からコレステロール値を下げる手段を探した。彼が発見した医薬品をどの程度用いるべきかに関する議論はあるものの、彼の洞察が大きな実りをもたらしたことに間違いはない。彼の研究のおかげで、多くの人々がより長く生きられるようになった。しかしコレステロールをめぐるストーリーの冒頭から、そのレベルを下げる方法は他にも存在していた。しかもより自然な方法が。それはダイエット〔本章でいう「ダイエット」とは「食餌療法」を指す〕である。心臓病とダイエットのストーリーには、見方によっては現代の食生活のヒーローとも悪漢ともとれる複雑な人物が主人公として登場する。アンセル・キーズだ。

キーズは一九〇四年にコロラド州コロラドスプリングスで生まれている。彼がまだ幼い頃、家族は彼らが繁栄の地と考えていたサンフランシスコに職を求めて移った。やがてサンフランシスコを大地震が襲い、家族はサンフランシスコ湾を回ってカリフォルニア州バークレーに引っ越す。子どもの頃でさえ、キーズはある種の大物の風格を漂わせていた。ある神童の研究で、彼は真の若い知性の一人としてあげられた。おそらくはその知性のゆえに、彼はいつもそわそわしていた。自分のやり方で世界を探検することを望み、高校を卒業する前から冒険に出かけていた。丸太小屋で働いたり、コウモリの糞（グアノ）を掘ったり、機械工（メカニック）として船に乗り組んでアジアを旅したりしていたのだ。放浪の合間には安定期があり、その期間に人生の重要な目標を一つずつ達成していった。旅行の合間に大学に入って学位を取得し、一九二七年からスクリップス海洋学研究所の博士課程に通い始めた。そこで彼は魚類を研究している。こうして羽のような鰓（えら）とすぼめた口に囲まれて、彼の天才、すなわち大規模な科学プロジェクトと未知への冒険の才能は開花し始めたのである。そして彼のこの天才は、やがて人体とダイエットと心臓の研究に向けられる。

しかし最初は違っていた。彼はまず、魚類を研究しなければならなかった。スクリップス研究所では、生理学に焦点を置き、いかに魚類（とりわけメダカ）が、心臓の活動筋によって最初に検知される酸素不足に対処しているのかを研究していた。彼が身体の強力な自己調節能力、つまりホメオスタシスに向かう身体の傾向に関心を持つようになったのは、この研究を通じてであった。博士号を取得したあと、コペンハーゲンに行ってノーベル賞受賞者アウグスト・クローグのもとに短期間滞在しているあいだに、メダカの研究に基づきつつ、ウナギが塩水と淡水のあいだを行き来しても血中の塩分濃度を保てる理由を解明する。キーズはいとも簡単に次々に新たな発見をなし遂げ、それゆえ（どのくらいの大きさかは別として）謙虚さと大胆さが複雑に入り混じった態度を育む。その時点で科学研究から完全に身を引いたとしても、彼の名前は残っていただろう。しかし彼がその程度で満足することはなかった。

一九三三年にキーズはアメリカに戻り、ハーバード疲労研究所の一員として人間を研究することにした。魚類と人間ではどれほど異なるのか？　当時、困難な状況下で正常な機能を維持する人体の能力に関心を抱く科学者が増えつつあったが（魚類は異なる身体によって水中でそれを行なっていた）、彼はその一人になるつもりだったのだ。キーズはとりわけ、高地での人体の反応の研究に興味を抱く。この目的に向けて彼は、高地への（自分を含めた）人体の順応を観察する調査隊を率いた。この調査は、彼の放浪癖と新たな科学への探究心の両方を同時に満たしてくれた。大勢の科学者から構成される彼の調査隊は、自己実験隊とでも呼べるものであった。ちなみにこれは、運動生理学者、とりわけハーバード大学の運動生理学者のあいだではよく実践されていた。彼らは、自分の身体がいかに高地に反応するかを調査していたのである。当然、その種の調査には困難がつきまとう（高地での取っ組み合いを含む）。しかしいずれにせよ、この調査は科学的な成功を収めた。[*1] 調査から戻った彼は、運動選手の心臓の大きさ（一般人よりかなり大きい）、インシュリンの特質、血液の化学、ヤギの母親と胎児の二酸化炭素交換、毛細血管の浸透性、酸素が血液から組織に渡される方法、身体へのテストステロンとエストロゲンの影響などに関する論文を書いた。これらの論文は洞察に満ち、大胆かつ創造的、そして彼の性格に似つかわしく探究範囲がきわめて広い。これらの業績のゆえに彼は賞賛され、それに見合った報酬を手にした。最大の報酬は、（メイヨークリニックでのちに妻となるマーガレットと出会ったことを除けば）一九三七年に、ミネソタ大学生理学衛生研究所という名の自分の研究所を創設できたことであった。

キーズが自分の研究所やその他の場所で行なった研究はすべて、人の心臓や循環器系疾患の研究という究極的な目標の達成に役立った。たとえば高地研究では、普段は研究室にこもっている科学者たちを野外で統率する方法を学んだ。しかしもっとも有用で予兆的な経験は、軍隊向けの完全な糧食を開発したことであった。軍はパラシュート部隊用の糧食に不満を持っていた。生理学研究所を運営していたキーズは、自分にはその問題を解決するのに十分な知識と経験があると考え、シカゴの関連機関（Quartermaster Food and Container Institute for the Armed Forces）に行って責任者に問題の解決を申し出た。しかし彼らはこの申し出を断った。それでもキーズは、クラッカー・ジャック・ボックスという形態で、クラッカー・ジャック社〔スナック菓子で知られる〕から支援を得、また、ウィリアム・リグレー社（スペアミントガムで知られる）から小額の資金を調達することができた。リグレー基金を得た彼は、地元のスーパーマーケットでさまざまな食材を買い込み、ビタミンやエネルギー必要量に関する自身の研究に基づいて、（当時の基準で）十分な栄養がとれ、かつ兵士のあいだで暴動が起こらない程度に食味のよい、バランスのとれた糧食の開発を試みる。彼は健康食を考案したかったが、この時点では特に心臓の健康を考慮していたわけではない。しかし健康食の開発には、食味とマーケティングと科学に対する考慮が同程度に必要であるとすでに認識していた。彼のアプローチは成功し、のちにKレーションと呼ばれる糧食を開発した。この食品パッケージは当初、パラシュート部隊の兵士が緊急時にのみ食べることを目的として開発された。しかし軍のリーダーたちはそれを非常に気に入り（パットン将軍は軍事的な突破と見なした）、やがてすべての兵士に支給される標準的な糧食として扱われるようになる。

キーズは自分が手をつけたものは何でも成功させることができたらしい。しかもただ発見するだけでなく、自分に続くよう他人を説得することにも長けていた。とはいえそのときまさに、他人がどこまで彼についていくかが試されようとしていた。というのも、彼は、「特定の生活様式、個人的習慣、活動、ダイエットによって及ぼされる短期的、長期的な影響を予測する」方法を発見する決意を固め、[*2] そのためには、人間を対象にする実験、しかも進んで自分の身体を差し出すのは躊躇せざるを得ないような極端な実験が必要とされたからである。

ダイエットの影響の理解という点に関して当時もっとも喫緊に必要とされていたのは、戦場におけるその影響の解明であった。第二次世界大戦は当時もっとも悲惨な時期に突入していた。各国の兵士や市民は飢餓に襲われていたが、そのような状況下で身体に何が起こるのか、また、いかにすれば飢えた身体を治癒できるのかについてはほとんど何も知られていなかった。キーズは飢餓の研究を実施するにあたり、クエーカー教徒を中心として良心的兵役拒否者を集める方針をとる。こうして募集された被験者は、ミネソタ大学のフットボールスタジアムの地下に集められた。彼はそこに研究室を開設していたのだ（そこには広大な空間があったが、得点が入るたびにうなりで振動した）。そこで被験者は、低カロリーの食事制限や、飢餓レベルの食事制限など、さまざまなダイエットを実践した。彼らは空腹が高じて絶望的な気分に襲われたが、プロジェクトを離脱することは祖国を裏切るに等しい恥辱だと考えられていたため、脱落する者は誰もいなかった。キーズは被験者に課していた試練を気に病んでいた。とはいえ全体的に見れば、被験者は、極度に困難な状況に置かれてはいても自分の任務をよく心得ていた。後年、飢餓レベルの食事制限を受けた被験者の大多数は、必要ならもう一度実験に参加するつもりだと答えている。彼らが受けた剝奪は極端なものではあったが（意志薄弱者と見なされずに病院に送られるよう斧で自分の指を切り落とした被験者もいた）、彼らのボランティア活動が社会に与える恩恵もそれだけ大きかった。[*3]かくしてこの研究は、かつて公表されたもののなかでも最大の包括的飢餓研究として結実したのである。連合軍の衛生兵は、強制収容所に捕らえられていた人々を解放し食料を提供する際には、この研究の成果を参照した。また今日でも、その成果は重度の摂食障害を抱える患者の治療のために参照されている。

重要で永続する業績を残したかったキーズは、まさにそれに成功したのだ。

その後キーズは、魚類、Kレーション、飢餓に関する研究から、戦後社会でより重要度を増したダイエットの問題に目を転じる。兵士や飢餓状態に置かれた人々のみならず誰もが何を食べるべきかを考察し始めたのである。ウナギやメダカを研究していたときでさえ、彼の考えでは「ダイエット」と「生活様式」は不可分の研究対象であった。そして少なくとも人間に関して言えば、コレステロールはダイエット、生活様式、健康をめぐるストーリーの主役であった。彼は、コレステロールが何らかのあり方で、アテローム性動脈硬化や心臓病に関連していることを知っていた。早くも一九四八年には、牛乳に含まれるコレステロールとそれによる悪影響について論文を書いていたほどだ。彼は最初、コレステロールに種類があることを知らなかった。[4] また、血中のコレステロール値に対する、食物として取り込むコレステロールの影響は比較的小さいという事実も知らなかった。だが、それらを知らずして研究を進められるほど、彼は賢かった。

キーズは世の中のあらゆる事象に、コレステロール、アテローム性動脈硬化、心臓病を適切に理解することの重要性を見出した。彼が暮らしていたミネソタ州では戦後、企業の重役のあいだで心臓病が伝染病のごとく流行し始めたかのような様相を呈していた。彼は、企業の重役が、卵、バター、ミルクなどコレステロールをたっぷりと含んだぜいたくな食物を決まって摂取していることを知っていた。キーズや他の研究者たちは、この現象の規模の大きさが近年のもので厄介な問題だと考えていた。彼は新聞の死亡記事を調査し、多数の裕福な権力者が心臓発作で死亡している事実を見出す。[5] 一九〇〇年の時点では肺炎が第一の死因であったが、彼が死亡記事を調査した一九五〇年代初期においては、どうやら心臓病がその地位を奪ったようだった。

キーズは、人々が動物性脂肪を多量に摂取する習慣を身につけたために、身体が過剰にコレステロールを生産するようになり、直接的なコレステロールの摂取自体と合わせてアテローム性動脈硬化の発症率が高まったと考えた。このような結びつきは実験室で実証されていなかったが、この仮説を手にした彼は、非公式なテストを実施する計画を立てる。ミネアポリスの実業家が大勢死んでいるのに気づいた彼は、二八六人の実業家を調査することにしたのだ。全員を対象に、血中のコレステロール値の検査を含めた健康診断を年に数回行ない、それを最終的には二五年間続けた。また、被験者の死も追跡した。話術の巧みなキーズの説得に彼らはこれらの条件に同意したのである。彼には、ドイツと戦うためという大目標をかかげて良心的兵役拒否者を説得し、餓死に近い極限状態に置く実験に参加させた経歴があることを思い出そう。それに比べて今回は、心臓病と戦うためという大目標をかかげて被験者を説得し、血液検査を受けさせる程度でよかった。ミネソタ大学の著名なフットボールコーチだったバーニー・ビアーマンや、当時のミネソタ州知事エドワード・ジョン・サイらの参加者は皆、喜んでキーズの研究に参加した。

動物性脂肪やコレステロールに富む食物を消費している被験者は血中のコレステロール値がより高いはずだと、キーズは予測していた。この予測は正しかった。多量の脂肪の摂取は、コレステロール値の高さとプラークの形成につながるので、ダイエットを変えることで、コレステロール値を下げ、プラークの形成を抑え、ひいては心臓病の発症を防げるのではないかと彼は考え始めた。

キーズのデータは、飽和脂肪の摂取を減らすなどの単純なダイエットの変更によって心臓病発症のリスクを下げられることを示してはいたが、彼にはもっと直接的な証拠が必要であった。食物に含有される脂肪と血中のコレステロールのあいだには関係があるように見えるが、もしかすると別の要因が作用しているかもしれない。また、心臓発作を引き起こす割合が高い実業家のコレステロール値は、一般の人々と比べて高いわけではなかった。そこでキーズは、脂肪の効果を分離するためにある実験を行なう。彼はヘースティングス精神病院の患者三〇人の食事を操作する許可をとり、そのうちの一五人には他の患者に与えられていたものに類似する動物性脂肪に富んだ食事を、残りの一五人には動物性脂肪をデンプンに置き換えた食事を与えた。その結果、前者のコレステロール値は上がり、後者のそれは下がった。あとから考えてみれば、変化は統計的に有意ながらも、現実的にはおそらく有意味とは言えないほど非常に小さなものであったが、彼は自分の考えの正しさをますます確信した。動物性脂肪を摂取すれば、血中のコレステロール値は上昇する。コレステロールは、非水溶性の動物性脂肪を血中でエスコートする。動物性脂肪を摂取するとコレステロール値が上がる現象そのものが機能不全を意味するわけではない。それは運ぶのが困難な化合物に対する身体の驚異的な反応なのである。そうではあれ、彼は血中のコレステロール値と、アテローム性動脈硬化を発症する度合いが確かに関係すると感じていた。

キーズは、実業家を対象にした研究と小規模の実験を通じて自らの直感を強化してきた。そして、その直感に従って自分の正しさを確信していたが、同僚や一般の人々を納得させるにはもっと大規模な実験が必要だった。理想は世界中から募った被験者をいくつかのグループにランダムに割り当て、グループごとにダイエットや生活様式の異なる暮らしを割り当てることだが、もちろんそのような実験を実際に行なうことはキーズにも不可能だ。[*6] しかし彼は次善の策をとって、二つの「自然実験」を実施することにした。

最初のアプローチは、ある国に住む人が、別の地域の異なる文化を持つ国（彼が選んだのはハワイ）に移住したときに何が起こるかを研究することだった。これは進化生物学者や生態学者がよく行なうタイプの自然実験である。このアプローチの一つを開拓したのはイギリスの生態学者チャールズ・エルトンであった。彼は、ある場所に生息していた生物種が別の場所に移動した例を観察すれば、移動がたとえ人為的なものでなかったとしても、それによって生態理論の検証を行なえることに気づいた。科学者は、どの種がどこで繁栄したか、また、進化の速さがどの程度かを観察できる。キーズは生態学者や生理学者のように考え、彼らと同じ視点から移民を観察した。被験者は遺伝、文化、ダイエットに関して互いに非常に異なる世界各国の出身者であったが、全員が移民先のダイエットに従うよう求められた。こうしてキーズは、ハワイ在住のアメリカ人の生活のみならず、その影響が各国出身の移民にいかなる影響を及ぼしているのかを調査できるようになったのである。

日本出身のハワイ移民は、彼の仮説を検証するにあたり興味深い事例になる。なぜなら、ハワイの住民は他の州に住むアメリカ人同様、日本を含めた他の多くの国々の出身者より、はるかに多量の動物性脂肪を消費するからだ。確かに、コレステロール値の平均が一二〇の日本人がハワイに移住すると、その値はおよそ一八三に上昇した。そして心臓病罹患（りかん）率も高まった。同様に日本人が、アメリカの生活様式に順応する度合いがもっと大きいロサンゼルスに移住すると、コレステロール値は二二〇に上昇し、心臓病罹患率もハワイの日本人以上に高まった。この証拠には説得力があるが、問題もいくつかある。最大の問題は、ハワイやロサンゼルスへの移住が、動物性脂肪に富むダイエットへの順応のみならず、他のさまざまな変化を引き起こす点にある。ダイエットは文化全般と複雑に関連し合い、ある場所への移住は、その土地の文化の一構成員になることを意味する。動物性脂肪を大量に消費するダイエットはその土地の文化の一部ではあるが、屋内で過ごす時間、喫煙、ビタミンDの欠乏、塩分や糖分の摂取、寄生虫への曝露（ばくろ）、環境汚染への曝露など、文化的要因は他にも数多く存在する。

一九五〇年代後半から、キーズはもう一つの自然実験を始めている。さまざまな国に住む人々のダイエット、アテローム性動脈硬化発症率、心臓病罹患率を比較する調査を始めたのである。彼が選んだ最初の二か国は日本とフィンランドであった。前者では、魚類、米がおもに消費され、動物性脂肪の摂取は少ない。後者では、キーズの言い方を借りると、場合によってはバターとチーズばかりの食事構成になる。彼は標準化された尺度を用いて定期的に患者の検査ができるよう両国の医師を訓練してこれら二か国の比較を行ない（ここでも彼は、共通かつ自分の目的の達成に向けて人々を説得する手腕を発揮している）、多量の脂肪分を摂取するフィンランドでは心臓病の件数が多いことを発見する。それから彼は、さまざまな国の大勢の人々を対象に研究を続ける。一九五六年までに、研究対象国にギリシア、ユーゴスラビア（現在のクロアチアに属する地域）、イタリア、オランダを加え、七か国研究と呼ばれるようになる［もう一か国はアメリカ］。なお国としては七か国だが、調査地域はより多岐に渡る。

七か国研究を推進するために、キーズは何度も世界中を飛び回らねばならなかった。これは楽な仕事ではなく、データは苦労して入手しなければならず、回収すべきデータは多数あった。キーズと彼が率いる巨大なチームは、（のちの彼の言葉によればバンツー族からイタリアの農民まで）一万人以上を相手にしていた。結果はさまざまな議論を呼び起こしたが（プロジェクトそのものに関しても議論があった）、彼の説明にはいつもながらの説得力があった。また彼は、アイゼンハワー大統領の主治医であったポール・ダッドリー・ホワイトなど有力者の支持を取りつけることにも成功する。ホワイトの支援を得て、キーズの研究は医師や科学者の注目を浴び、資金も呼び込んだ。この研究は（資金が充当できなかった数か国を除いて）現在でも継続されているが、彼にとって最大の結果は研究を開始してから五年が経過した頃に得られた。そのとき彼は、国民が大量に動物性脂肪を消費している国々が、同時に心臓病、とりわけ心臓発作による死亡率の高い国であることを示すグラフを描いた。それによると、心臓発作による死亡率がもっとも

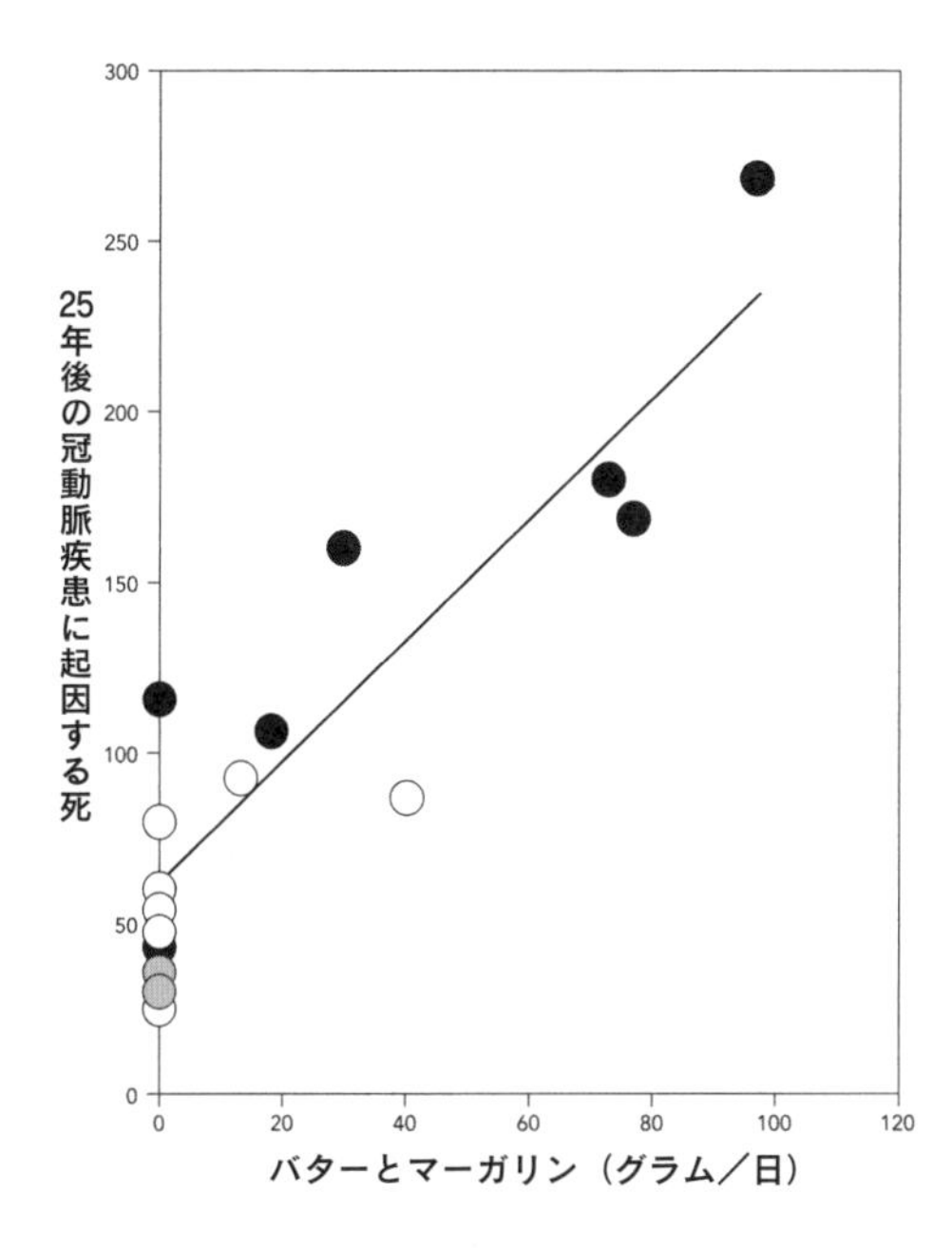

7か国研究において得られた冠動脈疾患による死者の数と、各地域で消費されているバターとマーガリン（2つの主因となる飽和脂肪）の平均消費量の関係。オリーブ油の消費が多い地域（白丸）や魚類の消費が多い地域（灰色の丸、日本）は、冠動脈疾患に起因する死の頻度が、飽和脂肪のみを考慮して予測される値よりもさらに低い。

高い国は、飽和脂肪、動物性脂肪の消費が最大のフィンランドで、死亡者一万人あたり九九二人が該当した。陽光に恵まれリラックスした生活を送るクレタの人々は、野菜とオリーブ油に富むダイエットを維持し、血中のコレステロール値が低く、心臓発作による死者は死亡者一万人につき九人にすぎない。ちなみにこれらのパターンは何年も続いている。研究開始後二五年が経過した時点でも、心臓病による死者の数は飽和脂肪(特にバター)の摂取に強く相関している。加えて長期間調査したことにより、心臓病による死者の数が、オリーブ油、魚類、ワインの消費と負の相関関係にあることがわかった。これらの結果から得られる教訓は、単純化して言えば「飽和脂肪の摂取は少なめに」「オリーブ油や魚類をもっと摂取すべし」「ワインを飲むべし」である。

アンセル・キーズと、彼の研究やそれに関するマーケティングに深く関わるようになっていた妻のマーガレットは、単にこの結果を論文にまとめて終わりにしてもおかしくはなかった。それがごく当たり前の科学的営為なのだから。だが、アンセル・キーズはごく当たり前の人物ではなく、彼と妻のコンビも尋常なチームではなかった。彼らはもっと大きなことを望んでいたのだ。ダイエットを変えることでコレステロール値を下げ、アテローム性動脈硬化を予防する手段を考案したと彼らは考えた。七か国研究によるデータは、元来アテローム性動脈硬化どころかコレステロールに関するデータですらなかったが(それらは心臓病や脂肪摂取に関するデータだった)、彼にとって両者の結びつきは、ダイエットの変更を奨励するに十分なほど明らかだった。科学者は一般に、何かを奨励することがほとんどない。彼らには、十分な証拠が得られていないことを恐れて提案をしない傾向がある。しかしキーズは違った。彼は自分の考えを主張し、それに従うことを人々に奨励した。

彼が奨励したダイエットとは、要するにアメリカ市民のためのKレーションであった。つまり、アメリカ人が戦争ではなく日常生活を健康に生き抜くためのダイエットであった。キーズ夫妻は地中海ダイエットに焦点を絞る。地中海ダイエットは、イタリア南部で暮らす人々のダイエットに沿ったものではあるが、オリーブ油を植物油で代替するなど、より万人の口に合うよういくつかの変更が加えられている。彼らはそれのみが有効なダイエットだと考えていたわけではないが（実のところ研究では、もっともコレステロール値が低く、もっとも長寿と見なせたのは日本人であった）、コレステロールを低下させると同時に、より広く普及させられると、言い換えれば彼らに経済的な成功を、そして人類に公衆衛生の成功をもたらすと期待できるのは地中海ダイエットだと考えていた。彼らの推奨するダイエットは地中海ダイエットの特徴を取り入れてはいるがそれそのものではなく、またもちろん、地中海地方の生活様式全般を要求するものではなかった。したがって彼らは、自分たちの推奨するダイエットに取り入れた要素が、地中海地方の主要な特徴、つまりそれが持つコレステロールと心臓病に対する効果を維持していると前提する必要があった。彼らの最初の著書『健康に食べ健康に生きる（*Eat Well and Stay Well*）』は一九五九年に刊行されている。この本は、現在に至るまでに書かれたいかなるダイエット関連本とも異なり、キーズ夫妻の業績、およびダイエットと心臓病の科学に関する二〇〇ページにわたる導入部で始まり、コレステロール値を下げ、心臓病で死ぬリスクを抑える食事の紹介がそれに続く。強い説得力がありとてもよく読まれたために、この本の教訓はアメリカ人のダイエットの一部、それが言い過ぎなら少なくとも理想のダイエットを導くガイドになった。また、医師が心臓病について考えるあり方の一部にもなった。一九五九年にこの著書が刊行される前には、アメリカ心臓協会は「飽和脂肪、コレステロール、アテローム性動脈硬化の関係は明確ではない」とする立場をとっていた。ところが、著書が刊行されキーズが協会の委員として加わった一九六一年には、協会は飽和脂肪とコレステロールの回避を推奨するようになる。協会とキーズは、バター、肉類、卵黄、脂肪分の多い牛乳を避けるよう人々に勧告した。また協会は、キーズの著書に取り上げられているものに驚くほどよく似たダイエットを推奨した。なおその年、キーズは科学的な知識に基づく現代のダイエットを支える天才として『タイム』誌の表紙を飾った。*7

キーズ夫妻の著書は、アメリカ人の食物に対する関係の変化を導いた。現在アメリカで暮らしている人の食物に対する見方は、キーズ夫妻によって形作られたものだと言える。二人は、飽和脂肪が身体に悪いことを、科学者と医師を含めアメリカ人に納得させた。とりわけ動物性脂肪が問題視されたが、すべての脂肪に疑いの目が向けられるようになった。これはまったく新たな見方であった。彼らが登場する以前は、人々は自分たちが属するそれぞれの文化の食習慣に従っていた。もちろんよい食物と悪い食物があるのは確かだが、それらはいずれも世代から世代へと受け渡されてきたものだ。食卓の専門家など存在せず、どの食物が人を殺し、どの食物が健康な生活を保証するかについてのうんちくを聞くことはほとんどなかった。要するにキーズ夫妻は、科学者が食卓の専門家になる文化の種をまいたのである。

あとから振り返ってみると、キーズ夫妻がアメリカにもたらしたダイエットと心臓病のストーリーの複雑さ、言い換えるとKレーションを平らげるかのごとく彼の助言をそっくりそのまま飲み込もうとした人々が見逃している複雑さを見て取ることができる。一つは科学に関するものだ。キーズは当初、飽和脂肪とコレステロールの摂取量、血中のコレステロール値、アテローム性動脈硬化、そして心臓病のあいだにある関係について比較的強い確信を抱いていた。七か国研究のデータは、それまでに彼が行なった観察や小規模の実験、および他の研究者の実験を通して得られた見方を支持した。それは彼が期待し、多くの分析によって確証されていた既存の結果と合致していた。しかしのちの分析が示すように、それらは多数のピースから成るパズルのごく一部にすぎなかった。キーズが解明したピースは時が経過しても確かなものとして残ったが、ただし巨大なパズルの外枠の部分を占めるピースを解明したにすぎなかったのだ。

未解決のピースの一つは、コレステロールのストーリーに関するものであった。キーズ夫妻が研究に着手した当時は、一種類のコレステロールしか知られていなかった。現在でもコレステロールは一つではあるが、この一つのコレステロールは多数の形態をとって身体を循環する。これらの形態は、プルトニウム原子爆弾の開発に関わってグレン・シーボーグと仕事をし、その後医学の学位を取得した物理学者ジョン・ゴフマンによって発見された。ゴフマンは、移動するコレステロールの一般的な形態として、低比重リポタンパク（LDL）と高比重リポタンパク（HDL）の二種類が存在することを解明した。LDLとHDLはよく知られた略称ではあるが、ほとんどの人はそれらを正しく理解していない。これらはコレステロールのタイプではなく、むしろコレステロールが便乗しているボートのタイプと言うほうが正しい。コレステロールやトリグリセリド〔中性脂肪〕は水（や血液）に溶けず、単独ではスムーズに血管を流れない。高比重リポタンパクは比較的大きなタンパク質のかたまりを含むためにコレステロールやトリグリセリドの比率が比較的小さく、大きさに比して濃密で重い。低比重リポタンパクはその逆で、重いタンパク質に比べてコレステロールやトリグリセリドを多量に含み、大きさに比して希薄で軽い。身体はこれら二つのボートを異なるあり方で用いる。HDL中のコレステロールは、血中から取り除かれて肝臓に送られ、そこで分解され胆汁に排泄（はいせつ）される傾向を持つ。それに対しLDL中のコレステロールは、さまざまな器官に運ばれる傾向を持つ。HDLボートをより多く持つことは、LDLを減らすのに役立つ。というのも、それらは器官や動脈壁に残されているコレステロールを集め、分解のために肝臓に運ぶからだ。しかしこれはごく単純化した説明であり、実際には状況はもっと複雑である。コレステロールは実際には少なくともさらに三つの形態をとって体内を循環し、おのおのの形態は独自の役割を果たしているらしい。「らしい」と言ったのは、それらの役割は部分的にしか解明されていないからだ。しかも、真の問題はLDLコレステロールそれ自体にあるのではなく、LDLコレステロールが体内を循環するうちに、梨が茶色くなるのと同じように損傷、つまり酸化することにある。LDLの酸化は白血球による攻撃を誘発し、プラークの形成を惹起（じゃっき）するのはかくしてLDLに飛びかかる白血球なのである。白血球はそれ自体酸化した一種の泡を生成し、さらに多くの白血球を招き寄せる。これらの現象は、LDL中のコレステロールを集めて肝臓に運ぶHDLによって多かれ少なかれバランスがとられている。それが正常に機能しているあいだは、プラークは分解され、免疫系はことが順調に運んでいるのを確認できる。

食習慣や医薬品の選択は、既知か未知かを問わずこの複雑なシステムの持つメカニズムを変え得る。飽和脂肪の消費を減らせば、血中のLDLコレステロール値を下げられる。また、HDLに含まれるコレステロールの量が増加すれば、それと同じ効果が得られる。炎症反応を減らせば、酸化されたLDLを身体が攻撃する頻度を減らせる。あるいは抗酸化物質を増大させれば、そもそもLDLが損傷を受ける可能性を抑えられる。それに加えて別の関連プロセス、パズルの別の区域が存在する。キーズ夫妻が研究を進めていた頃にはまだ解明されていなかったが、単糖類（ブドウ糖（グルコース）や果糖（フルクトース）、とりわけ高果糖のコーンシロップ）を過剰に摂取すると、それらは肝臓でトリグリセリドに変換され、LDLやHDLに便乗する。したがって糖分の消費は、コレステロールのレベルや振舞いに影響を与え得る。また、死んだ免疫細胞、トリグリセリド、LDLコレステロールによって動脈中に形成されるプラークが破綻（ラプチャー）する可能性は血圧に影響され（血圧はストレス、アルコール摂取、塩分、喫煙などに影響される）、破綻したプラークが冠動脈を閉塞する可能性は、その人の血液のつまりやすさに依存する。そこに、未解明の、もしくはようやく解明されつつある複雑性が存在することには疑いを入れない。ならば、特定の個人における心臓の健康がその人のダイエットに依拠していることがわかったからといって、それを採用すれば誰もがその恩恵にあずかれるとは必ずしも言えない。糖分の摂取、炎症、遺伝子なども心臓の健康に寄与しており、そこにはさまざまな身体的要因が関与しているからである。イタリア人であるとは、オリーブ油をかけてパスタやパンを食べることと同義ではない。

もう一つの問題は、キーズの発したメッセージが、メディアによって、さらには医学界においてさえ過度に単純化されたせいで、一般の人々が彼の洞察から汲み取った知識が、ときに危険なほど不正確であったことである。過度の単純化のもっとも有害な例は、飽和脂肪に関するものだ。アンセル・キーズは、血中のコレステロール値、アテローム性動脈硬化、心臓発作との結びつきのゆえに動物性脂肪の摂取を戒めた。動物性脂肪が飽和脂肪と呼ばれるようになったのは、（キーズの研究では一貫してコレステロール、アテローム性動脈硬化、心臓発作に関して有益な効果が認められた）植物油の不飽和脂肪と区別するためであった。不飽和脂肪への需要に応えるために、食品業界は不飽和で安価な新しい脂肪の生産を開始した。脂肪の分子は、炭素原子と水素原子の長い鎖によって構成される。鎖につながれる原子の構成は、脂肪のタイプによって異なる。水素原子が少ない脂肪は不飽和と呼ばれ、室温では通常液状を保つ（たとえばオリーブ油）。飽和脂肪はそれより多くの水素原子を持ち、室温では通常固体を保つ（たとえば豚脂（ラード））。新しい脂肪、トランス脂肪酸は不飽和脂肪（液体）で、水素原子がさらに加えられている（そのため部分的に分子の構造が変わっている）。おもにキーズの業績に依拠していた公益科学センター（CSPI）と全米心臓救済者協会（NHSA）は、飽和動物性脂肪の代りにトランス脂肪酸を推奨した。トランス脂肪酸は、つまるところ動物性脂肪ではなかったからだ。CSPIが推奨したトランス脂肪酸は、部分的に水素が加えられた植物油（典型は大豆油）であった。部分的な水素添加は脂肪をより堅固に、そして腐りにくくする。しかしそれと同時に、当時のCSPIは知らなかったことだが、動脈の塞栓を引き起こしやすくする（悪質なLDLを増やすとともに、良質のHDLを減らす）。そのため、救済のために考案されたはずのトランス脂肪酸は、最近になって一〇を超えるアメリカの司法管轄区域で使用を禁止され、数千の食品において他の脂肪に置き換えられている。これを書いている現在、アメリカ食品医薬品局はトランス脂肪酸の全面禁止の実施に向けて歩を進めている。

キーズ夫妻には、自分たちの業績が拡張され誤解されたことに対する責任はない。とはいえわずかだが、彼らがこの過程を助長した部分もないわけではない。彼ら、とりわけアンセル・キーズはマーケティングや人々の願望に敏感だった。Kレーションで成功したのも、彼のこの感覚に負うところが大きい。またアンセル・キーズは、偉大な公共善の達成という目標を、自分自身を含め人々に説得するのに長けていた。この目標こそ、飢餓に陥ってでも人々が祖国（やキーズ）のために尽くそうとしたものなのである。そして、科学的な知識と自身の著書と意図的な選択を通して、自分たちの健康や生活を改善できると何百万もの人々を説得できた一因もそこに求められる。多くの人々の共感を得るには、食味はよく、メッセージはわかりやすく単純化されたものでなければならないことを、彼はよく知っていたのだ。

キーズ夫妻の提案の大きな問題は、目標と現実の大きな乖離（かいり）にあった。彼らが食習慣を変えるよう求めたアメリカの人々は、良心的兵役拒否者でも兵士でもなかった。たとえ人々にとって有益な提案であっても、二人はそれを人々に強要することはできなかった。平均的なアメリカ人は、キーズの飢餓研究に参加した良心的兵役拒否者に比べて自分の食生活をうまくコントロールできない。その結果、今日のアメリカ人は、キーズ夫妻が著書を刊行した頃に比べて、平均して五〇パーセント体重が増え、（治療しなければ）高いコレステロール値を抱えている。もちろん、キーズ夫妻の提案するダイエットがアメリカ人を太らせ不健康にしたわけではない。この現象が夫妻にいくらかでも関係するとすれば、それは、アメリカ人が彼らの提案のうち、もっとも楽に実践できる部分だけを取り入れた点にある。キーズが推奨するように、彼らは脂肪を避けカロリー量を低く抑えようとしたが、そのために炭水化物や、もっとも安価なカロリーたる加工糖（それ自体で心臓病の発症に寄与する）に、また、動物性脂肪を回避するために安価な（そして、心臓病の発症という点では動物性脂肪より有害な）部分水素添加油に乗り換えたのである。

さらに言えば、アメリカ人は、キーズの指示を無視して暴食をするようになり、（とりわけ単糖類という形態で）身体が燃やせる以上のカロリーを摂取すると、言うまでもなく人は太る。そして体重の増加とともに、動脈が悪質なコレステロールで満たされる可能性は高まり、のみならず肥満に結びつくいくつかの障害、あるいはそれらの障害がすべて合わさったまがまがしいメタボリックシンドロームを呈し始める。

不健康なものを食べ過ぎる習慣は、長い歴史を経て獲得されてきた。はるか昔の時代の食事の量と現在のそれを比べてみればよい。たとえば「最後の晩餐（ばんさん）」をテーマとする最初期の絵に描かれている食物の量は、数百年後のダ・ヴィンチの『最後の晩餐』のそれに比べると半分程度でしかない。また、ダ・ヴィンチの『最後の晩餐』に描かれているテーブル上の食べ物は、食物が関わるほとんどすべての現代の絵画に描かれている食べ物より相当にカロリーが低く、また、明らかに肉類を欠いている。このように食事の量は、食物の入手しやすさに直接比例して増大してきた。さらには、食物が安価になり、人々が食味のよさを求めるようになるに従って、食事構成も変化してきた。アメリカ人の三分の二は肥満もしくは太り気味であり（イギリス、オーストラリアなどでも状況は類似する）、肥満者の比率はキーズ夫妻が著書を刊行した頃の二倍に跳ね上がっている。

言い換えると、食習慣を改善する方法をキーズから学んで以来、アメリカ人は心臓病に関しても、もっと一般的な意味でもより不健康になったのである。そもそもキーズが間違ったダイエットを推奨したのだと非難する者も多い。今日のダイエット指南本には、コレステロール値を下げ、健康な人生を送るためには、「赤肉はあまり食べないようにしよう」「もっと赤肉を食べるようにしよう」「糖分は控えめに」「炭水化物や生ものはあまり食べず、十分に調理された料理を食べよう」「私たちの祖先が食べていたものに近いものを食べよう」「果物を食べよう」などとさまざまなことが書かれている。[8] しかしこれらの助言はすべて的はずれである。アンセル・キーズ以来何千人もの科学者が、健康なダイエットを研究してきた。また栄養学者は何度も、すでによく調査研究されている食物を消費するよう奨励してきた。それにもかかわらず、次第に私たちは健康に悪い食物、すなわちカロリーの高い食品、主要栄養素に乏しい食品、心臓病や糖尿病などの死に至る疾病にかかりやすくする食品、誰もが不健康だと知っている食品を消費するようになってきたのだ。

最近のスペインでの研究はこの点を明確にする。[9] この研究は、多量の赤肉に加え、炭水化物に富み栄養素が乏しい高カロリーのダイエットを日常実践している人々を被験者に、二つのバージョンの地中海ダイエット（基本的には伝統的なスペインのダイエットをごく単純化したもの）の効果を調査している。スペイン人のダイエットはグローバル化したダイエットに大きな影響を受けているので、研究者たちはスペインでこの実験を行なうことができた。要するに彼らは、いつもどおり生活するなかでダイエットだけを変えるよう被験者を説得し、スペインの伝統的なダイエット二パターンと、現代のスペイン人の多くが実践しているダイエットを比較したのである。第一のグループは対照群として平均的な欧米のダイエットをそのまま続けるよう、第二のグループは一日にスプーン四杯分のオリーブ油を加えたダイエットを実践するよう、また第三のグループはオリーブ油、脂肪に富んだ魚類、木の実を加えたダイエットを実践するよう指示された。そして彼らは、かくして割り当てられたダイエットを二年間続けた。対照群のダイエットはすでに多くの人々が日常実践していたものであり、また、実験群のダイエットは対照群のダイエットより食味がよかったため、被験者はそれだけ長く続けられたのだろう。さらに言えば、高品質の魚類、木の実、オリーブ油は、実験者によって無料で提供されたことも効果があったはずだ。

この研究では、およそ七五〇〇人を対象に、それら三つのダイエットが心臓病や卒中に及ぼす効果が重点的に調査され、心臓発作、卒中、およびそれ以外の心臓障害による死がそれぞれおよそ一五〇件報告されている。実験の期間が比較的短く、ダイエットに対する介入の度合いが大きくはなかった点を考慮すると、オリーブ油を加えたダイエット、およびそれと木の実を加えたダイエットを実践した被験者に比べ、対照群の被験者は心臓発作、卒中、およびそれ以外の心臓病に起因する死に至る可能性が高いことが見出されたのはむしろ驚きであった。とりわけ卒中の抑制に関しては、オリーブ油と木の実を加えたダイエットがもっとも効果的であった。

この研究から、少なくとも独自の生活様式、遺伝子、微生物を持つスペイン人にとっては、地中海ダイエットが心臓の健康の維持に効果的であるという教訓が得られる。同じ実験をアメリカで繰り返しても、おそらく同様な結果が得られるだろう（アメリカの生活様式、遺伝子、微生物は、さまざまな点でスペインのものとは異なるので、同様な結果が得られないことも十分に考えられるが）。しかしもう一つの教訓としてあげられるのは、スペイン人やイタリア人でさえ、現在では地中海ダイエットを実践していないことだ。

最後にキーズ夫妻のその後について補足しておこう。彼らは、ものごとが自分たちの得た観察結果より複雑であることをある面で察知していた。高齢になると、彼ら自身も彼らの読者が直面していた生き方の選択を迫られるようになった。二人はミネソタ州で暮らしながら地中海ダイエットを実践することもできた。しかしそうはせずに、研究対象の地域の一つで平均余命がもっとも長い（そしてミネソタに比べて冬がはるかに穏やかな）南イタリアに移住した。そこで真の地中海ダイエットを実践し、長くバランスのとれた人生を送るための最良の条件を研究してきた彼ら自身の業績の恩恵を受けつつ九〇代になるまで暮らした（ただし、人生最後の数年間はアメリカに戻っていた）。[*10]

第13章　甲虫とタバコ

心臓のストーリーにおいて、ダイエット、スタチン、アンギオプラスティー、心臓移植は、まだ織り上げられていないそれぞれ別個の糸と見なせる。だが、あなたが胸の痛みを覚えて病院に行き、フォルスマンとソーンズによって発明されたアンギオグラムを用いて冠動脈を検査したところ、その一つが硬化して狭くなり、部分的につまっていることが判明したら次にどうすべきだろう？　どの治療法を受ければ、あるいは食餌療法を実践すれば、より長く生きられる、もしくは最低でも今後の生活の質を向上できるのだろうか？　人類の歴史のほとんどの期間にわたり、胸の痛みに対する処置は皆無であった。心臓というロシアンルーレットが出す結果を甘受するしかなかったのだ。動脈の塞栓（そくせん）は誰にも見つけられなかった。仮に見つけられたとしても、誰にもどうすることもできなかった。

今日のアメリカで、胸の痛みを感じて病院に行き、冠動脈が狭くなっているのが発見されれば、スタチンを与えられ、食事に気を使うよう助言されるはずだ。つまりの具合がひどい場合には、アンギオプラスティーやステントを勧められるだろう。アメリカでは、狭心症で胸をしめつけられる感覚を覚えて病院で診察を受け、冠動脈疾患を診断された患者の半数以上には、（一般には医薬品、ダイエット、生活様式に関する注意とともに）ステント留置術が施されている。最近のアメリカでは一〇〇万件以上のステント留置術が行なわれており、二四〇人に一人の成人に新たにステントが埋められている勘定になる。ステントはもっとも頻繁に用いられる、もっとも洗練された解決策（ソリューション）だと言える。ステントの他にも、現在ではつまった血管に対してさまざまな処置を施すことができる。医師はステントから始めて、状況に応じてさまざまな手段を講じられる。つまった血管の治療は、ヴェルヌの『海底二万里』で描かれている冒険と、配管工の仕事の奇跡的な結合のような様相を呈している。

他の国では、選択肢、あるいは少なくとも実施されている治療法の比率がやや異なる。たとえばカナダでは、アンギオプラスティーやステントはアメリカに比べてあまり一般的ではない。これは、ソリューションとしておおむねステントが最適であったとしても、カナダの医療関係者が、効果は劣ってもより安価な手段を選択しているからなのかもしれない。しかしカナダとアメリカの平均寿命は似たり寄ったりである。その点を考慮すると、ここアメリカでは、安価な方法でも十分なのに、きわめて高くつくソリューションを何らかの理由で選択している可能性も考えられる。

論より証拠（この場合「証拠」とは患者の運命を指す）とは言うものの、証拠を検討する前にまず二つのシナリオを考えてみよう。一つは心臓発作を起こした患者が病院に運び込まれるケースだ。この場合、治療はどの国でも大差はなく、バイパス手術かステント留置術が行なわれるだろう。しかしそれよりも、狭心症を抱える人が病院にやって来て、安定はしているものの、冠動脈に重度のアテローム性動脈硬化が見つかるケースのほうが現実的にははるかに多い。このケースでは冠動脈が完全につまっていることもあり得るが、その場合でも、血液はより小さな冠側副血行路を通して、心筋が機能するに十分なほど流れているのである。この状況において何をすべきかについては、一連の新たな研究によって、科学、医学、そして死の不確定的な要素を考えれば望みうるもっとも明確な回答が与えられている。これらの研究を検討する前に、後者のケースに該当する患者を前にした際に医師がとり得る選択肢には何があるかを明確にしておこう。まずバイパス手術が考えられる。バイパス手術は現在でも何千件と行なわれているが、患者が実際に心臓発作を経験しているもっとも重いケース、もしくは何らかの高いリスクを抱えている場合に限られる（とりわけ糖尿病患者や複数の冠動脈がつまっている患者には、薬物療法やステントよりバイパス手術のほうが有効である）。バイパス手術には執刀する心臓外科医が必要だが、心臓外科医は最近ますます減りつつある。一九五〇～六〇年代の偉大な心臓外科医の後継者は循環器専門医との厳しい競争に直面しているのである。[*1]

医師は、アンギオプラスティーを行なって、ステントを留置することもできる。ステントにはさまざまなタイプがあり、医師は「最適な」ステントを選択しない傾向を持つ。自分の好みのステントを選んでいるのだ。普通は患者がステントのタイプを選ぶことはない。患者は「ステント留置術」を選択するだけで、そのタイプは医師が普段使っているものが選ばれる。

最後に、医師はスタチン、ベータ遮断薬、アスピリン、ニトログリセリンなどの硝酸塩、カルシウム拮抗剤、運動、食餌療法、成り行きまかせなどの非侵襲的な治療法（生体を傷つけない治療方法）を行なえる。それ以外にも心臓移植などの選択肢もあるにはあるが、めったに行なわれなくなった（年に数千件）。コストを考慮して、心臓移植などのより侵襲的な心臓手術は、心臓が機能を失いつつある、もしくは失った最悪の状況下で実施されている。いずれにしてもここでは、もっとも一般的に行なわれている治療に焦点を絞る。

心臓におけるもっとも危険な坑道のカナリアたるアテローム性動脈硬化や狭心症を抱える人に対する、これらの治療法の効果を見極めることは非常に重要である。繰り返すと、アメリカの医師はステントを最適な選択肢として考えている。しかし医師が特定の治療法を選択する際に影響する要因は単純ではない。それらは、自覚していなかったとしても、インセンティブ、利用可能な技術、医学部で教えられた疾病の概念などに強く影響され、そもそも医療実践の文化的文脈に組み込まれている。私たちは、医師が多大な時間を費やして数々の医学論文を読み、新たな情報を仕入れ、患者の術後のフォローアップをきちんと行なっていることを期待する。しかし多くの医師にその時間はない。彼らの仕事は忙しくストレスに満ち、新たな医療に関する論文は次々に発表されるのに、それを読んで咀嚼する時間を持てる状況にはないのである。歴史的に見ても、医師は長期的な科学研究の成果を読むことによってではなく、個々のエピソードや症例を通じて学んでいく実践者として訓練を積んでいた。[*2] それに対して今日の新世代の医師たちは、科学と証拠を重視するよう教えられる。とはいえもっとも手軽に新たな科学を学べる場所は、もっとも話術が巧みで声の大きな発言者が科学者ではなく、ステントなどの装置を製造している企業の代理人であるような、大規模な会議においてである場合が多い。

多くの研究によってステントとバイパス手術の比較が行なわれており、冠動脈が完全に、もしくはほぼ完全につまっているケースでは、どちらも同程度に効果的であることが見出されている（患者が実際に心臓発作を経験し状態が不安定である場合、三つ以上の冠動脈がつまっている場合、[*3] あるいは糖尿病患者の場合を除く）。ならば、これら二つの選択肢が与えられれば、医師はステントを選択するのが普通であろう。な

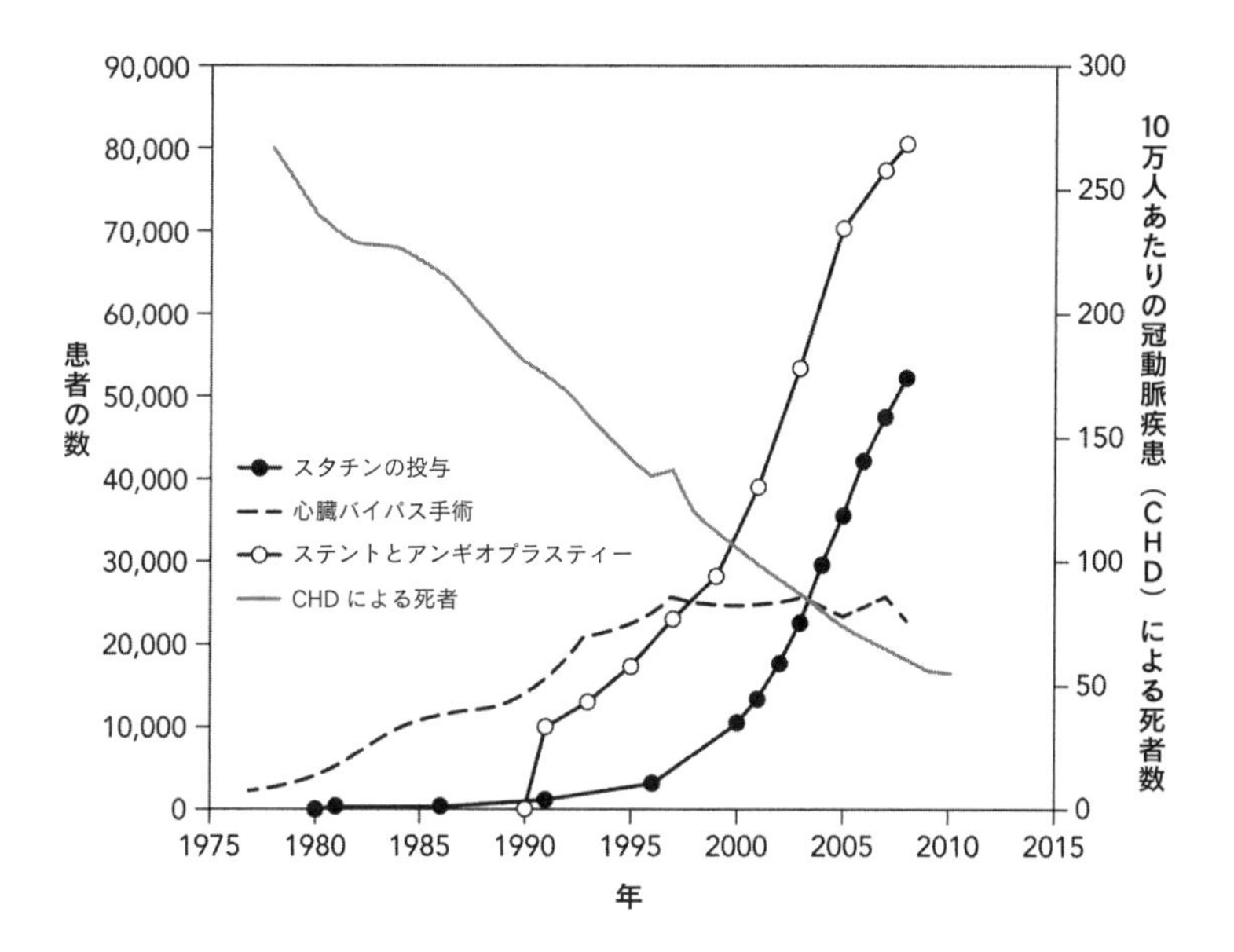

このグラフは冠動脈バイパス手術、ステント、その他の関連する心臓手術、そしてコレステロール値を下げる医薬品（スタチン）の適用頻度の変遷を示す。データはイギリスで得られたものだが、アメリカやその他の富裕な国では類似の推移が認められる。また、医薬品の処方、新たな施術、程度は小さいがダイエットの変化による心臓病の死者数の低下が示されている。

ぜなら、ステント留置術はほぼいかなる病院でも実施可能であるのに対し、バイパス手術は外科医を要するからである(しかもステントのおかげで外科医は減りつつある)。ある循環器専門医が遠慮なく述べるように、「ステントを使えば、胸骨をのこぎりで真っ二つにする必要はない」。このため、ステント留置術がますます広く行われるようになり、バイパス手術は次第に行なわれなくなってきた。同じことは、循環器専門医と心臓外科医の数についても言える。

しかしステントとバイパス手術の単純な比較は、いずれかの方法が絶対的にすぐれているという見方を前提にする。二〇一二年に刊行された『アーカイブス・オブ・インターナルメディシン』誌には、ステント(前述のとおり、効果という点では一般にバイパス手術とほぼ等しい)と非侵襲的な治療法(薬物療法や生活様式への介入など)を比較する研究の総括が掲載された。この総括は、ステントと非ステント治療のランダム化比較試験が行なわれたすべての研究の結果を分析している。[*4] すべてを合わせると、七二二九人の患者が対象になり、そのおよそ半分にはステントと薬物療法が、もう半分には薬物療法のみが与えられている。患者は平均して四年と少しの期間追跡調査されている。ちなみにこの研究は、この種の分析としては、これまでのところ最大のものである。ステントの費用と洗練度を考慮すれば、それを埋めた患者は、それ以外の介入を受ける必要性が低く、また心臓発作を起こしたり死亡したりしにくいと思われるかもしれない。スタチンや他の医薬品による薬物療法は錠剤の投与という形態で行なわれる。ステントは血管を通して冠動脈に挿入し、そこに留置する。確かにステントは投薬のみよりはるかに効果がある。比較の必要すらほとんどない。ステントは動脈を開通した状態のままにしておくのだから。これが進歩である点に疑いはない。

だが、安定した冠動脈アテローム性硬化に関して言えば、ステントは一般に、薬物療法や生活様式の変更に比べて、心臓発作や死のリスクを減らせるわけではない。全体的に見れば、薬物療法もステントも結果はさほど変わらない。違いがあるとすれば、むしろ薬物療法（投薬とダイエット）のみのほうが有効である。薬物療法のみを受けた患者は、ステント留置術を受けた患者に比べて、その後さらなる介入や手術が必要になる可能性が高まるわけではない。死亡する可能性やプラークが破綻する可能性が高まるわけでもない。どうやら唯一の違いは症状にあるようだ。薬物療法のみだと、胸の痛みを含め症状が消える可能性は劣る。言い換えると、（対症療法をどうとらえるかにもよるが）カナダの医師の方針は明らかに正しい。ステントの長い歴史、それを考案した聡明な外科医、ステント留置術を受けるためにこれまで多くの人々によって払われてきた費用を考慮しても、安定狭心症の治療に関しては、ステントには、正しい医薬品を服用し、運動を含めアンセル・キーズの提案に沿った生活を送る以上の効果が得られる保証はないのである。

一九八〇年代と九〇年代に行なわれた二つの研究はこの新たな発見と矛盾するが、それは表面的で予期される矛盾である。一九八〇年代や九〇年代においては、研究で行なわれていた比較は、アンギオプラスティーと（スタチンではなく）アスピリンやACE阻害薬を比べていた。この比較では、アンギオプラスティーのほうがすぐれる。しかしステントと遠藤のスタチンを含めた治療を比較した場合には、ステントのほうがすぐれるわけではない。効果が同程度とはいえ、一件あたり三万ドルの費用がかかることを考慮すれば、ステントは恐ろしく高くつく。死亡率はどちらのグループもおよそ九パーセントであり、死亡しなかった患者のなかで、致命的ではない心臓発作を起こしたケースは、薬物治療のみを受けた患者よりステント留置術を受けた患者にわずかながら多く見られる。

各地域における治療法の選択は、成功の度合いのみならずコストや文化にも関係する。アメリカのほとんどの病院は出来高払い制（個々のサービスや診察に対して報酬を支払う制度）をとっている。病院や医師は、手術を実施すればそれだけ収入が増える。また、手術が比較的容易であれば利益はあがる。ステントはまさにこの範疇（はんちゅう）に入る。現在では、ステント留置術を行なえる医師は非常に多い。少なくとも冠動脈バイパス手術に比べれば手軽に実施できる。ステントは病院に巨大な利益をもたらしてきたが、アメリカだけでも患者や健康保険会社に年間数十億ドルもの負担をかけてきた。それによる収入のほとんどは、医師、病院、ステント製造会社の懐に入る。収入の半分をステントから得ている病院もある。ある医師が『ニューヨーク・タイムズ』紙に語っているように、「ステントを埋めれば誰もが満足する。病院も医師も存分に稼げる」。

どうしてそんなことがあり得るのか？　ステントはつまった動脈をもう一度開通させ、バイパス手術は新たな動脈を作り出す。どちらのアプローチも、つまった管を修理する方法として直感的にわかりやすい。ところでアテローム性動脈硬化に関して、最近解明されたばかりの重要な機微を、つまりさまざまな側面で動脈が単なる管でないことを教えてくれる知見がある。一九八〇年代に入っても、医師や研究者は動脈の塞栓が進行性だと、つまりコレステロールや免疫細胞が、厚くなった壁の両側が接触するまで動脈壁に蓄積し続けると仮定していた。これはダ・ヴィンチの考えにも沿うが、過去数百年間のほぼすべての医師や研究者の見方でもある。彼らは、アテローム性動脈硬化が川底の土砂の堆積のようにゆっくりと進行すると見なしていたのだ。ところが一九九〇年代に入ると、このモデルが完全には正しくないことが明らかになる。

一九九〇年代に、動脈が進行性の狭隘化のみならず、プラークの形成によって狭隘化するアテローム性動脈硬化、およびプラークの破綻の組み合わせによってつまることを示す一連の研究が発表された。プラークが破綻、つまり裂開すると、内容物が動脈中にこぼれ出す。コレステロール、免疫細胞、トリグリセリドのごた混ぜである内容物は血液の凝結を引き起こす。動脈をつまらせて最後の一撃を加えるのはこの凝結である。ステントもバイパス手術も冠動脈をもう一度開通させるが、動脈の他の部分からプラークを除去するわけではない。したがって身体中のいかなる動脈に形成されたプラークが破綻しても、それによって流れ出た内容物は冠動脈に達してそれをつまらせ得る。さらに言えば、ステントやバイパス手術は大きなプラークを目標にするが、実際にもっとも破綻しやすいのは中間的な大きさのプラークであることが最近の研究によって判明している。

この血栓症のモデルに照らしてみると、ステントとバイパス手術の限定的でいくぶん特異的な成功が理解できる。動脈はつまる可能性のあるただの管などではなく、複雑でまだよく理解されていない現象に服する生きた管なのである。このモデルはまた、アスピリンやベータ遮断薬（さらにはスタチン）が有効に作用する理由の一つを示唆する。スタチンが有効なのは、遠藤が考えたように、それが血中のコレステロール値を低下させるからだが、より特定的に言えば、既存のプラークに含まれるコレステロールを排除すべく身体を導くからだ。アスピリンは血液の凝結を抑え、血栓症による塞栓が生じにくくすることで機能する（言い換えると、アスピリンはプラークが破綻して心臓発作が起こるのを防ぐがゆえに、動脈がつまるとアスピリンを服用するのである)。ベータ遮断薬は血圧を下げるのに役立ち、プラークにかかる血液の圧力を弱める。よってプラークが破綻する可能性が小さくなる。これらの医薬品はすべて、アテローム性動脈硬化を減らし、血栓症の脅威を弱めることで、心臓発作を引き起こすほど動脈の塞栓がひどくなる危険性を系統的に抑える点でステントと異なる。注目すべきことに、一世紀にわたる心臓治療の探究を経たあとで、すなわち心臓という生命の維持に不可欠なポンプを修理、もしくは置き換えようとする一世紀にわたる試みを得たあとで、ようやく私たちは、これまで達成してきた成果のどの要素が実際にうまく機能するのかを理解し始めたのである。

他の成功は心臓病の予防に関するものだ。ただし、さまざまな予防手段の優劣を判断するのはむずかしい。ほとんどの研究結果は、ベータ遮断薬などの血圧を低下させる薬、アスピリンなどの血液の凝結を抑える薬、スタチンなどのコレステロール値や炎症の程度を抑える薬の重要性を強調する点で、『アーカイブス・オブ・インターナルメディシン』誌に掲載された研究結果と大差はない。ところで、心臓病の予防にはもう一つ重要な要素がある。禁煙である。

喫煙と心臓病のストーリーには、アンセル・キーズのような特定の個人は登場しない。一九七〇年代に入ると、喫煙は心臓病を引き起こす高いリスクをともなうことが知られ始める。それらの結びつきに関して論争が起こったことは一度もない。議論はもっぱら、喫煙と心臓病のあいだに結びつきがある理由に関してであった。その理由は複数ある。喫煙は動脈を狭窄し、血液が凝結する率を上げることで心臓病発症のリスクを高める。また肺に取り込まれた微粒子に対し、危険な外敵であるかのように免疫系が反応することで炎症が引き起こされる。これらは、喫煙者と、タバコの煙を間接的に吸った人のどちらにも起こる。

身体に対する喫煙の効果はとても興味深い。しかし、禁煙が推進されるようになった経緯もそれに劣らず興味深い。キーズが脂肪分の危険性を警告したように、公共サービス情報は喫煙の危険性を周知してきたがあまり効果はなく、効果があったのは法、規制、課税であった。これら公共政策の実施の結果、喫煙はより高価で不快なものになる。ほとんどの州の、レストランなどの公共空間では、喫煙者は裏口付近に群れて、雨が降り寒風や熱風が吹きつけるなかで互いの渋面に煙を吹きかけ合わねばならなくなった。かつては魅惑的と考えられていた行為は、今や社会的、法的、経済的に無用な行為と見なされるようになったのだ。その結果、喫煙者数と消費されるタバコの本数の減少と密接に相関して、心臓病（および肺がん）の罹患（りかん）率は低下していった。

喫煙をめぐる政策の変化は、喫煙者ばかりでなく非喫煙者の健康も改善した。米国医学研究所による最近の報告によれば、イタリア、カナダ、アメリカなどのさまざまな国で、喫煙の減少が心臓病発症のリスクの低下につながっている。減少の度合いに関して言えば、六パーセントより低い地域はなく、四五パーセントに達する地域さえある。最小の数値である六パーセントでも、現代の欧米式ダイエットから地中海ダイエットへの転換による効果より大きい。

喫煙を抑制する課税や法の成功は、私たちに多くの教訓を与えてくれる。その一つは、人々の生活様式の負の側面を減らしたいのなら、単に勧告するだけでは足りないということだ。大局的な観点から見た場合、健康に対する態度が変化するのは個人的な選択を通してではない。それは、法的、政治的、物理的な手段による社会的エンジニアリングという背景を通してなされる。そのような変化がいかに強力で即効的かを示す好例の一つは、都市汚染の心臓への影響である。環境汚染は間接喫煙と同様、個人の努力のみでコントロールすることが非常にむずかしい。

大気汚染は喫煙と同じく、心臓病罹患率と心臓発作発症率を上昇させる。健康問題を引き起こすのは、汚染物質の微粒子（直径二・五マイクロメートル以下）である。*5 それらは肺に影響を及ぼすが、さらに大きな影響を心臓に与える。タバコの煙同様、動脈の狭窄を引き起こし（それにより血圧を上げ）、炎症や血液の凝結を助長する。

最近の研究によれば、これら微粒子の凝縮を抑えることで、心臓発作による死をおよそ一二パーセント低減できる。北京オリンピックが開催される前、中国の官僚は市内での車の使用を制限し郊外の発電所の稼動を抑えることで、オリンピックに至るまでの数か月間、空気の洗浄に努めた。するとそのあいだ、心臓病による死者の数は減少した。オリンピック終了後、発電所はフル稼働を再開し、市内には車があふれるようになった。すると心臓発作による死者の数は再び上昇した。禁煙を除くと、大気汚染の除去は、これまで論じられてきたほぼいかなる予防策より、心臓病のリスクの軽減に寄与し得る。少なくとも理論上、大気汚染は喫煙同様コントロールが可能であり、そもそもその本性からして公共的な現象である。どこか空気のよい場所に引っ越すか、家に閉じこもるかしない限り、誰も大気汚染の影響から免れられない。しかし法や地方自治体の決定は大気汚染の程度を変えられる。その意味では、市街地の木々や甲虫もそれを変えられる。

二〇〇二年ミシガン州デトロイトで、宝石にも似た緑色の小さな甲虫アオナガタマムシ（*Agrilus planipennis*）が発見された。一四、二四、二〇〇〇匹と発見されていき、やがて数百兆の個体が見つかる。

そう数百兆匹だ。アオナガタマムシはアジアおよびロシア東部が原産だが、輸入木材に紛れ込んでミシガン州に侵入してきたのである。アジアでは無害なアオナガタマムシも、北米では違う。この甲虫はゆっくりとではあれ確実に、トネリコの木を見つけては殺していった。アオナガタマムシが原産地より北米でかくも有害化した理由は定かでないが、攻撃対象となる樹木の免疫反応が関係する。北米の樹木はこの甲虫に過剰反応し、それによって木が死んだのである。

ミシガン州に橋頭堡を確立したアオナガタマムシは、近隣の諸州にとめどなく広がり始め、その経路上に立つあらゆるトネリコを殺していった。トネリコは街路樹として植えられることが多く、したがって近隣住区でもっとも被害が大きかった。かつては木陰の恩恵を受けていた近郊の住宅地が、直射日光を受けるようになったのだ。かくして（およそアメリカの成人一人に一本の割合で）一億本以上の樹木が死に、それでも甲虫の勢いはとどまるところを知らなかった。

これほどの数の樹木の死は悲劇的である。鳥類やハチやその他の樹木に依存する生物にも多大な影響を及ぼす。しかし、オレゴン州ポートランドの米国林野局に勤めるジョフリー・ドノバン博士は、これらの樹木について考えながら人々への影響を心配した。彼は、木々の恩恵とコストを測定することにそれまでの人生の大部分を費やしてきた。樹木はその地域の資産価値に影響を与える。犯罪の減少を促進し、大人や子どもが戸外で生活する時間を増やす。樹木はまた、健康、とりわけ循環器系の健康に資するとされている。東京で行なわれたある研究によれば、一般に緑地帯の近くで暮らしている高齢者はより長生きする。*6 これは、緑の空間の他の恩恵とともに、汚染物質に対する樹木の有益な効果によるものと考えられる（樹木はさまざまな汚染物質を大気から除去する）。*7

この点に関して言えば、木々の様相だけが変化し、それ以外の生活環境が同じであるという条件のもとで行なわれた研究には説得力がある。ドノバンは、アオナガタマムシの拡大がまさにそのような条件を作り出したと考えた。アメリカ中西部で、偶然に一種の実験的な状況が作り出されたと見なしたのである。彼は、甲虫が樹木を殺すと、周辺地区の大気汚染をさらに悪化させて心臓病や循環器系障害を発症するリスクを高め、人間をも殺しているのではないかと推測した。理論的には、それは十分に考えられる。もちろん理論的な予測は間違い得る。だがドノバンは、理論の是非を確認するために検証を行なうことができた。

ドノバンらは、特定の地域におけるトネリコの数の変化と、その地域に住む人々の健康状態の変化を比較してみた。理論的な予測に従えば、より多くの木が死んだ地域では、健康状態、とりわけ循環器系の健康状態がそれだけ悪化するはずであった。この検証には時間がかかった。というのも、住民の健康に関するデータと樹木の死のデータを比較しなければならず、分析は困難を極めたからだ。しかし最終的にドノバンは結果を手にする。それは、理論的な予測以上に際立っていた。トネリコが死んだ地域では、循環器系疾患とそれによる死はよりありふれていた。ドノバンらの見積もりによると、二〇〇二年から二〇〇七年にかけて、ミシガン州および他の一八の中西部の州において、樹木の死のために、それがなかった場合に比べて一万五〇〇〇人多く心臓病による死者が出ている。アオナガタマムシは、ラストベルト〔アメリカ中西部からニューイングランドにかけての、鉄鋼業などの斜陽産業が集中する地域〕では（人間以外の）いかなる動物よりも危険であることがわかったのである。

もちろん樹木の喪失に結びついた死は、木による大気汚染の吸収のみに関連しているのではないはずだ。樹木はそれ以外にも健康に対する恩恵をもたらす。木はストレスを軽減する。また気温を低下させる(市街の木に覆われた場所は、コンクリートで覆われた場所より気温が最大で摂氏六度低くなる)。しかし、大気汚染が大きな要因である点に間違いはない。樹木の効果は、木々が濃密に植えられていることの多い裕福な地域で最大になる。このデータは、木が失われれば失われるほど健康に悪影響が及ぶことを示唆する。そのあいだにも甲虫は広がり続けている。どうやら大陸の端から端まで、トネリコが立っていればいかなる地域にも拡大しているらしい。ある見積もりによれば、この小さな甲虫は、その活動を終結するまでに地球上の全人口にも等しい七五億本の木を抹殺することができる。ドノバンらの見積もりが正しければ(また樹木の喪失の効果がどこでも同じだとすると)、それだけの樹木を殺せるこの甲虫は、一〇〇万人の命を奪える計算になる。

このストーリーに希望を見出すとすれば、それは、樹木の死によって生命が奪われるのなら、木を植えれば生命を救えることだ。循環器系の健康を増進すべくダイエットや生活様式を変えるよう人々を説得するのは難事であるのに対し、木を植えるのは簡単である。政策によって喫煙者が減り、健康のために木々が植えられる都市を想像することは、さしてむずかしい話ではない。

*

植樹によって健康増進を図るという考えは、人工心臓や心臓移植などの輝かしい革新に比べれば単純で初歩的である。その根底には公衆衛生に基づく考えがあるが、人々の健康に対して薬物治療よりはるかに大きな効果が認められるにもかかわらず、めったに日の目を見ることがない。公衆衛生は、何十億もの生命を救うための衛生施設、予防接種、病原菌の拡散の監視などの手段を提供する。また、特定の地域や国に住む人々、さらにはこの地球上で暮らすあらゆる人々の、生活の質の向上について考える機会をもたらす。

個々の患者を治療するにあたり、（少なくともアメリカの）医師には、延命のためにあらゆる努力を傾注することが期待される。その際、必ずしも患者が送る生活の質が問われるわけではない。とにかく患者の延命が求められるのである。しかし社会全体、つまり公衆衛生の観点からすると、目標はそれとは必然的に異なる。公衆衛生の目標は、平均寿命や平均的な生活の質を向上させることにある。当然ながら、私たちは一般に自分や家族、さらには近隣の人々の健康にもっとも気を配る。しかしここでは、自分の命ではなく平均寿命を上げることが目標であった場合、何をすればよいのかを考えてみよう。

地球全体を対象に考えるのであれば、まず優先すべきは心臓病の対処ではない。普通の子どもが心臓病の心配をしなければならない年齢まで生きられるよう、マラリアやＨＩＶ、あるいは病原菌に媒介されるその他の疾病の治療や予防を行なうことが優先されるべきだろう。誰もが清潔な水を利用できるようにし、下痢に起因する死を予防できれば、人々は公衆衛生による恩恵を確実に受けられる。現在でも世界の多くの人々にとっては、心臓病は比較的高齢に達した人がかかる一種のぜいたく病であり、子どもが心臓病を心配しなければならないほどの年齢に達すれば、それだけでも幸いなのである。

しかしそれは、世界全体を視野に入れた場合の話である。アメリカ国内、あるいは特定の都市に話を限定した場合にはどうだろうか？　現在、一部のアメリカ人は過去五〇年の心臓研究の恩恵を受け、それらの人々の平均寿命は延びている。だがアメリカ市民の多くは、この恩恵を受けられずにいる。彼らにとっての平均寿命や心臓病による死亡率は、一九五〇年時点と変わらない。アメリカでは遺伝子を調べれば心臓病のリスクを予測できるが、他の条件が等しければ、個人の経済状況や教育もそれ以上の予測因子になり得る。循環器系障害に関して言えば、貧者や教育程度の低い人々は、基本的に過去五〇年間に得られた医学の進歩の恩恵を受けられずにいる。社会経済的地位が低い人々は、高い人々に比べ心臓病を発症する可能性が五〇パーセント増大する。この事実は、ダイエット、肥満、禁煙などの要因を考慮しても変わらない。いかに容易にヘルスケアにアクセスできるかが異なるために、このような差異が生じているのである。

このギャップは縮まるどころかむしろ開きつつある。身体を現在より数年間長く保たせられる新たな技術を発明すれば、アメリカにおける個人の寿命を延ばせるだろう。あるいは公衆衛生に関する新政策を打ち出し、木を植えたり、ヘルスケアをより公平に分配したりすることもできる。その際のカギは、必ずしも革新的なテクノロジーをひたすら追及することではなく、誰もがより長く健康な人生を送れるよう、それによって得られた恩恵を公平に分配することだ。現在すでにヘルスケアの十分な恩恵を受けている裕福な人々は、公平な分配によってさらなる恩恵が受けられるわけではない。しかしそれは、現在そのような恩恵を受けられずにいる一般の人々には大きな効果がある。今日、裕福な国であろうが、貧困にあえぐ国であろうが、心臓のケアを受けられずにいるのは貧しい人々である。しかし比較的最近になるまで、医学の進歩の恩恵を受けられない人々には、先天的な心臓疾患を抱えて生まれ見捨てられた子ども、すなわち壊れた心臓を持って生まれた子どもが含まれていた。

第14章　壊れた心臓について書かれた本

一九四四年一一月二九日、生後一五か月の乳児アイリーン・サクソンはジョンズ・ホプキンス病院の鋼鉄製の台の上に仰向けに寝かされていた。確たることは誰にもわからなかったが、彼女の小さな身体の内部で心臓が異常な動作をしていたのだ。皮膚は青かったが、彼女は生きていた。彼女を見下ろしていた、主任外科医と循環器専門医ら医師たちの考えでは、彼女は、体内を循環する血液の酸素のレベルが低下する青色児症候群に罹患（りかん）していた。青色児症候群とは、フランスの医師エティエンヌ＝ルイ・アルチュール・ファローの名をとってファロー四徴症と呼ばれる一連の奇形によって引き起こされる、一般的な先天性疾患をいう。これら四つの奇形は太古の昔に起源を持ち、人類やさらには霊長類にさえ先立って存在していた。なにしろ、それらは心臓の異常が発見されるほど十分に研究されたあらゆる哺乳類に見つかっているのだから。奇形は数限りなく確認されてきたが、一九四四年以前は一度も治癒したことがなかった。ゴリラであれ、リスであれ、少女であれ、赤ん坊はやがて死んだ。文字どおり窒息死したのである。アイリーンも青色児であったが、状況は違っていた。彼女の周囲に集まっていた手術衣とマスクを着用した一〇人ほどの医師や看護師たちのうち少なくとも三人は、彼女を救えると信じていたのだ。

一七八四年、ロンドンにあるセントジョージ医学校のウィリアム・ハンターは青色児症候群を次のように正確かつ詳細に記録している。「(1)本来指が入るはずの右心室から肺動脈への通路が、ガチョウの羽軸(うじく)より細くなっている。(2)二つの心室を分け隔てる仕切りに、親指が入るほど大きな穴があいている(心室中隔欠損)。(3)右心室の血液の大部分が左心室の血液と一緒に大動脈へと送り出され、呼吸によって得られる利点がすべて失われている」。また四点目として、狭くなった肺動脈を通して肺に血液を送らなければならないため、右心室が肥大していることがあげられる。青色児症候群ではこれら四つの障害がつねに一緒に生じるらしく、そのために体内を循環する酸素の量が不足する。世界中でおよそ三六〇〇人の乳児の誕生につき一件の割合でこの障害が発生する。アイリーンの両親にとって残念なことに、彼女はその一件に該当してしまったのである。

主任外科医は、ジョンズ・ホプキンス病院小児心臓外科の外科医アルフレッド・ブラロック博士であった。ブラロックはバンダービルト大学医学部に(最初の学生として)通い外科医を志した。また、そばの踏み台に立って彼の耳にささやいていたのは、ビビアン・T・トーマスであった。彼は天才的な手術の技量を持ち、アイリーンの手術の準備として行なっていた、一つを除くすべての実験的な手術を執刀していた。たとえば、ファロー四徴症に見られるものに似た障害をイヌに作り出して治療する実験を行ない、そのイヌを予定どおりに救うことに成功した。技量からすれば、トーマスが手術を担当すべきであった。しかしトーマスは貧しい家庭出身の黒人で、当時はそのような青少年が優秀な高校や、まして大学に進学することは困難だった。彼は大学には進学したものの、学費を収められなくなって退学している。だから彼は、外科の仕事には裏口から入った。ブラロックが彼を技師として雇ったところ、彼は、正式な外科医ではないにもかかわらず、天才的な手術の技量を持つことを自ら証明したのだ。[*1] そしていつしか、おもにトーマスのほうがブラロックを導くようになっていた。その様子は、あたかもブラロックが操り人形で、トーマスが人形師のようだったと、のちにささやかれる。

　アイリーンのすぐそばにいたのはこの二人だったが、彼らの背後にはヘレン・B・タウシグ博士が立っていた。タウシグは、これから試そうとしている施術の考案者であった。彼女は外科医ではなかった。女性の彼女には、外科医としてのトレーニングを受ける機会が与えられなかったのである。そのときアイリーンを見下ろしていたチームは非常に変わっていた。もっとも正統的なメンバーであったブラロックでさえ、主流をややはずれていた。彼は自信を喪失し、自分を失敗者と見なしていた。外科医としての地位も苦労して手に入れたものだった。彼を雇ったのはバンダービルト病院のみで、そこでは彼が最初の研修医のうちの一人であった。

　ブラロックはアイリーンの両親に、これから彼らが行なおうとしている手術の危険性を説明する。しかし両親は、それが唯一の選択肢であることをよく心得ていた。青色児症候群を抱えて生まれた子どもで、四歳を超えて生きられたケースは皆無であった。もちろんアイリーンの障害が青色児症候群ではない可能性は捨て切れなかったが、彼女の心臓を見るまで真実は誰にもわからなかった。ブラロックは、チームのメンバーの複雑な事情についていちいちアイリーンの両親に説明しなかった。また、自分が内心抱いている躊躇（ちゅうちょ）や、絶えざる恐れの感情についても口にしなかった。一億三〇〇〇万年にわたる哺乳類の小さな壊れた心臓の歴史を通じて初めて、この乳児はファロー四徴症から回復する可能性を与えられたのである。手術が成功すれば、アイリーンの皮膚は青色からピンク色に変わるはずであった。そして彼女の指は生命で満たされ、彼女は生き続けられるはずであった。

この瞬間に至る道は、モード・アボット博士（友人は彼女をモーディーと呼んでいた）によって開かれた。彼女はケベック州セント・アンドリュースで生まれた。そこでは災難が続き、父親は家族を見捨て、母親は結核で死んだ。そのため彼女は祖母に育てられた。こうしてアボットは艱難辛苦に鍛えられたのである。アボットは一八八六年にマギル大学に入学し、卒業式では卒業生総代を務めている。しかし当時のマギル大学は女性の医学部への入学を認めておらず、その道に進むためには他の大学を探さねばならなかった。こうして彼女は、ケベック州レノックスビルにあるビショップ大学に進み、クラスで唯一の女子医学生になる。ただし大学への入学は許されたものの、社会的に完全に受け入れられることはなかった。医学における女性の執拗な締め出しのために、いくら貪欲な彼女でも、すんなりとは前に進めなかった。だから前進するためなら横道にそれることも辞さなかった。かくして（ここでも最高の栄誉を讃えられつつ）医学の学位を取得すると、アボットは女性と子どものための診療所を開く。しかし彼女自身の言によれば、子どもや患者に対する適切な共感力が彼女には不足していた。それよりも検死のほうが合っていた。死者は忍耐以外のなにものも求めないからである。そして、検査した死体の一つにヘモクロマトーシス（血中の鉄分のレベルが高すぎるために起こる疾病）を発見し、それに関する論文を書いて名声を得る。この論文を評価したマギル大学病理学部門の部門長ジョージ・アダミは、マギル大学医学博物館館長補佐の地位に就くことを彼女に推薦する。彼女は一八九八年に実際にその職への就任を打診されて受諾し、そこでブラロック、タウシグ、トーマスによる手術の基礎をなす研究に着手する。

医学博物館では、アボットは前任者のウィリアム・オスラーが未整理のまま残した身体のさまざまな器官を分類整理する仕事を委ねられる。オスラーは才気あふれる病理学者で、身体の欠陥の理解に生涯を捧げ、そのためならどれだけ遠方であろうと新たな死体を調査しに出かけて行った。*2 彼は医療、すなわち生体の治療には関心を示さなかった。彼の興味と天与の才は、現代の検死で行なわれているようにケースごとに死因を解明することにあった。彼はモントリオールで行なった一〇〇〇件を超える検死作

読書をするモード・アボット。(図版提供:Harris & Ewing ／ McGill University Archives, PR023284)

業のそれぞれから得られた身体部位を、一〇〇〇個を超える容器に収集していた。それは、人間の身体がいかに悪化し得るかを示す見本の一大コレクションと言えるもので、きわめて貴重ではあるが、当時はまだその価値が正しく評価されていなかった。アボットはこれらの身体器官を調査し、分類学者が鳥類を分類するように、類似点や相違点に基づいて基本的な種類ごとに分類したのである。こうして彼女は、ファロー四徴症や青色児症候群に至るものも含め、心臓の先天性疾患に関する包括的な一覧を作成する。そしてそれは、壊れた心臓を展示する一種の展覧会として各地を回った。一九三一年にニューヨーク医師会によって展示されたのを皮切りに何度も展示され、最終的にはマギル大学の医学講座の標準的な教材になった。それから彼女は公職から退いた一九三六年に、心臓の欠陥に関する知見をまとめた著書『先天性心疾患図解（*The Atlas of Congenital Heart Disease*）』をアメリカ心臓協会から刊行した。ちなみにこの本は現在でも刊行され続けている。この本には、一〇〇〇の先天性奇形の記録という形態で人間の心臓疾患の多様さが示されており、彼女はそれらのすべてがいつの日か治療できるようになることを望んでいた。*[3] またこの本の成功をもとにして、心臓に関する教科書を書きたかった。そのために一九四〇年にカーネギー財団から補助金を受け取ったが、七一歳のときに卒中で他界したためにこのプロジェクトは未完に終わった。

人体の欠陥を一覧した本はたくさんある。見世物的な好奇心に満ちたものも多い。「紳士淑女の皆さん、この女性の心臓には穴があいている！　こちらの男性には心室が一つ余計についている！」というわけだ。しかしアボットの本は違う。それは、先天性奇形が検死ではいかに見えるかを包括的かつ冷徹に語っている。とはいえ、生体における兆候や症状、ましてやその治療法についてはほとんど何も書かれていない。それに続く研究も、新たな心臓の欠陥を追加する、つまり棚に新たな容器を加える以外にはほとんど何もなされなかった。そこへヘレン・ブルック・タウシグ博士が登場する。

アボット同様、タウシグは成功に至るまでに並大抵ではない困難に直面している。幼い時分に母親を失い、高校では識字障害のために苦労し、さらには三〇代の前半に、診断にあたってもっとも頼りにしていた感覚、聴覚が原因不明の機能不全を呈し始める。それにさらにジェンダーの問題が加わる。女

魅了された聴衆を前にして、患者のそばに立つウィリアム・オスラー。この手術室は現代のものと同様、剣闘士が戦ったコロセウムと、ガレノスが手術を行なった舞台の直接的な子孫である。（図版提供：The Osler Library of the History of Medicine, McGill University）

性であったために外科のインターンにはなれず、小児科のインターンとして受け入れられたのだ。その後幸運が彼女に訪れる。一九二八年に彼女の恩師の一人エドワーズ・パークは、ジョンズ・ホプキンス病院に小児心臓センターを創設した。その種のセンターは当時、さらにはその後数十年にわたり他には存在しなかった。パークは子ども、特に当時無視されがちだった慢性疾患を抱える子どもに、より適切な治療を施す必要があると考えていた。*4 そしてその実現、すなわち不運な子どもの救済という当時としては革新的な目標の実現に向け、タウシグの協力を仰いだのである。タウシグはそこで、心臓疾患に苦しむ何百人もの子どもを目にする。

当時、連鎖球菌感染に対する過剰な免疫反応の結果引き起こされるリウマチ熱が、子どもの心臓疾患の主因であることが明らかになりつつあった。連鎖球菌の特定のグループ（グループA）に対する免疫系の反応は、心臓弁、とりわけ僧帽弁の厚化、および弁の動作の拘束につながる。この拘束が完全に、もしくはそれに近くなると心不全が引き起こされる。リウマチ熱とリウマチ性心臓疾患は、必ずしも免疫反応に対処するものではないとしても、病原菌に対処するための初期の医薬品がすでに登場していたこともあり（細菌感染に対するもっとも効果的な治療として長く使われてきたスルホンアミド剤）、格好の研究対象であると思われた。また、新たな抗生物質の登場が間近にせまっていた。タウシグは、リウマチ熱患者の治療に喜びと満足を感じていた（リウマチ熱は当時のアメリカの、また今日における世界のさまざまな国々の子どもたちの第一の死因である）。だが病院のスタッフは、彼女が子どもを治療することに反対した。彼女は「彼らの症例を盗んでいる」と見なされたのである。そのため彼女は、より治療が困難なもの、先天的なもの、回復の見込みがまったくないものなど、他の重篤な心臓疾患に焦点を絞る。それが彼女の人生の分け前、死の分け前だったのだ。

困難に直面したタウシグは、「攻撃的、防御的、戦闘的になり、ときには勝利し、たいていは敗れ苦悩した」[*5]。友人には間違った道を選択したと言われる（「選択」という表現はまったく正しくないが）。歴史家のローラ・マロイが指摘するように、「当時は一般に、先天性奇形を正確に診断できたとしても、それに対処する方法は存在しないと見られていた」[*6]。しかしタウシグは、いつの日か治療が可能になると信じていた。アボットとは違って、彼女は共感力にあふれていた。自分に与えられた仕事、すなわち治療

モード・アボットが管理していたオスラーコレクションのリウマチ性心疾患にかかった心臓の一片。人間の心臓のさまざまな機能不全を明示する無数の「ジャー」のうちの1つ。（図版提供：The Maude Abbott Medical Museum）

不可能と見なされていた子ども、誰も救おうとしない子ども、アイリーンのような子どもを治療する仕事を全うしなければならないと感じていたのである。*7

子どもの心臓の治療を始めたタウシグはアボットの著書を注意深く読んだ。展示も見たし、本人にも会った。のちに二人は、ともに強い意志を持っていなければ師弟関係と見なせたはずの関係を築いている。二人の関係は、彼女たちの人生のさまざまな側面と同様、単純とはとても言えるものではなかった。タウシグは、アボットが整理した標本を見、彼女と話をすることで、人間の病気の多様性と発生頻度に驚かされた。およそ一二五人に一人の子どもが先天性心臓奇形を持って生まれてくる。しかもこの数には、心臓が完全に発達することのなかった死産児は含まれていない。このように、心臓の奇形はもっとも頻度の高い先天性疾患なのである。またタウシグは、それ以外の事実、すなわち先天性心疾患の種類はさほど多くはないと思われるのに、同じ疾患が繰り返し見られることに気づいた。数多くの遺伝子、発達段階があることに鑑みれば、心臓は、変異した細胞の組み合わせによって無限の種類の疾患を発症し得るかのように思えるが、アボットの業績を目のあたりにしたタウシグは、そうではないことを見て取った。彼女には、あたかも予測可能な遺伝的起源が存在するかのように、ランダムにではなく、何らかの進化の作用を通して同じ障害が繰り返し出現しているように見えた。当時先天性疾患は、もっぱら遺伝子に影響を及ぼしそれを破壊する劣悪な環境や物質への曝露(ばくろ)によって生じると考えられていた。アボットには、この見方は完全に、あるいは少なくとも部分的に誤っていると思われた。無限に多様な損傷ではなく、いくつかの奇形が繰り返し生じているというのが彼女の考えであった。アボットは自分が発見した先天性障害の治療を望んでいたが、タウシグは望むだけでは満足せず、もっともよく見られる奇形の治療方法を発見しようとした。

そのために彼女は、死体ではなく子どもを対象に、これらの障害を診断する方法を考案しなければならなかった。MRI、カテーテル法、アンギオグラムはまだ発明されていなかった時代の話である。フォルスマンはまだ、心臓にカテーテルを通していなかった。つまり切開しない限り、身体の内部を見ることはできなかったのだ。一九三〇年にタウシグが職を手にしたとき、心臓の検査に使える装置はEKG（心臓の電気的律動を検知する装置）しかなかった。EKGでわかる以上のことを知ろうとすれば、自分の直感に頼るしかなかった。だから彼女は見、そして聞いた。彼女は自分の仕事を、クロスワードパズルにたとえている。このパズルの答えは疾病で、手がかりは耳で聞いたもの、血圧、のちになってからは蛍光透視鏡（フルオロスコープ）のあいまいなイメージであった。フルオロスコープは、X線によって身体内部の動きをリアルタイムで観察できるようにする装置である。このクロスワードパズルは悲劇的にも、患者が死んで検死解剖をしなければ自分の解答の正否がわからない。なんとも心の折れる陰惨な仕事であることか。ハッピーエンドに至ることはまずない。一つ一つの悲劇を通じて、少しずつ学んでいくしかなかったのだ。

タウシグは、自分の患者の心臓疾患について詳しく記録し、特定の疾患の治療法を誰かが考案したときには、他の患者にもその疾患を診断できるようにしておくことが義務だと感じていた。彼女は一九四四年までに、アボットの業績に基づいて、先天性心疾患とその兆候（疾患の影響によって心臓に残された形跡）を集成した完成度の高いカタログを編纂（へんさん）した。ちなみにこの本は、小児心臓学の最初の標準的な教科書になった。彼女の同僚カールトン・チャップマンはのちに、「あの本はすべてを変えた。先天性心疾患をおとぎ話の世界から医療の世界に引っ張り出すことに成功したのだ」と述べている。この本で彼女は、症状によってつねに予見が可能な疾患とそうでない疾患があると論じている。青色児症候群の青い肌の原因は予見可能である。それはほぼつねに、ファロー四徴症の四つの奇形によって引き起こされる。

一九四四年の刊行の時点では、タウシグはファロー四徴症を、肌を青く変色させる他の疾病から確実に区別できるようになっていた。だが依然として、診断以上のことはまったく何も行なえなかった。両親を慰撫し、患者がただ死ぬのを待つしかなかったのだ。心臓にできた穴をふさぐ手術に関する議論を彼女が聞いたのは、この頃のことであった。そのとき彼女は逆の可能性を、すなわち穴をあけて心臓から肺に至る一種の「動脈」を開通させる可能性を考える。当時は人工心肺の登場も目前に迫り、心臓手術がある種のブームを迎えていた頃で、彼女は、自分のそばで死んでいく子どもたちを新たな手術のアプローチを用いて救う可能性をつねに念頭に置いていた。

進歩を求めて競い合っていた外科医の多くは成人を対象に考えていた。成人の心臓は大きく手術がしやすいからである。とはいえ、子どもの場合にはそれによって一生にわたる利益が得られるかもしれないのに対し、大人の場合には一般に数年間の利益が得られるにすぎない。いずれにせよ、新たな技術を試すなどといった特殊な機会を除けば、子どもを対象に心臓手術が行なわれることはまずなかった。タウシグはその種の特殊な機会を待つつもりはなく、とにかくファロー四徴症を抱える子どもの手術がしたかった。そのためには、実際に執刀する外科医を探す必要があった。熟達した手術の腕前を持ち、そのような症状を手術する方法を考案できる外科医を。

タウシグはハーバード大学に行き、そこで若い患者の心臓の動脈管を閉じる手術を行なった外科医と相談した。動脈管とは、肺に血液を運ぶ血管、肺動脈と、左心室を出て身体に至る大動脈をつなぐ小さな管をいう。それは胎児の頃は開通しており、(胎児では無用な)肺に血液が送られないようにする。この動脈管が閉じない子どもがいる〔通常は誕生後に閉じる〕。その場合、肺で酸素を受け取った血液の一部が肺動脈へ逆流する(そして再度肺を通る)。ボストン小児病院の外科医ロバート・グロスは一九三八年に、動脈管を閉じる手術を行なっていた。*8 彼はタウシグの協力の要請を、依頼すること自体がばかげているとして断った(それによって彼女はいよいよ決心を固くする)。彼女はジョンズ・ホプキンス病院に戻り、自分の考えにこだわり続けた。あまりにも彼女の決心が固いので、同僚は彼女を頑固者として非難するほどだった。おそらく彼女には「ノー」という言葉が聞こえなかったのだろう。かくして執刀者を見つけられるまでに、さらに二年が経過する。

そして彼女はアルフレッド・ブラロックに出会う。ジョンズ・ホプキンス病院に職を得たとき、彼はそこで働くのが運命であるかのごとく感じていた。彼には試してみたい手術の技術がいくつかあったが、タウシグの話を聞いてどれを試すべきかの見当をつける。彼は、心臓から身体に至る動脈の一つを肺につなぎ変えられると考えていた。そして実際にそれを行なう前に動物を対象にテストを重ねることにした。この仕事を委ねられた助手のビビアン・トーマスは、そのための技法を考案し結果に満足するまで三年にわたりイヌを用いてテストを繰り返した。タウシグ、トーマス、ブラロックが、手術室に横たわる幼い少女アイリーンの前に立ったのは、かくしてタウシグが二年をかけて協力者を見つけ、トーマスが三年をかけて手術の方法を完成させたあとでのことだった。

アイリーンの両親は娘が何とか助かることを願っていた。タウシグ、トーマス、ブラロックはできる限り多くの青色児を救いたかった。しかしイヌの心臓は人間の心臓ではない。実を言えば、これから行なおうとしている手術が成功するかどうかは、彼ら自身にもまったくわからなかったのだ。

手術台の上に横たわる幼いアイリーン・サクソンには、何が起こっているのかがまったくわからなかった。彼女は生まれてから苦痛しか感じたことがなかったはずだ。明かりを見上げていた彼女は、麻酔が効き始めて眠りに落ちる。アイリーンのかたわらに立つブラロックは、彼女の身体に切込みを入れる。右のわきの下から胸へと、それから第三肋骨(ろっこつ)と第四肋骨のあいだにメスを入れ、それらを押し広げる。これだけでも簡単な作業ではない。彼女の身体は非常に小さいために、トーマスはそれに合うよう、いくつかのツールとアプローチを新たに考案しなければならなかった。彼女の鼓動する心臓が見えると、それが正常ではないことがすぐにわかる。しかし幸運にもその異常は、タウシグの業績に基づいて彼らが予想していたとおりの障害だった。ブラロックは肺動脈の両端、および身体に向かう鎖骨下動脈の両端を締め金で留める。次に前者に小さな穴をあけそれに後者を挿入する。それが終わると、絹糸で二つの動脈を縫い合わせる。突然二つの川が結びつけられ、二倍の血液がアイリーンの肺に流れ込むようになったのだ。こうして、より多くの酸素が彼女の青い身体に行き渡ることが期待された。さらに彼は絹糸で肋骨を再びつなぎ、体腔にスルホンアミド剤を適用し、皮膚をもとどおりに縫い合わせる。手術が終わり、三人の医師が一歩さがって見守っていると、アイリーンの心臓は無事に鼓動し続け、身体は青からピンクに変わり始める。のちにアイリーンの母親は、「手術が終わったあとで最初にアイリーンを見たとき、奇跡が起こったと思いました。（……）私はうれしさでわれを忘れていました」と語っている。その気持ちはタウシグ、ブラロック、トーマスにしても同じだった。手術はうまくいったのだ。

残念なことに、アイリーンは心臓の複雑な奇形によって引き起こされた合併症のために三か月後に死亡した。手術は彼女の命を引き延ばすことには成功したが、十分にと言うにもほど遠かった。とはいえ技術的な観点からすれば、手術は期待された結果をもたらした。だから繰り返された。次の手術も成功したが、アイリーン同様患者は長くは生きられなかった。誰もの期待どおりにすべてがうまくいくのは、ようやく三度目の手術においてであった。タウシグの言葉によれば、患者は「まったく悲惨な状態に陥った六歳の小さな少年で、歩くこともできなくなっていた」。ブラロックが執刀し、アイリーンのときと同様の光景が繰り広げられた。両親は不安な様子で待っていた。手術が終わると、少年の身体は健康な色に変わり、「唇は普通のピンク色になった」[*9]。彼は目を覚ましブラロックを見つめ、目を瞬かせながら「手術は終わったの？　起き上がってもいい？」と訊く。彼は起き上がることができた。その後、何日も何年も。こうして彼は、満ち足りた活発な子どもになり、その後も長い人生を全うすることができた。彼のこの人生は、タウシグの着想、ブラロックの手、トーマスの実践、そしてアイリーンの悲劇によって与えられた賜物だと言えよう。

手術の成功の知らせは巷に広がった。わずか二年後には、同じ手術が何百回と行なわれた[*10]。イギリスの心臓外科医サー・ラッセルは、この手術について「あまりにも際立っていたために、心臓病に対するアプローチをまったく変えてしまった」とコメントしている[*11]。かくしてブラロックは名声を手にした。ただし当時のアメリカでは、医師の名声は不道徳だと見なされていた。その状況は、ドイツにおけるヴェルナー・フォルスマンや、ある程度ではあれのちのジョン・ギボンにも当てはまる。ブラロックは自分の名声に喜びはしたものの、不安が高じて辞職しようとした。しかし幸いにも、同僚の説得に応じて働き続けた。その結果、何千人もの子どもの命が救われたのである。修理された心臓をもって生まれ変わるために、大勢の子どもたちが両親に連れられてジョンズ・ホプキンス病院にやって来た。何百人もの両親がジョンズ・ホプキンス病院宛に手紙を書き、子どもの手術を懇願した。ちなみに手術は、一〇件のうちおよそ八件が成功した。今日ではファロー四徴症を持って生まれた乳児の九〇パーセントは、普通の生涯を送ることができる。私たちとともに街を歩いている何十万もの人々が、ジョンズ・ホプキンス病院のチームのおかげで今も生きているのである。

タウシグ、ブラロック、トーマスは皆、ファロー四徴症の手術で知られるようになる。手術の新技法に至るできごとを描く文献ごとに、三人それぞれの貢献度に関して強調の度合いが変わることが多いが（彼らのアプローチは、残念なことにトーマスを省略してブラロック・タウシグ手術と呼ばれることが多い）、実際のところ、彼らは心臓外科の主流からはずれた三人の個人から成る一つのチームとして協力し合いながら成功を手にしたのである。他の外科医は彼らの手術の改良を試みたが（そして「改良した」バージョンに自分の名前をつけた）、三人が開拓した方法はその後何年も実施されている。そして、ギボンの人工心肺のおかげでより精巧な手術（特に心室中隔欠損症手術や人工シャント〔シャントとは本来通るべき血管とは別のルートに血液を流すこと〕）が可能になってから、それらによって置き換えられた。

タウシグ個人に関して言えば、この手術は彼女が残したいくつかの重要な業績のうちの一つにすぎない。彼女は、誰もが見向きもしなかったときに子どもの心臓を研究した。子どもの話を聞き、必要なら唇を読むことさえした。他の人々が無益と考えていたときに診断の価値を認め、単調な仕事を進んで引き受けた。この仕事のおかげで、子どもの死に頻繁に立ち会うようになり、その経験を通じて心臓手術における偉大な成功を導く。それはファロー四徴症の手術に限った話ではなく、さまざまな介入方法が大きな成功を収められるようになったおかげで、今日では、先天性心疾患を抱えながら生まれても、高齢になるまで普通に生きられる可能性が八〇パーセントある。また、タウシグの成功に導かれて全国の病院に小児心臓部門が設けられるようになった。その際彼女は、アメリカ国立衛生研究所と子ども局（Children's Bureau）に働きかけ、これらのセンターの資金繰りを援助した。さらには、女性を中心に次世代の小児心臓医や外科医を一〇〇人近く訓練した。*[12] タウシグは科学者として、*[13] リーダーとして（女性初のアメリカ心臓協会会長に就任している）、師として働き続けたが、彼女のもっとも際立った遺産は生きた証拠、すなわち子どもの頃に彼女の支援によって治癒した人々の存在である。

ほとんどの心臓手術は患者に数年、長くて数十年しか余命を与えないが、彼女は一生を与えた。心臓のストーリーとその理解にクライマックスがあるとするなら、まさに彼女の遺産がそれだ。心臓に欠陥を持って生まれた何十万もの人々が、奇跡的に生き延びて、毎日私たちとともに街を歩き、同じものを見、同じように感じているのである。

しかしタウシグのストーリーはこれで終わりではない。ある伝記作者の言によれば、彼女は穏やかに夕闇に消え去っていったのではない。彼女は退場の仕方を知らなかった。彼女が七〇歳のときにジェームズ〔ジェイミー〕・ワイエスの手により制作された一九六八年の肖像画では、暗色の衣装に身を包んだ白髪の彼女が、あたかも新たな発見に向かってまばゆい光のなかへと突き進んでいくかのように正面から光を浴びているところが描かれている。養護施設に移ったあとでさえ、デラウェア大学のトーマス・M・リバース研究フェローとして働き続けていた。その頃までには先天性疾患の治療は急速に進歩していたので、先天性心疾患を抱えながら生まれた子どものほとんどが、生き長らえられるようになっていた。戸外では、彼女の決意がなければ生きてはいなかったはずの人々が歩き回っているところを見ることができた。成功を手にした彼女は、気楽に余生を過ごすことも可能であった。しかしそうはしなかった。焦点を少し変えて、子どもの頃に先天性心疾患の治療を受けた成人の研究に着手したのである。彼女は、治療後の長期にわたる推移を知りたかった。それに加え、それまでの生涯を通じて研究してきた障害の起源にも関心を抱くようになった。彼女は、進化の文脈のなかで先天性心疾患を理解できると確信するようになったのだ。

第15章　壊れた心臓の進化

生物学では、進化の光に照らさなければ何も理解できない。
——テオドシウス・ドブジャンスキー

一九八四年にヘレン・タウシグは養護施設に移り、夜間は大勢の定年退職者が余生を送る建物で就寝していた。日中は、地元のデラウェア自然史博物館に車で通い、彼女宛に送られた鳥類を取り出して、羽をむしり小さな胸に切れ目を入れた。ウグイス科の小鳥もいればムクドリ科の小鳥もいた。皮膚のすぐ下には心臓が見え、ほとんどの鳥の心臓は四つの部屋から成る鳥類の完全な心臓であることがわかる。こうして一日一〇羽ほど調査したあと、むしった羽を捨て、観察記録を書いた。それから頭上を飛び去る鳥や、電線に止まった鳥、あるいは玄関にたたずむ鳥を見ながら施設に戻った。これらの鳥の心臓は、たいてい規則的に鼓動し、内臓やくちばしや羽に血液を送っている。だが、心臓が正常に鼓動していない鳥の個体がまれにいるはずだと、ヘレン・タウシグは考えていた。

タウシグは、引退後まったく新たな仕事に着手した。一九七〇年代後半に、哺乳類や鳥類などの動物の心臓を研究すれば、かくも多くの乳児が壊れた心臓を持って生まれてくる理由を解明できるのではないかと考えるようになった。当時の主流の見方では、先天性心疾患は、母親が危険な環境や突然変異原（催奇性物質とも呼ばれる）に胎児をさらすと生じる突然変異によって引き起こされると見なされていた。両親が、子どもの障害や死の責任を問われていたのである。タウシグはこの見解にくみせず、両親が強く感じていた責任を取り除くために心臓の障害の原因を特定しようとした。それを達成するために彼女がとったアプローチはありきたりではなかった。進化に照らして心臓の奇形を理解しようとしたのだ。医師のアプローチとしては、これはきわめて異例のもので、個々の症例に対処し、その知見をはるかに大きなストーリーに統合していくという、彼女が何十年も適用してきた探偵的な手法を必要とする。つまり人間の個体における九か月間の発達のみならず、数億年にわたる生物の進化に焦点を置く必要がある。かくして彼女は、人間や他の動物の心臓に関する進化生物学の知見を吸収し始める。そしてそれに魅了され啓発された彼女は、大胆なアイデアを思いつく。

タウシグは二つの指針に従って心臓の進化を検討した。一つは、「脊椎（せきつい）動物における心臓の進化の理解は人間の心臓の障害を理解するのに役立つ」という考えである。この考えは進化生物学者には特に目新しいものではないが、医師にとっては新奇、あるいは革新的なものとさえ言える。二つ目の指針は、「どの動物がいかなる先天性の奇形を発症し得るのかを理解すれば、特定の奇形が遺伝的なものであるか否かが、また、遺伝的なものなら進化のどの段階で生じたのかが決定できるはずだ」というものである。たとえば、ある奇形が鳥類にも哺乳類も発見されたとすると、それにはこれらいずれの動物よりも古い遺伝子が関与しているはずだ。また、哺乳類か鳥類のいずれかにしか見つからなければ、その奇形はより最近の現象と見なせる。

ある意味で、タウシグがそれまで協力し合ってきた医師や外科医によって構成される文化と、これから入ろうとしている進化生物学者の文化の違いは、おのおのの文化に所属している参加者の数などといった単純な面を含め、これ以上は考えられないほど大きい。アメリカでは経カテーテル循環器療法会議（Transcatheter Cardiovascular Therapeutics Conference）などの心臓病学の集まりは、多いときには一万人もの循環器専門医を集める。それに対しアメリカにおける進化生物学の中心会議は、多い年でも学生を中心に二〇〇〇人を集めるにすぎない。しかも、これら二〇〇〇人の学者や学生は、特に人間の心臓に、あるいはそもそも人間に焦点を絞っているのではなく、生命全般を対象に研究を行なっている。仮に地球上には一〇〇〇万の生物種が存在するなら（生物種の数はわかっていないが、個人的にはもっと多いと思う）、この数は進化生物学者一人につきおよそ一万種に該当する。循環器専門医や他の医師が対象にしているのは人類ただ一種であり、しかもたいていはそのただ一種の備える特定の器官に特化している。また、医師は起源に関する大局的な問題をたいがい脇に置いて個々の障害に対処するのに対し、進化生物学者は個々の障害には関心を持たない。つまり進化生物学者は、医師がもっとも軽視していることに、また、医師は進化生物学者がもっとも軽視していることに関心を抱いているのである。

しかし医師と進化生物学者は、一種の探偵の心構えを備えている点で共通する。タウシグが鳥類と、数百万年間のその進化を調査し始めたとき、時代は新たな様相を呈していたが、そのような状況のもとで、探偵の気質を持つ彼女は診療所に来た子どもたちの身体に宿るさまざまな謎を思い浮かべていた。

進化生物学者が書いた論文を読んだ彼女は、心臓がとり得る形態の数、そしてその多様性に魅了された。人間と同じく背骨を持つ動物、脊椎動物のほとんどは、四つの部屋に分かれた心臓を持つわけではない。魚類には二つ、カエルなどの両生類や、カメ、ヘビ、トカゲには三つの部屋しかなく、鳥類と哺乳類のみが四つの部屋を持つ。彼女は、これらの多様な心臓がそれぞれうまく機能している事実はもちろん、どうやら鳥類と哺乳類がそれぞれ独立して四つの心臓の部屋を持つようになったらしいことに魅了される。鳥類は四足爬虫類の特定のグループから、また、哺乳類はそれとは別のグループから進化した。鳥類と爬虫類の最近の祖先は、三億年以上昔の太古の時代に生息していた。哺乳類も鳥類も四つの部屋から成る心臓を持つのは、それによって必ずや得られる効率の良さによる。

このプロジェクトを進めるにあたり、タウシグは自分には消化しきれない問題に挑んでいることを知っていた。だから、鳥類と哺乳類の心臓の奇形の比較というもっとも単純なパズルのピースに焦点を絞る。それらは同じだろうか？　当初彼女は、すでに知られている鳥類の心臓の奇形を調べ上げ、それと自分がそれまで学んできた人間や他の哺乳類のそれを比較すればよいと考えていた。だが、それほど単純な調査では済まないことがやがて明らかになる。

動物の心臓の先天性奇形を研究した学者はほとんどいない。事例を調べてみると、いにしえの逸話のようなものは見つかっても、科学的なデータと呼べるものはほとんど見つからなかった。たとえば古代ギリシアのテオプラストスは、パフラゴニア〔小アジア北部にあった古代の国〕のヤマウズラには心臓が二つあるらしいと記している。話としてはおもしろいが、彼女にはそれ以上の確たるデータが必要だった。だから彼女は自分で鳥を解剖し始めたのだ。

彼女のそれまでの成功やそれによって受けてきた栄誉を考えてみれば、タウシグの晩年の研究を皆がこぞって熱烈に歓迎したのではないかと読者は思うかもしれない。ところが、それまでとは違って彼女が賞賛を浴びることはほとんどなかった。どうやら同僚も友人も、彼女の晩年の業績を正しく評価できなかったようだ。彼らは、彼女が毎日行なっている進化の研究が風変わりな余興にしか見えないと思ってはいても決して口に出さず、ねたみとも敬意ともつかない感情を表現した。彼らは彼女が耄碌（もうろく）したと考えていたのかもしれない。彼女の生涯について書かれた主要な伝記記事にも、晩年の業績に関しては二行ほどあいまいな記述が見られるだけである。

いずれにせよ、耄碌していようがいまいが、彼女が着手した課題は困難なものであった。生涯を通じて子どもの病気を研究し治療してきたヘレン・タウシグは、鳥の羽をむしって切れ目を入れその小さな心臓を調査する方法を自分自身で見つけねばならなかった。それに加え、無数の鳥を調査する必要があった。たとえばくちばしの進化を研究するには、特定の種の数羽を観察してその様態を確認すればよいが、彼女は平均的な様態ではなく異常な形態に関心を抱いていたのであり、異常な形態を一つ一つ見つけ出して調査するために、無数の個体を研究しなければならなかった。こうして、奇形を発見するために何百羽、さらには何千羽もの鳥の身体や心臓を解剖したのだ。彼女は死んだ鳥を探すよう同僚に頼み、自分でも街路をくまなく探し回った。衝突のために鳥の死体が見つかりやすいラジオ塔やテレビ塔に登る機会のある人と仲良くなったりもした。

彼女が手にした鳥のほとんどは小さかった。子どもの小さな身体の扱いに慣れていた彼女の手は、さらに小さなスズメやムクドリの身体に慣れねばならなかった。友人たちが引退生活を楽しむあいだ、こうして彼女は生涯を通じてもっとも困難な解剖を行なっていたのである。見たものをスケッチし、興味深い心臓は取っておいた。そしてノートをとり、考え、それまでの心臓治療の経験に基づいてすべてを理解しようとした。いつまでも新たな個体を解剖し、心臓が壊れるさまざまな様態を観察し記録し続けたいところだったが、高齢の影響が次第に色濃く出始めていた。それを悟った彼女は、それまでの観察結果に基づいて一編の論文を書き上げ、万一の場合に備えて、晩年の業績の扱いについて友人に指示を与えた。

鳥類に関する論文を書き上げる前に、すでにタウシグは哺乳類の先天性奇形に関する、当時（そして今日に至るまで）もっとも包括的な論文を執筆していた。焦点を絞っていた哺乳類や人類には、地域や生活様式とは独立して、同一の先天性奇形が世界各地で出現していることを発見した。彼女にとってこの事実は、奇形が環境や突然変異原には強く結びついていないことを意味した。また、十分に研究されてきた哺乳類を観察しても、同じ先天性奇形が見出された。たとえばイヌやヒツジには、人間のものと同一の先天性奇形が同じ相対的頻度で認められる。ならば鳥類ではどうか？　そう彼女は問うた。

タウシグの予測では、太古から存在する心臓の共通の特徴に関連する先天性奇形は鳥類と哺乳類で共通するが、心臓のもっと新たな特徴、すなわち鳥類と哺乳類が分枝したあとで進化した特徴に関連する奇形は両者のあいだで異なるはずであった。どちらに関しても彼女は正しかった。論文では、ある種の心臓の奇形、とりわけ青色児症候群を引き起こす奇形は、多くの哺乳類、さらには鳥類のあいだで共通することを示した。これらの欠陥は、少なくとも三億年の昔（つまり鳥類に至る系統と人類に至る系統が分枝した頃）にまでさかのぼる発達の問題を反映すると彼女には思われた。他の問題は鳥類に独自と思われた。彼女自身は見たことがなかったが、他の研究者によって二つの心臓を持つ鳥の存在が説得力を持って報告されていた。また鳥類には、二つの心室のあいだに穴があく心室中隔欠損が見られる。それは表面的には哺乳類のものに似るが、細部は一貫して異なる。

これらの観察結果を手にしたタウシグは、先天性心疾患に関して一連の新たな見方を提起する。それらは、先天性心疾患の起源のみならず心臓の複雑性そのものの起源を説明できた。しかし一九八六年五月二一日、ペンシルベニア州ケネットスクエアの養護施設の近くにある投票場に車で友人を送って行く際、タウシグの運転する車は死角から別の車に衝突され、同日彼女は病院で死去した。八八歳の誕生日を迎える三日前のできごとだった。*1 友人たちは、二年後の一九八八年に、懐疑を抱いてはいたものの彼女の願いを尊重して論文を公表した。ただしこの論文には、彼らの手で警告に次ぐ警告が書かれた前書きが置かれ、序論には「(タウシグには) この論文を科学的な調査に基づく研究として位置づける意図はなかった」という一文さえつけ加えられた。科学的な調査を実施しているとは思っていない誰かが解剖するにしては、五〇〇〇羽の鳥はあまりにも多すぎる。つまるところ友人たちは、批判を恐れてあまりにも性急に弁明しすぎた。そもそも疑いを抱いたことが間違いだった。タウシグの論文は輝かしき業績で、もっとも創造的な科学の営みと言えるものだったのだから。しかし彼女の論文に注目する者は誰もいなかった。彼女の晩年の多忙な研究生活の例として伝記的な記事で言及されたことを除けば、この論文が他の科学者に引用されたのは (ポーランド語で) 一度きりであった。

幸いにも過去一〇年のあいだに、タウシグをかくも魅了した考えは進化生物学者によって独立して探究されるようになった。進化生物学者は過去一世紀ほど、心臓がいかに進化し、いかに通常の条件下で機能するようになったかを説明するストーリーの再構築に努めてきた。今や彼らは、この大きな進化のストーリーに照らして、人間の心臓の問題を考察するようになったのだ。それによって得られた知見は、タウシグが核心をついていたことを示す。心臓の進化の探究は、先天性心疾患ばかりでなく、それよりもありふれた冠動脈疾患に対する見方をも変えた。

心臓の進化のストーリーは各人の心臓に、その機能および機能不全を通じて刻み込まれている。進化生物学者が述べるように、心臓とその障害は、鳥類や哺乳類の登場によってではなく、最初の多細胞生物が海中の化石記録として現われる五億五〇〇〇万年以前のどこかの時点で生じた。単細胞生物の場合、栄養やガスは自然に浸透してくるが、生物が大きくなると、その生物の体内に完全に閉じ込められた細胞が出てこざるを得ない。これらの体内細胞は栄養やガスを取り込むために配管を必要とする。*2 こうしてまず血管が生まれ、その後心臓が形成されたのである。

（かろうじて動物と言える）海綿動物は、あらゆる生物のなかでももっとも単純な循環システムを持つ。海綿動物は動かないが、海水を循環させる管で満ちている。管の内部の細い毛によって、海水の循環が促されている。つまり、海そのものが海綿動物の心臓の一部を構成しているとも言える。海綿動物の管のネットワークに沿った細胞は、かくして循環する海水から栄養や酸素を取り込み、廃棄物を放出する。*3 海綿動物のシステムは粗雑に思えるかもしれないが、この動物が繁栄するに足るほどうまく機能する。それだけでも興味深い話だが、進化生物学者は、海綿動物の単純素朴な管が私たち人間の循環器系の先駆組織に非常に類似すると考えている。静脈や動脈に関連する遺伝子のいくつかは、海綿動物の管の形成に関与する遺伝子と同じものなのである。

やがて海綿動物の子孫は、ポンプとして機能する心臓が必要になるほど身体が大きくなる。古生物学者にとってはごく短期間ではあれ、数千万年のあいだに、多数のより大きな系統が新たに進化する。（今日のブリティッシュコロンビア州の）バージェス頁岩(けつがん)などの、初期の多細胞生物の保存状態のよい化石が見つかったいくつかのサイトで、古生物学者は一連の奇妙な多細胞生物を発見している。それらは、さまざまな身体形態(ボディープラン)が試された進化の記録とも言える。現代の動物に比べこれら初期の動物は、ほぼあらゆる身体外部の特徴において多様であり、身体内部の特徴に関しても同様であったと推測される。おそらくさまざまなタイプの心臓が試されたのだろう。バージェス頁岩に発見された種(しゅ)の多くは繁栄する前に絶滅し消え去るが、いくつかの種は今日まで世代を重ねながら生き残っている。そしてこれら残存する動物（軟体動物、ぜん虫、昆虫、脊椎動物）のおのおのが、原始的な心臓を備えている。今日、これらの系統に属する動物の子孫における心臓関連の遺伝子は、互いに類似する。この事実は、これらの心臓がすべて、バージェス頁岩が形成された時代、もしくはそれよりやや以前に生じた太古の心臓から派生したものであることを示す。つまり、私たちの心臓とぜん虫の心臓は同一の起源を持つのである。

　動物のほとんどの系統においては、心臓は単純な構造のままだった。人類を含む亜門、脊椎動物の初期のメンバーでさえ、それはスポンジ状の筋肉の圧搾箱以外の何ものでもなかった。最初の脊椎動物は魚に似ていたが、今日の魚類の基準からすれば、まだ魚にはなりきっていなかった。これらの動物における心臓の第一の役割は、身体に栄養を循環させることだったらしい。栄養は網状の鰓(えら)によって集められ、血液を介して身体に送られていたのである。心臓は血液を前方、後方の両方向に搾り出した。ユタ大学の生物学者コリーン・ファーマーによると、それに加えてこの圧搾により、皮膚から送られてきた酸素に富む血液が、心臓のスポンジ状の細胞の集まりの隅々に搾り出された。（心臓は収縮したあと拡張するので、酸素を付与された血液が皮膚の側から流れ込んだ）。このように、心臓の最初期の役割には心臓それ自体への血液の供給も含まれていた。

時の経過とともに、噛む能力を持つ口から食物を取り込むよう進化し、そのため鰓の役割は、海水から酸素を取り込み、二酸化炭素を排出することに限定される。それと同時に皮膚も、酸素を取り込むための重要な組織ではなくなる。また、噛む口の登場とともに魚類の心臓は複雑化し、二部屋から成る構造に進化する。これは、心房と心室が一つずつしかなかったと仮定した場合の人間の心臓に非常によく似ている。心房は、血液が送り出される際の圧力が高まるよう、より多量の血液を集められるようにする。送り出された血液は、「心臓→鰓→身体」を一サイクルとして循環する。心臓、鰓、身体の順番である。つまり、初期の魚類では、心臓に戻ってきた血液はつねに酸素の含有量が低下していた。なぜなら、身体の他の組織が先に酸素を消費するからだ。このことは、現代の魚類のほとんどにも当てはまる。その結果、魚類は激しく泳いだあとで突然死ぬ場合がある。心臓への酸素の供給の欠乏に起因するという点では、これは人間の心臓発作に類似する。

激しい運動による突然死を引き起こしやすくする点を除けば（どうやら魚類はたいがい、自らの限界を知ることでこの災厄を避けているようだ）、魚類の心臓は驚くほど精妙だ。人間の心臓はすべての哺乳類の心臓と同じく、血液を身体に送る左側と、酸素の取り込みのために肺に送る右側という二つの別個の回路を備えるが、魚類の心臓は一つで仕事を行なう。のみならず、それ以上の機能を果たす。いかなる基準に照らしても、魚類は哺乳類よりも成功したと言える。魚類の種数は哺乳類の数倍にのぼる。魚類のシステムが機能している事実は、なぜ私たちのシステムがかくも複雑になったのかという問いを提起せざるを得ない。実を言えば、この謎を解くカギは海面下に隠されている。

＊

肺魚は変わっている。他の魚類のように鰓を持ちながら、その名称から明らかなように肺も備える。肺を使うためには、水面に浮かび上がって、その滑稽な唇を通して空気を吸い込まねばならない。肺魚は太古の時代に存在していた何かの痕跡、進化が犯したへまの残滓（ざんし）のように見える。だが、私たちの心臓や、機能不全を誘発しやすいその複雑性を理解するにあたって一つの手がかりにもなる。

肺魚が最初に発見されたのは一八三七年である。標本は粘土に包まれ、調査のためにイギリスの解剖学者リチャード・オーウェンのもとに送られた。オーウェンは新種の魚類の調査に必要な知識を十分に持っていた。彼は史上誰よりも多くの魚類の種の、身体や骨を調査した経験を持っていたのだ。長い実践を通して培ってきた一種の視覚的直感を備え、些細（ささい）な相違を識別することができた。だがその彼を、この奇妙な魚は困惑させた。外観からすると、それは明らかに魚類であったが、身体の内部を調べてみると、中身がヘビやカエルのものに置き換えられたかのようだった。

オーウェン以来、肺魚は興味深くはあっても、まれにしか見られない異常と見なされるようになった。しかし、やがて科学者は数百、おそらくは数千の肺魚の種が存在していたことを知る。肺魚は、かつては優勢な生命形態だったのである。現在理解されている肺魚のストーリーは次のようなものである。魚類は食物を摂取するために鰓を備えていた。これらの魚類の一部は、おもに酸素を取り込むために鰓に加えて肺を進化させる。そののち、肺魚はまれな存在になる。このストーリーに照らすと、なぜ、そしていかに肺魚は大きな繁栄を達成したのか、また、なぜまれな存在になったのかという二つの疑問が生じる。これらの問いの解明はもっぱら学問的な範疇に属するが、すべての陸生の脊椎動物とその心臓が派生する魚類が肺魚であったという点は念頭に置く必要がある。

およそ三億六〇〇〇年前、肺魚は初めて陸に上がる。もちろん、陸地ではさまざまな困難が降りかかる。肺魚は鰭から足を進化させ、重力に対処しなければならなかった。だが、肺は陸地での生存と、人類に至る進化を可能にした。つまり、人類の最初の陸生の祖先は、生存するのに十分な量の酸素を、肺を介して心臓に取り込めたのだ。ダーウィンは肺魚の肺が浮き袋（魚が持つ浮力を保つ器官）から進化したと仮定したが、それは逆で、肺から浮き袋が進化したのである。魚類は、肺を介して心臓に多量の酸素を取り込むことで、逃げたり追ったりする際に、より活発に動けるようになった。肺は海中における心臓の活動に役立ち（ただし、肺魚が陸地を征服した後、海中ではまれにしか見られなくなった理由は定かでない）*4、陸地でも同様な利点を付与する。心臓が送り出す血液を受け取る肺を人間が備えているのは、人類の祖先が捕食者たろうとした結果、あるいは捕食者の餌食になるのを避けようとした結果生じた特異な現象なのである。

ひとたびこれらの脊椎動物が陸に上がると、心臓の進化に裏打ちされた軍拡競争が始まり、それによって陸生脊椎動物の主要な系統が確立される。肺魚の子孫で他の種より機動力のある種は、つかまえにくい獲物をつかまえ、逃げるのが困難な捕食者から逃げることができる。その結果、酸素を分配する効率にすぐれ、より活発に動くことを可能にする進化した心臓を持つ系統が出現する。これは進化によ

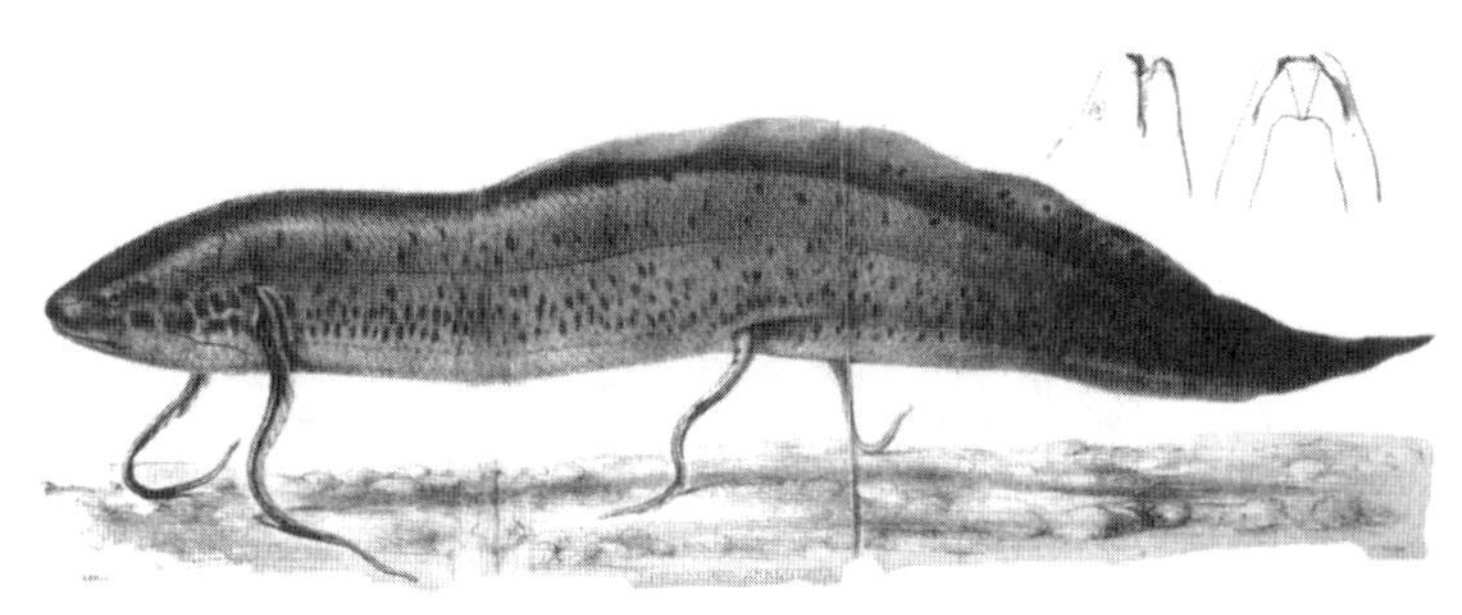

リチャード・オーウェンの手になる肺魚 *Lepidosiren annectens*（現在では *Protopterus annectens* と呼ばれる）のスケッチ。すべての陸生脊椎動物が派生した肺魚の祖先に、肺や足に似た鰭などの多くの特徴において類似する種である。（図版提供：The Proceedings of the Zoological Society of London）

るランニングマシン効果とも言えよう。獲物を追うにせよ、捕食者から逃げるにせよ、より活発に動くには、それだけ余分に酸素が必要になる。それにはより大きく効率のよい心臓が、そしてさらに、その維持のためにより多量の酸素と食物が必要になる。

陸地で肺魚から進化した最初の（そして現存する）脊椎動物の系統は両生類である。二つの部屋から成る両生類の心臓は、その動物がゆっくりと動き、（皮膚を通して追加の酸素を直接取り込める）水辺からあまり遠くに離れない限り十分に機能した。両生類の循環器系は肺魚とそれほど変わらなかった。そのため両生類は、肺の役割を果たす皮膚に縛られ水辺につなぎ止められているのである。*5

トカゲ、ヘビ、カメの系統は、より大きく効率的な、二つの心房と部分的に分かれた心室を持つ心臓を進化させた。この新たな心臓は、とりわけ心室の一方の側から肺へ至る経路と、心室の他方の側から身体へ至る経路という二つの血液の回路を持つ点において、それ以前のいかなる心臓よりも現代の人間の心臓によく似ていた。このような心臓を備えたトカゲやヘビは、大陸の奥深くまで進出できた。だが、身体から右心房を通って戻ってくる血液は酸素を欠くという新たな問題が生じた。トカゲ、ヘビ、カメの心臓はこの問題に、部分的に分離した心室の二つの部屋のあいだに穴を穿ち、酸素に富む側の血液を酸素が不足する側に流すことで対処した。これによって心筋は酸素を得られるようになったが効率は悪かった。*6

哺乳類に関してはおよそ一億八〇〇〇万年前、鳥類に関してはそれより少し前、温血が進化した。温血はさまざまな利点をもたらす。それによってその動物は、たとえ気温がある程度低くても常時動いていられる。また温血は、多くの病原菌の侵入を防げる。たとえば爬虫類や両生類をわずらわせる菌類はたいてい、哺乳類や鳥類には寄りつかない。私たちの身体は、キノコが育つにはあまりにも暖かすぎるのである。しかし、コストなくして利益は得られない。温血を維持するには、代謝とそれによる熱の生成を維持するために体中の細胞につねに酸素を供給する必要がある。それゆえ、温血動物の心臓ははるかに効率的でなければならない（また、血液をより頻繁に送り出さねばならない）。進化は、完全に仕切られた心室を生み出すことでこのコストに対処したのである。かくして血液は、心室の左側と右側を行き交ったりはしなくなる。そんな効率の悪いことをしている余裕はないのだ。*7 こうして心室は漏れる余地のない完全な分割を達成し（それにより別の問題が生じるがそれについてはあとで述べる）、鳥類と哺乳類は、おのおの独立してこの四部屋から成る心臓システムを進化させたのである。最初の空飛ぶ爬虫類に有効な仕組みは、恐竜の足元を走り回っていたラットほどの大きさの最初の哺乳類にも有効だったということだ。

進化の文脈に関するこの種の知識を（最新の情報も含め）得たタウシグは、進化に照らせば先天性心疾患をよく理解できるのではないかと考えた。そして、心臓弁や左心房や左心室（これらはすべて魚類にまでさかのぼる）にまれに生じる先天性心疾患は、基本的にあらゆる脊椎動物に見られることに気づいた。心房のまれな奇形は、二つ目の心房を加えた陸生動物に典型的に見られる。しかしもっと一般的に見られる奇形はすべて、右心室と、それとともに形成された心臓の部位に関連する。右心室は哺乳類と鳥類において進化した新しい部位であるのに対し、左心室は魚類、両生類、トカゲが持つ元来の心室に対応する。タウシグは、それが先天性心疾患とどう関係するのかについて完全には理解していなかったが、それには重要な意味があると考えていた。第二の心室の出現とともにおもな奇形が生じるようになったようだ。だが、なぜだろう？　次にそれを説明しよう。

心臓は他のいかなる器官よりも、進化の過程で経てきた種々の変化を発達の過程で繰り返す傾向を持つ。[*8] それはまず一本の管として始まる。やがて魚類の心臓のように心室、心房を一つずつ持つ時期を経て、トカゲのように一つの大きな心室を持つ時期を経る。それからすべてが順調なら、胎児期にこの大きな心室は部分的に分かれ、誕生直前に完全に分離する。最近の研究によって、哺乳類と鳥類の心臓における後期の発達は、Ｔｂｘ５と呼ばれるただ一つの遺伝子の活動によって多くの側面が支配されていることが判明している。ヘビ、カメ、トカゲ、両生類では、この遺伝子とそれがコントロールする遺伝子は、発達中に心室全体で発現する（遺伝子コードをもとに該当するタンパク質が生産される）。しかし哺乳類や鳥類では事情が異なり、それらは左心室で発現したあと、突然活動を停止する。この発現パターンによって、他の遺伝子はどこで作用すべきかを知る。具体的に言うと、かくして突然停止した場所によって、二つの心室の隔壁の位置が決まるのである。哺乳類と鳥類の心臓における追加の心室の進化は、このたった一つの遺伝子の発現様式の変化によって生じたらしい。タウシグが予測していたように、追加の心室はさほど複雑な過程を経て得られたわけではなく、心臓のテンプレートが変わればよかったのだ。ただしこの単純さにはコストがともなう。

心室中隔欠損を持つ子どもは、この遺伝子の発現に異常をきたしているらしい。つまり、トカゲに類似する私たちの祖先と同じように、より古い様式で発現する。そのため両心室間の隔壁を欠いていたり、それに穴があいていたりするのである。まだ十分には解明されていないが、おそらくはファロー四徴症を含め、右心室の先天性疾患の多くには、この遺伝子の発現が関与している。先天性心疾患のうち遺伝的な要因によって生じるものの比率がどの程度かは現在のところ定かでないが、タウシグが生きていた当時考えられていた比率よりは明らかに大きい。場合によっては、ほぼすべてであることも考えられる。

タウシグは正しい。これは彼女の経験と観察力の賜物(たまもの)と言えよう。他の科学者たちは、ようやく彼女に追いついてきたにすぎない。個々の研究によってほとんどの先天性心疾患が遺伝性であることが実証されてきたにもかかわらず、また、いくつかの先天性疾患を対象にする詳細な遺伝子研究によって、それらが太古からの遺伝子に配置されていることが示されているにもかかわらず、先天性心疾患の進化を研究する彼女の業績を継承する者は誰もいなかった。[*9] 鳥類の心室中隔欠損の原因が、哺乳類のそれを引き起こすメカニズムと類似するのか否かはまだわかっていない。さらに言えば、私たちは鳥類がどのような先天性奇形を被り得るのかについて、タウシグ以上に知っているわけではない。彼女の残した鳥類の壊れた心臓のカタログは、現在でももっとも包括的なものである。

心臓の進化を知ることで、私たちの心臓の奇形や疾患についてよりよく理解できる。しかしタウシグは、進化から学べる範囲の広さを正しく評価していなかった。心臓の進化の考察は、そのもっとも脆弱(ぜいじゃく)な部分、すなわち冠動脈に光を当てる。

今日のほとんどの哺乳類では、冠動脈は二つの短い動脈から成り、それらのおのおのが私たちの命が依存する多数の小さな動脈に分枝する。それらのいずれかがつまると、それによって補給される心臓の領域は死滅する。そのために胸の痛み、息切れ、脳への酸素の供給の途絶が生じ、心臓が止まる場合も多々ある。止まらなかったとしても回復は遅れ、影響を受けた筋肉は損傷する。

これら二つの左右の主要な動脈は大動脈から分かれ心臓に血液を供給する。これらは大動脈の最初の分枝であり、脳に至る動脈よりも手前で分岐する。これらの動脈が二本のみでバックアップが用意されていない点が、長いあいだ異常と見なされていた。先天性奇形同様、これは進化によって説明できるかもしれない。

人間の冠動脈は、四つの部屋を持つ心臓の進化と歩調を合わせて進化してきた。また脊椎動物において、冠動脈は活動レベルの増大に対処するために繰り返し進化を遂げてきた。たとえば高速で長距離を泳ぐ魚類は、鰓から心臓に至る長い冠動脈を発達させた。しかしもっとも顕著な冠動脈は哺乳類や鳥類に見られる。哺乳類も鳥類も、心臓の活動が増大しその効率が向上するにつれ、大きく拡張された冠動脈を進化させた。この拡張は心臓の全般的な活動の増大に対処するのに必要だったが、もっとも深刻な問題は、右心室から完全に分離した左心室が、酸素に富む血液を受け取れなくなったことである[*10]（ひとたび右側に冠動脈が通じると両側で使えるようになるが）。

冠動脈は肺魚にも、両生類、ヘビ、トカゲ、カメにも存在した。大動脈から二つの細い支流が分岐しているだけでサイズや流量はあまり大きくはなかったが、それでも十分であった。哺乳類や鳥類では、冠動脈のサイズは増し、それに結びついた細動脈や毛細血管のネットワークが発達したものの、冠動脈の数自体は二つと変わらなかった。進化にとっては、追加の動脈を作るより既存の二つを拡張するほうが容易だったということである。

哺乳類や鳥類では、冠動脈はあらゆる面で必須のものである。活発に動く温血動物はそれに依存する。心臓に大きな負担をかける私たちの生活のなかで、これらの動脈がつまると、心臓は酸素の欠乏をきたして機能を停止し死ぬ。エンジニアが一から心臓を設計するなら、彼らはバックアップのためにより多くの冠動脈を配備し、もっと違った配管を工夫することだろう。だが、進化は人類のために一から心臓を設計したりはしない。海綿動物の循環器系から初期の魚類の心臓を、初期の魚類の心臓から肺魚の心臓を、そして肺魚の心臓から私たちの心臓を作り出したのだ。哺乳類の冠動脈に関して種間の違いが見られるとすると、それは冠動脈のあいだを斜に走る小さな血管、冠側副血行路においてである。これらの血管が比較的大きいイヌなどの動物がいる一方で、ほとんど存在しないブタなどの動物もいる。健康な人の冠側副血行路では、冠動脈の流量の二パーセント未満の血液しか流れない。つまり、私たちの心臓は冠動脈本体に依存している。進化の歴史は私たちの存在の文脈を構成するが、弱点も作り出す。それゆえ私たちの心臓は、本来もっと多くが必要にもかかわらず二本の冠動脈しか備えていない。人類は、その祖先が陸地に這い上がって温血を進化させたがゆえに、冠動脈の塞栓によって死にやすい身体を持つに至ったのであり、言い換えると活動性を獲得した代償としてアキレスの動脈を抱え込んでしまったのである。

つまった冠動脈の治療を試みる心臓外科医は、この人類の起源にかかわる弱点、すなわち人類の祖先が海から陸に上がったことに起源を持つ弱点に直面しなければならない。だが、事態はもっと複雑な様相を呈する。冠動脈が弱点になるのは、アテローム性動脈硬化を引き起こすからに他ならない。理論上、進化は心臓がいつつまり始めるのかに関する理解をもたらし、心臓の弱点に光を当ててくれるかもしれない。私たちは今や、アテローム性動脈硬化が古代エジプトのメリタムン女王の統治時代からすでに存在することを知っている。しかしそれは、さらに最初の哺乳類（あるいは鳥類）にさかのぼるかもしれない。驚くべきことに数年前までは、その可能性を検討した者は誰もいなかった。ニシ・ヴァーキ博士と、彼女に続いて夫のアジットがチンパンジーの心臓を調査し始めるまでは。

第16章　心臓病を砂糖でくるむ

二〇〇五年、ニシ・ヴァーキは自宅から遠くはないカリフォルニア州ラホヤで開かれた霊長類学者の会議で発表された、いくつかの報告に深い関心を抱いた。この関心はやがて、人間の心臓病の理解を変える発見につながる。この会議では、エモリー大学ヤーキーズ霊長類研究所など五つの霊長類センターの科学者が、飼育されていたチンパンジーの死因に関する調査結果を報告した。それは、飼われていた数十頭の動物の死の瞬間の要約といった内容で、本来はあまりおもしろいものではなかった。

野生のチンパンジーは、捕食者、ヘビ、感染、他のチンパンジーに殺される。動物園や研究施設では、チンパンジーは一般にこれらの脅威を免れているものの、だからこそ長生きして重度の慢性の疾病にかかることが多いと考えられている。しかし、動物園や研究施設のチンパンジーの死因は検死解剖によって調査されはしても、より広い観点から研究されることはなかった。それまでの研究で少しでも死因に触れられているケースでは、チンパンジーは人間が現代病で死ぬのとまったく同じ原因で、すなわち心臓病や卒中やがんで死んだと仮定されているようだった。*1

ヤーキーズ霊長類研究所や他の霊長類センターでは、捕食者は遠ざけられ、疾病はコントロールされ、動物は野菜やパンとともに加工した食物（たいがいはピュリナ社のサルのエサ）を与えられている。そして満腹したチンパンジーは、檻の中であちこちぶつかりながら動いて時間をつぶしている。運動量は野生のチンパンジーに比べてはるかに少ない。このようなダイエットや生活様式に鑑みれば、飼育されているチンパンジーは少なくともたまに心臓発作を起こすと考えられる。したがって、ヤーキーズで飼育されているチンパンジー、とりわけオスのチンパンジーの最大の死因が人間と同じように心臓発作であるとするラホヤ会議での報告は、特に驚きではなかった。また他の研究では、チンパンジーのコレステロール値が非常に高いことが報告されていた。これはチンパンジーにとってはよくないニュースだが、人間にとっては、これらが私たちだけの問題ではなさそうだとわかっただけでも意義があると言えよう。私たちと同じような生活をしていれば、人間にもっとも近い動物たるチンパンジーも心臓発作で死ぬのである。

表面的には、霊長類間で心臓は互いに類似する。ゴリラの心臓はチンパンジーの心臓と、またチンパンジーの心臓は人間の心臓と似ている。なにしろ、一九六四年にミシシッピ大学医療センターのジェームズ・ハーディが、チンパンジーの心臓を人間の患者ボイド・ラッシュに移植したくらいなのだから（またリチャード・ロウアーは、のちに密かに人間の心臓をヒヒに移植している）。*2 たとえ一時的でも人間とチンパンジー（やヒヒ）が互いに心臓を移植し合えるという事実は、私たちの祖先も人間のものに似た心臓を持ち、同様な状況に置かれれば心臓病を発症したと解釈できるはずだ。この見方からすると、心臓病は古代エジプト以前から存在していたと考えられる。少なくとも類人猿の頃まで、場合によっては冠動脈の起源をなす哺乳類までさかのぼるかもしれない。チンパンジーと人類が互いに独立して心臓病に対する脆弱性を獲得したとする代替説は冗長である（つまり説明に無駄なステップを要する）。とはいえ、同じように見える二つの事象が実際には異なる場合もある。ラホヤ会議での報告に啓発されたニシ・ヴァーキは、人間とチンパンジーにおける疾病の相違についてさらに深く考え始め、それまで彼女が生涯をかけて行なってきた（マウスにおける）がんの研究を一時中断してチンパンジーの病理学に焦点を絞る。彼女は過去に何度かチンパンジーの検死解剖を手伝ったことがあり、チンパンジーの研究は初めてではなかったが、今回はそれとは別だった。それは彼女が考えもしていなかった謎であることがやがて判明する。

チンパンジーと人間は九八・五パーセントの遺伝子コードを共有するとよく言われる。これは間違いではないが、残りの一・五パーセントに大きな相違が見られる。私たちはチンパンジーと人間の違いをあまた知っている。これらは迅速に発生した相違である。人類とチンパンジーが分かれてから数百万年のうちに、私たちは毛を失い、直立し、球根状の意識ある脳を持つようになった。また、足の裏は平たくなり、汗腺は大きく濃密になった。だが体内の構造は、骨格を除くと比較的変化を見なかったと考えられていた。この考えでは、それらは進化による変化を受けつけないほど基礎的な構造だと見なされていた。「腎臓は腎臓、肝臓は肝臓、心臓は心臓、だからこそこれらの臓器を種間で移植し合うことが可能なのだ」というわけである。

しかし、チンパンジーの心臓の研究に着手すると、ニシは差異に気づく。獣医は気づいていたはずだが、医学界ではほとんど言及されたことのない差異に。チンパンジーの心臓発作の少なくとも一部が、人間のものと根本的に異なることは彼女の目には明らかだった。チンパンジーには、間質性心筋線維症

(interstitial myocardial fibrosis) を発症する個体がいる。[*3]「interstitial」は障害が生じる場所、「myocardial」は心臓の筋肉、「fibrosis」は過剰な結合組織の形成をそれぞれ意味し、それらを合わせると「心筋のあいだの過剰な結合組織の形成（心臓が機能を持たないそれ自身の繊維によって縛られる）」という意味になる。心筋線維症がいかに形成され、その個体を殺すのかについては完全には解明されていないが、この疾患は、心臓の損傷や線維症、最終的には致命的な不整脈、つまり鼓動の同期の喪失をもたらす感染によって引き起こされるとする仮説がある。心筋線維症は、海面の油が波の動きを殺すように、心臓の収縮の、一方の側から途方の側へのスムーズな動きを妨げる。線維症に起因する心臓発作は突然死を引き起こしやすい。腕を振り回しながら檻のなかを興奮して走り回っていたチンパンジーが、次の瞬間には死んでいるのである。このような心臓発作がチンパンジーに起こるのは明らかだが、その頻度や、人間の心臓に起こる症状と何が異なるのかについてはよくわかっていない。

ニシ・ヴァーキはヤーキーズや、アリゾナ霊長類財団[*4]でチンパンジーの死をより詳しく研究するために獣医病理学者の協力を仰ぐことにし、飼育中に死んだチンパンジーの心臓の保存標本を調査した。彼女はついていた。霊長類センターのスタッフを含め生物学者は、その本性からしてコレクターだ。彼らは、いつの日か役に立つことがあると信じてあらゆるものを集める。[*5] 生物学研究室の冷凍庫や引き出しには、冷凍されたコウモリ、キツツキの半身、組織サンプル、松かさなど、さまざまな死物であふれかえっていることが多い。[*6]

倉庫では、パラフィンに保存された五二頭のチンパンジーの心臓の標本が見つかった。しかしヴァーキは、これらの心臓を調査する前に、いつものようにチンパンジーの死因に関して飼育者自身の手で記録が残されていないかどうかを確認した。ほとんどのケースでは検死が実施されており、それによって次の事実がわかった。一九六一年から九一年にかけて死んだチンパンジーの死因はほとんどが、感染によるものだった。しかし感染治療の効率が向上した一九九一年以後になると、もっとも一般的な（三六パーセント二一個体の）死因は心臓病によるものであった。

これはさほど驚きではなかった。というのも、死んだ個体のデータが数件増えた点を除けば、既存の報告とあまり変わらなかったからだ。それから彼女と同僚は一種のチンパンジー科学捜査班を組み、心臓の組織サンプルを検査した。パラフィンから標本を取り出して水で戻し（リハイドレート）、心臓のさまざまな特徴がはっきりわかるよう着色した。その結果、重度のアテローム性動脈硬化の兆候はまったく認められなかった。コレステロール値は健康な人間の値と同等もしくはそれ以上だったが、プラークはほとんど見つからなかった。*7 生まれたばかりのチンパンジーでさえ、人間ならスタチンを処方されるほどコレステロール値が高いことがわかった。しかしそれほどレベルが高くても、一般にチンパンジーにおいては、コレステロールは心臓の塞栓（そくせん）を引き起こしているように見えなかった。だが、それとは異なる現象が見出される。心臓病を抱えていたすべてのチンパンジーに心筋線維症の痕跡が見つかったのだ。線維症は別の原因で死んだ個体にも見られた。これは、私たちの心臓の問題に対する見方を変える大きな発見であった。

心筋線維症がチンパンジーには普通に見られ、人間にはまれにしか認められない理由に対するもっとも単純な説明は、人間では単に見逃されているだけというものである。おそらくアテローム性動脈硬化にばかり目が行って、他の問題が見過ごされているのではないだろうか。この可能性を検証するために、ヴァーキはチンパンジーの心臓の標本と、人間のそれを一つずつペアにして比較してみた。しかし人間の心臓には、線維症はまったく見つからなかった。チンパンジーも人間も心臓病に罹患（りかん）するが、同じ病気にかかるわけではないらしい。では、例外はどちらなのか？　この問いに答えるために、ニシ・ヴァーキは他の類人猿、ゴリラとオランウータンを調査することにした。データは少なかったが（国立動物園の二頭のオランウータンと、突然死した何頭かのゴリラ）、どうやら死因はアテローム性動脈硬化ではなく線維症らしかった。またサル（チンパンジー、ゴリラ、オランウータンなどの類人猿を除いたサル）でも同じ結果だった。

霊長類にもっとも近いげっ歯動物ではどうか？　げっ歯動物は、心筋線維症にもかからないし、血管の塞栓による心臓発作も起こさないように思われる。実際、人間ならきわめて危険なレベルと見なされる極度に高いコレステロール値を示すマウスでさえ、心臓病にかからない（特別に心臓病にかかりやすく飼育されたマウスを除く）。これらの証拠から、ヴァーキは、人間が例外的だと結論する。彼女は、「心臓病は、類似性よりまだよく解明されていない人間の特異性が見られる領域の一つである」と述べている。人間の心臓には、他の類人猿とも哺乳類とも異なる何かがあるらしい。私たちは異常な死に方をしているのだ。

私たちの心臓が類人猿とは異なる運命に導かれるに至った道のりを再構築するために、ここでも進化の系統樹を検討する必要がある。人類は、現存する霊長類のなかではチンパンジーとボノボにもっとも近く、これらの類人猿とはおよそ五〇〇万年前に分かれた。また、人類、ボノボ、チンパンジーを含む分枝は、およそ八〇〇万年前にゴリラを含む分枝と分かれた（オランウータンやテナガザルの分岐はもっと古く、それぞれ一二〇〇万年前、一五〇〇万年前に分かれている）。他のすべての類人猿が心筋線維症にかかり、人類だけがアテローム性動脈硬化にかかるのなら、その説明として二つの可能性が考えられる。それらの類人猿（とサルとマウス）のおのおのが、線維症を発症する心臓や免疫系の特徴を独立して進化させたという可能性がまず一つ考えられる。もう一つは、人間の心臓が、心筋線維症を発症するリスクを軽減（もしくは除去）する一方、それと同程度に致命的な疾患を発症する特性を進化させたというものである。二つの可能性のうち、無駄の少なさを基準にすれば、後者の可能性のほうがはるかに高いと考えられる。

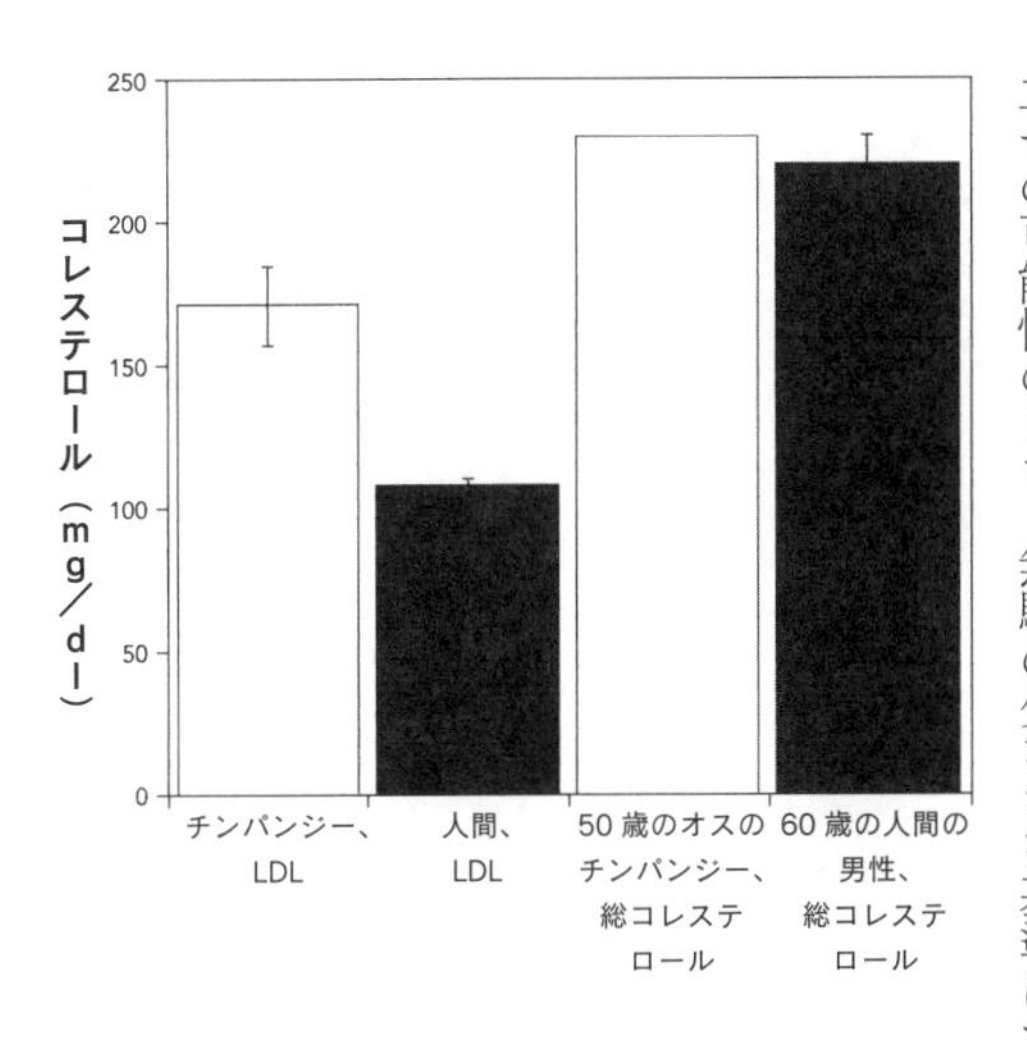

飼育されているチンパンジーと（アメリカに住む）現代の人間のコレステロール値。チンパンジーの平均は、総コレステロールと LDL に関してアメリカの高齢者のものに近い。（データ：Evolutionary Applications ISSN 1752-4571）

人類が変り種なのだ。チンパンジーやゴリラや哺乳類の心臓について概説する本を書くにあたっては、脚注として人間の特異性に触れておけば、アテローム性動脈硬化やつまった心臓について書く必要はないということである。

ニシ・ヴァーキは、類人猿に認められる形態の心臓病が人間には欠けている理由のみならず、人間のみに見出される心臓病が存在する理由も説明しなければならなかった。チンパンジーの心臓病に関しては理由を説明できなかった。というより誰にもできなかったし、解明しようと試みた人もいなかった。チンパンジーや他の類人猿の心臓を調査すれば、あなたにもこの謎を解くチャンスがあるということだ（私なら、チンパンジーの心臓の病原菌をまず調査するだろう）。いずれにせよ、私たちは自分たちの運命を無視するわけにはいかない。私たちの心臓病がコレステロール過多によって引き起こされるのでないことは明らかだ。むしろコレステロールに対する人体の反応がそれを引き起こす。チンパンジーの血中では、プラークを形成せずにコレステロールが自在に流れているのだから。人間の血中や心臓内のプラークは、コレステロールや他の物質に対する免疫系の反応によって形成される。人間の免疫系はコレステロールを外敵と見なし、マクロファージと呼ばれる免疫細胞によってそれを包み込んで殺す。要するにプラークとは、マクロファージの蓄積によって動脈壁に埋め込まれたLDL内のコレステロールだと言える。ならば、人間以外の霊長類の身体とは異なり、私たちの身体はなぜコレステロールを攻撃するのかを解明する必要がある。つまり、私たちの心臓の謎を解明するには最近の免疫系の進化を理解する必要があるということだ。

この謎に対する答えは、ニシ・ヴァーキが最近になって共同研究を始めた夫のアジット・ヴァーキによってもたらされた。ニシとアジットは、インドのヴェールールにある著名な医科大学クリスチャン・メディカル大学で出会った。そこで彼らは恋に落ち、同時に専門家になる訓練を受けた。アジットは内科学、血液学、そしてとりわけ腫瘍学に、ニシは病理学に関心を持っていた。ニシはすでに、人間の動物モデルとしてマウスを用い、がんや他の疾病の生態学的特質を解明する研究に着手していた。またアジットは、一般的な病気の治療に関する実践的な研究を行なっていた。二人とも心臓の研究はしたことがなく、将来するとも思っていなかった。学位を取得したあと、アジットは新たな研究スキルを身につけるために先にアメリカに渡り、最初はネブラスカ大学で、次にセントルイスのワシントン大学で職を得ている。ニシは学位を取得し、ワシントン大学で職を得てアジットと合流する。やがて二人はカリフォルニア大学サンディエゴ校に移り、現在もそこにいる。

アジット・ヴァーキは研究生活を開始した当初、シアル酸と呼ばれる化合物を研究していた。彼は一九八四年に、偶然のできごとからこの研究を始めている。そのとき彼は、比較的まれな血液疾患、再生不良性貧血を抱えた患者を、ウマ血清の派生物を用いて治療していた。[*8] しかし、患者の免疫系が血清に反応し、まれな血清病を引き起こすという問題が生じた。やがて彼は、人体がウマ血清に含まれるシアル酸の一形態に反応することでこの血清病が引き起こされることを見出す。[*9] シアル酸は細胞の表面をおおう糖であり、ときには細胞ごとに億単位で濃密に付着している。患者の免疫系は、あたかも危険な外敵であるかのようにウマ血清中のシアル酸に反応していたのだ。これはきわめて異常な反応であり、アジットがのちに語っているように「ばかげている」とさえ言えた。というのも、すべての哺乳類、というよりすべての脊椎(せきつい)動物は、まったく同じ形態のシアル酸を血液細胞に持つことが知られていたからだ。そのうちもっとも一般的な形態は、Neu5AcとNeu5Gcであった（違いは「A」と「G」だけだが、この一文字の違いに多くが依存する）。[*10] 人間もウマもこれら二つのシアル酸を持つはずで、そもそも人間の免疫系はウマの血清を異物として識別できるはずがなかった。ということは、ウマ、人間、シアル酸に関して知られていたことの何かが間違っているはずだったが、それが何かはわからなかった。アジットは私のインタビューに、「これは探偵小説の謎解きのようなものだ」と答えた。

細胞表面をおおうシアル酸や他の糖の研究に着手し一〇年が経過すると、アジットはこの分野（糖鎖生物学）では世界的に著名な専門家になり、それに関する本を書いた。[*11] それから彼とニシは、マウスのシアル酸を理解するために短期間ながら初めて共同研究を行なう（人間やウマより実験動物のほうがはるかに研究しやすい）。[*12] アジットは、他の研究を行ないつつ、ウマと人間の謎の解明に向けて研究を続け、それに関する手がかりを集めていた。最初の手がかりは、人間には、他の哺乳類には見られる、二種類の主要なシアル酸のうちの一つNeu5Gcが欠けていると報告する研究を見出したときに得られた。それだけでも奇妙だったが、この普通のNeu5Gcを持つ類人猿も存在すると報告する論文が、一九六五年に発表されていることがわかった。この主張はすぐに、アジットが共同研究を行なっていた、カリフォルニア大学サンディエゴ校のエレイン・マッチモアによって検証された。

アジット・ヴァーキとマッチモアはこれらの手がかりをもとに、六〇人の被験者とあらゆる類人猿の、シアル酸の生産に関わる遺伝子を比較することにした。人間とチンパンジーでは、遺伝子配列のおよそ一・五パーセントが異なることが当時知られていたが、いかなる差異も正確には特定されていなかった。

ヴァーキとマッチモアはそれに取り組み、驚くべき結果を得る。すべての類人猿（およびマウスやウマを含め、これまで研究されてきたあらゆる哺乳類）においては、特定の酵素が、酸素原子を加えることで基本的なシアル酸NeuAcを改変し、Neu5Gc（N－グリコリルノイラミン酸）を生成していたのだ。この酵素CMAHを生産する遺伝子は人間では壊れており、[*13] DNAの九二ビット（ヌクレオチド）を欠いている。そのため、人間の生産するすべてのシアル酸はNeu5Acであり、Neu5Gcでは加えられている酸素原子を欠く。つまり、人間はNeu5Gcを生産する能力を失ったのだ。シアル酸の糖鎖は人体のあらゆる細胞に見出されており、この相違は、人間の免疫系がウマ血清のNeu5Gcを自己とは異なるものと見なすに十分なものであった。[*14] 人間のあらゆる細胞は、他の哺乳類のあらゆる細胞と異なっているのである。要するに人類が例外的な種なのだ。

かくしてアジットらは、人間とチンパンジーのあいだに存在する遺伝的差異を史上初めて見出した。[*15] そしてこの差異は、彼には最初からわかっていたように人間の免疫系をチンパンジーのものから区別するだけでなく、ウマを含めたほぼすべての哺乳類の免疫系から区別する。私たちはチンパンジーと人間のあいだの顕著な違いに目が行きがちだが、病原菌とそれが引き起こす疾病に満ちた世界では、目立たない差異のほうがはるかに重要だと言えるだろう。シアル酸は人類の進化と疾病というパズルの重要なピースをなす。そうアジットは確信する。

アジット・ヴァーキはこの問題をさらに突き詰めたかったが、その前にチンパンジーや他の類人猿についてもっと学ぶ必要があった。チンパンジーと人間の相違は非常に重要であるように思われたが、違いが存在する理由は定かでなかった。すでに観察されている事象を解明するだけでなく、彼や他の研究者が見逃していることを理解するには、チンパンジーについてもっと詳しく学ばねばならなかったのだ。

そこで彼は研究休暇をとって、のちにニシがチンパンジーの心臓の観察を行なうヤーキーズ霊長類研究所で時を過ごす。滞在中アジットは、心臓には焦点を絞らなかったが、チンパンジーと人間のあいだで異なると考えられる疾病、つまりシアル酸の変化などの、進化によって最近生じた変化に関連すると見られる疾病の一覧を作成することができた。この一覧には、ある種のがん、エイズ、さまざまな感染症、関節リウマチなど多くの疾病が含まれていた。そのため、数年後にニシが人間とチンパンジーの心臓の差異に関する発見を携えてヤーキーズ霊長類研究所から帰ってきたとき、その発見は二人のどちらにとってもそれほど意外ではなかった(ほとんどの同僚には意外だったが)。そして二人は、心臓について考察するにあたり、シアル酸とヤーキーズでのアジットの研究について語り合う。アジットが何十年も費やして研究してきた糖が、ニシが抱えていたチンパンジーの心臓の謎に対する答えになると想像するのは、非常にばかげているように思われるかもしれない。だが、まさにその通りの結果になった。

これら二つのストーリーを結びつけるには、もう一つ手がかりが必要だった。幸いにも、それはすでにアジットによって発見されていた。哺乳類に通常見られるシアル酸(追加の酸素原子を持つもの)は、人体では免疫反応を引き起こす。人体は追加の酸素を検出して攻撃し始めるのだ。とはいえ、この説明だけでは何かがおかしかった。アジットはシアル酸の研究から、人間が哺乳類の肉を摂取すると、肉の糖分は人体の細胞に取り込まれるらしいと知っていた。これが正しいのなら、追加酸素を持つシアル酸を含む細胞は免疫系によって外敵と見なされ、免疫系はそれに過剰反応して攻撃を開始し、アジットの考えではアテローム性動脈硬化を含むさまざまな障害をもたらすはずである。しかし彼は、摂取されたシアル酸が人体の細胞に取り込まれるとする理論を証明する証拠を持っていなかった。だから彼は、ある実験を行なうことにした。

アジット・ヴァーキは誰かに哺乳類の肉を食べさせ、その肉に含まれるシアル酸（Neu5Gc）が実際に人体の細胞に取り込まれるかどうかを確認したかった。その際、他の動物を対象に実験をするわけにはいかなかった。なぜなら、この形態のシアル酸を欠くのは人間だけだからだ。彼は自分が実験台になれば簡単に実験ができると考えた。しかし大学は一般に、（フォルスマンの時代とは違って）科学者が自分を実験台にすることを嫌う。だから彼は人体実験を提案する前に、実験室のペトリ皿に培養された人間の細胞でまず試してみた。哺乳類に通常見られるシアル酸（Neu5Gc）を与えると、これらの細胞はそれを細胞膜に直接取り込んだのだ！　それが確認されると、大学の審査会は自らを対象に実験を行なうことをヴァーキに許可する。ヴァーキと同僚のパスカル・ガニューはブタの唾液腺からシアル酸を抽出した（シアル酸は唾液に濃縮されている）。かくして二〇〇一年二月一六日の朝、ヴァーキは大学の臨床研究センターに入り、そこで「一四枚の豚テキ」に相当する一五〇ミリグラムのシアル酸を摂取した。

次の数週間、ヴァーキの尿、唾液、髪の毛に含まれるNeu5Gcシアル酸のレベルは上昇し続けた。この哺乳類のシアル酸は彼の細胞の一部になりつつあったのである。実験はのちに、ガニューとマッチモアを対象に繰り返され、類似の結果が得られた。[*16]

哺乳類の肉を食べた人は、それに含まれる糖分を自細胞に取り込む。免疫系は糖鎖の末端に結合したシアル酸を外敵と見なし攻撃する。この反応は、動脈壁を含め人体のあらゆる場所で生じる。この事実に間違いはない。ヴァーキ夫妻にとってそれは、チンパンジーと人間の心臓の違いに関するニシ・

ヴァーキの発見を導く最後の手がかりになる。

ヴァーキ夫妻は公式、非公式の席上で、人間と他の哺乳類のシアル酸の違いと、哺乳類の肉に富むダイエットが結びついて、人間におけるアテローム性動脈硬化の流行がもたらされているのだと論じた。しかし、どのくらいのアテローム性動脈硬化が、Neu5Gcシアル酸の欠如によって生じているのかははっきりしない。人間の免疫系は、他の哺乳類によって生産されたシアル酸の影響がなくても活動レベルが例外的に高い（菜食主義者がアテローム性動脈硬化を免れられるわけではない）。他の霊長類に比べ、人間の免疫系は神経質で過剰に反応するのだ。[*17] 特定のシアル酸の欠如と過剰反応性の結合が、さまざまな疾病の核心に存在するのかもしれない。HIVに感染するとエイズを発症するのは、この過剰な反応のゆえと考えられる（チンパンジーはHIVに感染するが、完全な疾病には至らない）。また、B、C型慢性肝炎、関節リウマチ、ぜんそく、1型糖尿病などの現代病もこの過剰反応に関係する。言い換えると、人間の誰もがチンパンジーより頻繁に炎症を起こすようになったと考えられるが（ことに動脈に関してはそれが言える）、哺乳類の肉を食べる人はその程度が不釣り合いなほどに大きいようだ。

このように考えると、シアル酸と人間の免疫系やダイエットの関係がはっきりと見えてくる。しかしそれだけでは、「そもそもなぜ私たちは、シアル酸と免疫系の反応において他の哺乳類とは異なるのか？」という問いには答えられない。これに関しても、ヴァーキ夫妻には考えがあった。あらゆる人々が最低でもいくつかの遺伝子を受け継ぐ、人類のもっとも近い共通祖先は、少なくとも一〇万年前には生きていた。私たちすべてが共有する問題や、人間に独自の特徴は、起源をその時点にまでさかのぼる。心臓もその例外ではない。そもそも私たちの祖先は、シアル酸に関する変化が生じる以前から、それ以外の事象に関しても近縁種とは異なっていたらしい。疾病に侵されていたのである。

ニシとアジットが行なった初期の共同研究で得られた結果は、種々の病原菌と人間の相互作用においてシアル酸が重要な役割を果たすことを示していた。インフルエンザウイルスなどの病原菌は、シアル酸を用いて気道上部の特定の細胞を特定しそれに取りつく。ヴァーキ夫妻は、シアル酸における変化が、私たちの祖先の体内の細胞による、特定の感染病を回避する試みによって引き起こされたと考え始めた。

人類と疾病のストーリーは、他の哺乳類のものとは異なる。人類の誕生時に非常に近いどこかの時点で、私たち人間は言語能力、脳の力、文化の出現を組み合わせることによって、それ以前より大きな規模で集団生活を送れるようになった。人間以外の霊長類に関してこれまでに確認された最大の集団は、およそ五〇個体で構成されていた（進化生物学者のマーク・モフェットはこれを五〇個体ルールと呼ぶ）。研究者はこの移行が正確にいつ、どのように、そしてなぜ生じたのかを激論している。しかし、人間が大きな集団を構成するようになると、新旧の病原菌によってもたらされるリスクが増大する点については論じられていない。この現象は学校ではよく知られている。子どもたちを一箇所に集めると、インフルエンザ、ノロウイルス、シラミ、ダニ、[*18] さらには流行性結膜炎を引き起こすウイルスなど、病原菌や寄生虫は急速に広がる。私たちの祖先を一箇所に集めれば、それと同じことが起こる。霊長類のほとんどは、およそ二〇〇種の病原菌を宿す。人間の場合、その数は二〇〇〇種を超える。そのなかには危険な種も、致命的な種も含まれる。

人口密度の高さは、病原菌がより迅速に伝播（でんぱ）することを、さらにはより致命的になることを意味する。病原菌は一般に、宿主に死をもたらすほど危険な存在に進化することはない。というのも、あまりにも致命的になると、他の宿主に移動する前に現行の宿主が死ぬからである。ところが残念なことに、この原則に対するいくつかの例外がある。一つは宿主の個体密度に関するもので、人類が集団を形成し始めると、病原菌が他の宿主に移動する機会が増え、そのために致死性のコストが減退する点である。おそらく人類が誕生して間もない頃、広範に拡大し致死性を増した病原菌によって、ヴァーキ夫妻が発見した体内の糖の変化などの進化的な変化が引き起こされたのかもしれない。実際にそのような病原菌が進化したのなら、私たちの祖先の多くがそれによって殺され、その病原菌を回避できるバージョンの遺伝子を持つ個体のみが生き残れたはずだ。もしかすると、その種の保護的な役割を果たした遺伝子の一つが、壊れたバージョンのNeu5Gcシアル酸遺伝子なのかもしれない。

数百年前までに生きていた私たちの祖先は、さまざまな死因のなかでも、血中に潜む一連の生物種によって引き起こされる疾病で死ぬことがもっとも多かった。ヴァーキ夫妻は、これらの種が、やがて人体を心臓病にかかりやすくしたのだと考えた。

血中に入ったこれらの病原菌が身体の進化の様相を変えたという提言は、それほどばかげてはいない。血液は身体にとって貴重であると同時に、他の種にとっても魅力的な物質である。血液は心臓の液体であり、心臓が身体に影響を及ぼす媒体である。それは水分が少ない場所で水分を保ち、タンパク質、糖分、適正なpH、一定の温度を維持する。しかし血液の貴重性は弱点にもなる。血中に侵入することができた寄生虫は、広大な液体の楽園を発見したに等しい。成人はおよそ一ガロン〔およそ三・八リットル〕の血液を保持している。地球上にはおよそ七〇億人が存在することを考慮すると、人間の血液の総量はおよそ七〇億ガロンになる。二〇を超えるハエの系統が血液に対する嗜好(しこう)を独立して進化させたのも無理はない。これらのハエにおいては、皮膚を貫いて素早く血液を吸い上げ飛び去れるような形態に口吻(こうふん)が著しく変化した。コウモリの特定の種やヒルも血を吸う。吸血フィンチすら存在する。鳥が血を吸うのだ！　最近、血液に対する嗜好を持つ蛾が、シベリアの住民の汗ばんだ腕にとまっているのが見つかった。これらの動物が皮膚にとまって血液を吸うのに対し、病原菌を含む他の生物種は、人類が集団生活を始めるとその社会に取りつき、皮膚を貫いて、脈打つ滋養分の流れに身体ごと入り込む方法を発見した。

かくして血中への侵入を達成したほぼすべての種は、血液に、そしてそれを介して心臓に影響を及ぼす。これに関してもっともよく理解されている種は、マラリア原虫 *Plasmodium falciparum* である。今日マラリアは、年間一〇〇万人以上の生命を奪っている。しかも殺虫剤、蚊帳、予防薬が発明される以前に比べれば、この数値ははるかに小さい。マラリア原虫は蚊に便乗し、蚊が皮膚にとまってそれを貫くのを待つ。蚊が皮膚を一刺しすると、マラリア原虫は蚊の唾液のほとばしりとともに血液に入る。そして血液の流れに乗って肝臓に達し、分裂し、さらなる原虫を生む。これらの原虫は血中に戻り赤血球を侵略する。身体は発熱することで反応し、熱で原虫を殺そうとする。しかし原虫が肝臓から出て赤血球を乗っ取り何度も心臓を通ると手遅れになる。原虫はかくして宿主を破滅に追いやったあと、別の蚊が飛んで来たときに次の身体に侵入するためにそれに便乗する。こうしてマラリアは、人から人へと伝播しながら世界中を移動してきた。一万年前には（というより二〇〇年前ですら）、多くの地域集団では、ほとんどの人が、生まれてから死ぬまでにマラリアに感染した。おそらく、それらの人々のうち一〇人に一人はそれが原因で死んでいたのだろう。

人間と同様、チンパンジーやゴリラもマラリアに感染する。いかなる時点でも、すべてのチンパンジー、ゴリラのほぼ半分は、マラリア原虫を宿している（興味深いことにボノボはまったく宿していないようだが、その理由は解明されていない）。とはいえ、これら類人猿のマラリアは、私たちのものとは異なり致死性が低いらしい。人類はおよそ一万二〇〇〇年前に、農耕の誕生とともにゴリラを介して、ある形態のマラリアに感染したとされている。蚊がマラリアに感染したゴリラを刺し、マラリア原虫がそれに便乗し、その蚊が今度は人間を刺したのである。かくして人間の体内に侵入した原虫は繁殖し、このマラリアの種は新たな宿主をうまく活用できるような形態に進化したのだ。（人類がゴリラから移されたのはマラリア原虫だけではない。ケジラミも同様らしい。この移転は、ゴリラの祖先と人間の祖先が、何と言うべきか……、そう触れ合っていたときに起こったとしか考えられない）。その種の宿主の変更はありふれていたが、この話の奇妙なところは、「一万二〇〇〇年前になるまで、人類はなぜ独自のマラリア原虫を宿していなかったのか？」「なぜ致命的なものに変化したゴリラのマラリア原虫に感染したのか？」がわからないことだ。チンパンジーはチンパンジーの原虫を、ゴリラはゴリラの原虫を宿していた。ならば、人類のマラリア原虫、つまりゴリラの原虫に寄生される前に、人間の体内で生きられるよう進化した人類独自の原虫はいったいどこに行ったのだろうか？　ヴァーキ夫妻の考えによれば、太古の時代に存在したはずの人類のマラリア原虫が消えたのは、私たちの祖先がそれを回避する手段を進化させたからである。おそらくこのできごとは、人類が密集して住むようになり、人類のマラリア原虫がより致命的になったときに起こったのかもしれない。また、（チンパンジーやゴリラのマラリア原虫と同様）この原虫はもともとNeu5Gcに取りついていたが、私たちの祖先がそれを失ったから消えたのかもしれない。Neu5Gcの欠如、もしくは壊れたNeu5Gcが私たちの祖先に人類独自のマラリア原虫を寄せつけなくしたのだとすると、この特徴をコード化する遺伝子が人々のあいだで広がり、原虫は絶滅したはずだ。しかし残念なことに、そうであったとしても、それはゴリラのマラリア原虫に寄生されるまでの一時しのぎにすぎなかった。

この可能性は考えられる。マラリアは私たちの遺伝子構成を決定できる。一万二〇〇〇年前頃におきた新系統のマラリアの寄生は、確かに私たちの遺伝子構成を決定したのだ（この系統のマラリアは、ゴリラから人類へと宿主を変えるにあたり、結びつくシアル酸を変えねばならなかった）。マラリアが私たちに引き起こした変化の一つは、マラリア原虫が血中で生き続け繁殖することを困難にするバージョンの遺伝子の選好であった。それはおもに、赤血球に含有されるヘモグロビンの変形という形態をとる。この変形は、赤血球が酸素を保つ効率を低下させ、そのために心臓はより筋肉質になり、鼓動は速くなる。実際のところこれは機能の低下であり問題ではあるが、その程度はマラリアで死ぬより小さい。血液型のO型は、マラリアに対処する過程で進化したとする説もある。人類以外の哺乳類にはA型とB型は存在しても、O型は存在しない。O型の人は、マラリア原虫の侵入を容易にするある種の糖を細胞中に欠き、よってマラリアで死ぬリスクが低い。これらすべてを考慮すると、他のいかなる致命的な病原菌とも同様、マラリアがさらに別のあり方で人類の進化の筋道を決定した可能性が浮上する。

このストーリーに従えば、霊長類の持つシアル酸の喪失は、ゴリラのマラリアに寄生されてからは（またマラリアがまったく存在しなかった数少ない幸運な場所では）人類にはもはや有益ではなくなった太古の適応であることになる。確かに、壊れたシアル酸を生産する遺伝子の進化によって、人類は少なくともしばらくのあいだは、いくつかの病原菌を一度に回避できたのかもしれない。[19] しかしそれがために免疫系の過剰反応がもたらされ、さらに不十分な設計の冠動脈、哺乳類の肉に富むダイエット、運動不足、喫煙などの危険因子と組み合わさることで、人間は動脈がつまって死ぬようになったのである。これらの弱点の組み合わせが、比較的最近になるまで頻繁に人を死に至らしめることがなかったのは、それほど長く人間が生きられなかったという単純な理由のためにすぎない。

現代の野生の類人猿は一五年から三〇年ほど生きる。[20] 私たちの祖先がチンパンジーから分かれた六〇〇万年前には、彼らは、果物を食べ、ヒョウから逃れ、子作りに励みながら三〇年ほどの過酷な生涯を送っていたはずだ。たまには長生きする個体もいただろうが、あくまでもごくたまに、である。いずれにせよ、六〇〇万年前から現在に至るまでに何が起こったかを推定するのはむずかしい。

初期の人類の平均寿命に関する最良の推測は、今日生きている狩猟採集民の研究から得られたものだ。それによると、彼らは四〇年前後生きる（もちろんこれは、この種の数値の常として平均値である）。また、チンパンジーに似た類人猿から人間の狩猟採集民へと移行するどこかの時点で、人類は二〇数年の寿命を獲得したと考えられる。人類の平均寿命は狩猟採集生活を送っていた九〇万年のほぼ全期間にわたり、四〇年前後であったと推定される。よって自然な人間の平均寿命があるとするなら、それはおよそ四〇歳である。それから人類は農耕を開始し、平均寿命は再び変化したらしい。わずかに下がったのだ。[21] たとえば、エジプトのホルス研究〔研究の名称でありホルス神と直接の関係はない〕で調査された王家のミイラは平均寿命三八歳であった。庶民の寿命がいかばかりであったのかは定かでないが、持てる者と持たざる者の長い歴史に鑑みれば、それは三八年より短かった可能性が高い。五〇、六〇、七〇、そしてつい最近の、少なくとも先進国における八〇歳と、人類の平均寿命は延びてきたが、それは一九世紀以後の話である。もちろん現在でも、世界の多くの地域では六〇歳になれば高齢者の範疇（はんちゅう）に入るのは確かだが。

平均寿命に焦点を絞ると、変化の実態に対する認識がいくぶん曇らされることも確かだ。平均には乳児の死亡も含まれるが、時の流れとともに生じた最大の変化の一つは乳児の死亡率の漸進的な低下である（それによって平均を算出する際に一歳未満の死亡データが減少する）。乳児の死亡を除外すると、平均寿命は一般に時の経過とともに上昇する。これはまた、時代が経過するとともに、たとえ生物学的構造や生活様式が変わらなかったと仮定しても、より多くの人が心臓病に罹患するようになることを意味する。今日、心臓病と卒中（およびがん）は、一般に三五歳以上の人を死に至らしめる。二〇〇〇年前までは、多くの人は心臓や血管が機能不全を引き起こすまでに、疾病、捕食者、災害などによって死んでいた。たとえば古代エジプトでは、心臓病罹患者が多かったようだが、そのせいで死ぬほど長生きした人はあまりいなかった（メリタムン女王はその顕著な例外だが）。人体は、免疫系の過剰な活動に対処する手段を進化させるに十分な機会を持てなかった。また、心臓病を含め免疫系疾患の治療が進歩すればするほど、その機会が得られる可能性は低下する。

ヴァーキ夫妻は、このストーリーを理解しようと努力してきた。今後もっと詳しいことがわかるはずだが、核心は変わらないだろう。私たち人間がアテローム性動脈硬化を発症する理由の一つは、免疫系が血中のＬＤＬに反応するからである。私たちの免疫系が他の霊長類の免疫系より攻撃的なのは、私たちが、遺伝子の変化を引き起こすほど致命的なものを含め恐ろしく多様な病原菌にさらされていた

（そして現在でも世界の多くの地域ではさらされている）からだ。その結果、血中のＬＤＬに含まれるコレステロールを増大させるいかなる生活様式も、免疫系の攻撃機会を増やすことになった。それに対してＨＤＬを増やす生活様式はＬＤＬを、つまり免疫系の攻撃対象を減らす。

抗酸化物に富んだ食物の摂取は、年齢、酸化、免疫系の攻撃によってダメージを受けたＬＤＬ分子の比率を低下させる。それに対し免疫系の反応性を高めるものはすべて、この攻撃を激化させ問題を引き起こす。前述したように、喫煙は炎症や免疫反応、さらには動脈の狭窄（きょうさく）を引き起こす。炎症、コレステロール値、さまざまなタイプのリポタンパク質の過剰、そしてその酸化は、きわめて多様なあり方でアテローム性動脈硬化を発症するリスクに影響を及ぼす。また、まだ解明されていない要因も数多くあるだろう。アンセル・キーズや遠藤章が予想もできなかったような要因、すなわち現代人の生活様式に基づく要因、あるいは進化の過程や他の生物種との関係に由来する要因が、すでにいくつか見出されているのだから。

一例として歯のエコロジー〔生態学〕を考えてみよう。現代人は、ミュータンス菌（*Streptococcus mutans*）や口腔の細菌（*Porphyromonas gingivalis*）などの口内の病原菌によって虫歯や歯肉炎になりやすい。しかし、この状況は比較的最近生じたらしい。（古代の人類が宿していた細菌の種のＤＮＡをある程度の確実さで決定できる数少ない材料の一つである）古代のミイラの歯垢（しこう）の研究によって、口内のエコロジーにおける、少なくとも二つの主要な移行が発見されている。いずれも炭水化物が関与する。一つは次のようなものである。人類が狩猟採集民のダイエットから穀物を主体とする農耕民のダイエットに食事様式を転換したとき、歯肉炎を引き起こす細菌が口内で増大し、炎症や歯肉炎が起こりやすくなった。もう一つの移

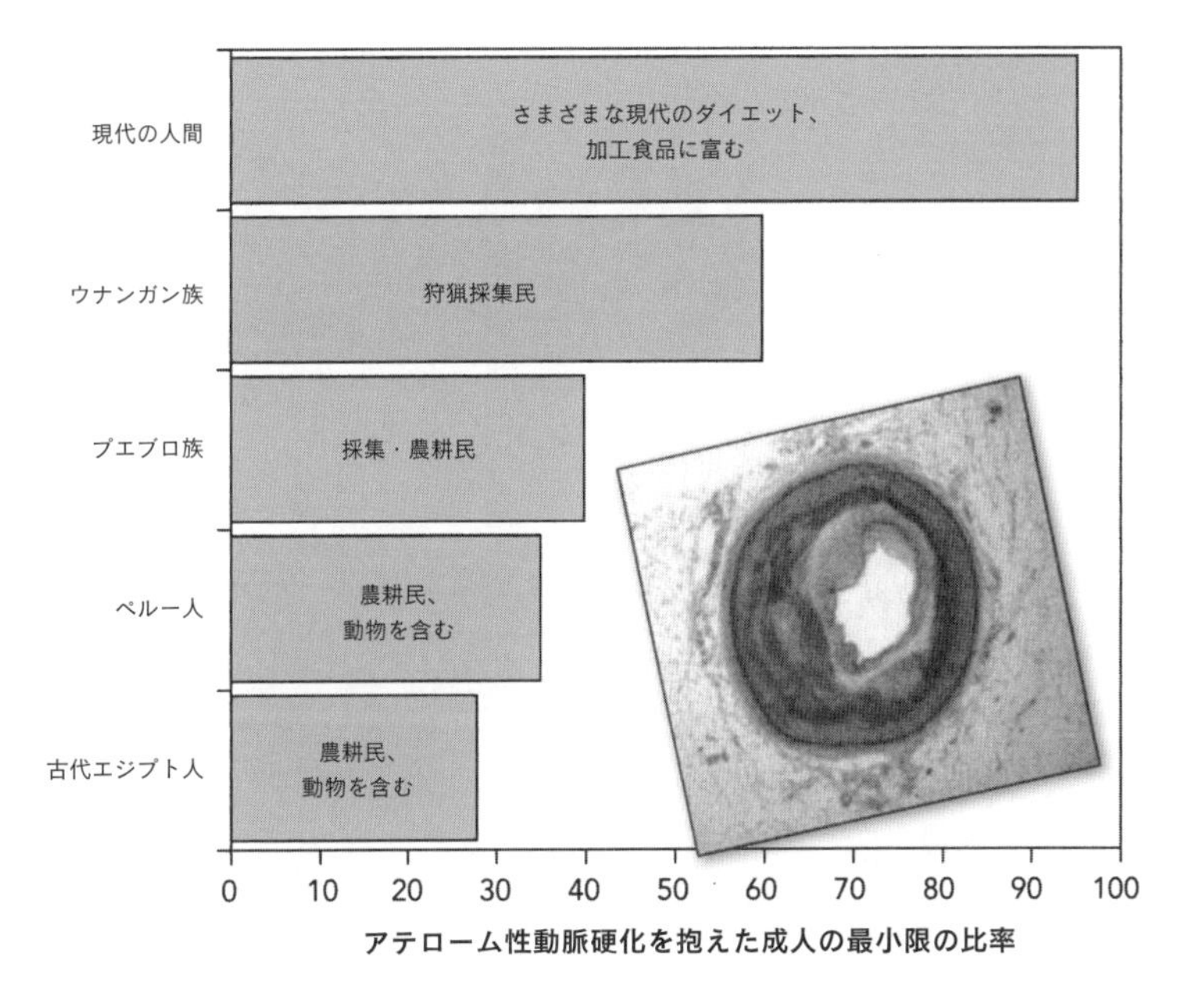

少なくとも１つの動脈からアテローム性動脈硬化の証拠が見出された個人の比率。ミイラに関する見積もりは最低限のものである。というのも、ほとんどのミイラでは、すべての動脈を検査できるわけではないからである。（データ：*The Lancet* 381, no. 9873 (April 6–12, 2013) : 1211–12）

行は、過去二〇〇年間にわたり、砂糖生産の工業化と、それによる砂糖消費の増大によって、口内に寄生する細菌の種数が減少したことだ。そして、ミュータンス菌や、虫歯を引き起こすその近縁種などの悪玉口内細菌が優勢になった。それと心臓と何の関係があるのかと思われるかもしれないが、実はある。慢性的な歯肉炎や虫歯は、免疫系を活性化してより多くのマクロファージの生産を引き起こす。これらのマクロファージは血中を流れ、やがてLDL中のコレステロールに遭遇するとそれを攻撃する。言い換えると、過去一万二〇〇〇年にわたるダイエットの変遷は、心臓からかけ離れた領域で変化を起こしても、循環器系に影響を及ぼしてきたのである。*22

多量の単純糖質を摂取すると、口内の微生物（とトリグリセリド）が増大することで心臓病にかかりやすくなる。肉食は、ヴァーキ夫妻が見出した様態のみならず、さまざまなあり方でアテローム性動脈硬化を引き起こす。キーズが発見したように、飽和脂肪の含有率が高い肉を食べると、血中のLDLおよびHDLのレベルに影響する。ただし、影響の程度は遺伝的な要因に依存し、それをめぐって多くの議論がある。また、動物の肉に含まれるシアル酸が免疫系の反応を引き起こすために、肉食は炎症を増大させる（ひねくれた指摘をすると、慢性的な免疫系の疾患を引き起こさずに食べられる肉は人肉である。人肉食では、アテローム性動脈硬化発症のリスクがやや下がると考えられる）。つけ加えておくと、最近の研究によって、赤肉を食べる人は、問題を引き起こす可能性のある種々の細菌を内臓に宿しやすいことが示されている。赤肉と卵はコリン（とそれに関連する化合物）を含む。コリンはあらゆる動物にとって必須の栄養素で、それを欠くと心臓の障害を引き起こすが、肉食者の内臓に寄生するある種の細菌はそれをトリメチルアミンに変換する。このトリメチルアミンは、アテローム性動脈硬化のプラークの形成を助長する。

これらすべての要因の持つ効果は、コレステロール、炎症、特定の細菌に対する体質などに関わる遺伝子にも依存する。それによって、アテローム性動脈硬化や心臓病を減らすことは可能だが、その達成には複雑な手続きが必要であることがわかる。現代人が抱える心臓の問題は、不健康な食品の消費によってのみならず、与えられた人体の構造で本来生きられる年限をはるかに超えて人類が長生きするようになった結果として生じている。何千もの種を宿し、それ以上の種によって影響を受ける人体は複雑であり、高齢に達したのちにいかに多大なコストがかかろうとも、少なくとも子どもが生める年齢までは病原菌を回避しながら生きられるよう進化してきた。かくして私たちは、未来の希望ではなく人類の歴史の現実によって形作られた平均寿命を持つ。そしてこの事実がもっともはっきりと見て取れるのは心拍数においてである。

第17章　自然法則を免れる

私たちは自己を修理し、あらゆる打撃をかわす。かくして生命のジャイロスコープが滑らかに回転し続けるように取り計らうのである。

——シャーウィン・B・ヌーランド『身体の知恵』

中世のキリスト教社会では、神は心臓に宿り、その内壁に記録をとるとされていた。人によっては、この記録は文字どおりのものであった。[*1] 心臓は筋肉の羊皮紙であり、その上に神は、その人のよこしまな思い、寛大な思考、狭量な思考を熱心に書き留めたのだ。長い人生を送るあいだに、こうして心臓はさまざまなストーリーで埋められ、それによってその人の価値が、公正に審判されるとされた。時代が下ると、そこに記録など残されていないと認識できるほどには心臓について詳しく知られるようになった。私たちは一般に、身体にストーリーが刻まれているとするなら、その記録は脳に見つかるはずだと考えている。事実、脳は化学的にではあるが、自分の行動を記憶に記録する。しかし、私たちの心臓に対してまったく異なった見方をとるあるグループの科学者のあいだでは、あの世ではなくこの世における己の運命が心臓に記録されていると今でも考えられている。

心拍数が教えてくれるさまざまなことについて、誰もがよく知っているのではないだろうか。早鐘を打つ心臓は、恐れ、愛、欲望、運動量、ダイエット、祖先の生活などを指し示す。死について語ると言う科学者もいる。むしろ人間と動物の心臓の比較が、と言うべきかもしれないが。

これらの科学者が行なう研究はスケーリングと呼ばれ（さらにわかりにくいアロメトリーという用語で言及されることもある）、発達や進化にともなって生じる、生物の諸特徴の関係を理解することを目指している。スケーリングはたとえば、「恐竜はどの程度まで自重でつぶれずに巨大化できるのか？」「なぜ草食動物は一般に捕食者より大きいのか？」「木はどれだけ高くなれるのか？」「木や細胞の個体密度については？」について教えてくれる。スケーリングが説明しようとしている現象は、単純でよく理解されているものが多い。生命はきわめて多様で複雑であるとはいえ、スケーリングは、そのような複雑性が一般には物理法則を基盤とする普遍性に従うことを教えてくれる。重力や運動の法則からは誰も逃れられない。

スケーリングの法則は、物理法則に従うと言われる。そのようなこともあってか、もっとも野心的なアロメトリー理論家の一人ジョフリー・ウエストは、生涯の多くの期間を、マンハッタン計画推進のために設立された研究センター、ロスアラモス国立研究所で過ごしている。そこでウエストは、一九七六年から五三歳になる九三年まで陽子と中性子に関する理論物理学の研究を行なっていた。そのとき彼は、テキサス州に建設される予定の超伝導超大型加速器を利用して研究を行なうつもりだったが、その建設に必要な資金一一〇億ドルが調達できず建設計画そのものが破綻する。彼は一九九三年の時点で、そのことはきっぱりと忘れて引退生活に入ることもできたが、そうはせずに新たな分野に挑戦する。陽子と中性子は十分に研究したので、今度は都市における人々の喧騒（けんそう）や、心臓内での血液の動きなど、生命現象を解明しようと考えたのである。やがて彼はサンタフェ研究所に職を得て、そこで自分の仕事を行なうための、すなわち考えるための大きな空間を与えられた。

ウエストは数学的な思考に長（た）けた理論家で、映画には登場しても現実世界にはいそうもないタイプの人物だ。しかし、確かに彼は現実世界に存在する。背が高く痩身で無器用、手入れのされていない髪やひげは、同じようにロマンスグレーの色調を帯びている。話すときには腕を突き出して大きく広げ、論点を強調したり熟考したりするときには生茂った眉が釣り上がった。彼は考え、そして話す。数式を書きつけ、モデルをプログラミングする。プロの賭博師と裁縫師の息子であるウエストは、確率（オッズ）を操ることで美しい理論を織り上げる。他者が見落としていた世界の動きの様相を、数学を用いて発見する。言葉では表現できない現象を数式を使って記述し、複雑な現実世界の問題から単純な説明をあざやかに引き出す。それにあたって彼は、つねに何かを、つまり不透明な問題を前にして次に適用すべき明快な着想を持っている。険しい山を登攀（とはん）する試みと同様、このような新奇で明快な着想の追求は、さまざまな日常の必要性からの超越をもたらす。ウエストは、仕事に熱中するとナッツと紅茶だけで食事を済ませる。仕事以外のことを考える余裕などなくなる。あるジャーナリストに彼自身が語ったところによると、彼は食物アレルギーを抱えているらしい。しかし、都市や心臓の機能に関する非常に重要な現象を分析し、それについて説明する新たな数式を考えている最中に、日常の必要性をいちいち案じることに対してアレルギーを持っているようにも見える。このジャーナリストに語ったところでは、彼は「すべてを支配する規則」を発見したいのだ。[2]

もっともよく知られているウエストの業績は、「人は都市でいかに暮らし行動するか」を分析する二〇〇三年に着手した研究である。中性子の振舞いが基本的には予測可能であるのと同じように、都市の喧騒、すなわち表面は気まぐれに見える都市生活の細かな機微の多くは、予測できるという考えをウエストは持っていた。確かに個々の中性子や個人は、ときに大きな逸脱をする。しかし集合的に見れば、中性子の振舞いも人間の行動も予測可能なはずだと彼は考えたのだ。具体的に説明しよう。ある都市の大きさと需要を知れば、それに必要な基盤構造(インフラ)と、その都市の住民の主要な特徴を把握できる。都市に住む人々は資源を必要とするが、これらのニーズはその都市の人口と人口密度に依存する。専門用語で言えば、前者は後者に応じて変化(スケール)する。そのために、資源に対する需要と人口のあいだの関係は特定の規則に従う。人口に応じて道路の広さ、確保しなければならない食料の量、建物が消費するエネルギーの量が決まるからだ。だが都市の人口によって、そこに住む人の需要ばかりでなく行動にも影響が及ぶとする規則があるとしたらどうだろう。たとえば、人口がその都市で生み出されるアートや発明に影響を与えるとしたら？　この見解が正しければ、これらの関係の研究は、さまざまな地域や時代にわたり、見かけは多様で無関係な種々の事象をまとめて説明できるだろう。たとえば、人口一五万の都市では「道路の総延長は何キロメートルくらいになるか？」「ホットドッグ屋台の数はどれくらいか？」「どのようなタイプの盗みが何件発生するか」、さらには「芸術や科学の革新がどれほど生まれるか？」などを説明できるだろう。こうして単純な数学的規則から、さまざまな具体的予測を導けるはずだ。そうウエストは期待した。要するに彼は、人間の創造物が持つあらゆる美を数式に織り上げたかったのである。

都市の特徴が予測可能であるか否かを検証するために、ウエストは都市のデータを集め、予測可能な側面、すなわち私たちの生活における量や密度に依存する側面を見出そうとした。彼と彼が率いるチームは、たとえばカササギが熱心に、そしていくぶん見境なく集めた光り物の数などといったデータをかき集めた。情報が手に入りさえすれば、どんな都市の特徴をも調査した。さまざまな分野の研究者がすでに、都市計画、建築、景観設計など、都市の機能に関する考察を行なっていた。また、彼のチームにもそれらの専門家がいるにはいた。だが、ウエストのチームはこれらの分野を無視し、一生を都市研究に捧げた何千人もの研究者の業績よりも、物理学と生物学的なスケーリング法則に依拠する方針をとった。*3 これは、ときに自分をガリレオにたとえる傲岸な男にふさわしい行為と見なせる。

驚くべきことに、数年間データ収集とモデリングを行なったあと、ウエストの思いどおりの結果が得られる。彼は都市を説明できると、しかも、都市化が進行すればそれだけ都市は彼の法則に適合するようになるがゆえに、時代が経過するにつれ自分の説明がますます有効になると考えている。ある都市の面積と人口を教えれば、彼はその都市の道路網、ガソリンスタンドの数、下水道網、さらには革新(イノベーション)の速度などの人間的な事象について予測してくれるだろう。しかし、彼がこれらの特徴を予測できるという事実のみならず、それらのおのおのが、関与の仕方にわずかな違いはあっても基本的に都市の大きさに関係している点も興味深い。ある都市が必要とする資源(ガス、食料など)の量は、一人当たりに換算すると、その都市のサイズが大きくなるほど減少する(都市が大きくなれば、それだけ効率的になる。グラフの傾きは1より小さい)。しかし都市が示す革新の度合いは逆になる。つまり、一人当たりに換算すると都市のサイズが大きくなるほど革新の度合いも増大する(傾きは1より大きい)。要するに、都市は大規模になるほど効率と革新の度合いが上がり、芸術が繁栄しガスが少なくて済むのだ。

いくつかの数式だけで現代人の生活を説明しようとする輩(やから)は疑われてしかるべきかもしれないが、ウエストらは都市を説明したと考えている。彼のモデルやアプローチの詳細をめぐってはさまざまな議論がある。正確さを犠牲にして包括性を求めていると言う人もいる。細部を重視する人々にとっては、彼の数式はいらだたしい単純化に思える。*4 彼のモデルは、特定の特徴を予測したり理解したりすることに貢献するのではなく、世界のあれやこれやの特徴に関してそれなりの説明を与えてくれるにすぎない。あるいは、ウエストのモデルの意義は、それによってうまく説明できる側面ではなく、うまく説明できない側面、つまり都市が彼の法則に従わない部分にあると言う者もいる。いずれにせよ、ウエストが考慮の対象として取り上げたのは都市だけではない。事実、彼は新たな研究生活を人体と人間の寿命の研究から始めている。そもそものためにスケーリングの研究に着手したのだとも言われている。彼は自分の死について考えていた。彼の家系は、若くして死んだ労働者階級の祖先が何代も続いていた。また、自分の死もそう遠くはないのではないかと考え始めていた。ロサンゼルスやニューヨークの中心街の脈動のごとく鼓動する自分の心臓に思いを巡らせた。いつそれが止まるのか、いつ自分は死ぬのか、いつどんな理由で私たちは死ぬのかを知りたかったのである。そして彼は、心臓に物理法則が作用していることを見て取り、「あらゆる生物学的多様性（すべての生命）の基盤にもっとも広く浸透しているもの」と彼が呼ぶ現象を心臓に見出した。つまり死だ。

心臓の普遍的な法則について考え始めたとき、のちに都市の研究に着手したときと同様、ウエストはそれに必要な知識を持っていなかった。彼自身の言によれば、それは「街頭でセックスを学ぶようなものだった」[*5]。ちょうど手元にあった高校の教科書で心臓について学んだのである。それでも彼を興奮させるに十分だった。それからスケーリングと身体に関する既存の文献を読み始め、人々や動物種のあいだで心臓が異なるあり方に興味を持つ。種間で心拍数が大きく異なりながらも、この変化が「動物のサイズが増大するにつれ、心拍が遅くなる」という単純なパターンに従うことに気づく。

もちろん、この事実は彼が発見したのではない。ハンターなら誰でも、小さな哺乳動物の心臓の鼓動が、大きな動物のそれに比べて速いことを知っている。マウスを捕まえて握ってみれば、その小さな心臓が素早く脈打っているのが感じられるはずだ。ゾウや大きなウマに乗れば、心臓がゆっくりと鼓動しているのが足に感じられるだろう。比較的新しい知見は、このパターンの高度な理解とその普遍性に対する気づきである。知識の発展は通常段階的に生じる。

ウエストは、マックス・クライバーなど何十人もの先駆者の書いた文献で、心拍数に関する魅力的な記述を次々に発見する。数世代にわたる生物学者の手で、物理学的観点から人体の代謝作用、エネルギー消費が研究されていた。もっとも基礎的なレベルに注目して読むと、小さな動物においては、心臓はより素早く鼓動し、個々の細胞はより多くのエネルギーを消費するとあった。大きな動物は大都市のようなもので、一個体あたり（ここでは「一人あたり」ではなく「一細胞あたり」を意味する）のエネルギー消費量が、より少なくて済む[*6]。この関係については十分に研究されており、四分の一乗則という法則として扱われてさえいた。四分の一とは、身体の大きさと代謝の関係を表すグラフの傾きに言及している。しかし、スタチンにせよ、ベータ遮断薬にせよ、医薬品の服用量の計算はこの法則をもとに行なわれている。しかし、そのような関係が存在する原因の解明は容易ではない。これに関してはさまざまな理論が提起されている。いくつかの典型的な説は、小さな身体より大きな身体のほうが比較的熱するのが容易であるという考えに基づく。しかし、それでは説明し切れない。代謝、身体の大きさ、心拍数がなぜ、そしていかに関連し合うのかを説明しようとする試みは、挫折を余儀なくされてきた。ウエストはこの難題を取り上げたのである。まるで捨てられていたおもちゃを拾い上げ、それで遊ぶかのように。

ウエストは、心臓の研究（そしておそらくは彼の心の片隅にとらえどころなく存在していたはずの人間の寿命に関する問いの解明）を目指して、まず細胞と血液の物理から始めた。動脈は高速道路、毛細血管は裏の細道、血液細胞は食料運搬トラックのようなものだと彼は考えた。これらの組織の特徴は、都市の場合と同じようにその生物の「大きさ」に関係しているに違いない。そのことは専門家には既知であったが、ウエストは知らなかった。それでも、その考えには説得力があった。手当たり次第に身体の生物学に関する文献を読みあさり、さらには生物学者に会って有益と思われることは何でも吸収した。それでも十分でないと考えた彼は、二人の生物学者ジム・ブラウン、ブライアン・エンクィストと共同研究を始める。二人ともニューメキシコ大学に所属し、ウエストと同じく野心を抱き、先見の明があった。こうして三人で、他の研究者が見落としているパターン、つまり細胞や血管やポンプの基盤をなす一種の数学を発見する研究に着手する。そしてそれを念頭に置きながら、彼らはコンピューターを用いて、血管システムのシミュレーション、すなわちいくつかの主要な血管がより小さな血管に段階的に分岐し、もっとも細い毛細血管に至る、一種のフラクタルシステムのシミュレーションを構築した。こうして、生物のタイプによる違いを説明し得る血管のコンピューターモデルを作成しようとした。しかしそれに取り掛かるとすぐに、進化した実際の身体とシミュレートされた身体の相違に関して、重要な問題につき当たる。

理論上、モデル化された血管は、（シミュレートされた）大型動物のあらゆる細胞が毛細血管を介して血液を受け取れるよう無限に細分化可能である。だが現実の人間の身体においては、毛細血管は段階的に細くなるわけではないことに三人は気づく。身体のあらゆる毛細血管の太さは、基本的に同じだったのである。それどころか、（植物界では最小の導管の太さが不変であるのと同様）動物は種が異なっても同じ太さの毛細血管を持っているようだった。すべての毛細血管の太さは、血液細胞一個分の幅に設定されていたのである。ということは、身体と比較した場合の相対的な太さで言えば、たとえばトガリネズミの毛細血管は、シロナガスクジラの毛細血管よりはるかに太い。

毛細血管の太さの画一性は、細胞に到達する毛細血管には物理的な限界が存在することを意味する。これは、（車一台分より狭くはできない）都市の街路の限界にも類似する。動物は、大型化すると身体の体積が増大するので、それに比例して毛細血管の数も増えねばならない。しかしそうなると別の現象が生じる。毛細血管の数が増加すれば、血液の体積も増える。血液はすべての毛細血管に流れ込まねばならないからだ。その結果、動物が大型化すればするほど、心臓はより多量の血液を送り出さねばならなくなる。ところが、それとともに心臓（と主要な血管）を大型化できたとしても、酸素を帯びた血液を身体のあらゆる細胞に迅速に送る心臓の能力は低下する。血管は体積の増大に合わせてより多くの分岐を必要とし、そのため血液が身体各所に届くのにそれだけ余分な時間がかかる。また、心臓から遠く離れた毛細血管の酸素の濃度は低下する。心臓に戻る際にも余分に時間がかかるので、心拍数、および身体のあらゆる細胞の代謝率が下がる（そのため他の条件が等しければ、大型の動物は小型の動物より少しばかり体温が低い）。三人は、これが身体の大きさと代謝の関係の背後にあるメカニズムだと考えた。都市でも道路の制約によって交通が制限される。たとえば、道路の幅を変えられなければ、任意の地点から別の地点に到達する道筋は比較的少なくなる。

毛細血管の理解と、直径が次第に大きくなる血管のフラクタルな結合のモデルに基づき、ウエスト、エンクィスト、ブラウンの三人は、哺乳類の代謝率のみならず、その大きさに対応する毛細血管の数、大動脈のサイズ、心拍数を、シミュレートされた世界で予測できた。さらに言えば、これらの関係の傾きは、自然界で見られるものにおおよそ一致した。体温を考慮に入れると、鳥類、爬虫類、カエルでも同様な特徴の予測が可能だった。同じ数式は、少なくとも導管と代謝率に限れば植物にも適用できた。[*7] この関係を免れられる動物はいない。ウエストらの提起する数式を免れられる動物はいないのである。[*8] かつてウエストは、黒子のように舞台の背後から動物を出現させることのできる魔術師であるかのごとく、「私は自然を観察して考える。この世のあらゆるものが私の推測に従う」と言い放った。

予想されるように、ウエストの法則は生物学者のあいだでさまざまな論議を呼んだ。同様にうまく機能するもっと単純なモデルを考案したと主張する生物学者もいれば、身体や都市にパターンが存在する理由をウエストは説明していないと言う生物学者もいる。彼らは、過剰に単純化された一般化の追求のゆえに、具体的な生活世界における重要で意義深い個別事象が犠牲にされている点を問題にする。また、関係の傾きについて議論する。ウエストの法則がおおざっぱでどんぶり勘定的なのは否定できない。しかし、まさにその点が彼の法則を興味深くしているのである。ウエストの法則は、私たちが成長して身体が大きくなるにつれ、どのような変化が起こるかを説明しさえする。乳児の心臓は、成人の心臓よりはるかに急速に鼓動する（新生児の心拍数は一分間に一八五回にも達する）。乳児の心臓は体温を保つためにならない)。

そうせざるを得ないのだ(ただしこの関係には限界がある。肥満者の脈拍は、体温を保つのに不利になろうが遅くは

またウエストが予測できるのは、身体の機能だけではない。機能不全も予測できる。この点で、都市と身体は異なる。都市も機能不全を起こすのは確かだが、都市に自然な寿命があるとは思えない。だが身体は違う。身体はある種のスケジュールに従って機能不全を起こす。彼はそれがいつ、そしてなぜ生じるのかを説明できると考える。これらの予測は若返りの泉をもたらすわけではないが、なぜそもそもそれが欲望されるのかを説明し得る。ジョン・ホイットフィールドの著書『生き物たちは3／4が好き――多様な生物界を支配する単純な法則』(野中香方子訳、化学同人、二〇〇九年)にあるように、ウエストは「真の科学になるためには、生物学は、人間が一〇〇年間生きられる理由を説明できる理論を持たねばならない」と述べる。そのために彼は、数学と物理学と洞察力を少しでも深めようとしているのだ。

平均寿命は動物ごとに異なると、私たちは当然のことのように考えている。だが、寿命の差異は自明ではない。たとえば、「イヌの寿命」に比較して「人間の寿命」を論じることがある。だが、寿命の差異は自明ではない。哺乳類の細胞は、基本的にどれも同じなのだから。しかし、ウエストが文献を読んで知ったように、紙とペンを用意すれば、心拍数と種の最大寿命、すなわち最善の状況下で個体が生きられる年数の関係をグラフに表せる。するとほぼ例外なく、種の寿命は心拍数によって予測できる。この関係は片対数グラフでは直線で表される(片対数グラフとは一方の軸が対数目盛のグラフ。掲載されているグラフは片対数グラフではない、したがって直線ではないことに注意されたい)。心拍数が高ければ高いほど、その動物の寿命はそれだけ短くなる。コビトジャコウネズミ(トガリネズミ科)は一年しか生きないが、シロナガスクジラは一〇〇年以上生きる。

しかしどちらも、一生の心臓の鼓動数〔以下「総心拍数」と訳す。単に「心拍数」とあるケースは一定時間内に心臓が鼓動する回数、つまり速度を意味する〕はほぼ同じでおよそ一〇億回である。この事実からウエストは、寿命が身体の大きさに従い、身体の大きさが心拍数に関係することを見て取る。彼の観点からすると、人間の心拍数は生存可能な最大の代謝率と、各細胞、各ミトコンドリアの活動レベルを決定する。ならば、身体の大きさと心拍数は、規模を問わず各身体部位の耐久度を測る間接的な尺度になるはずだと、彼は考える。[*9] この耐久度は、アテローム性動脈硬化の形成から有益な微生物を体内に維持する能力に至るまで、すべての事象に影響を及ぼす。

ウエストの法則によれば、つまるところすべての野生動物は最大でおよそ一〇億回の総心拍数を割り当てられている。[*10] 種間で見られる唯一の相違は、それを使い果たす期間だ。コビトジャコウネズミはこの割り当てをすぐに使い果たす。シロナガスクジラは、大きな筋肉から脳へと、あるいは長い尾へと血液を循環させながらゆっくりと使う。だが人間の生死は、単なる心臓の鼓動の回数にほんとうに依存するのか？ それが真なら、互いに別々の進化の道筋をたどったさまざまな動物のあいだの比較に基づく予測は、私たちの生死に関して何を語るのだろうか？

もちろん、動物はトラックにはねられることもある。稲妻に打たれることもある。食われることもある。さまざまな災厄が動物（や人間）には降りかかる。とはいえ、順風満帆の生涯を送った場合、心拍数は特定の動物の生存可能な最大年数に結びついていると思われる。では、人間はどうか？ 人類史上、小規模集団における平均寿命は、コビトジャコウネズミとシロナガスクジラの寿命の中間に近いおよそ四〇年であった。これは、人間の心拍数と身体の大きさから予測可能な数値であり、人間もかつて

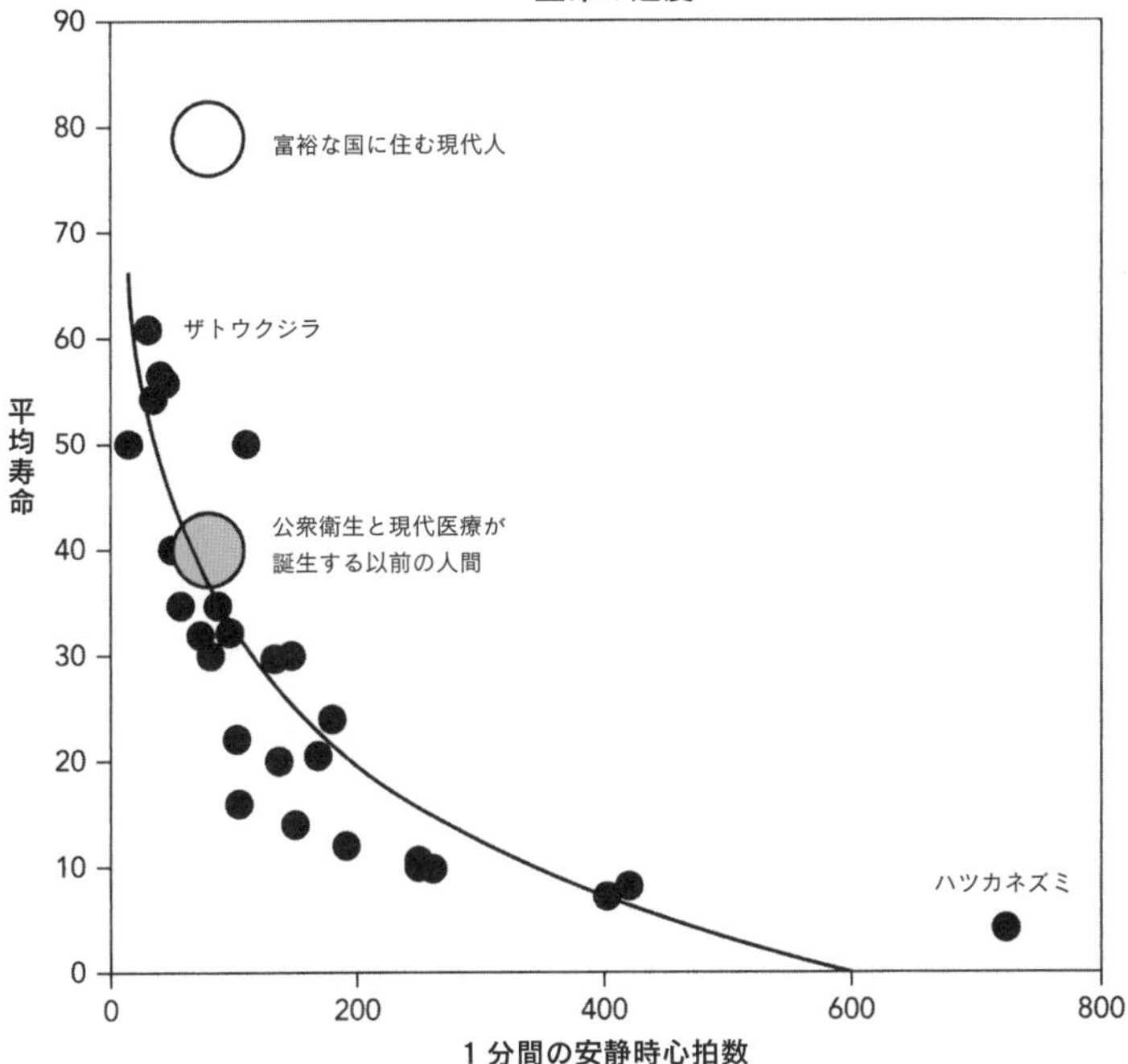

哺乳類の平均寿命と安静時心拍数の関係。安静時心拍数が高い哺乳類（と図には示されていないが鳥類）は、低い哺乳類より生きられる年数が短い。ほぼすべての哺乳類は、およそ 10 億回の総心拍数の割り当てを受けている。人間もその例外ではなかったが、公衆衛生と現代医療の発達とともに、私たちはこの制限を免れられるようになり、現在ではおよそ 10 億回の鼓動数分余分に生きられる。

は一〇億回の総心拍数を与えられていたのである。

心拍数がかくも強く動物の生死に影響を及ぼすのなら、そしてとりわけ（ほとんどの科学者が想定しているように）心臓の鼓動が実際に何らかのあり方で身体を使い尽くし、修復不可能なほどまで壊すと仮定するなら、検証可能ないくつかの仮説を提起できる。もっとも明白な予測は次のようなものだ。冬眠などによって心拍数を落とせる動物は、活動的な月の平均心拍数から予想される以上に長生きできるだろう。それによって数日のみならず、場合によっては数年分、寿命を延ばせるはずだ。

動物は、さまざまな程度で必要に応じて心拍数を落とす。シロナガスクジラの心拍数は、もぐると（一秒間に三回まで）遅くなる。ルリノドシロメジリハチドリの心拍数は、飛んでいるときには一分間に一二〇〇回まで上がるが、眠っているときには三〇回まで落ちる。またもっとも顕著な例として、冬眠中の哺乳類は心拍数が落ちることがあげられる。

冬眠と言うともっぱらクマを連想しがちだが、研究が示すところでは、クマは真の冬眠動物ではないらしい。*11 クマは心拍数を落としはするが、体温は保たれたままで、好機を逃さないよう冬中ある程度は目覚めたままの状態でいる。クマの心拍数は、人間がヨガを実践しているときのように遅くなるのだ。ところで、一方の被験者グループには一〇日間ヨガを実践させ、他方のグループにはさせないという比較実験がインドで行なわれているが、その結果、ヨガを実践しなかった被験者の安静時心拍数は変わらなかったのに対し、実践した被験者のそれは、一〇日という日数にもかかわらず、また、当人がヨガを嫌っていても、一分間におよそ一一回低下した。*12 言い換えると、ヨガ実践者は、まどろんだ（ただし怒りっぽい）クマの冬眠にも似た一種の恒久的な冬眠状態を享受しているのである。[*13]
クマもヨガ実践者も、一年中脈拍が高かった場合に比べ、平均寿命が延びると期待されるであろうが、さらに極端な例としてウッドチャックをあげられる。ウッドチャック（「*Marmota monax*」他の名称に「groundhog」「whistle pig」がある）は北米の草原地帯に生息し、太ったリスのように見える。[*14] この動物は、誰がどう見ても太っている。体重は三〇ポンド〔およそ一三・六キログラム〕に達することもあり、何かを食べながら丘を登ったり、谷を下ったりして日々を過ごしている。
ウッドチャックは、捕食者がまったくいない孤島でしか生存できないのではないかと思えるような身体を持つ。私にはミニゾウ、あるいはゾウガメ、はたまたどこか遠くの捕食者のいない孤島に住む不思議な動物のように見える。[*15] しかしウッドチャックは、捕食者を回避する手段を持っている。地面深くトンネルを掘り、危険が迫ると素早くそこにもぐり込む。おのおののトンネルには出入口が四つから五つある。ウッドチャックは、それを使って数百万年間さまざまな捕食者の魔手を逃れてきたのだ。捕食者が急降下したり、つかみかかったり、飛び掛かったりすると、ウッドチャックはもぐったのである。ウッドチャックはもっとも滑稽に見える哺乳類の一つだが、心臓研究のある領域では重要な意味を持つことが判明する。
ウッドチャックにとって、食物が雪に覆われる冬は大きな問題になる。大型の草食動物は移動することでそれに対応する。カリブーは移住し、ヘラジカは歩き回って背の高い木を探す。その種の手段はウッドチャックには利用できない。なぜなら、安全なトンネルに縛られ、しかも遠くまで出かけるには太りすぎているからだ。だからありもしない食物を求めて安全なトンネルから外に出ずに済ませられるよう冬眠するしかない。クマ型冬眠は比較的容易である。クマは、丸々と太るまで食べ、洞穴にもぐり込み、脂肪が燃え尽きるまでそこにいる。空腹が襲ってきたときには、外に出て適当なものにかじりつく。

人間はクマ型冬眠の真似はできるかもしれないが、ウッドチャック型は無理である。ウッドチャックは晩秋にトンネル内にもぐり込むと、深部体温が摂氏三八度から一〇度まで下がり、脈拍が劇的に遅くなる。代謝は普段の一パーセントまで低下する。[*16] だから本来、冬をやり過ごすのにあれほど太る必要はない。アロメトリー理論家が正しければ、ウッドチャックは身体の大きさと通常の安静時心拍数から予測される平均寿命より長く生きられるはずだ。つまり、長い冬の休眠のおかげで節約された鼓動数分、寿命が延びるはずである。

ウッドチャックの夏の心拍数は一分間に八九回で人間よりやや速い。ところが冬季は、それが一分間にたった一〇回になる。事実、ウッドチャックは夏の心拍数で換算した場合より三〇パーセント長生きする。冬の休眠が効いて、一〇億回の割り当てがより長い期間に引き延ばされているのだ。

それはウッドチャックに限った話ではない。冬眠するすべての動物は寿命を延ばし、冬眠が完全であればあるほど、それだけ追加寿命も長くなる。冬眠する種としない種がある動物グループでは、グループ内でも寿命に差が出る。たとえば冬眠するコウモリの種は、しないコウモリの種より長く生きる。

また、寿命に影響する動物の行動は冬眠だけではない。飛んでいる最中のハチドリの心拍数は、一分間に一〇〇〇回を超えるが、着地すると六〇回にまで低下する。夜間眠っているときのハチドリの心臓は、ほとんど停止に近い状態になる。そのため、ハチドリはトガリネズミよりはるかに長生きする。

どちらの動物も心臓の鼓動はきわめて速いが、トガリネズミの心臓は遅くならないからである。どうやら、期間による変化を考慮に入れつつ心拍数を計測すれば、その動物の寿命を予測できるらしい。このような観察を通して、動物の総心拍数には自然な限界があることがわかる。野生動物の総心拍数の割り当ては一律一〇億回であり、それをゆっくり使うか〔身体が大きい場合や冬眠をする場合がこのケースに該当する〕、急いで使うかが動物によって異なるだけである。九つの命を持つとされるネコも〔欧米にはネコには九つの命があるという伝承がある〕、一〇億回という標準的な総心拍数の割り当てを受けている。

ミトコンドリア、代謝、身体の大きさ、心拍数、寿命を結びつけるウエストの法則は、私たちの身体や心臓の限界に関して多くの洞察をもたらす。しかし、哺乳類の冬眠とそれによる心拍数の低下を人間に適用する研究は、比較的以前から行なわれていた。心拍数と平均寿命に関する最近の研究が行なわれるはるか以前に、医学におけるもっとも鋭い洞察の一つをもたらす研究がウッドチャックを用いて行なわれた。この洞察は、私たちの心拍数を落として寿命を延ばす能力に関するものだ。

W・G・ビゲローは一九四〇年代後半、普通の外科医でトロント大学の研究者だった。心臓には関心はあったが、特に注目していたわけではなく、他の外科医同様、心臓手術を成功させる方法を見つけたかったにすぎない。一九四〇年代には、胸が開かれ心臓の手術が行なわれてはいたが、それには例の三分問題という限界があった。ギボンが母国に人工心肺を残して戦争に出かけていた頃、ビゲローは別のアプローチに思い当たった。心臓手術を改善する方法を彼が考えていたとき、凍傷にかかった患者が彼の診察室にたまたまやって来た。そのとき彼は、この患者の心臓の鼓動が通常より遅いことに気づく。

それを目にしたビゲローは、身体を冷やす方法について考え始め、心臓手術をより容易に行なえるようにするためには、さらにはもっと一般的には寿命を延ばすためには人体を冷やせばよいとする、物議をかもす理論を提起したのである。

人体を冷やすと、心臓の鼓動が遅くなり、身体細胞の代謝率の低下という単純な理由によって、身体による酸素の消費量も低下することをビゲローは知る。彼は一九四七年から、イヌを冷やす実験を行ない始める。ある実験では、三九頭のイヌの体温を摂氏二〇度まで下げた（四〇頭目はそれに耐えられなかったということかもしれない）。イヌの激しい震えのためにこの作業は困難を極めたが、彼は最善を尽くした。それからおのおののイヌを対象に、心臓に戻る血液の流れを遮断して基本的に血液循環から心臓を締め出し、その状態を一五分間継続した。これは、通常の体温のイヌの身体が、心臓の鼓動とそれによる酸素の供給なしに生きられる時間の五倍に相当する。血液の流れを再開すると、五一パーセントのイヌは生き残った。あらゆる細胞の活動が低下したために、酸素の供給量が、通常は心臓によって送り出される量をはるかに下回っても生きられたのである。

理論上、ビゲローの結果は、五〇パーセントの確率とはいえ、体温を下げれば、人間の心臓を一〇分以上止めて再びその人を蘇生（そせい）できることを意味する。だが、彼の手続きはあまりにも初歩的だったので、人間に試すことはできなかった。とはいえ、魅力的な発見ではあった（もっとも、イヌはそうは考えないだろうが）。彼は自分の考えを、一九五〇年にコロラド州デンバーで開かれたアメリカ外科学会の会合で報告している。

その直後、ジョン・ルイスに率いられた野心的な若手の科学者たちが、ビゲローのアイデアを踏襲して、心臓手術を補助するために身体を冷やす方法を研究する一つの分野を創設した。先天性心疾患を治療する手術など、もっとも初期の試みはビゲローの口頭報告の直後に行なわれたため、彼はこれらの手術が行なわれる前に、自分の発見を刊行することができなかった。ビゲローは「ルイスによって口火が切られた」とのちに述べている。ビゲローのイヌが五〇パーセントしか生き残れなかったことについては、ルイスは気にしていなかった。[*17] 身体の冷却はうまく機能した。最初の患者は心臓切開手術を無事に終えられた。この患者は氷のベッドに寝かされ、心臓を一〇分間止められた。歴史的な三分の限界は破られ、それとともにさらに野心的な手術の可能性が開けた。多くの手術ではやがてこの方法は人工心肺に取って代わられるが、今日でもこれら二つの方法は併用されることがある。ビゲローの洞察は本質的で正しかった。しかし、彼にとってそれは、より大きな目標に向けての脇道にすぎなかった。

手術での身体冷却に関する業績を残し、他の科学者がそのアイデアに飛びつき始めると、ビゲロー自身は別の軌跡をたどり始める。そしてこの軌跡のために、彼は嘲笑されながら残りの生涯を送る破目になる。彼は、人体が冷却され心臓の鼓動が遅くなる際の様態が、動物の冬眠とは異なることに気づいた。冬眠する動物は、氷などの外的な手段を使わずとも、自ら体温を下げ、心臓の鼓動を遅らせられるようだった。要するに自らの生理的な欲求に従って体温が下がるのだ。その際動物は寒さで震えたり、身体が抗(あらが)ったりはしない(イヌや人間では大きな問題になる)。この事実は、人間の手術にも、さらには寿命を延ばすためにも適用できるのではないかと、ビゲローは考えた。ウッドチャックの体温は、実験室では摂氏三〜五度まで下げられる。それから二時間にわたり心臓を身体から切り離しても死ぬ個体はいない。体温を下げたイヌの多くは死んだが、ウッドチャックはまず死ななかった。一九五〇年に書き始めた論文を（一九五三年に）ようやく書き上げたとき、「冬眠に関する知識の進歩は、この問題を解明するにあたり有益な情報になるはずだ」と記している。[*18] 彼の考えでは、冬眠する動物は、身体の冷却を引き起こして心臓の活動と代謝作用を遅くする何らかの化合物を生産すべく進化したのだ（まだ発見したわけでもないのに、彼は野心に燃えてそれに「ハイバーニン（*hibernin*）」という名称を与えた）。さらに、この化合物は冬眠ばかりでなく寿命の延長をも可能にすると、彼は考えた。ビゲローはこの化合物を見つけ、手術や他の手段を介して適用することで人間の寿命を延ばそうと考えたのである。

この化合物を発見するために、ビゲローは一〇年をかけて、謎の化合物ハイバーニンが生産されるとおぼしき条件のもとで、つまり冬の野外で数百頭のウッドチャックを調査した。これは楽な研究ではない。彼らの掘るトンネルは地中深くまで延び、しかも複雑である。彼らにしても、強引に穴から引きずり出されたくはないだろう。しかしビゲローは、辛抱して研究を続けた。腹這いになってトンネルに首を突っ込み、ウッドチャックを引きずり出した。小さく毛深いウッドチャックの子どもを育てもした。こうして空前絶後の大規模なウッドチャック研究を行なったのである。最盛時には、彼の施設は四〇〇頭を超える個体を擁し、それらのすべてがトロントのすぐ北の地区でトンネルを掘り、エサを食べ、冬眠していた。

六年間の研究の末、高揚の一瞬が訪れる。一九五〇年代後半に、本人の言葉によればウッドチャックの心臓の周囲に「茶色の奇妙な脂肪組織」が見出され、それを除去するとその個体が寒さにはるかに敏感になるという見解が新聞を賑わせたのだ。もしかすると、これは冬眠腺に由来する魔法の物質ではないだろうか？　彼はこの物質をモルモットとラットに注射し、摂氏五度まで体温を下げることができた。注射をしなかった個体は一四度までしか下げられなかった。

ビゲローは興奮を隠せず、ウッドチャックとハイバーニンの研究のために外科医の仕事を中断する。彼は二人の患者にこの物質を注射することさえしている。二人とも非常に低い温度のもとで生存できたが、酔っ払っているように見えた。これは奇妙な発見ではあったが、その後の展開を予兆するものであった。彼はハイバーニンの特許を申請したが却下され、何かがおかしいことに気づいた。どうやら彼が申請した物質はすでに発見され、他の誰かによって特許が取得されていたのだ。それは魔法の化合物などではなく、チューブ、保護メガネ、あるいはその他の実験器具のプラスチックに添加されている可塑剤だった。どうやら実験器具のプラスチックが標本に混入したらしかった。彼が注射していたのはこの物質だったのである。それにはブチルアルコールが含まれていた（道理で被験者が酔っ払ったのだ）。この結果によって、ビゲローは心臓手術で体温を下げることを提唱しながら、ウッドチャックにうつつを抜かした男として知られるようになる。*19

だが、科学はそれほど単純ではない。それには浮き沈みがある。ビゲローはやがて引退するが、彼が種子をまいた分野は、若手の科学者が冬眠、代謝、心拍数を研究することで次第に発展していく。科学者は、ハイバーニンの発見などという単純素朴な目標は放棄したが、ウッドチャックやその近縁種を特別な存在にしている要因を解明する試みをあきらめたわけではなかった。そして二〇一二年になって、ツラシ・ジンカとケリー・ドリューに率いられるアラスカ大学のチームは、ハイバーニンを発見した。二人は、ビゲローが立てた問いにジリスを使って答えようとしていた。ビゲローとは違い、彼らは過去五〇年間に得られた科学技術の大きな進歩の恩恵を受けることができ、そのおかげで体内分泌によってジリスに冬眠を喚起する化合物の分離に成功する。今や二人はこの化合物を使って、驚くべきことができる。冬眠しているジリスを目覚めさせる。目覚めたジリスは春が来たと思っているためか目覚めたままでいる。ところが二人が魔法の化合物を与えると、ジリスはただちに眠りにつく。この化合物は、ハイバーニンではなくアデノシンと呼ばれている。だがそれは、ビゲローがハイバーニンに想定していたものとまったく同じ作用を持つ。

　アデノシンを用いて人間の代謝を遅らせることができるのだろうか？　それで寿命を延ばしたり、新たな治療法が見つかるまで重病患者を眠らせておいたりできるのか？　おそらくは。幸いなことに、私たちはアデノシンについてかなり詳しく知っている。それは、ある種の危険な心悸亢進を抱える患者の心拍数を落とすために医療で使われている。自然界では、ジリスに冬眠を喚起するが、おもしろいことにそれは冬季に限られる（また、カフェインを与えられたジリスには冬眠を引き起こさない）。*[20] 冬になると、アデノシンが結びつく受容体が、より受容性、つまり反応性を増し、冬眠を可能にしているのではないかと考えられる。ならば、人間を対象に効率的にアデノシンを用いるには、それとその受容体の両方の機能を解明する必要がある。今後のさらなる研究に期待されるが、大きな山は越えた。残念なことに、これらの発見は二〇〇五年にビゲローが死去したあとでなされた。彼は正しい道を歩んでいたのだが、いかんせん時間が足りなかったのである。

　ビゲローが予想していたとおり、冬眠する動物には秘密があったが、そのことは他の野生動物にも言える。過去数年のあいだに、他の動物の心臓や血液からさまざまなことがわかってきた。たとえば、ビルマニシキヘビは食物の摂取とともに拡大、縮小する心臓を持つ。このヘビを研究すれば、人間の心臓の一部を再成長させる方法を考案できるのではないだろうか？　そのはずだ。ウッドチャック、ジリス、ビルマニシキヘビは、一〇〇万の動物種のなかからたった三例を取り上げたにすぎない。他の動物種の心臓をもっと研究すれば、私たち自身の心臓の限界（や、おそらくは長所）を知ることができるだろう。

ビゲローの実験やジョフリー・ウエストのスケーリング法則から、私たちは動物の平均寿命が、平均して一〇億回の総心拍数に相当するということを学んだ。カメの心臓のように、鼓動が遅い場合もある。トガリネズミのように速い場合もある。冬眠する動物では、速くなったり遅くなったりする。だが、ほとんどの動物にとっては、一〇億回の割り当ては変わらない。

とはいえ例外もある。心拍数から予測されるより長く生きる野生動物がいる。これは、場合によってはミトコンドリアの機能と、それが消耗する度合いに関係するらしい。人間も例外である。一九四〇年代にビゲローが研究に着手した頃は、人間はちょうど一〇億回を超えたくらいの鼓動分だけ生きていた。ところが、現在のアメリカや他の先進国では、およそ二五億回分生きる。つまり一五億回分はボーナスであり、それは現代の公衆衛生や医療のおかげだと言える。これは見方によっては単なる寿命の延長にすぎないが、人間は、地球上にかつて存在した、そして現在存在しているいかなる動物に比べてもはるかに多い総心拍数分生きているとも見なせる。生物時計の観点からすると、私たちは、平均して二回分の人生を全うしていることになる。

私たちの身体は、他の種の場合と同じ頻度で壊れる。しかし私たちは、（先天性疾患の治療のように）取り返しがつかなくなる前に修理することも、あるいはもっと効果的に（スタチンのように）身体が壊れるのを予防する手段を講じることもできる。医療が整備された国で生まれた人々は、病気になれば医者に診てもらえる。医療の成功の多くは、少なくとも過去六〇年間の成果である心臓病の治療の進歩によってもたらされたものだ。

ビゲローやギボン、そして本書に登場するその他の外科医や科学者たちは、私たちに第二の人生を生きる機会を、つまり一五億回分の好きに使えるボーナス鼓動を与えてくれた。タウシグは、かくして与えられた第二の人生を使って新たな発見をし続けた。ビゲローはウッドチャックの研究に使った。ジョフリー・ウエストが何に使うかはこれからわかるだろう。毎日研究室にやって来て、生命に関するデータと格闘し続けることに変わりはないだろうが。そして私たちのそれぞれが、一五億回分のボーナスを何に使うかはもちろん本人次第だ。

あとがき　未来の心臓の科学

私は奇妙な仕事をしている。人間に寄生する生物や人間の周囲に生息する生物、そしてそれらの生物が私たちに与える影響を研究しているのだ。私は人々を対象に研究を行なっている。身体や家屋を研究するには、そこに住まう者をこそ研究すべきであろう。私たちのまわりにいる生物種を研究するにあたり、同僚と私は誰もそこにいるとは考えてもいなかった生物を多数発見してきた。ある日私たちは、人のへそに五〇種の無名の細菌を発見した。また、ある教師の顔の毛穴に新種の生物が宿っているのを見出したこともある。屋内では、誰も名指せない大型のハチを見つけた。そのハチの生態は近縁種から類推するしかなかった。たとえば、他の動物の身体に卵を産みつけ、幼虫はそこで成長し、宿主を内部から食っていくなどと。このハチは屋内でよく見かけるが、気づかれることがない。あるいは、北米中の家屋の地下から地下へと密かに拡大していた親指ほどの大きさのコオロギを発見したこともある。誰もが、他の人もその存在を知っていると考えていた。

このような話をしたのは、これらの生物種を研究することで、つねに何かを学べたことを強調したかったからだ。何かの生物の研究に着手するたびに、私の頭には厳然と、そして明確に新たな知見が姿を現わした。私たち人間は、自分たちが考えているよりもはるかに無知である。以前私は、これについて一冊の本を著した。今でもその考えは変わらない。その本を書いたときには気づいていなかったのだが、日々の生活に集中すればするほど、大きな発見を見逃しやすい。私たちは熱帯雨林には大きな発見を期待して、そこを探索する。自宅では大きな発見が足元に転がっていても、私たちは簡単に見逃す。たとえ見つけても他の人は知っているに違いないと思い込む。

本書を締めくくるにあたり、私たちの心臓の未来について語りたい。確かなのは、これに関して私たちは無知であり、未来は不確定だということだ。私たちは、医師や科学者や他の誰もが考えているよりも、心臓についてははるかにわずかなことしか知らない。ヘレン・タウシグは、私たちの家の周囲には二つの心臓が同期しながら（あるいは同期せずに）脈打つ鳥が飛び回っているかもしれないと言った。そんな鳥がいるとは思えないかもしれないが、絶対にいないと断定はできない。同様に、私たちの知る心臓とはまったく異なる心臓があまたあるかもしれない。あるいは、私たちには理解不可能な機能を持つ心臓が存在するかもしれない。何世代にもわたり科学者は、まったく完全にではないとしてもほぼ完全に身体を理解したと仮定してきた。だが、彼らは間違っている。私たちの世代も、その例外ではない。

無知に対処する一つの方法は、謙虚さを保つことだ。だが、大きな発見をする確率をあげる実践的な方法はある。心臓の機能や機能不全を理解するとなると、動物の心臓の理解に努めるのはよい考えである。ニシ&アジット・ヴァーキは、チンパンジーと人間の心臓を比較しようとしている。だが、この研究は始まったばかりだ。他の類人猿に関しては、私たちはほとんど何も知らない。他の霊長類ともなればなおさらである。チンパンジーの心臓に関するある程度の理解が、私たちの心臓の理解にどれほどの光を投げかけたかを考えれば、他の類人猿の心臓に対する理解がどれほど大きな知見をもたらすかは言を俟たない。しかも地球上には、類人猿以外にも五〇〇〇種を超える哺乳動物が存在し、それらのおのおのが互いに異なる心臓を持っている。さらに言えば、鳥類にはおよそ一万二〇〇〇種が、魚類には数万種が、昆虫には数百万種が存在する。これらの種のおのおのから、私たちは何らかの知見を得ることができるだろう。

それだけではない。シクロスポリンは甲虫の免疫系を無効化する能力を持つ菌類から抽出されたことを思い出されたい。スタチンも、菌類が他の微生物と戦うために生産する物質を用いて製造される。心臓病に災いをもたらすリウマチ熱を引き起こす病原菌を殺す抗生物質は、細菌と戦う菌類から抽出される。このように数百万の野生の生物種には、数百万のソリューションが潜在しているのである。

医療の未来の予測は、発見の未来の予測よりむずかしいかもしれない。科学技術のみならず、政府、政策、文化にも依存するからだ。政策や文化の未来を予測できると考えている人は相当におめでたい。しかし過去は洞察をもたらしてくれる。心臓のストーリーのなかに、思い上がり、見かけの成功、究極的な失敗というサイクルの繰り返しを見出すことはそれほどむずかしくない。[*1] 思うに、現在進歩と見なされているもののなかには、単なる幻影もあるだろう。人間は理性の微弱なともし火より、成功というまばゆい光に引きつけられやすいのだから。

肝心なのは、進歩を幻影から見分けることだ。私よりすぐれた知能を持つ人々が挑戦し、そして失敗してきた。今日の希望の一つは幹細胞であろう。世界中の研究室で科学者は競うようにして、心臓に幹細胞を散布したり注射したりして心筋の再生を試みている。幹細胞はきわめて強力な細胞であり、いかなる細胞にもなれる。新たな治療法として、幹細胞を心臓の一部に変える手段が模索されている。

ペトリ皿では、心臓に似た鼓動するかたまりが、基盤となる心臓の細胞から生み出されている。実験室で人間の細胞から心臓を作り出すことについて語る研究者もいる。彼らによれば、私たちは無数の心臓を作り出せる。もっと一般的に言えば、さまざまな組織を作り出せる。不死の存在になることさえ可能である。不死性について語るほど大胆な人物はもはやいないが、今日すでに延びた寿命をさらに数十年延ばすことについて語る人はいくらでもいる。

今日、幹細胞から心臓組織を再成長させる能力は、一九六〇年代にシャムウェイとロウアーがイヌを用いて行なった最初の心臓移植と同様の興奮を引き起こす。イヌの場合と同じく、その将来はすぐにはっきりするだろう。事実、臨床的なテストはすでに世界中で行なわれており、一〇〇〇人を超える人々が心臓に幹細胞の注入を受けている。今のところ、それが患者に役立った事例は存在しない。どうやら庭に放ったテントウムシのごとく、幹細胞は放浪したがるらしい。心臓に注入しても、流れ出て別の部位へ移動してしまうのだ。現在は、ゆっくりと幹細胞を注入する装置をマウスで試している。マウスでは、装置はうまく機能しているらしく、今後の進展が期待される。専門家のあいだでは、これらの新たなアプローチに対する期待と論争が高まりつつある。*2

何百人もの研究者が、幹細胞を用いた心臓の治療の研究を行なっており、すぐに進展が見られる可能性もある。しかし彼らは私に、希望を与えるとともに確実に予測できるある現象を思い起こさせる。社会は、新たな治療法の発明に直接結びつくと見られるプロジェクトには多額の投資を行なうが、それを可能にする文脈を準備する研究にはあまり投資しない。なぜ私たちの心臓はそもそもアテローム性動脈硬化を発症しやすいのかを解明する研究を行なっている科学者は一握りしかいない。タウシグが行なった鳥類の心臓の研究を継承する者は誰もいない。人間の心臓が世界各地でいかに、そしてなぜ異なるのかを調査する研究は基本的に存在しない（それらはほぼ間違いなく異なるはずだ）。私たちは、人間がなぜ現状のようなあり方をしているのかを解明する研究を、一握りの勤勉な科学者に任せきりにしているのだ。彼らの研究は、私たちの身体の理解を根本的に変える可能性を持つにもかかわらずほとんど知られておらず、資金も十分に与えられていない。

心臓（や他の器官）に関する生物学的な基礎研究が比較的無視されている現状が今後変わるとは思えないが、だからこそ嘆くよりも一つの提案をしたい。あなたがまだ若く、これから心臓について理解し、人々がようやく視野に収め始めたばかりの偉大な発見をしたいと思っているのなら、心臓のエコロジーと進化を学ばれたい。そして世界中の心臓を、カエル、カメ、とりわけヘビの心臓を、さらには自然一般の生物学を研究されたい。それによって金持ちになったり有名になったりすることはできないだろうが、小さな実験室、あるいはどこかのジャングルのなかで、これまでどんな科学者も考えたことのなかった心臓に関する知見が思いもかけず得られるかもしれない。それは、ある程度の犠牲を払ってでも手にする価値のある鳥肌が立つような発見になるだろう。

ヘビの話に戻ろう。私はヘビが好きだ。ヘビは人類の生死に甚大な影響を及ぼし、私たちの進化を導いたことを示す説得力のある証拠が存在すると私は考えている。その結果、人類はヘビに対して激しい恐れを抱くようになった。腕のないその身体に魔法が宿っていることは、ヘビを細かく調べなくてもわかる。四肢の進化には数億年がかかった。ヘビはかつて持っていた四肢を持たないことにしたのだ。ヘビは地を這う。その背中は驚くべき形状に曲がる。多数の脊椎のおかげである。アゴは自分の頭より大きな獲物を飲み込むために拡大する。舌は空中に伸びて匂いを集め、匂いを蓄積し解釈する特殊な器官に取り込む。ヘビは特殊であり、その特殊性は心臓にも及ぶことが最近の研究でわかった。

ヘビの心臓には三つの部屋がある。心房が二つに、心室が一つだ。ヘビの心臓は、心室中隔欠損を持つ人間の心臓と同様なあり方で機能し、心室が血液を送り出すたびに、その一部は肺に、残りは身体に届けられる。非効率だが、それでも機能する。

同じ種のヘビを解剖しても、心臓が巨大だったり小さかったりする。食物を摂取したあと、心臓が大きくなるという記述も見られる。だがかつては、「外観や逸話を信用すべきではない。ヘビの心臓が消化中に成長するという話は明らかにばかげている」と見なされていた。

人間の心臓は、ゆっくりとならいくぶん大きさを変えられる。心臓が損傷すると、分裂する細胞や拡大する細胞が現れる。人間の心臓は、程度は小さいながら自身を改装するのである。女性の心臓が二つの身体に血液を循環させねばならない妊娠中、新生児の心臓が急速に成長する発達途上、および長時間運動を続けたときには、より大きな変化が心臓に生じる。しかしこれらの有益な変化でさえ小さなものので、心臓はせいぜい一〇〜二〇パーセント拡大するだけで、それ以上大きな変化は見せ物の範疇に属する。

生物学の研究において、ヘビはモデル動物としては使われないが、ビルマニシキヘビはよく研究されている。六メートル近くまで成長し得るこのニシキヘビは、食物を一切摂取しないでまる一年生きられる。ビルマニシキヘビは、(ときに自分と同じくらいの大きさの)獲物に飛びかかって飲み込むなどといったがつがつした瞬間を除けば、ゆっくりとした一生を送っている。獲物を攻撃する際には筋肉の動きが速くなるが、真の変化は獲物の消化中に起こる。(根っからの爬虫類研究者で)アラバマ大学タスカルーサ校教授のスティーブン・セコーと、彼の元指導教授であった、『銃・病原菌・鉄』〔倉骨彰訳、草思社文庫〕で知られるジャレド・ダイアモンドは、獲物を消化しているあいだのビルマニシキヘビの代謝率が、飢餓状態のときの四四倍にまで上昇することを発見した。この巨大なヘビが、獲物を消化しているあいだに心臓を拡大させる能力を持っていれば有利であることに間違いはない。消化するには、より多量の血液、酸素、さらにはアミノ酸、トリグリセリド、遊離脂肪酸を循環させねばならない。また、身体はさまざまな作業を行なわねばならない。セコーらによる最近の研究では、ヘビが獲物を飲み込んでから四八~七二時間が経過すると、心臓が四〇パーセント拡大することが(肝臓、腸、腎臓も拡大する)、また心臓の拡大とともに、血液の生産量も五倍になることが示されている。*3

ビルマニシキヘビの心臓の拡大は、個々の細胞のサイズの増大に起因するようだ。個々の細胞が拡大しているあいだに心臓や血液に生じる現象の一つとして、血中における脂肪酸の数の変化があげられる。それは劇的に(ときには五〇倍に)増大し、どうやらそのために心臓の細胞の拡大が促されるらしい。これらはすべて、スティーブン・セコーのようなヘビの専門家によって語られた、手足を欠いた奇妙な仲間のほほえましいストーリーのように思われるかもしれない。しかしビルマニシキヘビの心臓の研究を行なっているあるチームは、セコーと協力し合い、このヘビの血中に含まれている脂肪酸を実験マウスの心臓に注入する実験を行なった。するとこのマウスの心臓の細胞は成長した。*4 また、培養したラットの心臓の細胞でも同様の結果が得られている。ならば、私たちの心臓でも同じことが起こるはずだ。心臓の細胞を成長させる能力を理解することで得られる知見は、治療に応用できるかもしれない。心臓病にかかった人間の心臓が抱える問題の一つは肥大であり、この現象の原因の一つは細胞の拡大に求められる。ビルマニシキヘビの心臓拡大エキスがいかに作用しているのかを解明できれば、心臓病にかかった人間の心臓の肥大に関してもよりよき理解が得られ、もしかするとその治療法も発見できるのではないだろうか。あるいは、逆に細胞の成長が望まれる、心臓の萎縮（いしゅく）の治療にも役立つかもしれない。他の爬虫類から抽出された化合物はすでに治療に用いられている。たとえば、アメリカドクトカゲの唾液は、糖尿病の治療薬バイエッタの有効成分として利用されている。学ぶべきことは多い。人体の研究や、大掛かりな実験によって学べることもあるが、もっと大きな発見は、ヘビや、私たちがまだよく理解していない無数の生物種の身体に宿っている。生物の存在の大きさに比べれば、私たちの知見はまだ非常に小さなものにすぎない。

私にとって科学者でありかつ著者であることの喜びの一つは、ある事象がよくわからないと悟ったときに、その研究に取りかかれることだ。来月にも、心臓の組織に宿る細菌やウイルスの研究に着手することもできる。私たちは心臓の微生物について、それが間違いなくそこにいて分裂し、繁栄し、独自の活動をしているという以上のことは、ほとんど何も知らない。それらは、他の霊長類に見出されるものと同じなのか？　現在のところ、その答えはわかっていない。それを知るには、チンパンジーやゴリラの心臓を研究しなければならないだろう。もしかすると、心臓に宿るウイルスや細菌は、他の内臓器官からやって来るのかもしれない。どんな発見も、魅力的な新発見になるだろう。これは単なる憶測ではない。これまでも、私たちは何かを観察するたびに、とりわけ人体のような未知の広大な荒野を探査するときには、新たな発見をしてきたのだから。

注

第1章　心臓手術の夜明けをもたらした酒場のけんか

＊1　ウィリアムスに関する初期の見解は次を参照されたい。W. M. Cobb, "Daniel Hale Williams — Pioneer and Innovator," *Journal of the National Medical Association* 36 (1944): 158. 彼の生涯に関しては次を参照されたい。W. K. Beatty, "Daniel Hale Williams: Innovative Surgeon, Educator and Hospital Administrator," *Chest* 60 (1971): 175–82.

＊2　アメリカで最初の異人種混合病院としてプロビデンス病院に言及する著者もいる。次の文献を参照されたい。W. M. Cobb, *The First Negro Medical Society* (Washington, DC: Associated Publishers, 1939). 最初かどうかは別として、プロビデンス病院は初期のそのような病院の一つであったことに間違いはない。

＊3　エマ・レイノルズは、一八九五年にシカゴ女子医科大学で博士号を取得している。それからテキサス州ウェーコ、さらにニューオーリンズに移り、一九一七年に死去するまでそこで医療に従事していた。

＊4　この晩のできごとについては次の文献を参照した。S. Cohn, *It Happened in Chicago* (Guilford, CT: Morris Book Publishing, 2009).

＊5　また、当時は抗生物質、人工心肺、輸血、静脈麻酔なども存在しなかった。

＊6　視覚と同様、聴覚もストーリーをつむぐ。車のエンジン音を真似しようとする人もいる。私たちの身体も、健康に関するストーリーを語る。外観と匂いに加え、音によって語るのだ。かつては身体の立てる音がさかんに診断に利用されていた。医師は実際に自分の耳を患者の胸にあて、心臓の音に聞き入った。一八一六年になると、ルネ＝テオフィル＝ヤサント・ラエンネックという名のパリの医師が聴診器を発明した。ラエンネックは子どもたちがゲームをしているところを見ていた。そのとき子どもたちは、一端にピンがついたフルートのような長い中空の棒を引っ掻いて他方の端でその音

を聞いていた。その様子を見ていた彼は、その方法で心臓の音を聞けるのではないかと考えた。すぐに診療所に戻った彼は、フルートに似た長い管を胸にあてて実験してみた。この装置、つまり史上初の聴診器を使えば、心臓の機械的な問題の多くを音で識別できた。現在では、聴診器を通して心臓の問題を聞き分ける技術を新米の医師に教える音のアーカイブを手に入れることができる。とはいえ、現在の医師のほとんどは、心臓の音に聞き入る技術に長けてはいない。技術は、この医療実践を没落させたとも言える。

＊7　この算定に関しては次の文献を参照されたい。J. L. Halperin and R. Levine, *Bypass* (New York: Times Books, 1985).

＊8　D. H. Williams, "Stab Wound of the Heart and Pericardium .Suture of the Pericardium .Recovery .Patient Alive Three Years Afterward," *Medical Record* 51 (1897): 439.

＊9　H. C. Dalton, "Report of a Case of Stab-Wound of the Pericardium, Terminating in Recovery After Resection of a Rib and Suture of the Pericardium," *Annals of Surgery* 21 (1895): 148.

＊10　L. Rehn, "On Penetrating Cardiac Injuries and Cardiac Suturing," *Archiv für klinische Chirurgie* 55 (1897): 315.

＊11　"Heartbeats," *Time* 1 (1923).

第2章　心臓の王子

＊1　ガレノスの母親の行動はひどかったらしい。彼によれば彼女は「使用人を噛んだ」。

＊2　ガレノスの伝記を参照するにあたっては慎重さが必要である。そのほとんどは彼自身が書いている。というより、当時のローマ帝国で書かれた数百万語にのぼる医学関連の記述は、ほとんど彼の手になる。

＊3　どんな文化でも、料理に心臓の知識を見出すことができる。心臓は世界中の文化のもとで料理されている（また長く料理されてきたと考えられる）。スティーブン・ボーゲルが著書『生命に必須の回路（*Vital Circuits*）』で指摘するように、心臓はコラーゲン（接着剤の原料として使われていた）に富むために料理しにくい。コラーゲンは容易に噛みこなせず食べにくい。コラーゲンに対処する最善の方法は、分子レベルでそれを分解することである。これは、酢、レモン汁、トマトソースなどの酸性溶液に浸すことによって可能である。もちろん、それからトウガラシ、クローブ、クミンなどの調味料を加えて調理する。

＊4　儀式的な人肉食で腎臓がもっとも好まれるケースがあるのはこのためである。腎臓の脂肪を食べることで、人は魂を摂取するのである。

＊5　実際にエジプト人は心臓を意味する二つの言葉を持っていた。一つは精神的な心臓を意味する「*ib*」で、もう一つは

身体器官としての心臓を意味する「*haty*」である。

*6　R. Van Praagh and S. Van Praagh, "Aristotle's 'Triventricular' Heart and the Relevant Early History of the Cardiovascular System," *Chest* 84 (1983): 462–68.

*7　ヘロフィロスは史上最も多産な生体解剖者と呼ばれることもある。テルトゥリアヌスはヘロフィロスが六〇〇人の犯罪者を生体解剖したと書いている。それが真実なら、ヘロフィロスは、露出された心臓の最後の鼓動を繰り返し見て、心臓の機能をもっと詳しく理解していたはずである。

*8　ガレノスは珍しくも謙虚になったときに、アリ、シラミ、ノミを解剖したことがないことを認め、自分の知識の限界を告白している。

*9　ガレノス自身が書いたものは一部しか残っておらず、大部分が他人の手になる翻訳であるため、彼が実際に何を考えていたのかを知ることは、非常にむずかしい場合が多い。

*10　ガレノスの影響を受けた治療はこれらのみではない。たとえば、生物学の教科書に書かれている真実を確認するために解剖学のクラスで動物を解剖するやり方は、古代のガレノスの実践に倣ったものである。

第3章　芸術が科学を発明する

*1　S. J. Martins, "Leonardo da Vinci and the First Hemodynamic Observations," *Revista Portuguesa de Cardiologia* 271 (2008): 243–72.

*2　それはそれとして、ダ・ヴィンチは高齢になってからの死の原因に関しては先入観を抱いていた。ケネス・キールによれば、ダ・ヴィンチは、身体をめぐる「生気を賦活する熱と体液」の動きを妨げる何かを探していた。要するに彼は、何らかの閉塞物を探すことから始めたのだ。動きの欠如は、腐敗し淀んだ水のようなものである。ここでは、(生気を賦活する熱とその動きが鍵であるとする)ガレノスの身体に対する見方が、ダ・ヴィンチを真理の洞察に導いていることがわかる。血流の遮断を淀んだ水にたとえるダ・ヴィンチの類推は、ある意味できわめて妥当であることをつけ加えておく。淀んだ水は酸素に乏しい。血流の遮断は、身体への酸素の運搬を妨げる。次の文献を参照されたい。K. D. Keele, "Leonardo da Vinci's Views on Atherosclerosis," presented at the Twenty-Third International Congress of the History of Medicine, London, September 2–9, 1972.

*3　ダ・ヴィンチの子どもの頃の詳細に関しては、直接的な記録がほとんど残っていない。したがってどこで生まれ、いつどこに移ったかを含め、ほとんどの事項が論議の対象になっている。

*4　ダ・ヴィンチの父は、息子の弟子入りのためにヴェロッキオになにがしかの謝礼を払ったと考えられる。しかしヴェロッキオはダ・ヴィンチに寝る場所と食べる物を与えねばな

らなかった。ヴェロッキオにそれが可能だったのは、偉大で野心的な芸術作品に対して富裕な人々の需要があったからである。

＊5　ダ・ヴィンチは、自分が誰よりもすぐれた仕事をしていることに気づいていた。たとえば彼は、ミケランジェロの裸体画を「くるみ割り男」と呼び、ミケランジェロによるお粗末な人体の理解を真似しないよう他の芸術家に懇願した。

＊6　少なくとも心臓をテーマとする本では、そう言える。

＊7　M. Kemp, “Dissection and Divinity in Leonardo's Late Anatomies,” *Journal of the Warburg and Courtauld Institutes* 35 (1972): 200–25. 『心臓と血液の動きに関するレオナルド・ダ・ヴィンチの考え（*Leonardo da Vinci on the Movement of the Heart and Blood*）』(London: Harvey and Blythe, 1952)というタイトルのキールの論文も参照されたい。

＊8　Francis Wells, “The Renaissance Heart,” in J. Peto, ed., *The Heart* (London: Wellcome Collection, 2007).

＊9　この新たな感覚は教会との確執をもたらす。教会は解剖を許可したが、それは身体が聖霊のうつわにすぎないとする前提に基づいていた。うつわを研究するのは差し支えなかったが、身体の現実的な力を理解し得るとダ・ヴィンチが考えている限り、彼の業績は教会の教えに反し、冒瀆とさえ見なされた。

＊10　Keele, “Leonardo da Vinci's Views on Atherosclerosis.”

＊11　B. J. Bellhouse and F. H. Bellhouse, “Mechanisms of Closure of the Aortic Valve,” *Nature* 217 (1968): 86–87.

＊12　ダ・ヴィンチの科学は芸術から派生したものではあれ、彼の芸術もつねに自分の科学に影響されていた。アルノ川の絵には渦が描かれているが、私には、彼が川と心臓の両方を念頭に置いて描いたように思われる。

＊13　当時の南ヨーロッパでは、ダ・ヴィンチの師を含め芸術家は人体の解剖を行なっていた。しかし彼らは筋肉と骨に焦点を絞っていたので、身体内部の器官を調べるためにナイフを使うこともなければ、ましてやそれらの機能を考察することもなかった。

＊14　心臓研究に対するダ・ヴィンチの貢献に関しては次の文献を参照されたい。M. M. Shoja et al., “Leonardo da Vinci's Studies of the Heart,” *International Journal of Cardiology* 167 (2013): 1126–38. この書物で提起されている仮説に、ダ・ヴィンチが血液の循環を発見できなかったのは、知的能力の問題のためではなく、彼が少しばかり風変わりで、また恐ろしく多忙だったからだというものがある。著者は、ステファン・クラインの『レオナルドの遺産（*Leonardo's Legacy*）』を参照している。そこにはこうある。「レオナルドはあまりにも多くのものごとに関心を抱いていたので、いかなる問題に関しても解決する時間を十分に取れなかった。要するに単に時間がなかったのだ。もう少し実験を続ければもっと正確

な情報が得られたはずのケースでも、それを棚にあげて次の未開の領域につき進んだのである。彼はまた、他人ではなく自分のために研究を行なっていたので、自分の発見を発表することに多くの時間をかけなかった」。

＊15 K. D. Keele, "Leonardo da Vinci's Influence on Renaissance Anatomy," *Medical History* 8 (1964): 360–70.

＊16 モナ・リザの顔には、本書にも関連するある現象が潜んでいるのを見て取れる。つまり遺伝疾患である。当時の絵画のなかでも、モナ・リザの目は異常に黄色い。モナ・リザのモデルは、コレステロール値が通常の数倍に達する遺伝疾患、家族性高コレステロール血症に罹患していたために黄色い目をしていたとする説がある。この説が正しければ、それは意図せずしてダ・ヴィンチの筆致によって記録されたもう一つの真実であることになる。

第４章　血液の軌道

＊1 J. Sawday, *The Body Emblazoned: Dissection and the Human Body in Renaissance Culture* (New York: Routledge, 1995). 次の文献も参照されたい。K. Park's gruesomely fascinating article "The Criminal and the Saintly Body: Autopsy and Dissection in Renaissance Italy," *Renaissance Quarterly* 47 (1994): 1–33.

＊2 これに関して、ヴェサリウスは非常に貪欲だった。ハラムは彼と友人たちの所業について次のように記している。「彼らは夜間に、密かにそして恐れを抱きつつ、朽ち果てんとしている殺人者の死体を盗むために、死体安置所をうろつき、墓を掘り、絞首台にのぼった。不名誉な処罰を受けるリスクを冒し、迷信に基づく後悔の念に駆られながらも、これらのやっかいではあれ有益な探索に彼らが喜びを感じていたことは疑いない」。

＊3 この書は、パドヴァで医学の訓練を受けた学者によって一五四三年から一五四六年のあいだに書かれた三つの偉大な書物の一つになる。他の二つは、地球が太陽のまわりを回っていると論じたニコラウス・コペルニクスの『天体の回転について』と、病理学に関する最初の実質的な書物の一つ、ジローラモ・フラカストロの『伝染病について』である。

＊4 A. Castiglioni, "Three Pathfinders of Science in the Renaissance," *Bulletin of the Medical Library Association* 31 (1943): 301–7.

＊5 これには解剖学に関する業績が含まれ三部が残った。ハーヴェイはその一部を読んだと思われる。

＊6 ピサの植物学者兼解剖学者チェザルピーノ（一五二四〜一六〇三）は、すでに逆方向の実験を行なっていた。彼は静脈をつねったとき、つねった箇所の手前ではなく向こう側（心臓から離れる側）が膨張するのを観察した。これは静脈の血液が心臓に向かって流れていることを示唆する。

＊7　身体は平均すると五・二リットルの血液を含んでいる。大きなソーダ瓶五本分である。毎分、これだけの量の血液のほぼすべてが心臓を通っている。しかも、一分間につき五リットルという割合は運動をしているときには六倍に、すなわち一分間に三〇リットルに達する。

＊8　これらは、心臓のおかげで血中を移動する物質のすべてではない。血液は（ほとんどが水分の）血漿や、（酸素や二酸化炭素を運搬する）赤血球、さらにはその他さまざまの必須の物質から構成される。ホルモンは血中を流れ、身体のある部位から別の部位にメッセージを届ける。熱は、身体の残りの部位より暖かい血液を介して身体全体に伝わる。糖分、脂肪分、ビタミン、ミネラルなどの栄養素、尿素などの廃棄物、さらには免疫反応を支援する貴重なタンパク質も血中を移動する。このように、血管および血液は身体の多目的道路と言える。

＊9　生命が正確にいつ誕生したのかについては、現在でも活発に議論されている。最近の議論は次の文献を参照されたい。S. Moorbath, "Paleobiology: Dating the Earliest Life," *Nature* 434 (2005): 155.

＊10　R. E. Blankenship, "Early Evolution of Photosynthesis," *Plant Physiology* 154 (2010): 434–38.

第5章　心臓をむしばむプラークを見る

＊1　それはアテローム性動脈硬化である場合が多い。

＊2　一八七九年に、三人のフランスの生理学者がある実験を行なった。彼らは、ウマの頸静脈にカテーテルを挿入し、静脈を介して巨大な心臓に通した。カテーテルの先端には、風船が取りつけられていた。そして、ウマの心室の収縮によって風船にかかる圧力を用いて、心室が活発に活動しているか否かが確かめられた。それは活動していた。一八七九年になるまで、人々は依然として心臓のポンプの初歩的な動力学を理解していなかったというのは驚くべきことである。三人のうちの一人ベルナールは、それに関して『手術による生理学（*Leçons de Physiologie Opératoire*）』というタイトルの著書を書いている。フォルスマンが見たスケッチはこの著書に掲載されている。

＊3　この話は、レニー&ドン・マーティンの著書『リスクを冒す人々（*The Risk Takers*）』を参照した。この件も含めフォルスマンの逸話の多くは、検証が少々むずかしい。彼は自分のことを語るのを居心地悪く感じていたようで、違うバージョンの話を異なる機会に語っていたらしい。もっともよく知られたバージョンの話は公刊された論文から取られているが、のちに彼は（自分を実際より慎重な人物であるように見せる）このバージョンが作り話であると主張している。私自身は、若い頃の主張が作り話で、後年の主張が正しいと

考えているが、逆の可能性もある。

＊4　冠動脈の疾患は、一七六八年にイギリスの医師ウィリアム・ヘベルデンによって初めて記述された。彼は親友の医師ジョン・フォザーギルの検死解剖をした折に、冠動脈の疾患を見つけ、それを心臓発作で死ぬ直前にフォザーギルが感じた胸の痛み、狭心症に結びつけた。しかし、この疾患がいかにありふれているかが知られるのは、フォルスマンの世代になってからであった。

＊5　フォルスマンは二〇年後、ウサギを用いて実験を行なっているが、ウサギは死んだ。ただちに心停止に陥ったのだ。したがって、最初にウサギを用いて実験を行なっていたら、彼が得た教訓は、「心臓にカテーテルを通すのは危険であり、致命的ですらある」というものになっていただろう。

＊6　W. Forssmann, *Experiments on Myself: Memoirs of a Surgeon in Germany* (New York: St. Martin's Press, 1974).

＊7　H・C・オリンは、『身体の系統的な動脈のX線地図（*The X-ray atlas of the systematic arteries of the body*）』というタイトルの息を飲むようなすばらしい書物を刊行した。それには、血管のX線写真が掲載されている。これは、ヴェサリウスによる身体のスケッチの、観察のみに基づく改訂版と呼べるものである。各写真は「ここに明らかにされた」として紹介されている。畏怖の念に打たれること必定である。

＊8　M. C. Truss, C. G. Stief, and U. Jonas, "Werner Forssmann: Surgeon, Urologist and Nobel Prize Winner," *World Journal of Urology* 17 (1999): 184–86.

＊9　彼は自分でそう書いている。

＊10　フォルスマンの『自分を実験台にする（*Experiments on Myself*）』からの引用。

＊11　X線はレントゲンによって一八九五年に発見されたが、発見直後の数年間は、病院における診断ツールとしてよりも、死体調査のためのツールとして有効だと考えられていた。X線を用いれば目に見えないものを可視化できる。とりわけ初期のX線装置が露出に必要とした時間じっとしていられる死体には有用であった。一九二〇年にはオリンの『身体の系統的な動脈のX線地図』がイギリスで出版された。それには、血管に染料を注入された死体のX線写真が掲載されている。それらの画像は、一七世紀後半のハーヴェイやマルピーギの業績以来の、動脈や静脈に関する素描の重要な進展と見なせるかもしれない。突如として、何層にも重なる身体の隠れた通路が明らかにされたのだ。この書物は、循環器系の理解における進歩のつねとして、科学であると同時に芸術としても通用する。

＊12　レントゲン室で何が起こったかに関しては、さまざまな話がある。確かにX線写真は撮影された。ロマイスはそこにいて怒っていた。フォルスマンは彼を蹴ったかもしれない。あるいは蹴りはしなかったのかもしれない。X線技師は抗議

したのかもしれないし、しなかったかもしれない。心臓にカテーテルが入ったのを見たフォルスマンは野蛮な雄叫びをあげたのかもしれないし、あげなかったのかもしれない。何が起こったにせよ、カテーテルはフォルスマンの心臓に達し、一枚の写真が撮られたことに変わりはない。

＊13　フォルスマンはこの論文で、実際より過激に見えないよう手順に関して一連のごまかしをしている。

＊14　皮肉なことに、フォルスマンが愛好していた、カテーテルを挿入されたウマのスケッチに描かれていた研究と同様に、一九三〇年代以来、彼の成功に基礎を置く初期の試みでは、患者の心拍出量を調査する目的で彼の方法が用いられていた。

＊15　フォルスマンはナチスの兵士の命を救うために働いた。やがて戦争のおぞましさを悟り始めると、自分が命を救った兵士に脅されるようになった。自伝によれば、彼は一九四二年の聖霊降臨祭の日に、六〇〇人のロシアの農民が銃殺されるところを目撃し、それを止めようとした。

＊16　フォルスマンのノーベル賞受賞スピーチは、ノーベル賞ウェブサイトで読める。

＊17　興味深いことに、彼よりも徹底的に無視された人物の先例がある。ヨハン・ディフェンバッハは一八三一年に、彼自身の言によれば、コレラで死にかけていた患者の心臓に、余分な血液を抜くためにカテーテルを通した。X線写真を残せなかった彼は、一番の栄誉を受け損なった。また、そのような手続きはばかげておらず可能であると同僚を信じさせるのは困難であった。

＊18　ソーンズは若い頃から大胆で野心に満ちていたらしい。彼がメリーランド大学で医学を学んでいるとき、教授は彼に「心臓病学は何ら特別なものではない。偉大な発見がなされることなど絶対にない」と言った。それを聞いた彼は、心臓病学を研究し、それによって偉大な発見をする決意を固めたのである。

＊19　デイヴィッド・モナガンの『心臓への旅――循環器学を変えた創成期の医師たちと競争の物語（*Journey into the Heart — A Tale of Pioneering Doctors and Their Race to Transform Cardiovascular Medicine*）』(New York: Gotham Books, 2007)によれば、ソーンズは症例報告を書くのに夢中になって、女子トイレのドアを蹴り開け、（なかにいるかのかいないのかわからない）秘書に向かって「タイプ、タイプ、タイプ」と叫ぶことがあったのだそうだ。

＊20　ソーンズの人となりに関しては、モナガンの『心臓への旅』を参照されたい。

＊21　D・ロビンソンの『奇跡の発見者たち――現代医学のもっとも重要な革新の裏話（*The Miracle Finders — The Stories Behind the Most Important Breakthroughs of Modern Medicine*）』(New York: David McKay, 1976)の「人間の心臓への道」と題された、ソーンズを扱った章からの引用。

＊22　ソーンズは、規則や社会規範を無視したが、それと同時に仕事に厳格さを求め、自分自身でもそれを遵守した。彼はクリーブランドクリニックの三階にある小さなオフィスで経歴を開始しているが、彼が占める領域はすぐに拡大していった。それが可能だったのは、皆が寝ているときに働き、自分の邪魔をする者は押しのけ、意志の力でものごとを適切な方向に進めていったからでもある。訓練中の若い医師の多くは彼を尊敬していたが、たいてい彼にはついていけなかった。次の文献を参照されたい。W. C. Sheldon, "F. Mason Sones Jr. — Stormy Petrel of Cardiology," *Clinical Cardiology* 17 (1994): 405–7.　シェルドンはまた、ソーンズが遵守したウィリアム・プラウドフィット博士のルールを一覧している。

・正直であれ
・十分なものなど何もない
・専門家を探せ
・読むな（書くな）、書かねばならないときにはセミコロンを打つな
・計算するな
・機械に頼るな
・時計を見るな
・実験はいつまでも繰り返すな
・問題に集中せよ
・問題を単純化せよ
・決断を下せ
・コミュニケーションをとれ

＊23　F. M. Sones, "Cine Coronary Arteriography," *Modern Concepts in Cardiovascular Disease* 31 (1962): 735–38.

＊24　G. A. Lindeboom, "The Story of a Blood Transfusion to a Pope," *Journal of the History of Medicine and Allied Sciences* 9 (1954): 455–59.

＊25　もっと野心的な手術が試みられたことはあった。一九二五年、ロンドンの外科医ヘンリー・スーターは弁の修理を試みている。彼は心膜を通して心房に切込みを入れ、それから炎症を起こした僧帽弁（とそれを通して左心室）に指を入れた。弁を縫い始めると、心臓は速く不規則に鼓動し始め、血を噴出させた。事態の収拾がつかなくなり、パニックに陥ったスーターはそれでもなんとか（何も修理せずに）心臓を元どおりに縫合した。患者の少女は死ななかった。しかしこの話は、野心的な手術を行なおうと考えていた人々に対する戒めになった。

＊26　心臓医療の革新に反対する人々はつねにいた。理性の声が無視されるのは無理もないことなのかもしれない。

第6章　心臓のリズムを作り出す装置

＊1　完全な引用は次を参照されたい。一読に値する。J. H. Gibbon, "The Development of the Heart-Lung Apparatus,"

Review of Surgery 27 (1979): 231–44. この論文には、科学論文としては例外的な正直さが見られる。

＊2 ギボンはほとんど誰にも好かれたらしい。ルドルフ・カミションは彼について、「この宝石のような人物は燦然と輝いていた」と述べている。ギボンは親切で善意に満ちていた。デイヴィッド・クーパーによれば、「彼はゴシップ紙の悪夢、パパラッチの絶望であった。というのも、彼の批判者を見つけるのはほぼ不可能だったからだ。ほとんど欠陥がなかったと言ってもよい」。D. K. C. Cooper, *Open Heart: The Radical Surgeons Who Revolutionized Medicine* (New York: Kaplan Publishing, 2010).

＊3 ジョンの高祖父はジョン・ハナム・ギボンズ（「ズ」がつくことに注意）で、ペンシルベニア州チェスター郡で生まれているが、スコットランドのエディンバラで教育を受けた。エディンバラでは後年、解剖の名目で死体を強奪するという医学史上悪名高き事件が起こっている。ギボンは医師の家系を直接継ぐとともに、おじや大おじなど近親者に医師を多く持っていた。彼のおいの一人は現在も医師として働いている。このように過去も現在も、ギボン家は医師の家族なのである。ジョンが作家になることは両親が決して許さなかったはずである。とはいえ、彼には書き残すべきことがたくさんあった。

＊4 ギボンの生い立ちについてはおもに次を参照した。http://www.nasonline.org/publications/biographical-memoirs/memoir-pdfs/gibbon-john.pdf.

＊5 J. H. Gibbon, "The Maintenance of Life During Experimental Occlusion of the Pulmonary Artery Followed by Survival," *Surgery, Gynecology and Obstetrics* 69 (1939): 602.

＊6 F. D. A. Moore, *A Miracle and a Privilege: Recounting a Half Century of Surgical Advance* (Washington, DC: John Henry Press, 1995). その頃、フランシス・ムーアを含む科学者のグループが、ギボンの実験室を訪れている。ムーアは、おそらくジャックとマリーが直近の一〇年間続けていたとおぼしき研究生活の様相を垣間見て、次のように記している。「私たちは手術室に案内された。（……）血液に酸素を付与するポンプは、グランドピアノくらいの大きさだった。かたわらには小さなネコが寝ており、皆の注目を浴びた。このネコは二本のプラスチック製の透明の管によって装置につながれていたのだ。小さなネコと大きな装置のサイズの違いは、こっけいですらあった。（……）やがて私たちは床が乾いていないことに気づいた。足元を見ると、私たちは流れ出した血のなかに立っていた。そのときギボンは〈すまない。また、いまいましい装置が漏れ出したようだ〉と言った」

＊7 彼自身もヒーローであるアリブリッテンに関しては次の文献を参照されたい。K. D. Hedlund, "A Tribute to Frank F. Albritten Jr.: Origin of the Left Ventricular Vent during the Early Years of Open-Heart Surgery with the Gibbon Heart-

Lung Machine," *Texas Heart Institute Journal* 28 (2001): 292–96.

*8 ギボンがワトソンと知り合ったのは、ワトソンがギボンの同僚の義理の父だったことによる。

*9 インフレ率を考慮して二〇一三年の金額に換算すると、およそ二五万五五八一ドルに相当する。

*10 人間の肺を複製するのは簡単ではない。肺の毛細血管は、およそ五五平方メートル（テニスコートより広い）の表面領域から酸素を吸収するが、それを小さなパンのかたまり程度の体積で行なう。より一般的な話をすると、身体は表面積が最大化された何層もの領域から構成される。分枝する気管支のために肺の表面積は膨大である。また、分枝のために毛細血管の表面積は膨大である。細胞内ですら、表面積は大きい。細胞内の器官ミトコンドリアは折りたたまれた膜で構成され、個々のミトコンドリアは、酸素を効率よく燃焼させるために、同じ直径の球体に比べて何倍もの表面積を持つ。腎臓、肝臓、腸などの、表面積の大きさが効率に関わる他の器官にも同様の入り組んだ構造が見られる。

*11 これは、実際の身体での酸素を帯びた血液の動きより単純である。身体では、二つの大きな肺静脈がそれぞれの肺から出て左心房に至る。そしてそこから左心室、さらには身体へと血液が送り出される。

*12 D・K・C・クーパーによれば、セシリアが回復のために収容された病室は細長く、四〇のベッドがおのおのの側に二〇ずつ設置されていた。これは、フローレンス・ナイチンゲールの時代の病室に似ている。この事実一つを取り上げても、医療がそれ以来いかに大きく変わったかがよくわかる。看護師はもっとも病の重い患者のそばに置かれたテーブルに座ってその患者の回復具合を監視していた。このケースではセシリアがそれに該当する。

*13 人工心肺に対する一般の反応については、次の文献を参照されたい。James Le Fanu, *The Rise and Fall of Modern Medicine* (New York: Carroll and Graf, 1999).

*14 "Historic Operation," *Time* 61 (1953).

*15 肺は心臓や脳とほぼ同程度に酸素、よって血液を必要とする。そのため肺に流入する血液の酸素の欠乏によって、心臓の障害に類似する障害を被り得る。肺は、気管支動脈と呼ばれる独自の動脈を持つことでこの問題に対処している。この動脈は心臓の冠動脈同様、酸素に富む多量の血液を供給する。他の循環器系器官の多くと同様、ダ・ヴィンチの美しいスケッチによって、もつれた髪のごとく肺の上をおおうこれらの動脈が史上初めて描かれている。

*16 次の数十年間、他の外科医はギボンの設計をもとに、独自の人工心肺を考案していった。一九六〇年代になると、人工心肺は標準的に用いられるようになったため、数社が生産するようになった。

＊17　驚異的な身体の電気の包括的なストーリーは、次の文献を参照されたい。F. Ashcroft, *The Spark of Life: Electricity in the Human Body* (New York: W. W. Norton, 2012).

＊18　コーヒーとの関連は現在でも論議されている。一般には、医師も患者も、コーヒーの摂取と小規模の不整脈の結びつきを認知している。しかし、そのような結びつきを調査する大規模な研究では、いまだに何も発見されていない。

＊19　心房細動を抱える患者にワルファリンなどの抗凝固剤が与えられるのは、凝血の可能性があるためである。

＊20　私の母親が最初に受けたのがこの治療である。だが成功しなかった。

＊21　除細動パドルがもっともよく使われるのは心室細動が起こったときである。パドルは心臓を再始動するためではなく、心臓が自然に再始動したときに、より通常のリズムを取り戻していることを期待して心臓を止めるために使われる。

＊22　房室ブロックはもう一つの心臓の電気系統の問題だが、めったに起こらない。それは心房と心室のあいだの信号の伝達が阻害されると生じ（心室結節が必要な信号を受け取らなくなる）、電気信号の伝達を阻害し得る心臓切開手術の結果として起こりやすくなる。房室ブロック自体は必ずしも致命的ではない。心臓の機能が継続可能な程度の心房から心室への血液の移動は可能だが、心臓と患者の生活は遅滞する。

＊23　H. G. Mond and A. Proclemer, "The Eleventh World Survey of Cardiac Pacing and Implantable Cardioverter-Defibrillators: Calendar Year 2009 – a World Society of Arrhythmia's Project," *Pacing and Clinical Electrophysiology* 34 (2011): 1013–27.

＊24　キメラは臓器移植の非公式の象徴とも言うべきものにさえなった。次の文献を参照されたい。R. Kuss and P. Bourget, *An Illustrated History of Organ Transplantation* (Rueil-Malmaison, France: Laboratoires Sandoz, 1992).

＊25　J. Dewhurst, "Cosmas and Damian, Patron Saints of Doctors," *Lancet* 2 (1988): 1479.

＊26　A. Carrel and C. Lindbergh, "Culture of Whole Organs," *Science* 31 (1935): 621.　そう、リンドバーグとはかのリンドバーグのことである。

＊27　カンサス州の外科医J・R・ブリンクリーは、そのような移植をひとりで一万六〇〇〇件行なっている。たいていはヤギの生殖腺が用いられた。やがてブリンクリーは医療活動を禁じられ、その後知事選に立候補して僅差で敗れた。次の文献を参照されたい。D. Hamilton, *The Monkey Gland Affair* (London: Chatto and Windus, 1986).　F. Lydston, "Sex Gland Implantation: Additional Cases and Conclusions to Date," *Journal of the American Medical Association* 94 (1930): 1912.

第7章　フランケンシュタイン博士の怪物

＊1　人間の心臓に比べてイヌの心臓が柔軟でない理由はよくわかっていない。また、人間とイヌの循環器系の違いはそれだけではない。たとえば、イヌの肺は手術中にはるかにつぶれやすい。

＊2　"Surgeons Repair Hearts of Four Dogs," *New York Times*, April 19, 1962.

＊3　メアリーはこの話が与えた影響について次のように書いている。「バイロン卿とシェリーはずいぶん長いあいだ話しこんでいました。私はそれを黙って熱心に聞いていたのです。彼らは、さまざまな哲学の説、生命の原理の本質、そしてそれらが発見され伝えられる可能性の有無などを議論していました。また、（エラズマス・）ダーウィン博士の実験の話が出ました。それによると彼は、ガラスケースに保存されていた細長い虫（バーミセリ）を使って実験を行なったのだそうです。そして彼が途方もない手段を行使すると、この虫は自ら動き始めたのです。そんな方法で、生命が与えられたりはしないはずです。おそらく虫は失っていたエネルギーを再度賦活されたのでしょう。ガルバーニ現象もその種の現象の一つです。あるいは、この生物の構成要素のおのおのが製造され持ち寄られ生命の暖かさが与えられたのかもしれません」。そう、メアリー・シェリーは腐ったヌードル〔バーミセリは現在ではパスタの一種を意味する〕に啓発されたエラズマス・ダーウィンに啓発されたのだ。

＊4　情動的な心臓の語彙的なストーリーは、生物学的な心臓のストーリーと同程度に豊かである。満足した人は「light-hearted」「bright-hearted」「happy-hearted」と呼ばれる。〔以下同様に、「heart」という単語を用いたさまざまな英語表現が挙げられる。日本語には、対応する（心臓に関係する）語がほぼ存在しないので邦訳では割愛する〕

＊5　M. C. Truss, C. G. Stief, and U. Jonas, "Werner Forssmann: Surgeon, Urologist, and Nobel Prize Winner," *World Journal of Urology* 17 (1999): 184–86.

＊6　当時は依然として、アメリカのほとんどの病院では、臓器移植が行なわれる前にドナーの心臓は停止していなければならなかった。そのためシャムウェイ、ロウアーらは、移植の前に心臓が止まるのを待たねばならなかった。それによって心臓が手に入る確率と、手術が成功する確率の両方が下がった。

＊7　最初の頃は「生きた心臓を持つ死体」のケアは非常に単純だった。しかし時が経つにつれ、これらの「患者」には、通常の患者に与えられているものと同じ、あるいはそれ以上のケアが必要であることが判明する。脳が血圧をコントロールできないために、血圧の調節をしなければならず、また、ホルモンのレベルに関しても同じ問題があった。

＊8　当時シャムウェイは失望を公にはしなかったが、他の外

科医が彼の思いを代弁した。チンパンジーの心臓を人間に移植した男ジェームズ・ハーディは次のように語っている。「私個人に関してではないが、失望はとても大きい。私は、ノーマン・シャムウェイの率いるスタンフォードのグループが、この分野でもっとも包括的ですぐれた業績を残してきたことを知っている。われわれは、彼らが人間同士の心臓移植を行なうものとずっと期待して待っていた。そのあとで、もっと研究を重ねて、私のチームがそれに倣おうと考えていた。われわれは技術的にはバーナードよりもずっと以前に準備が整っていた。しかし、そのような偉大な実験が失敗する可能性から人々を守る義務を背負わねばならなかった。シャムウェイは規則どおりにことを進めた。そして歴史に名を残す栄誉を奪われた」。

*9　この時期、カントロヴィッツは勤務していたユダヤ教徒の小さな病院マイモニデス病院を去るように言われている。彼にとって明らかに当時は苦難の時期であったが、何年かが経過した後、心臓移植のストーリーにおける自分の役割を振り返るにあたり、より大胆になった。「ガリレオはクビになった。地球が宇宙の中心なのではないと語ったとき、彼らはガリレオをひどい目に遭わせた」とカントロヴィッツは言った。彼はガリレオの地動説になぞらえて、心臓移植も最初は急進的に見えたとしても、やがて成功するはずだと示唆したのである。

*10　シャムウェイは引退後、ドナルド・マクレーの著書『毎秒が好機である（*Every Second Counts*）』でバーナードを回顧して、「彼は心臓手術を見世物に変え、自分とロウアーから、誰もが私たちのものと考えていた業績を盗む所業に取りつかれていたのだ」と語っている。しかし同じインタビューで彼は、「私たちが一番にならなかったのは天の恵だったのかもしれない。（……）私たちはすでに、メディアに対応するだけでも十分にやっかいだと感じていた。あまりにも面倒が多すぎた。おそらく、これでよかったのかもしれない」と考えるようになったとも語っている。

*11　一九七〇年時点でまだ生きていた二三人のレシピエントのうち、もっとも長生きしたのは、ロウアーの患者ルイス・B・ラッセル・ジュニアであった。彼は教師で、さらに六年間、よき人生を送った。ラッセル自身の言葉を借りると、「懸命に生き、よく食べ、よく愛した」のだ。

*12　ワイルダーのストーリーは興味深い。彼は奴隷の孫で、のちにさまざまな偉業を達成する。それにはバージニア州知事への就任が含まれるが、最近ではバージニア州のリッチモンド市長を二期務めた。また、国立奴隷博物館を創立した。現在は、バージニア・コモンウェルス大学の准教授を務め、公共政策を教えている。

*13　もちろんこれは、西洋での定義である。場所が異なれば、生と死の定義も異なり得る。人類学者コリン・ターンブルは、

恐ろしいことに、一緒に暮らしていたピグミー族に死の宣告を下されたことで知られる。幸運にも、ピグミー族は七種類の死があると信じており、まだ回復が可能な段階にあると考えたために、彼を埋葬しなかった。

＊14　和田が「メディアに嘘をつき」「欠陥を誇張するためにレシピエント自身の心臓に手を加えた」ことがやがて発覚する。以後一九九九年まで、日本では心臓移植は許可されなかった。

＊15　R. Converse, "But When Did He Die: Tucker v. Lower and the Brain-Death Concept," *San Diego Law Review* 424 (1974.1975): 424-35.　この裁判は事実審裁判所で行なわれたため公式な先例にはならないが、文化的な意味では先例を作った。つまり死の定義の問題が持ち上がるたびに言及されたのである。この状況は今後も永久に続くかもしれない。

＊16　当時、多くの医師は依然として、脳死か心臓の死のいずれかを個人の死の十分なしるしと見なしていた。脳死という基準に照らしてみれば、ロウアーやバーナードや他の外科医たちの患者の多くは術後すぐに死んでいたことになり、せいぜい数日間患者を生き長らえせることができたにすぎない。

＊17　バージニア州は法令によって、脳死を医学的、法的な概念として正式に規定した。他の多くの州もそれに続いた。脳死をめぐる論争のもう一つのハイライトは、アンドリュー・ライオンズがサミュエル・ミッチェル・アレンの頭を撃ち抜いたとき、カリフォルニア州で起こった。アレンは病院にかつぎ込まれそこで脳死を宣言される。そして彼の心臓はシャムウェイによって摘出され、ブレイン・ウィクソムに移植される。殺人犯のライオンズは、「アレンの心臓はまだ生きていたのだから自分は彼を殺していない」と主張した。陪審団はライオンズに有罪の宣告を下し、これによりカリフォルニア州法は死を脳死として定義するに至る。

＊18　"Heart Transplant Decision Questioned," *Lakeland Ledger*, June 5, 1972.

＊19　外科医のニコラス・L・ティルニーは著書『身体の侵略（*Invasion of the Body*）』で、先を争って心臓移植を行なった外科医の行動を弁護している。ティルニーは次のように述べているが、その評価は読者に委ねる。「これらのやっかいなできごとには、外科医たちが黎明期の知識と技術を用い、死なんとしている患者をあらゆる手を尽くして懸命に救おうとしたという背景がある。そのような状況下では、手術の責任者は、自分自身に確信を持ち、さらには、ときに取り消すことのできない決断を迅速に下し、哲学、宗教、社会に関する考慮を一時棚上げし、そして正しさ、妥当性、倫理的側面については将来の判断に委ねる自分の才能に完璧な自信を持っていなければならない」。

＊20　彼らの支配は、ロウアーがモンタナ州で牧場を購入するまで続く。ロウアーはそこで、三〇〇頭のウシを自分の手で

育てながら引退生活を送った。ウシの大きな心臓は手助けを必要としない。彼はウシを飼い、運動させ、寄生虫から守った。しかし手術を行なうことは二度となかった。

＊21　私たちは拒絶反応を悪いものと考えるが、それは実際には、免疫系が進化によって与えられた仕事の一部を遂行しているにすぎない。つまり外来の細胞の認知である。拒絶反応の問題は、いかに巧妙であろうとも、心臓移植が身体の進化の歴史とかみ合わない点にある。この歴史のもとでは、外来の細胞はつねに危険と見なされる。移植された組織の存在は、基本的に外来の細胞に対する攻撃に相当する反応を引き起こす。この攻撃の激しさは、ドナーの細胞とレシピエントの細胞が、（さまざまな点で）どれほど異なるかにも依存する。拒絶反応を緩和するための最初のステップは、レシピエントの細胞に可能な限り近い細胞を持つドナーを選択することである。

＊22　H. Schwartz, "A Long Shot, and Still Running: Heart Transplants," *Lake-land Ledger*, August 26, 1973.

＊23　J. F. Borel, "The History of Cyclosporin A and Its Significance," in D. J. G. White et al., eds., *Proceedings of an International Symposium on Cyclosporin A* (Amsterdam: Elsevier, 1972).

＊24　たとえば次の文献を参照されたい。"European Multicentre Trial, Cyclosporin in Cadaveric Renal Transplantation: One Year Follow-Up of a Multicentre Trial," *Lancet* 2 (1983): 986.

＊25　K. T. Hodge, S. B. Krasnoff, and R. A. Humber, "*Tolypocladium inflatum* Is the Anamorph of *Cordyceps subsessilis*," *Mycologia* 88 (1996): 715–19.

＊26　この菌類の土壌生活段階における無性時代には、「*Tolypocladium inflatum*」というさらに別の名称がつけられている。菌類は複雑であり、どうやらそれに名称をつける人々も複雑らしい。

第8章　原子力で動くウシの心臓

＊1　ドゥベイキーとクーリーの人となり（パーソナリティー）のきめ細かな描写は、次の文献を参照されたい。D. K. C. Cooper, *Open Heart: The Radical Surgeons Who Revolutionized Medicine* (New York: Kaplan Publishing, 2010). やがて和解するとはいえ、二人は生涯を通じて、テキサス州の医学界で二人の「巨人」として競い合っていた。二人とも特大の州に匹敵する特大のパーソナリティーを持っていた。

＊2　人工補綴物一般の歴史は非常に興味深い。次の文献を参照されたい。A. J. Thurston, "Paré and Prosthetics: The Early History of Artificial Limbs," *ANZ Journal of Surgery* 77 (2007): 1114–19.

＊3　これは通常の年のアメリカにおける心臓移植手術待機リ

ストの人数におよそ等しい。

＊4　NHIはトルーマン政権のもとで、心臓病や（卒中を含む）他の循環器系疾患の原因、予防、診断、治療を研究するために一九四八年に設立された。今日では国立心臓・肺臓・血液研究所（NHLBI）として存続している。

＊5　プルトニウム239にニュートロンが衝突すると、核分裂が生じる（膨大なエネルギーが解き放たれる）。また、さらなるニュートロンが解き放たれ、それらは近隣の原子と衝突し、制御不能の連鎖反応に至る。

＊6　人工心臓プログラムの管理者は初年度に二〇〇万ドル、二年度に八〇〇万ドル、そしてそれ以後毎年一億ドルを要請している。これらはすべて、一九六五年のドル換算である。

＊7　歴史家シェリー・マッケラーは、「二つの組織は、管理権限やエンジン開発のアプローチに関して合意できず、協業は実質的に不可能になった」と、この件について書いている。それに加えて、憎み合っていたらしい。

＊8　プルトニウム238は、宇宙での長期にわたる発電にも用いられている。

＊9　コルフが装置を試した最初の一六人の患者は死んでいる。一七人目はナチ協力者のソフィア・シャフシュタットだった。彼女は生き延びたが、戦争が終わって数週間が経つと、コルフの同僚の多くは、そうならないほうがよかったと思っていた。コルフ自身は戦争中、オランダのレジスタンスを支援していた。

＊10　プルトニウム238は半減期が長く、比較的コストを抑えられるという利点を持つ。興味深いことに、プルトニウム238のコストはアメリカにおける原子炉の数と結びついている。アメリカがエネルギー源として原子力を用いるようになればなるほど、人工心臓もより安価になった。

＊11　ロシアでは一九七〇年四月二七日、一六五ミリグラムのプルトニウムが密封された原子力ペースメーカーが、実際にある患者に埋められた。原子力ペースメーカーはやがてアメリカにも到来し、二日間で一五個が埋められた。一九七九年になるまでに、世界中で三〇〇〇個近くが埋められている。

＊12　このエピソードについては次の文献を参照されたい。N. L. Tilney, *Invasion of the Body* (Cambridge, MA: Harvard University Press, 2011).

＊13　彼女の言葉は次の文献に引用されている。R. C. Fox and J. P. Swazey, *The Courage to Fail* (Chicago: University of Chicago Press, 1974).

＊14　問題の人工心臓は国立アメリカ歴史博物館の棚に収納されている。アレックス・マドリガルによれば、装置の二つのポンプから管が延び、少しばかりカープの血が付着している様子を見ることができる。公式の報告としては次の文献を参照されたい。W. C. DeVries et al., "Clinical Use of the Total Artificial Heart," *New England Journal of Medicine* 310

(1984): 273.

＊15　ＮＨＩとベイラー大学は、クーリーの行動を調査した。リオッタは停職処分を受け、クーリーは自発的に大学を辞職した。もちろんそれでも彼は、世界でもっとも活動的な心臓外科医であり革新者であり続けた。事実、大学を辞職することで、ベイラー大学にいる頃より、より自由に活動できるようになり、それだけ彼の稼ぎは増えた。

＊16　W. J. Kolff and D. B. Olsen, "Testing of Radioisotope-Powered Mechanical Heart in Calves," *Biomedical Engineering Support Progress Report,* August 15, 1976–May 15, 1977.

＊17　人工心臓に用いられるプルトニウムは、いくつかの理由で危険である。そもそも体内に漏洩する危険性が（非常にわずかながら）ある。しかしもっと明らかな問題がある。原子力人工心臓を埋め込んだ人が死んだとき、プルトニウムはいったいどうなるのか？　それは依然として放射性物質であり、また、地球上でもっとも強い毒性を帯びた物質の一つでもある。

＊18　"The Glamorous Artificial Heart," *New York Times,* January 15, 1983.

＊19　補助装置を使っている一三三人の患者を対象にした最近の研究では、装置の平均使用期間は一八〇日で、そのうちの一〇〇人はやがて心臓移植を受けている。残りの三三人中の二五人は死亡したが、数人は補助装置なしでも生きられるまで心臓の状態が回復した。次の文献を参照されたい。L. W. Miller et al., "Use of a Continuous-Flow Device in Patients Awaiting Heart Transplantation," *New England Journal of Medicine* 357 (2007): 885.

第９章　羽より軽い心臓

＊１　http://www.yare.org/essays/The%20Tomb%20of%20Queen%20Meryet.htm

＊２　A. R. David, A. Kershaw, and A. Heagerty, "Atherosclerosis and Diet in Ancient Egypt," *Lancet* 5 (2010): 718–19.

＊３　残存している肖像には、心と情動の結びつきを示すものがある。ハトシェプストカルナック神殿に捧げられたオベリスクには、「人々が何を言うかを考えると、私の心はあっち向いたりこっちに向いたりする。つまり、将来私の記念碑を見て私の業績について語るであろう人々のことである」と書かれている。

＊４　H. E. Winlock, *The Tomb of Queen Meryet-Amun at Thebes* (New York: Metropolitan Museum of Art, 1932).

＊５　すでに起こったことであろうが（トラに追われた）、これから起こると予想されることであろうが（トラの声が聞こえたから用心しなければならない）、興奮を喚起するできごとのゆえに、心臓は興奮して早鐘を打つ。闘争・逃走反応の一部として、身体はエンドルフィンを分泌する。エンドル

フィンは、トラと戦うにあたって、もしくはそれから逃げるにあたって必要になる、より多量の血液や酸素を各細胞に送り出すために心臓の作用を速める。

＊6　ウィンロック自身は知らなかったことだが、彼がもともと探していたハトシェプスト女王は数十年前に王家の谷の小さな墓の床のうえで、別の女性とミイラ化されたガチョウと一緒に発見されていた。しかし彼女の遺体は飾られておらず、目立たなかったために研究されていなかった。彼女の成功をねたんだ息子は、彼女の遺体をこの地に移し、さまざまな方法で彼女の痕跡を消そうとした。そして彼はもう少しでそれに成功するところだった。しかし彼女の墓が発見されたときに収集された歯の一つが二〇〇五年にＤＮＡ鑑定され、それによって彼女の正体が明らかにされた。

＊7　もしくは適法性、道徳性、善悪を評価する役目を担う女神マアトより重いかどうかが量られた。

＊8　W. B. Ober, "Weighing the Heart Against the Feather of Truth," *Bulletin of the New York Academy of Medicine* 59 (1979): 636–51.

＊9　アテローム性動脈硬化に起因する心臓病は、虚血性心疾患（ischemic heart disease）とも呼ばれる。「*ischemic*」は、「狭くなった」「拘束」を意味するギリシア語に由来する。

＊10　この名称には、コレステロール発見の歴史も関わっている。それが初めて発見されたのは胆石においてで、そのために胆汁に結びつけられたのである。

＊11　いくつか初期の研究はあった。とりわけ二〇世紀初頭にミイラにアテローム性動脈硬化を発見したマーク・ラファーの業績があげられる。しかし彼の研究と現代のアテローム性動脈硬化の症状の定義を比べるのは容易ではない。次の文献を参照されたい。M. A. Ruffer, "On Arterial Lesions Found in Egyptian Mummies," *Journal of Pathological Bacteriology* 16 (1911): 453–62.

＊12　次の文献の図2を参照されたい。A. H. Allam et al., "CT Studies of the Cardiovascular System in Ancient Egyptian Mummies," *American Heart Hospital Journal* 10 (2010): 10–13.

＊13　A. H. Allam et al., "Atherosclerosis in Ancient Egyptian Mummies: The Horus Study," *Journal of the American College of Cardiology: Cardiovascular Imaging* 4 (2011): 315–27.

＊14　W. A. Murphy et al., "The Iceman: Discovery and Imaging," *Radiology* 226 (2003): 614–29.

＊15　R. C. Thompson et al., "Atherosclerosis Across 4,000 Years of Human History: The Horus Study of Four Ancient Populations," *Lancet* 381 (2013): 1211–22.

第10章　壊れた心臓を修理する

＊1　ファバローロはインタビュー（D. K. C. Cooper, *Open*

Heart: The Radical Surgeons Who Revolutionized Medicine [New York: Kaplan Publishing, 2010]）に答えて、大学に通っていた頃、偉大な外科医になるには、偉大な大工になる必要があると教授に言われたと語っている。医師の自伝によくあるように、このエピソードは、彼が心臓の大工として一生を送ることが、この時点ですでに運命づけられていたかのような印象を与える。

＊2　冠動脈が恒久的につまることで現われる最初の症状はたいがい心臓発作である。そして二番目の症状は、多くの場合死である。

＊3　実際には、この方法は、もとの狭心症を抑えられず、おまけに完全かつ恒久的なエネルギーの欠乏をもたらすことが多かった。

＊4　K. L. Greason et al., "Myocardial Revascularization by Coronary Arterial Bypass Graft: Past, Present, and Future," *Current Problems in Cardiology* 36 (2011): 325–68.

＊5　D. J. Fergusson et al., "Left Internal Mammary Artery Implant — Postoperative Assessment," *Circulation* 37 (1968): 24–26.

＊6　G. Murray et al., "Anastomosis of a Systemic Artery to the Coronary," *Canadian Medical Association Journal* 71 (1954): 594–97.

＊7　一九六〇年五月二日、ロバート・ゲッツは三八歳の男性にバイパス手術を施している。冠動脈は人工リングによって保たれた乳腺動脈によって置き換えられた。手術は成功したかのように見えたが、患者は一年後に心臓発作で死亡した。この死がゲッツのバイパス手術に関係しているのか、また、しているのならいかにしてかを確かめる検死解剖は行なわれなかった。ファバローロがこの手術について知っていたかどうかは、はっきりしない。

＊8　H. E. Garrett, E. W. Dennis, and M. E. DeBakey, "Aortocoronary Bypass with Saphenous Vein Graft: Seven-Year Follow-Up," *Journal of the American Medical Association* 223 (1973): 792–94.

＊9　左冠動脈の塞栓は、ときに外科医が一種のブラックユーモアとして未亡人製作器（ウィドウメーカー）と呼ぶことがあるほど致命的である。

＊10　たとえば、現在では乳腺動脈移植は静脈移植より成功率が高く、それが標準になっている。

＊11　三人とも数々の栄誉を受けている。ソーンズに関して特筆すべきは、彼が「Worshipful Society of Apothecaries」と呼ばれるロンドンの由緒ある組織からガレノスメダルを授与されたことである。受賞の際、ガレノスを知っているかどうかを尋ねられたソーンズは、「ああ知っている。ガレノス君のことはよく覚えている。医学部のクラスでは六二番だったよ。私は六一番だったけどね」と答えている。

＊12　今では「いつもの風船アンギオプラスティー（plain old

balloon angioplasty：POBA)」と呼ばれるほど広く普及している。

＊13 J. G. Motwani and E. J. Topol, "Aortocoronary Saphenous Vein Graft Disease: Pathogenesis, Predisposition, and Prevention," *Circulation* 1998 (1998): 916–31.

第11章 戦争とキノコ

＊1 当時の遠藤の年齢からすると、この数値は高くはない。すべての国のあらゆる年齢の人々の平均に比べて高かったにすぎない。

＊2 秋田地方には、採集の長い歴史がある。今から六〇〇年前でも、狩猟採集民が森林に覆われた丘陵地帯で暮らしていた。

＊3 この菌類が属するテングタケ属は、タマゴテングダケなど、世界でもっとも毒性の強いキノコを多く含む。

＊4 ものごとに対するこのような熱中は普通ではない。私の研究分野が依存しているのはまさにこの種の好奇心であり、私や私の同僚もそれを共有する。それにつき動かされて、私たちは実際に、ノースカロライナ州立大学の廊下のつきあたりにあるキッチンでこの実験を繰り返しやってみた。

＊5 A. Endo, "A Historical Perspective on the Discovery of Statins," *Proceedings of the Japan Academy, Series B, Physical and Biological Sciences* 86 (2010): 484.

＊6 実験用のラットにはなりたくないものだ。

＊7 スタチンのストーリーについては次の文献を参照されたい。J. J. Lie, *Triumph of the Heart: The Story of Statins* (New York: Oxford University Press, 2009).

第12章 完全なダイエット

＊1 高地での研究に関しては次の文献を参照されたい。S. W. Tracy, "The Physiology of Extremes: Ancel Keys and the International High Altitude Expedition of 1935," *Bulletin of the History of Medicine* 86 (2012): 627–60.

＊2 Ancel Keys, "Notes on the Laboratory of Physiological Hygiene, University of Minnesota," February 9, 1945, Ancel Keys Collection, University of Minnesota Archives, Minneapolis, 3.

＊3 この驚くべき実験と、その複雑な倫理的側面に関しては次の文献を参照されたい。T. Tucker, *The Great Starvation Experiment* (New York: Free Press, 2006).

＊4 重いコレステロール（HDL——高比重リポタンパク）は、血中のプラークを分解する支援を行ない、軽いコレステロール（LDL——低比重リポタンパク）を肝臓に戻す。しかしLDLコレステロールは、動脈壁に付着する傾向を持ち、アテローム性動脈硬化に至る反応を促しやすい。

＊5 メリタムン女王のストーリーに鑑みると、コレステロー

ル過多とアテローム性動脈硬化が最近の現象であるとする彼の考えは間違っている。戦後アテローム性動脈硬化と心臓病が流行したという見解が正しいか否かはあまりはっきりとしない。戦前のデータは、確たる比較を行なうには少なすぎる。心臓発作や心臓病がピークを迎えた時期はあるが、その理由の一端は、心臓病の増大そのものよりも、他の疾病が減少したことにある。

＊6　それには次のような実験を行なわねばならない。遺伝的に類似する被験者を募り、各人にカロリーや、脂肪、タンパク質、炭水化物の割合、メニュー構成（魚油、オリーブ油、木の実、野菜、果物など）が異なる一連のダイエットのいずれかを割り当てる。その際、それぞれのグループに関して、心臓発作を起こす被験者が何人か現れるくらいの人数を確保する必要がある。誰も心臓発作を起こさなければ比較のしょうがないからだ。たとえば一五のダイエットを比較するなら、この実験は一五〇〇人の被験者を必要とするだろう。さらには割り当てられたダイエットを一生継続するよう被験者を説得しなければならない。しかも、被験者はそれらのダイエットのいずれか一つをランダムに割り当てられる。そうでなければ実験は無効である。つまり被験者には、これから一生続けなければならないダイエットを選択する権利はない！　そんな実験を行なった者は誰もいない。これからもいるはずがない。このゆえに、ダイエット、生活様式、遺伝的背景と健康を結びつけるあらゆる研究は、よくて示唆的なものに留まらざるを得ない。

＊7　当時、クリスチャン・バーナードは著書『心臓発作（*Heart Attack*）』で、キーズを現代のもっとも卓越した栄養学者、疫学者の一人として紹介した。

＊8　誰も推奨していないと思われる数少ないダイエットの一つに、科学技術によって生産された食物によるダイエットがある。一九四〇年には、テクノロジーによって、必要な栄養素がすべて補完された完全なダイエットが生み出されることは確実だと思われていた。現在では、軍隊や飢餓対策での適用を除けば、これはもはや真実ではないと、つまりテクノロジーによってはダイエットの問題を解決できないと考えられている。テクノロジーによって生産された食物の消費量は毎年増え続けているにも関わらず、私たちはそう考えているのである。

＊9　R. Estruch et al., "Primary Prevention of Cardiovascular Disease with a Mediterranean Diet," *New England Journal of Medicine* 368 (2013): 1279–90.

＊10　とはいえ、移住によってすべての問題が解決したわけではない。年齢を重ねたキーズ夫妻は、最終的にはイタリアを去らねばならなくなった。彼らはイタリア人ではなく、そこでは彼らの面倒を見る人が誰もいなかったのだ。新しい文化は家族の代わりにはならない。

第13章　甲虫とタバコ

＊1　循環器専門医（cardiologist）の「*cardio*」は、「心臓」を意味するギリシア語に起源を持つ。「*ologist*」は研究者を意味する。ならば、「cardiologist」は心臓の研究者を意味すると思われるかもしれない。しかしそうではない。それは心臓切開手術を行なわずに心臓を修理する医師をいう。循環器専門医はますます増えつつある。それに対しあざやかな手さばきの血に染まった心臓外科医は、ますます減りつつある。

＊2　クリスチャン・バーナードに至っては、統計を用いて種々の治療の長所を比較し評価する医師を指して「数値屋（number boys）」と呼び蔑んでいた。他の多くの外科医同様、彼はデータよりも自分の直感を強く信じていたのである。

＊3　European Coronary Surgery Study Group, "Long-Term Results of Prospective Randomised Study of Coronary Artery Bypass Surgery in Stable Angina Pectoris," *Lancet* 316 (1982): 1173–80.

＊4　つまり、被験者はモルモットのごとく、どちらかの治療にランダムに割り当てられたということである。このようなアプローチの利点は、既存の選択条件の違いを除去できることにある。

＊5　これらの汚染物質の効果は純粋に大きさに基づくものなので、それらの物質が何であるかは関係がない。小さければ問題を引き起こすのである。

＊6　T. Takano, K. Nakamura, and M. Watanabe, "Urban Residential Environments and Senior Citizens' Longevity in Megacity Areas: The Importance of Walkable Green Spaces," *Journal of Epidemiology and Community Health* 56 (2002): 913–18.

＊7　D. J. Nowak, D. E. Crane, and J. C. Stevens, "Air Pollution Removal by Urban Trees and Shrubs in the U.S.," *Urban Forestry and Urban Greening* 4 (2006): 115–23.

第14章　壊れた心臓について書かれた本

＊1　トーマスは一九七六年に、学士号すら持たずにジョンズ・ホプキンス病院の外科のインストラクターに就任している。

＊2　人生の悲劇はたいがい動脈に関わると書いたのはオスラーである。だが、彼は対象を大人に限っていたのだろう。子どもの悲劇はそれとは性質が異なる。

＊3　これらや他の成功にもかかわらず、アボットは助教授より先に昇進できなかった。それに加えて、偉大な本を書く以前の一九二三年には（彼女の希望に反して）すべての教育上の責任を免除された。死後になって、彼女は生前以上に賞賛を受けるようになる。彼女が働いていた博物館は、現在モード・アボット医学博物館と呼ばれている。

＊4　W. N. Evans, "Helen Brooke Taussig and Edwards Albert Park: The Early Years (1927.1930)," *Cardiology in the*

Young 20 (2010): 387.

*5　これは、タウシグの死後、友人のシャーロット・フェレンツによって語られた言葉である。次の文献を参照されたい。D. G. McNamara et al., "Helen Brooke Taussig: 1898 to 1986," *Journal of the American College of Cardiology* 10 (1987): 662–71. マクナマラはタウシグとともに訓練を受け、のちにテキサス州でクーリーやドゥベイキーと一緒に働いている。

*6　L. Malloy, "Helen Brooke Taussig (1898.1986)," in J. Bart, ed., *Women Succeeding in the Sciences: Theories and Practices Across Disciplines* (West Lafayette, IN: Purdue University Press, 2000).

*7　慢性疾患を患う子どもは、ハリエット・レーンホームに収容されていた。この施設は、二人の子どもをリウマチ熱で失った、ブキャナン大統領のめいハリエット・レーンに資金を与えられ、彼女の名前がとられていた。リウマチ熱はその後、抗生物質による治療の成功により慢性疾患には至らなくなる。

*8　グロスは創造的で優秀な外科医ではあったが、複雑な人物だった。ある記録によれば、彼は躁うつ病を抱え、何も言わずに数週間にわたって妻のもとや仕事から消え失せ、ある日突然何事もなかったかのように帰ってくることがあった。グロスが支援を断ったのはタウシグに対してのみではない。その一方で、彼の天才と支援を証言する者も（わずかながら）いる。グロスに関しては次の文献を参照されたい。D. K. C. Cooper, *Open Heart: The Radical Surgeons Who Revolutionized Medicine* (New York: Kaplan Publishing, 2010).

*9　最初の三回の手術に関しては次の文献を参照されたい。A. Blalock and H. B. Taussig, "The Surgical Treatment of Malformations of the Heart in Which There Is Pulmonary Stenosis or Pulmonary Atresia," *Journal of the American Medical Association* 128 (1945): 189–202.

*10　"First Blue Baby Operation Tried Two Years Ago Today," *Miami News*, November 29, 1946.

*11　Letter from Lord Brock to Mark Ravitch (September 1965), cited in R. Hurt, *The History of Cardiothoracic Surgery: From Early Times* (New York: Parthenon, 1996).

*12　この業績は文脈を考慮するとさらに重要性を増す。一九六〇年代から七〇年代にかけて、アメリカの心臓外科医の一〇〇〇人のうちおよそ二、三人が女性であった。一九八〇年代になると、その数はゆるやかながら増え始めたが、現在でも、二、三パーセント程度にすぎない。次の文献を参照されたい。S. Roberts, A. F. Kells, and D. M. Cosgrove, "Collective Contributions of Women to Cardiothoracic Surgery: A Perspective Review," *Annals of Thoracic Surgery* 71 (2001): 19–21.

*13　心臓に関する業績に加え、タウシグはサリドマイド〔催奇形性を持つ睡眠薬〕の危険性に世間の注意を向けることに貢献した。彼女の議会での証言によって、アメリカではサリドマイドは認可されなかった。

第15章　壊れた心臓の進化

*1　L. K. Altman, "Dr. Helen Taussig, 87, Dies; Led in Blue Baby Operation," *New York Times*, May 22, 1986.　タウシグの生涯と死に関しては次の文献も参照されたい。D. G. McNamara et al., "Helen Brooke Taussig: 1898 to 1986," *Journal of the American College of Cardiology* 10 (1987): 662–71.

*2　これは人間社会が直面する問題と同じである。少数の人々が一緒に暮らしているあいだは、道路は不要である。必要なものはすべて手元に集められ、不要なものは近くに捨てられる。しかし社会が発達するにつれ、遠くにある資源を手に入れるために道路が、また、それらの資源によって生み出される廃棄物を除去するために配管が必要になる。

*3　心臓の進化については、『ナチュラル・ヒストリー・マガジン』誌の二〇〇〇年四月号に掲載されたカール・ジンマーのすぐれた記事「The Hidden Unity of Hearts」を参照されたい。

*4　ユタ大学のコリーン・ファーマーは、肺魚のストーリーの謎を解明できたと考えている。彼女の考えによれば、肺魚は数億年のあいだに繁栄し多様化したが、その後真の怪物に遭遇した。陸に這い上がった肺魚の子孫、陸生脊椎動物は、進化し多様化した。二億二〇〇〇年前までには、翼竜という形態で空を飛ぶものも現われた。ある種の翼竜のあごは、水面で魚類をとらえて食べる能力が進化したことを示唆する。これらの翼竜にとって、空気を求めて始終水面に浮かび上がらねばならない肺魚は格好の獲物になったに違いない。ひとたび空を飛ぶ捕食者が進化すると、海に生息する肺魚は多くの利点を失った。確かに高速で泳ぐことはできたが、海面に浮かび上がり続けねばならず、実際にそうするとかつて存在したもっとも獰猛な空飛ぶ野獣に食べられる次第になった。かくして肺魚は、絶滅するか、肺への依存を放棄するかのいずれかの道をたどらざるを得なくなった。現代の魚類は、完全に肺を失った肺魚の系統に属する。

*5　ここでは、陸生脊椎動物の現存する大規模な系統に焦点を絞っている。陸生脊椎動物の完全な進化系統樹には、数多くの心臓のストーリーが含まれる。しかし、それらのストーリーのほとんどは研究が困難である。なぜなら、それらはすでに絶滅し、心臓の柔らかい組織が残されていない、恐竜などの生物の体内で展開されていたからである。

*6　タウシグの仮説によれば、トカゲ、ヘビ、カメ、哺乳類、鳥類はすべて、二つの心房と一つの心室を持つ共通の祖先の子孫であるために、これらの動物はすべて類似の心房の奇形

を抱えていた。これは正式には検証されていないが、哺乳類も鳥類も、両心房の隔壁に穴があいた状態で生まれ得る。また、少なくともトカゲの特定の種にも同じことが言える。

＊7　機能的に分離された心室とそれに関連する冠動脈も、他の脊椎動物のグループ、コモドオオトカゲを含むトカゲの属(varanid lizards)に独立して出現した。コモドオオトカゲにちょっかいを出したくなったときには、四つの部屋から成る心臓を持つがゆえにこのトカゲがしばらく走れることを思い出そう。また冠動脈は、サバやマグロなどの長時間の活動が可能な魚類に出現した。その一方で、コイのように動きが遅く水底で餌を採る魚類には冠動脈循環が存在せず、心臓に酸素をまったく取り込まずに、数週間、場合によっては数か月間生きていける。

＊8　「個体発生は系統発生を繰り返す」としばしば呼ばれるこの見方は、私たちの祖先を推定するのに発達段階が考慮されるほど、進化に関して普遍的に当てはまるものと長く考えられていた。概して言えば、発達段階は人類の進化の焼き直しではない。しかし心臓に関して言えば、心臓は部分的には発達段階をつけ加えることで複雑化してきたと考えられる。

＊9　M. L. Kirby, T. F. Gale, and D. E. Stewart, "Neural Crest Cells Contribute to Aorticopulmonary Septation," *Science* 220 (1983): 1059–61. 興味深い例外の一つとして、マーガレット・カービーら何人かの科学者は、肺動脈に関連する部位など、鳥類と哺乳類が共有する、心臓の古い部位の先天的な奇形のモデルとしてニワトリを使い始めたことがあげられる。

＊10　このケースでは、発達は進化の跡をたどり直す。冠動脈は、いくつかの細胞が酸素を受け取れなくなるほど心臓が大きくなって初めて発達し始める。つまり鳥類や哺乳類の胎児においては、細胞の無酸素状態によって冠動脈が必要であることが告知されるのである。人間では、妊娠後およそ三〜六週間で冠動脈が完全に発達する。

第16章　心臓病を砂糖でくるむ

＊1　たとえば次の文献を参照されたい。L. Munson and R. J. Montali, "Pathology and Diseases of Great Apes at the National Zoological Park Zoo," *Zoo Biology* 9 (1990): 99–105.

＊2　R. Margreiter, "Chimpanzee Heart Was Not Rejected by Human Recipient," *Texas Heart Institute Journal* 33 (2006): 412.

＊3　たとえば次の文献を参照されたい。L. J. Lowenstine, "A Primer of Primate Pathology: Lesions and Nonlesions," *Toxicologic Pathology* 31 (2003): 92–102.

＊4　二〇一二年に閉鎖された（http://carta.anthropogeny.org/museum/collections/pfa）。

＊5　幸いにも、ヤーキーズも財団も、ため込まれたものに関

して収集された日時や文脈などの十分な記録を残していた。

*6　かつて私はコネチカット大学の冷凍庫を整理していたとき、奥のほうに「S・カニンガム。コスタリカの空気、開封するな」と書かれた袋を見つけた。もちろん私は開封した。するとコスタリカの匂いがした。

*7　ヤーキーズでは、一〇六頭のオスのチンパンジーの、生涯をわたっての平均コレステロール値は二一一・一mg／dlで、これは人間では境界域に入る高さである。他の二つのセンターでも類似の値が得られている。平均すると、チンパンジーは人間より（欧米のカウチポテト族と比べてさえ）コレステロール値が高い。しかし、コレステロールに関して人間とチンパンジーのあいだに認められる最大の相違はタイミングである。チンパンジーは幼児期からコレステロール値が高くそれが続く。それに対し人間では、若い頃はコレステロール値が低く、年齢を重ねるにつれ高まっていく。

*8　この治療では、まずウマに人間の白血球が与えられる。するとウマはそれに対する抗体を生成する。そして、この抗体を含むウマ血清を患者に注射する。理論上、ウマ血清中の抗体は、（再生不良性貧血では過剰に活性化している）患者の免疫系を鎮静する。実践的に言えば、この治療が機能する理由はわかっていない（というよりも、ほんとうに機能するか否かさえわかっていない）。

*9　H. Higashi et al., "Antigen of 'Serum Sickness' Type of Heterophile Antibodies in Human Sera: Identification as Gangliosides with N-Glycolylneuraminic Acid," *Biochemical and Biophysical Research Communications* 79 (1977): 388–95.

*10　次の文献中のインタビューを参照されたい。J. Cohen, *Almost Chimpanzee: Searching for What Makes Us Human* (New York: Henry Holt and Company, 2010).

*11　A. Varki et al., *Essentials of Glycobiology*, 2nd edition (New York: Cold Spring Harbor Laboratory Press, 2009).

*12　E. Muchmore et al., "Developmental Regulation of Sialic Acid Modifications in Rat and Human Colon," *FASEB Journal* 1 (1987): 229–35.

*13　H. H. Chou et al., "A Mutation in Human CMP-Sialic Acid Hydroxylase Occurred After the Homo-Pan Divergence," *Proceedings of the National Academy of Sciences* 95 (1998): 11751–56.

*14　E. A. Muchmore, S. Diaz, and A. Varki, "A Structural Difference Between the Cell Surfaces of Humans and the Great Apes," *American Journal of Physical Anthropology* 107 (1998): 187–98.

*15　当時差異はほとんど理解されていなかったため、ヤーキーズの所長トーマス・インセルは一九九八年に『サイエンス』誌とのインタビューで「(人間とチンパンジーの)遺伝的な相違について知られていることを書き出せば、すべてを一

行で書けるだろう」とコメントしている。A. Gibbons, "Which of Our Genes Make Us Human?" *Science* 281 (1998): 1432–34.

＊16　ここでは哺乳類の肉（とシアル酸）の摂取が炎症や心臓病に及ぼす影響に焦点を絞ったが、影響はそれらに留まらない。致死的な大腸菌の系統のいくつかは、人体に感染すると毒素を生産する。この毒素のためにこれらの細菌は危険なのである。それらが生産する毒素の一つｓｕｂＡＢ (subtilase cytotoxin)は哺乳類の標準的なシアル酸に結合する。したがって、哺乳類の肉を食べる人はこの毒素にさらされる危険性がある。食べなければその危険性はない。次の文献を参照されたい。J. Cohen, "Eat, Drink, and Be Wary: A Sugar's Sour Side," Science 31 (2008): 659.61, and P. Tangvoranuntakul et al., "Human Uptake and Incorporation of an Immunogenic Nonhuman Dietary Sialic Acid," *Proceedings of the National Academy of Sciences* 100 (2003): 12045–50.

＊17　D. H. Nguyen et al., "Loss of Siglec Expression on T Lymphocytes During Human Evolution," *Proceedings of the National Academy of Sciences* 103 (2006): 7765–70; P. C. Soto et al., "Relative Over-Reactivity of Human Versus Chimpanzee Lymphocytes: Implications for the Human Diseases Associated with Immune Activation," *Journal of Immunology* 184 (2010): 4185–95. アジット・ヴァーキが発見したシグレックと呼ばれる一連のタンパク質は、シアル酸に結合する。人間におけるシアル酸の変化とともに、これらのタンパク質は人体にはあまり検出されなくなった。これら二つの現象には関連があると考えられる。というのも、これらの化合物は免疫系にブレーキをかけてその反応を鎮静させるらしいからである。

＊18　人間は、ヒゼンダニ（これは問題を引き起こす）やニキビダニ（私の研究室で研究しており、通常問題は起こさない）など、数種のダニを宿す。これらの小さな生物はあらゆる成人に見出されるようだが、私たちは始終さまざまな系統のダニに寄生されている。人間は他の類人猿のほとんどが宿す三タイプ目のダニ、ツメダニ (fur mites)を宿さない。どうやら人間は、毛皮を失ったときにこの寄生虫も失ったらしい。

＊19　チンパンジーに見られる心臓病がウイルスに起因するのなら（どうやらそうらしい）、私たちはシアル酸を失うことでチンパンジーが直面している心臓病を免れられているのかもしれない。

＊20　もちろんこれは、この種の数値の常として平均値である。

＊21　農耕とともに生じた平均寿命の低下は、大規模な社会の変化に結びついたものと言い換えるべきだとする見解がある。この見解に従えば、そのような移行は、あらゆる種類の問題を生むがゆえに平均寿命を低下させたのである。

＊22　歯のエコロジーの変化については次の文献を参照された

い。C. J. Adler et al., "Sequencing Ancient Calcified Dental Plaque Shows Changes in Oral Microbiota with Dietary Shifts of the Neolithic and Industrial Revolutions," *Nature Genetics* 45 (2013): 450–55.

第17章　自然法則を免れる

＊1　この考えは明らかに『出エジプト記』に由来する。そこでは神はモーゼに、「あかしの板二枚、神の指で書かれた石版」を与えた。これらの言葉は「人の心に保たれねばならない」。

＊2　J. Lehrer, "A Physicist Solves the City," *New York Times*, December 19, 2010.

＊3　これによって物理学者（あるいは少なくとも助手や学生）は、彼らにとっては新奇な調査を行なうことが求められた。さまざまな街区、近隣地区、都市、国の特徴を理解するために、調査データやその他の資料を限なく調査しなければならなくなったのである。彼らは人口密度、歩行速度、購買など、収集可能なあらゆるデータを集めた。たとえば彼らが道化師の人数を考慮しなかったとすると、それはそれに関するデータが見つからないからである。

＊4　L. M. A. Bettencourt et al., "Urban Scaling and Its Deviations: Revealing the Structure of Wealth, Innovation and Crime Across Cities," *PLoS One* 5 (2011): 1–9.

＊5　John Whitfield, *In the Beat of a Heart: Life, Energy, and the Unity of Nature* (Washington, DC: Joseph Henry Press, 2005).

＊6　心拍数は身体の大きさより緩慢に増加する。なぜなら、動物は大きくなるほど、活発な心臓を必要としなくなるからである。したがってこれら二つの変数の関係を示す線は、どちらかの軸を対数目盛にしない限り曲線になる。

＊7　なぜ身体は、身体の大きさによって心拍数を変えるのではなく、もっと大きな動脈や静脈を作り、もっと多量の血液を生成しないのかと思う人もいるかもしれない。ここにウエストの鋭い洞察が関係してくる。毛細血管の数は生物の大きさによって限定され、また、その太さが一定であるために、循環器系の総体的な断面は身体の大きさによって決定されるのである。進化論的見地からして、実際のところ身体は動脈や静脈のサイズを変える能力を持たない。よって、送り出される血液の量を変える手段は心拍数の変更しかない。

＊8　それに関連して、「そもそも哺乳類や鳥類はなぜ温血を保つ必要があるのか？」という問いを立てられる。エサや繁殖相手や他の資源に一番にありつけるよう、それによって活動的になれるからだという説がある。また、身体の熱に対応できない菌類や病原菌を殺すために温血が進化したとする説もある。興味深いことに、大多数の哺乳類の体温は、ほとんどの菌類を殺すに十分な程度に高く、かつ、哺乳類の細胞に

とって致命的にならない程度に低く設定されている。

*9　このモデルは最近になって洗練された。私たちの細胞の消耗はその大部分が酸素のフリーラジカルに起因する。これらのフリーラジカルは細胞内で衝突して回り、組織にダメージを与える。しかし、それは代謝中に生産され避けられない。とはいえその影響の大きさは、ミトコンドリアの振舞いに一部媒介されているらしい。特定の細胞や動物では、ミトコンドリアはエネルギーではなく熱を生産するのにほとんどの時間を費やす。その際に生産されるフリーラジカルは、より少ない。その結果、消耗も少ない。そのため、ミトコンドリアが熱の生産により多くの時間をかけ、エネルギーの生産にはあまり時間をかけない動物は、心拍数から予測されるよりも、少し長く生きられることが考えられる。ただし、この説は今後検証される必要がある。

*10　H. J. Levine, "Rest Heart Rate and Life Expectancy," *Journal of the American College of Cardiology* 30（1997）: 1104-6.

*11　一九七〇年にクマ研究者リン・ロジャースが冬眠中のクマの心拍数を調査するまでは、生物学者も同じように考えていた。ロジャースは、クマを研究するにあたり非常に危険なことをしている。森のなかを通ってお気に入りのクマを追い、イヌと散歩をするかのごとくそのあとをつけていった。たいていのクマはロジャースのこの行為に慣れていた。リンは人間よりクマと過ごすことのほうが多かった。彼以上にクマの冬眠を調査するにふさわしい研究者はいるのだろうか？　どうやってクマの冬眠を研究するのだろうか？　ロジャースは肛門心拍数モニターを持ってクマの穴に這い込み、何事もなく何頭かのクマを検査した。また、冬眠中の毛深く悪臭のするクマの身体に頭をつけるなどということもしている。このクマは動かなかった。そのとき彼は、かろうじて心臓の鼓動を聞くことができた。頭をもたげたクマも何頭かいた。一頭はうなり声をあげた。とはいえ、たいていのクマは静かにしていた。一九七〇三月二七日、六歳のメスのクマを調査しようとした。当時は、冬眠する動物は無害に思えるほど深い眠りに落ちていると考えられていた。しかしこの六歳のクマのそばにいた赤ちゃんクマが目を覚ました。そのとき母クマは動いていなかった。ロジャースは思わず母クマをつつく。彼女も目覚めるだろうか？　そう思ったリンは、母クマをさらにつついてみた。すると突然、この母クマの心臓は急激に脈打ち始め、一分間に一七五回に達した。これは活発に活動しているクマにそれまで見出されていた数値より高かった。どうやら母クマは気分を害したらしい。そのときリンは二つのことを学んだ。一つはクマが冬のまどろみからすぐに目覚められることであり、もう一つは短距離なら、眠そうではあれ怒り心頭に発した二頭のクマより自分が速く走れることである。

＊12　S. Telles et al., "An Evaluation of the Ability to Voluntarily Reduce the Heart Rate After a Month of Yoga Practice," *Integrative Physiological and Behavioral Science* 39 (2004): 119–25.

＊13　心拍数に対するヨガの影響は、なぜかほとんど研究されていない。この論文はこのトピックに関する最新のものらしく、しかも二〇〇四年に発表されている。

＊14　進化的に見て、これは正確な印象である。ウッドチャックはリス科に属する。

＊15　そう、ミニゾウは実際に存在する。

＊16　B. W. Johansson, "The Hibernator Heart .Nature's Model of Resistance to Ventricular Fibrillation," *Arctic Medical Research* 50 (1991): 58–62.

＊17　I. Oransky, "Wilfred Gordon Bigelow," *Lancet* 365 (2005): 1616.　ビゲローは口頭報告に基づいて書いた論文で、「この論文が書かれたあとで、フィラデルフィアのチャールズ・ベイリー医師とミネアポリスのF・J・ルイス医師が、二人の患者を対象にこのテクニックの適用に成功したと報告している」と記さざるを得なかった。ビゲローの洞察は、数か月以内に心臓手術の成功に結びついたのである。

＊18　W. G. Bigelow and J. E. McBirnie, "Further Experiences with Hypothermia for Intracardiac Surgery in Monkeys," *Annals of Surgery* 37 (1965): 361–65.

＊19　G. W. Miller, *King of Hearts: The True Story of the Maverick Who Pioneered Open Heart Surgery* (New York: Times Books, 2000).

＊20　カフェインはアデノシンによく似ているのでその受容体に結びつき、かくして冬眠に関与する分子が作用するのを妨げる。要するに、コーヒーを飲むことは、夜になった、あるいは長い冬が到来したことを知らせる信号を無視せよと身体を納得させるようなものである。

あとがき――未来の心臓の科学

＊1　「失敗」とは言い過ぎかもしれない。というのも、医療におけるあらゆる失敗は新たな革新を生んでいるからである。たとえば心臓移植の試みは、心臓手術の進歩を加速させた。

＊2　A. Abbot, "Doubts Over Heart Stem-Cell Therapy," *Nature* 509 (2014): 15–16.

＊3　J. B. Andersen et al., "Physiology: Postprandial Cardiac Hypertrophy in Pythons," *Nature* 434 (2005): 37–38; S. M. Secor and J. Diamond, "A Vertebrate Model of Extreme Physiological Regulation," *Nature* 395 (1995): 659–62.

＊4　C. A. Riquelme et al., "Fatty Acids Identified in the Burmese Python Promote Beneficial Cardiac Growth," *Science* 334 (2011): 528–31.

謝辞

ミシシッピ州グリーンビルのメソジスト教会で活動していた私の曾祖父は晩年、この教会の歴史についてコメントを求められた。私は最近、家族の古い手紙を入れた箱のなかでそれに対する彼の返答を見つけた。次のようにあった。「グリーンビルのメソジスト教会の歴史についてコメントするにあたり、メソジスト教会全般の歴史に触れないわけにはいかない。メソジスト教会全般の歴史に触れるには、キリスト教の歴史に言及せねばならず、もちろんキリスト教の歴史に言及するにあたっては、世界の宗教に関する議論を含めないわけにはいかない」。

このように私は、何らかのストーリーを語るにあたって、その歴史を始原にまでさかのぼることを旨とする代々の先祖を持つ家系のもとに生まれた。この傾向を受け継ぐ私は、まずこの曾祖父に感謝したい。また、あらゆることを探究する喜びを教えてくれた祖父にも感謝する。本書を読んだ読者も、この喜びを分かち合えることを切に願っている。ミシシッピ大学の建物で育った祖母にも感謝する。ミシシッピ大学には世界最大の天体望遠鏡が設置される予定だったが、この望遠鏡は北部で組み立てられ南北戦争が始まるまでに引き渡されなかった（よって結局、ミシシッピ大学に設置されることはなかった〔ミシシッピ州は南部に位置し、南北戦争中は南部連合に所属していた〕）。そのため彼女は宇宙空間を覗き込むのではなく、フロントポーチでフォークナーがストーリーを語るのを聞きながら育った。その結果、人々によって構成される宇宙を見渡す能力を身につけたのだ。そのことに対して私は祖母にお礼を言いたい。母とは、彼女自身の心臓に関するストーリーを分かち合った（「はじめに」を参照）。父は本書を読んで、あまりにも科学者然とした箇所を指摘してくれた。私が書くものはすべて気に入ってくれる両親に（初めの頃はお世辞でそう言ってくれたのだということは、あとから振り返ってみると明らかではあるが）、ここで感謝の言葉を述べたい。

妻のモニカは、心臓という重要なトピックに挑戦する勇気を私に与えてくれた。そして彼女に与えられた私の自信によってもたらされる、自分に不利な状況によく耐えてくれた。本書に登場する（そして登場しなかったさらに多くの）人物に関する会話は、魅惑的とはいえ二年間毎週夕食時に続けるには、彼女にとって少しばかり忍耐が必要だったはずだ。ここで、彼女のあと押し、忍耐、知恵、鋭い指摘、本書への貢献に関して、お礼の言葉を述べたい。私の子どもたちも心臓のストーリーに耳を傾けてくれる。そのおかげでルラとオーガストは、血管に関して、八歳児と四歳児が知っておくべき以上の知識を持っている。

多くの人々が本書の一部を読んだり、私のインタビューに応じてくれたりした。

ビル・パーカー（彼が人間の盲腸の真の機能を発見したことについては前著で取り上げた）は本書を読んで、それに少しばかり独自の魔法の輝きをつけ加えてくれた。コリーン・ファーマー、キース・マイルズ、ウィル・キムラー、アベル・アッサム、アジット・ヴァーキ、ニシ・ヴァーキ、キャシー・ホッジ、マリアノ・バスケス、モハマッドアリ・M・ショージャ、ニック・ハダッド、スティーブン・セコー、ジョフリー・ドノバン、サラ・トレーシー、ハーバート・コーン、クリス・グールド、ジョージ・フォルスマン、アン・マーフィー、ジ・ジャック・リ、キンバリー・ロマノ、ミズキ・タカハシ、ハリー・グリーン、アンドリュー・ラティマー、ジェームズ・ウォータース、パジャロ・モラルス、メッテ・オルフセンは、本書のいくつかの章を読んで、私が考えていた以上の貢献をしてくれた。ビル・ハイノス医師は最後の最後になって、患者の心臓を診るために朝早く起きなければならないのに、夜遅くなるまで大急ぎで本書を読んでくれた。ありがとうビル。言葉を書物にするという深遠なる仕事を私に紹介し、支援してくれたスティーブ・ジョーダンにも感謝する。アマンダ・ムーンとT・J・ケララーからは、有益な書物とは何かについて教わった。クロアチアに滞在した折、マルコ・ペカラヴィッツは私にバルコニーを提供してくれた。本書の一部はそこで書かれている。ミシェル・トラウトウェインとアリ・リットはこれらの心臓のストーリーを実に興味深そうに何度も繰り返し聞いてくれた。また、スティーブ・フランクは夜遅く近所を散歩しながら心臓のストーリーに聞き入ってくれた。

ジョン・パースリーとマリン・フォン・オイラー＝ホーガンは、本書の編集にあたり、必要な箇所にはなたを振るい、その他の箇所には細かな磨きをかけていった。二人の忍耐、ビジョン、明晰（めいせき）な思考に感謝したい。彼らはまた、編集者であり医師でもあるトレイシー・ローを見つけてくれた。そんな人物がこの世に存在するとは実に驚くべきことである。ありがとうトレイシー。ビクトリア・プライアーは多忙にもかかわらず、自分の仕事でもないのにあらゆる作業を手伝ってくれた。本書は彼女の働きによってよりすぐれたものになった。

私の研究室の仲間にも感謝したい。ホリー・メニンガー、リー・シェル、クリント・ペニック、デ・アンナ・ビーズリー、エイミー・サベッジ、アマンダ・トラウド、マグダレナ・ソルガー、M・J・エップスらの諸氏である。彼らは、本書を書くために私が喫茶店、図書館、地下室に何日も姿をくらましても、じっと辛抱して待っていてくれた。日常生活における心臓の問題の緊急性について、自分のストーリーを語ってくれたエミリーとミーガンには特に感謝の言葉を述べたい。私が書物を著すとき、それを通して顕現した謎はわが研究室に持ち込まれることを皆経験からよく心得ている。未解明ながら探究すれば解明できるとおぼしき謎を研究室に持ち込んで研究しない手はない。だから、心臓の謎を解明せんとする試みの手伝いをしてくれる研究室の仲間にお礼の言葉を述べたい。この謎は、数千年前にその起源を持つが、幸運にも（新たな謎を生むために）三階にあるわが研究室に舞い込んだのだと、私の曾祖父なら指摘することだろう。

訳者あとがき

本書は *The Man Who Touched His Own Heart: True Tales of Science, Surgery, and Mystery*(Little, Brown and Company, 2015) の全訳である。原題の「自分の心臓に触った男」とは、第5章に登場するドイツの医師ヴェルナー・フォルスマンを指す。彼は史上初めて、静脈を介してカテーテルを心臓まで通し、X線写真によりその証拠を残したことで知られ、その功績によって一九五六年にノーベル生理学・医学賞を受賞した。歴代のノーベル賞受賞者のなかでもっとも知性を使わずしてその栄誉に輝いた人物などと、失礼なことを言われる場合もときにあるようだが、彼の開拓した心臓カテーテル法は、その後アンギオグラフィー、アンギオプラスティー、ステント留置術などの治療法の開発を導き、心臓病の治療に大きな貢献をした（詳しくは本文を参照されたい）。

著者のロブ・ダンはノースカロライナ大学准教授で、基本的には心臓病学の専門家ではなく進化生物学者である。既存の邦訳には、『アリの背中に乗った甲虫を探して――未知の生物に憑かれた科学者たち』（田中敦子訳、ウェッジ、二〇〇九年）、および『わたしたちの体は寄生虫を欲している』（野中香方子訳、飛鳥新社、二〇一三年）がある。

『心臓の科学史』は一七の章、および「はじめに」「あとがき」から構成される。各章では、心臓

（病）の観察、治療、予防に関する特定のトピック（たとえば第1章のトピックは「史上初の心臓外科手術」）に関して、理論的な説明を交えつつ該当する技術革新をめぐる具体的なストーリーが語られる。そして各章には、ほぼ例外なく一人または複数人のヒーロー（ヒロイン）が登場する。たとえば、「心臓カテーテル法と冠動脈造影法の発明」がトピックの第5章には、それらを考案したヴェルナー・フォルスマンとアメリカの心臓外科医フランク・メイソン・ソーンズの二人がヒーローとして登場する。ちなみに「スタチンの開発」がトピックの第11章には、スタチンの前駆となるメバスタチンを開発した日本人の生化学者、遠藤章がヒーローとして登場する。このように、本書は基本的にエピソード主体の構成をとっており、そのため非常に読みやすい。しかも、あえて心臓にメスを入れようとした心臓外科医たちには、きわめてアクの強い人物が多い。著者の言葉を借りれば、「とはいえ今日、手術によって修理された心臓のおのおのは、独自の物語を持っている。それは、何千年ものあいだ心臓の謎を解こうとしてきた、勇気と洞察力、そして神をも恐れぬ傲慢さを兼ね備えた大勢の科学者や外科医の努力のおかげで鼓動し続けているのである」（本書一四ページ）。このような人物たちが登場するドラマがおもしろくないはずはなかろう。

ただし一つ留意すべき点がある。章単位で独立したエピソードが語られているとはいえ、心臓病の治療や予防の歴史自体が一つの大きな流れを構成するのであり、その意味において各章のあいだには相応のつながりがある。たとえば前述したように、フォルスマンの心臓カテーテル法（第5章）なくして、アンギオプラスティーやステント留置術の考案（第10章）はあり得なかった。したがって本書は、心臓に関する個々バラバラなエピソードが脈絡なく並び、トリビア的な知識がつめ込まれているといったタイプの本ではまったくない。それゆえ、本書が提示する心臓病の治療や予防の歴史の全体像を的確に把握するためには、章の順番に従って読むことを強く推奨する。

＊

ここで、本書の全体構成を紹介しておこう。「はじめに」は、著者（の母親）の個人的な体験をもとに、心臓疾患の問題が現在ではごくありふれたものと化していることを確認する。第1章は本書前半部のトーンを設定する章で、心臓治療の転回点となった、一九世紀後半に行なわれた史上初の心臓外科手術に関するストーリーが語られる。第2～4章では、古代から近代までの心臓医学の流れが紹介される。登場するヒーローは、ガレノス（第2章）、ダ・ヴィンチ（第3章）、ヴェサリウス＆ハーヴェイ（第4章）である。第5章からは二〇世紀に入ってからの心臓治療の躍進が紹介され、具体的に言うと心臓カテーテル法＋冠動脈造影法（第5章）、人工心肺＋ペースメーカー（第6章）、心臓移植（第7章）、人工心臓（第8章）、バイパス手術＋アンギオプラスティー＋ステント留置術（第10章）が取り上げられる（これらの治療法の詳細については本文を参照されたい）。補足しておくと、とりわけ第7章では技術的な側面のみならず、技術の進歩とともに顕現し始めた倫理的な問題も視野に収められている。

第9章および第11章以後の本書後半部は、前半部とは趣を変え、治療よりも病因や予防に焦点が移される。後半部のトーンを設定する第9章では、心臓疾患を引き起こすアテローム性動脈硬化がほんとうに「現代病」なのかどうかが検討され、古代エジプトのミイラにもそれが見つかっていることが紹介される。第11章では血中のコレステロール値を低下させる医薬品スタチンの開発が、また第12章では心臓病を予防するダイエットの考案が取り上げられる。なお第11章から、著者の専門である進化生物学的視点が次第に色濃く反映され始める。第13章ではこれまで紹介されてきた治療法や予防法の比較が行なわれたあと、予防における公衆衛生の重要性が強調される。第14～15章は、青色児症候群などの先天性心疾患に焦点を絞り、心臓病学者ヘレン・B・タウシグ博士の業績を追いながら、進化論的見地から、つまり心臓の進化を考慮しつつ、それらの先天性心疾患が人類に生じるようになった理由を解明する。第16章は他の哺乳類に比べてなぜ人類が、心臓疾患を誘発する障害（アテローム性動脈硬化）を発症しやすくなったのかを、進化論的な観点を用いて解明する。第17章はそれまでとはやや趣向を変え、心拍数を基礎データとする代謝スケーリング理論をもとに人間（や動物）の寿命の真実に迫る。「あとがき」では今後の心臓医療の展望が語られる。

＊

以上の構成からも明らかなように、本書は単に心臓医療の発展の歴史を紹介することだけが目的の本ではない（もちろんその点に関しても十分な情報が提示されているが）。それだけなら、専門の心臓病学者や心臓外科医のほうが、さらに緻密かつ正確な情報を提供できるだろう。事実、専門の心臓外科医が書いた、心臓医療の発展を緻密にたどった一般読者向けの本はつい最近も出版されている。*The Heart Healers* (St. Martin's Press, 2015) がそれだが、著者のジェームズ・S・フォレスターは専門の心臓外科医であり、自らの経験を交えながら二〇世紀中に考案されたさまざまな心臓治療法を、本書と同様にエピソードベースで紹介している。自身が心臓外科医であるだけに、とりわけ心臓手術の描写は緻密で生々しい。

しかし『心臓の科学史』にはあって、その種の本にないのは、心臓病の起源を進化のプロセスのうちに見出そうとする進化論的な観点である。歴史的な事実に基づいて、いかに心臓病のテクノロジーが発展してきたかを概観する前半部とは趣を変えて、人類が心臓病にかかりやすくなった理由を進化論という強力なツールを駆使しながら解明する後半部には、少し大げさな言い方をすれば、前半部から続くドキュドラマ風の迫真性に加え、ミステリー小説を読んでいるかのような謎解きのおもしろさが感じられるはずだ。もちろん進化心理学、進化経済学、進化社会学など、進化論を基盤にさまざまな事象を説明することが一種の流行になっている昨今では、特定の身体器官の進化の背景となった文脈と、現代の生活環境との圧倒的な齟齬（そご）によって、さまざまな「現代病」が生じるようになった経緯を論じる書物はいくつか見かけられるようになっている。たとえば訳者が最近読んだ本として、リー・ゴールドマン著 *Too Much of a Good Thing* (Little, Brown and Company, 2015) があげられる。しかしこの種の本は心臓病のみならず、糖尿病や高血圧など他の「現代病」をも含めて総合的に論述されているために心臓のみに注目した場合には物足りなさが感じられ、また、理論的な記述が中心であるために、本書のようなストーリーとしてのおもしろみには欠ける。

それに対し『心臓の科学史』は、「ストーリーを語る」という点で徹底されており、一般読者がおもしろく読める創意工夫が凝らされている。本書を何度も読んで感じたことだが、また、「謝辞」の記述からも少なからずわかることだが、著者のロブ・ダンは、わかりやすいストーリーを書こうとする明確な意図を持っているようだ。科学者が著した著書には、一般読者向けにもかかわらず、ストーリー性を欠き、スムーズに読めないものもよく見受けられる。個人的には、訳書を選ぶ際、評価基準として「内容」「質」はもちろん、「ストーリー性」もかなり重視しているが、本書を最初に読んだときに特に目を惹（ひ）いたのがまさにこの点、つまりストーリーを読ませる著者の力であった。英語で言えば「page-turner」と呼べる本だと即座に感じた。一つ一つの章がおのおの独立したおもしろいストーリーとして完結している点ももちろんだが、それらが巧みに組み合わされて「心臓の科学史」というマクロなストーリーがつむぎ出されていく構成そのものにも大きな魅力がある。しかも本書はただおもしろいだけではなく、そこから実践的な知識を汲み取ることもできる。たとえばアテローム動脈硬化の話（第9章）、ダイエットの話（第12章）、あるいは哺乳類の肉に含有されるシアル酸に関する話（第16章）は、自分の心臓の健康を考えるにあたってさまざまなヒントを与えてくれるだろう。端的に言えば誰でも心臓病になり得る。読んでおもしろくかつ誰もの役に立つ、それが本書なのである。

＊

最後に、質問に答えていただいた著者ロブ・ダン氏にお礼の言葉を述べたい。また、担当編集者渡辺和貴氏にも感謝の言葉を述べる。

二〇一六年三月

高橋　洋

索引

あ行

か行

ま行

ら行

アルファベット

参考図書

Abbott, Elizabeth. *An Inner Grace: The Life Story of Dr. Maude Abbott and the Advent of Heart Surgery*. Amazon Digital Services, 2010.

Ashcroft, F. *The Spark of Life: Electricity in the Human Body*. New York: W W. Norton, 2012.

Beattie, Andrew, et al. *Wild Solutions: How Biodiversity Is Money in the Bank*. New Haven: Yale University Press, 2001.

Bigelow, Wilfred Gordon. *Cold Hearts: The Story of Hypothermia and the Pacemaker in Heart Surgery*. Toronto: McClelland and Stewart, 1984.

Boring, Mel, et al. *Guinea Pig Scientists: Bold Self-Experimenters in Science and Medicine*. New York: Henry Holt and Co., 2005.（レスリー・デンディ、メル・ボーリング『自分の体で実験したい——命がけの科学者列伝』、梶山あゆみ訳、紀伊國屋書店、2007 年）

Capra, Fritjof. *Learning from Leonardo: Decoding the Notebooks of a Genius*. San Francisco: Berrett-Koehler, 2013.

——. *The Science of Leonardo*. New York: Random House, 2007.

Cobb, W M. *The First Negro Medical Society*. Washington, DC: Associated Publishers, 1939.

Cohen, J. *Almost Chimpanzee: Searching for What Makes Us Human*. New York: Henry Holt and Company, 2010.（ジョン・コーエン『チンパンジーはなぜヒトにならなかったのか——99 パーセント遺伝子が一致するのに似ても似つかぬ兄弟』、大野晶子訳、講談社、2012 年）

Cohn, S. *It Happened in Chicago*. Guilford, CT: Globe Pequot Press, 2009.

Cooney, K. *The Woman Who Would Be King*. New York: Crown Publishing, 2014.

Cooper, D. K. C. *Open Heart: The Radical Surgeons Who Revolutionized Medicine*. New York: Kaplan Publishing, 2010.

Evans, Arthur V., et al. *An Inordinate Fondness for Beetles*. Oakland: University of California Press, 2000.（A・V・エヴァンス、C・L・ベラミー『甲虫の世界——地球上で最も繁栄する生きもの』、加藤義臣、廣木眞達訳、小原嘉明監修、シュプリンガー・フェアラーク東京、2000 年）

Forssmann, F. *Experiments on Myself. Memoirs of a Surgeon in Germany*. New York: St. Martin's Press, 1974.

Greatbatch, W. *The Making of the Pacemaker: Celebrating a Lifesaving Invention*. New York: Prometheus Books, 2000.

Halperin, J. L., and R. Levine. *Bypass*. New York: Times Books, 1985.

Hamilton, D. *The Monkey Gland Affair*. London: Chatto and Windus, 1986.

Hankinson, R. J. (ed.). *The Cambridge Companion to Galen*. Cambridge: Cambridge University Press, 2009.

Harvey, William. *On the Motion of the Heart and Blood in Animals*. Translated by Robert Willis. New York: Prometheus Books, 1993.

Hollingham, R. *Blood and Guts: A History of Surgery*. New York: St. Martin's Press, 2009.

Hurt, R. *The History of Cardiothoracic Surgery: From Early Times*. New York: CRC Press, 1996.

Jones, David S. *Broken Hearts: The Tangled History of Cardiac Care*. Baltimore: Johns Hopkins University Press, 2014.

Keys, Ancel. *How to Eat Well and Stay Well the Mediterranean Way*. New York: Doubleday, 1975.

Keys, Ancel, and Margaret Keys. *Eat Well and Stay Well*. NewYork: Doubleday, 1963.

Keynes, Geoffrey. *The Life of William Harvey*. Oxford: Oxford University Press, 1966.

Kirk, J. *Machines in Our Hearts: The Cardiac Pacemaker, the Implantable Defibrillator, and American Health Care*. Baltimore: Johns Hopkins University Press, 2001.

Kuss, R., and P. Bourget. *Une histoire illustrée de la greffe d'organes: La grande aventure du siécle*. Librairie Sandoz et Fischbacher (openlibrary.org), 1992.

Lax, Eric. *The Mold in Dr. Florey's Coat: The Story of the Penicillin Miracle*. New York: Henry Holt and Co., 2004.

Le Fanu, James. *The Rise and Fall of Modern Medicine*. New York: Basic Books, 2012.

Lester, Toby. *Da Vinci's Ghost: Genius, Obsession, and How Leonardo Created the World in His Own Image*. New York: Simon and Schuster, 2012.（トビー・レスター『ダ・ヴィンチ・ゴースト――ウィトルウィウス的人体図の謎』、宇丹貴代実訳、筑摩書房、2013年）

Li, Jie Jack. *Triumph of the Heart: The Story of Statins*. New York: Oxford University Press, 2009.

Malloch, Archibald. *William Harvey*. Whitefish, MT: Kessinger, 2010.

Malloy, L. "Helen Brooke Taussig (1898-1986)," in J. Bart, ed., *Women Succeeding in the Sciences: Theories and Practices Across Disciplines*. West Lafayette, IN: Purdue University Press, 1999.

Mattern Susan P. *The Prince of Medicine: Galen in the Roman Empire*. Oxford: Oxford University Press, 2013.

McRae, Donald. *Every Second Counts: The Race to Transplant the First Human Heart*. New York: Putnam, 2006.

Meriwether, Louise. *The Heart Man: Dr. Daniel Hale Williams*. New Jersey: Prentice-Hall, 1972.

Miller, G. Wayne, *King of Hearts: The True Story of the Maverick Who Pioneered Open Heart Surgery*. New York: Broadway Books, 2000.

Monagan, David. *Journey into the Heart: A Tale of Pioneering Doctors and Their Race to Transform Cardiovascular Medicine*. New York: Gotham Books, 2007.

Money, Nicholas P. *Mr. Bloomfield's Orchard: The Mysterious World of Mushrooms, Molds, and Mycologists*. Oxford: Oxford University Press, 2004.（ニコラス・マネー『ふしぎな生きものカビ・キノコ――菌学入門』、小川真訳、築地書館、2007年）

Moore, F. D. *A Miracle and a Privilege: Recounting a Half Century of Surgical Advance*. Washington, DC: National Academy Press, 1995.

Morris, Charles R. *The Surgeons: Life and Death in a Top Heart Center*. New York: W. W. Norton, 2008.

Nunn, John F. *Ancient Egyptian Medicine*. Norman: University of Oklahoma Press, 2002.

Orrin, H. C. *The X-ray Atlas of the Systemic Arteries of the Body*. New York: Bailliere, 1920.

Robinson, D. B. *The Miracle Finders: The Stories Behind the Most Important Breakthroughs of Modern Medicine*. New York: David McKay, 1976.

Sawday, Jonathan. *The Body Emblazoned: Dissection and the Human Body in Renaissance Culture*. New York: Routledge, 1996.

Schmid-Hempel, Paul. *Parasites in Social Insects.* Princeton: Princeton University Press, 1998.

Seaborg, Glenn T. *Adventures in the Atomic Age: From Watts to Washington.* New York: Farrar, Straus and Giroux, 2001.

Sedmera, David, and Tobias Wang (eds.). *Ontogeny and Phylogeny of the Vertebrate Heart.* New York: Springer, 2012.

Shelley, Mary. *Frankenstein.* Edited by Maurice Hindle. New York: Penguin, 2005.（メアリー・シェリー『フランケンシュタイン』、芹澤恵訳、新潮社、2015年）

Shubin, Neil. *Your Inner Fish.* New York: Vintage, 2009.（ニール・シュービン『ヒトのなかの魚、魚のなかのヒト——最新科学が明らかにする人体進化35億年の旅』、垂水雄二訳、早川書房、2008年）

Slights, William W E. *The Heart in the Age of Shakespeare.* New York: Cambridge University Press, 2011.

Taussig, Helen B. *Congenital Malformations of the Heart.* Cambridge, MA: Harvard University Press, 1960.

Tilney, Nicholas L., *Invasion of the Body.* Cambridge, MA: Harvard University Press, 2011.

Tucker, T. *The Great Starvation Experiment.* New York: Free Press, 2006.

Varki, Ajit, and Danny Brower. *Denial: Self-Deception, False Beliefs, and the Origins of the Human Mind.* New York: Twelve, 2013.

Varki, Ajit, et al. (eds.). *Essentials of Glycobiology,* 2d ed. New York: Cold Spring Harbor Laboratory Press, 2009.（Ajit Varki 他編『コールドスプリングハーバー糖鎖生物学』、秋元義弘、鈴木康夫、木全弘治訳、丸善、2010年）

Vogel, Steven. *Prime Mover: A Natural History of Muscle.* New York: W. W. Norton, 2003.

Weisse, Allen B. *Heart to Heart — The Twentieth-Century Battle Against Cardiac Disease: An Oral History.* New Brunswick, NJ: Rutgers University Press, 2002.

Wells, Francis. *The Heart of Leonardo.* New York: Springer, 2013.

——. "The Renaissance Heart," in J. Peto, ed., *The Heart.* New Haven: Yale University Press, 2007.

Whitfield, John. *In the Beat of a Heart: Life, Energy, and the Unity of Nature.* Washington DC: Joseph Henry Press, 2005.（ジョン・ホイットフィールド『生き物たちは3/4が好き——多様な生物界を支配する単純な法則』、野中香方子訳、化学同人、2009年）

THE MAN WHO TOUCHED HIS OWN HEART:
True Tales of Science, Surgery, and Mystery
by Rob Dunn

心臓の科学史　古代の「発見」から現代の最新医療まで

2016年5月6日　第1刷印刷
2016年5月20日　第1刷発行

著者　ロブ・ダン
訳者　高橋 洋

発行者　清水一人
発行所　青土社
東京都千代田区神田神保町 1-29　市瀬ビル　〒101-0051
電話　03-3291-9831（編集）03-3294-7829（営業）
振替　00190-7-192955

印刷所　双文社印刷（本文）
方英社（カバー・表紙・扉）
製本所　小泉製本

装幀　岡 孝治

ISBN978-4-7917-6922-3　Printed in Japan